动 力 学

主编 李宏亮 李 鸿

HEUP 哈尔滨工程大学出版社

内容介绍

全书共分十章，分别阐述了点的运动学、刚体的简单运动、点的复合运动、刚体的平面运动、质点动力学、动量定理、动量矩定理、动能定理、达朗伯原定理、虚位移原理和第二类拉格朗日方程。书中例题类型多，每章后有思考题和习题，适用于课堂教学。

本书可作为高等学校机械、土建、船舶和动力学等专业理论力学课程的教材，也可供夜大、函授、自考等相关专业及有关工程技术人员参考。

图书在版编目(CIP)数据

动力学/李宏亮，李鸿主编. —哈尔滨：哈尔滨工程大学出版社，2014.3
ISBN 978-7-5661-0770-1

Ⅰ.①动… Ⅱ.①李… ②李… Ⅲ.①动力学-高等学校-教材 Ⅳ.①O313

中国版本图书馆 CIP 数据核字(2014)第037311号

出版发行 哈尔滨工程大学出版社
社　　址 哈尔滨市南岗区东大直街124号
邮政编码 150001
发行电话 0451-82519328
传　　真 0451-82519699
经　　销 新华书店
印　　刷 哈尔滨市石桥印务有限公司
开　　本 787mm×1 092mm 1/16
印　　张 16.5
字　　数 409千字
版　　次 2014年3月第1版
印　　次 2014年3月第1次印刷
定　　价 35.00元
http://www.hrbeupress.com
E-mail:heupress@hrbeu.edu.cn

前　言

“理论力学”是一门重要的技术基础课程，哈尔滨工程大学重视对该课程的建设，历经二十多年，经过几代人的辛勤努力，积累了比较丰富的教学经验，形成了比较稳定的教学风格和教学特色。

哈尔滨工程大学 2009 版本科培养方案中单独开设了“力学基础”课程，并把该课程设定为面向全体理工类学生的公共基础课程，这体现了学校创新人才培养模式的思想，也符合国家中长期教育改革和发展规划纲要（2010—2020 年）所指明的“牢固确立人才培养在高校工作中的中心地位，着力培养信念执著、品德优良、知识丰富、本领过硬的高素质专门人才和拔尖创新人才”方向。

“理论力学”设定为 56 学时和 40 学时两个进度，教学内容分为运动学和动力学两部分。“理论力学”原来设定的学时进度有 80 学时、64 学时和 48 学时三类，80 学时对象为强机类专业和工程力学专业，64 学时对象为近机类专业，48 学时针对自动控制等非机类专业，现在平台变为 56 学时和 40 学时两种，设定的对象和各专业选择的学时之间有落差，这时就要求我们承担该课程的教师重新思考，什么样的理论力学知识才是作为一名工程技术人员应该掌握的，这些应该掌握的知识又应该用什么样的方式传授给学生？

我们经过深入调查研究，综合考虑了国内外理工类学校理论力学课程的设课思路，最终确定重组运动学和动力学知识，以新的教学方式开展教学。

一种新的教学大纲安排，相应地应该推出一种新的教材，哈尔滨工程大学“理论力学”课程教学团队对这一任务比较慎重。通过了解学生的需求，经过认真分析和思索，调整知识平台，为提高学生的创新意识和综合素质，为提高学生提出问题，分析问题，解决问题的能力，我们编写了具有较鲜明特点的教材。内容强化矢量和矢量系简化及主矢主矩的概念及理论，将静力学中的矢量系简化及主矢主矩的概念及理论引申到了质点系统的动量系简化，将静力学求解平衡问题的技巧方法映射到动力学问题的求解上，形成了理论力学体系内容的完整对应。

经过 2011—2013 年三个春季学期的教学实践，我们不断补充新鲜素材，更新例题和习题。在对学生问卷调查的基础上，有的放矢地更新陈旧教学内容，在定理的证明上做到准确、清楚。在具体章节的安排上能够吸收有关最新科研成果，更新陈旧教学内容，在定理的证明、例题选配上广泛参考国内外同类教材；既能全面、准确、清楚地讲解基本概念和基本方法，又为不同的教学要求提供了足够的教学内容，做到专业照应，重点突出；注意理论联系实际，不断渗透应用意识。让学生感受生活实际中的例子，将书本知识转化为解决工程实际问题的理念和思路，能够增加学生的感性认识，锻炼他们的分析问题和解决问题的能力。内容讲解注重知识的内涵和实质、知识与知识的联系，注重对学生分析问题和解决问题的能力培养。针对较难理解的教学内容，采用循序渐进的编写方法，启发学生的思维、激励并锻炼他们解决问题的能力和意识，激发学生学习的兴趣和积极性。

全书共十章，分别阐述了运动学、动力学的基础理论。书中例题类型多，每章后有思考题和习题，适用于课堂教学。

运动学部分由李鸿负责组织统稿，第1，2章由吴国辉编写；第3，4章由李鸿编写；张瑞编写了3，4章的习题。动力学部分由李宏亮负责组织统稿，第5，6章由樊涛编写；第8，9，10章由李宏亮编写；第7章及5～10章的习题由杜秀丽编写。

本书可作为高等工科院校机械、土建、船舶和动力等专业理论力学课程的教材，也可供夜大、函授大学、自考等相关专业及有关工程技术人员参考。

本书在编写过程中，参考或引用了国内一些专家学者的论著，在此表示感谢！由于编者水平有限，错漏之处难以避免。不当之处敬请读者批评指正。

编　者
2013年3月

目　　录

第1章　点的运动学

当物体运动时，一般情况下，物体内各点的运动是不同的。因此我们先研究几何点的运动，再转到刚体和刚体系统的运动。点的运动学中最基本的问题，是描述点在某参考系中位置随时间变化的规律，这种点的运动规律的数学表达式称为点的运动方程，确定了点在参考系中的运动方程后，就能求出点在空间运动所行经的路线——**点的运动轨迹**；点在空间位置的变化——**位移**；点运动时位移变化的快慢——**速度**；点速度变化的快慢——**加速度**等等。

因此对于点的运动，本章主要研究四个问题：点的运动方程；点的运动轨迹；点的运动速度；点的加速度。对于上述主要问题，可以有多种描述方法，本章将讨论矢量法，直角坐标法，自然法（弧坐标法）等基本方法。

1.1　点的运动方程及点的轨迹

研究点的运动，首先要确定点在任意瞬时在所选坐标系中的位置及点的位置随时间变化的规律。本节讨论点的运动所采用的基本方法。

1.1.1　矢量法

设动点 M 作任一空间曲线运动，任意一个瞬时 t，动点在 M 点，如图 1－1 所示。

选取任意一个空间固定点 O 为参考点，则可用矢径 $\boldsymbol{r}=\overrightarrow{OM}$ 来表示动点 M 在 t 瞬时在空间的位置。随着 M 点在空间的运动，表示动点 M 位置的矢径 $\boldsymbol{r}$ 也在变化，有一个时刻，就会有一个对应的矢径，矢径 $\boldsymbol{r}$ 的大小和方向都随时间而改变，因此，我们可以得到时间与矢径的对应方程

$$\boldsymbol{r}=\boldsymbol{r}(t) \tag{1-1}$$

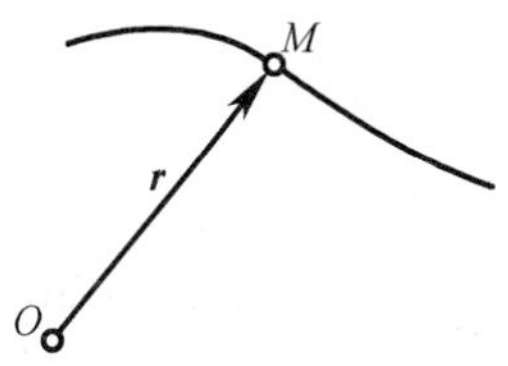

图 1－1　用矢量描述点的运动图

$\boldsymbol{r}$ 是时间 t 的单值连续函数。

式（1－1）称为以矢量表示的动点 M 的运动方程。它表示动点 M 在空间的位置随时间的变化规律，也叫运动规律。函数 $\boldsymbol{r}(t)$ 知道后，即可确定动点 M 在任一瞬时的位置，随着动点的运动，矢径 $\boldsymbol{r}$ 的端点将能连成一条曲线，称为矢端曲线，它就是动点 M 的运动轨迹。

1.1.2　直角坐标法

以空间任一固定点 O 为原点，建立空间直角坐标系 $Oxyz$，如图 1－2 所示，当动点 M 做空间任意曲线运动时，任一瞬时 t，M 点的位置可用直角坐标 x,y,z 唯一地确定，有一个时刻 t，就有一组空间直角坐标对应，我们可得到直角坐标与时间的一一对应关系。

$$\begin{cases} X = X(t) \\ Y = Y(t) \\ Z = Z(t) \end{cases} \tag{1-2}$$

式(1－2)是一组时间的单值连续函数,称为动点的直角坐标形式的运动方程,它准确描述了动点任意时刻在空间的位置。

在这组方程中,消去时间参数 t,则得只含 x,y,z 的曲线方程 $f(x,y,z)=0$,这就是动点在空间直角坐标系下的运动轨迹方程。

若从直角坐标系原点 O 向动点 M 引矢径,则能得到矢径 $\boldsymbol{r}$ 的直角坐标系下的解析表达式:

$$\boldsymbol{r}(t) = X(t)\boldsymbol{i} + Y(t)\boldsymbol{j} + Z(t)\boldsymbol{k} \tag{1-3}$$

其中 $\boldsymbol{i},\boldsymbol{j},\boldsymbol{k}$ 分别是 $Oxyz$ 坐标系的 Ox 轴、Oy 轴、Oz 轴的单位矢量,式(1－3)表明了矢量法表示的运动方程与直角坐标法表示的运动方程之间的关系。

例 1－1　曲柄连杆机构如图 1－3 所示。曲柄 OA 以规律 $\varphi=\omega t$ 绕 O 点转动,并通过连杆带动滑块 B 在水平槽内滑动。设 $OA=AB=L$,求连杆 AB 上 M 点($AM=h$)的运动方程和轨迹方程。

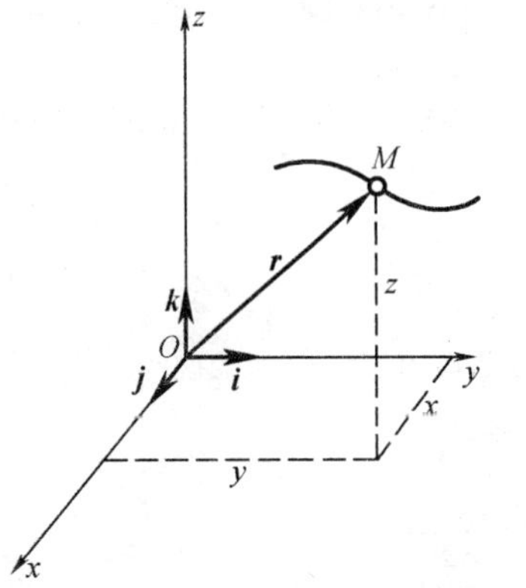

图 1－2　用直角坐标描述点的运动示意图

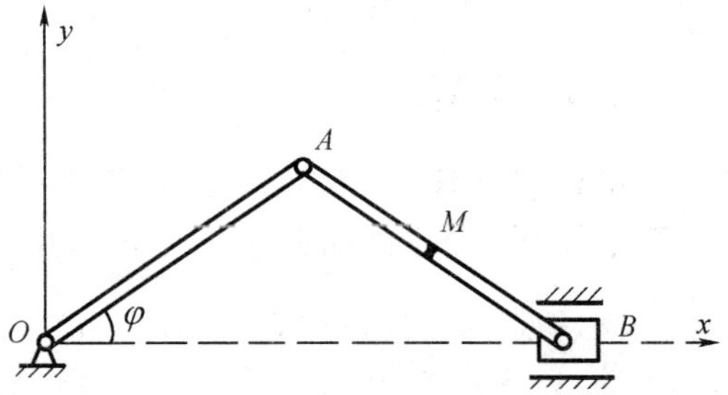

图 1－3　例 1－1 图

解:本题是在未知动点轨迹的情况下,求点的运动,故应使用直角坐标法。选取坐标系如图 1－3 所示,则 M 点的运动方程为

$$x = OA\cos\omega t + AM\cos\omega t = (L+h)\cos\omega t$$

$$y = MB\sin\omega t = (L-h)\sin\omega t$$

从运动方程中消去时间 t,即得其轨迹方程

$$\frac{x^2}{(L+h)^2} + \frac{y^2}{(L-h)^2} = 1$$

可见,其轨迹是一个椭圆。

例 1－2　杆 AB 长为 l,A 和 C 两滑块各沿铅直和水平槽运动,如图 1－4 所示,设 $BC=a$,$\theta=\omega t$(ω 为常数),试写出 B 点的运动方程,并求其轨迹。

解:(1)分析运动　A,C 分别在铅直和水平槽内滑动,而 B 点做平面曲线运动。

(2)列运动方程　取两互相垂直的直线交点 O 为原点,作直角坐标系 Oxy。根据图示

的几何关系，B 点的坐标为

$$\left.\begin{aligned} x &= l\sin\theta \\ y &= a\cos\theta \end{aligned}\right\} \tag{a}$$

将 $\theta = \omega t$ 代入式(a)中，便得

$$\left.\begin{aligned} x &= l\sin\omega t \\ y &= a\cos\omega t \end{aligned}\right\} \tag{b}$$

这就是 B 点的直角坐标运动方程。

从运动方程中消去时间 t，得出 B 点的轨迹方程。为此，将式(b)改写成

$$\sin\omega t = \frac{x}{l},\ \cos\omega t = \frac{y}{a}$$

将上二式两边平方后并相加，得

$$\sin^2\omega t + \cos^2\omega t = \left(\frac{x}{l}\right)^2 + \left(\frac{y}{a}\right)^2$$

即

$$\frac{x^2}{l^2} + \frac{y^2}{a^2} = 1$$

这就是 B 点的轨迹方程。

例 1－3　一铰链机构由长为 a 的杆 OA_1，OB_1，CA_2，CB_2 及长为 $2a$ 的杆 B_1A_2 和 B_2A_1 构成，如图 1－5 所示，求铰链 C 沿 x 轴运动时铰链 A_1，A_2 所走的轨迹。

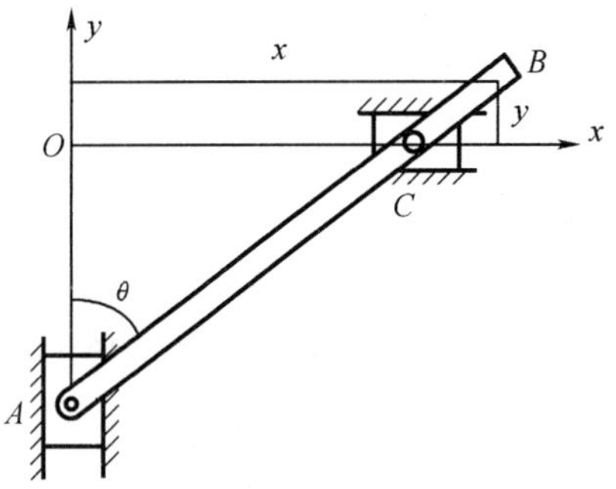

图 1－4　例 1－2 图

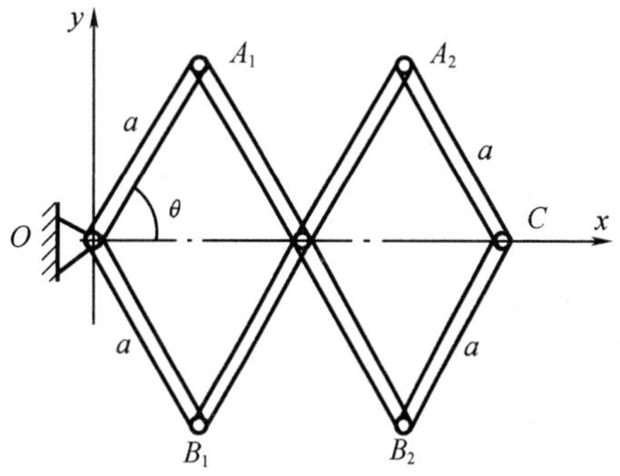

图 1－5　例 1－3 图

解：由图 1－5 可以看出，当铰链 C 沿 x 轴运动时，铰链 A_1，A_2 在平面内作曲线运动。取坐标轴 Oxy，根据图示的几何关系，A_1 点的坐标为

$$\left.\begin{aligned} x_1 &= a\cos\theta \\ y_1 &= a\sin\theta \end{aligned}\right\} \tag{a}$$

将式(a)两边平方后并相加得

$$x_1^2 + y_1^2 = a^2$$

这就是 A_1 点的轨迹方程。

同理可得出 A_2 点的坐标为

$$\left.\begin{aligned} x_2 &= 3a\cos\theta \\ y_2 &= a\sin\theta \end{aligned}\right\} \tag{b}$$

将式(b)两边平方后并相加，得

$$\frac{x_2^2}{(3a)^2}+\frac{y_2^2}{a^2}=1$$

这就是 A_2 点的轨迹方程。

例 1 -4 半径为 r 的圆轮沿水平直线轨道滚动而不滑动，轮心 C 则在与轨道平行的直线上运动。设轮心 C 的速度为一常量 v_c，试求轮缘上一点 M 的轨迹。

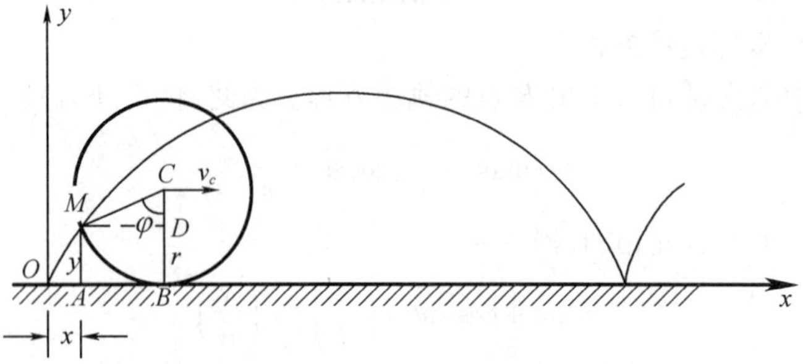

图 1 -6 例 1 -4 图

解：为了求 M 点的轨迹，须要建立 M 点的运动方程。以 M 点与轨道第一次接触的瞬时作为计算时间的起点（即在该瞬时 $t=0$），并以该瞬时轨道上与 M 接触的点为坐标原点 O，x 轴水平向右，y 轴铅直向上。取 M 点在任一瞬时 t 的位置来考察，由图 1 -6 可见，M 点的坐标为

$$x=OB-AB=OB-MD=OB-r\sin\varphi \tag{a}$$

$$y=MA=CB-CD=r-r\cos\varphi \tag{b}$$

因圆心 C 以速度 v_c 做匀速直线运动，故

$$OB=v_ct \tag{c}$$

又因轮子滚动而不滑动，故

$$OB=\overset{\frown}{MB}=r\varphi$$

由此可得

$$\varphi=\frac{OB}{r}=\frac{v_ct}{r} \tag{d}$$

将式(c)、(d)代入式(a)、(b)，得

$$x=v_ct-r\sin\frac{v_ct}{r} \tag{e}$$

$$y=r-r\cos\frac{v_ct}{r} \tag{f}$$

这就是 M 点的运动方程，同时也是以时间 t 为参数的 M 点的轨迹方程。根据这组方程可画出 M 点的轨迹曲线如图 1 -6 中实线所示，该曲线称为旋轮线或摆线。

1.1.3 自然法（弧坐标法）

1. 弧坐标

在工程实际中，有些动点的运动轨迹往往是已知的，那么我们不妨采用一种与点的运动轨迹结合最密切的办法来描述点的运动，就是自然法，也称为弧坐标法。

设动点 M 沿已知轨迹曲线运动，我们把此轨迹曲线看作是一条弧形曲线形式的坐标轴，简称弧坐标轴，如图 1－7 所示，在轨迹上任取一点（固定点）O 作为原点，规定轨迹的一端为运动的正方向，另一端为运动的负方向，动点 M 在某瞬时的位置，由从原点 O 到 M 点的那段弧长 S 来表示，当 $S>0$ 时，表示 M 点在轨迹的正的一边；当 $S<0$ 时，表示 M 点在轨迹的负的一边。像这样带有正、负号的弧长 S，称为点的弧坐标，由此可知，弧坐标是一代数量，用弧坐标来确定动点在任意瞬时的位置的方法称为弧坐标法，也叫自然法。

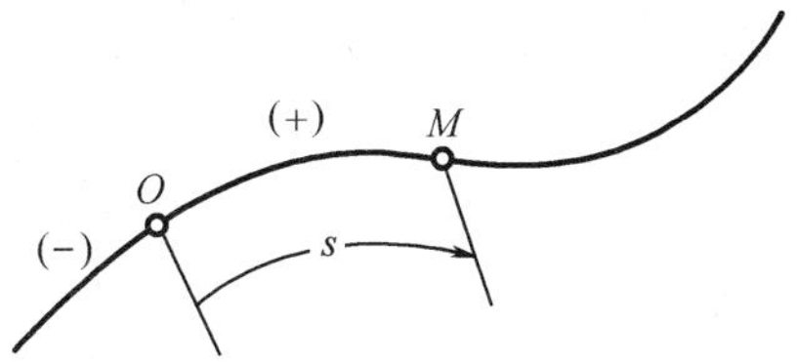

图 1－7　用弧线标描述点的运动示意图

当 M 点运动时，其弧坐标是时间的单值连续函数

$$S=S(t) \tag{1-4}$$

方程（1－4）唯一地确定了任意瞬时点的位置，建立了点在空间的位置和时间的一一对应关系，表达了动点的运动规律，称为用弧坐标表示的点的运动方程。

2. 自然轴

用弧坐标法分析点在曲线上的运动时，为了使点的速度和加速度方向与点的轨迹特性能更密切结合，除用弧坐标外，还要用到自然轴系，为此，先来介绍自然轴系的概念。

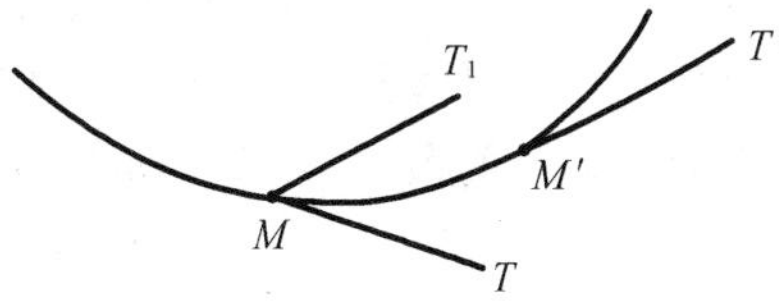

图 1－8　曲线上 M 点的切线图

设有一空间任意曲线，如图 1－8 所示，在其上任取一点为 M 点，在 M 点附近另取一点 M' 点，曲线在 M 点的切线为 MT，在 M' 点的切线为 $M'T'$，自 M 点作 MT_1 平行于 $M'T'$，则 MT 与 MT_1 将决定一平面，当 M' 点接近 M 点时，因 MT_1 方位的改变，这平面将绕 MT 转动，当 M' 点无限接近 M 点时，这平面将转到某一极限位置，这个处于极限位置的平面称为曲线在 M 点的密切面，对于一般空间曲线，密切面的方位随 M 点的位置而改变，至于平面曲线，密切面就是曲线所在的平面。通过 M 点而与切线 MT 垂直的平面，称为曲线在 M 点的法平面。法平面内通过 M 点的一切直线都和切线垂直，因而都是曲线的法线。为了区别，规定在密切面内的法线 MN（即法面与密切面的交线）称为曲线在 M 点的主法线，法面内与主法线垂直的直线 MB，则称为副法线。图 1－9 所示自然轴系也由三条相互垂直的轴组成，其三个单位矢量分别为 $\boldsymbol{\tau}, \boldsymbol{n}, \boldsymbol{b}$，其中 $\boldsymbol{\tau}$ 沿轨迹在该点的切线方向，并指向弧坐标的正向，称为切向单位矢量；$\boldsymbol{n}$ 沿轨迹凹的一侧指向曲线在该点的曲率中心，即沿曲线在该点的主法线方向，称为主法线方向单位矢量；$\boldsymbol{b}$ 则沿曲线在该点的副法线方向，其指向由右手螺旋定则确定，即 $\boldsymbol{b}=\boldsymbol{\tau}\times\boldsymbol{n}$，称为副法线方向单位矢量。弧坐标轴本身是动点运动的轨迹曲线，它一经选定就不变了，所以是一种静止的坐标系，但是自然轴系是与动点在某一瞬时的位置有关的，某一瞬时动点在哪里，自然轴系的原点就在哪里，随着点的运动，其自然轴的方位也随之改变，所以 $\boldsymbol{\tau}, \boldsymbol{n}, \boldsymbol{b}$ 都是随着点的位置而变化的变矢量，对于曲线上的任一点，都有属于该点的一组自然轴系。

例 1－5　飞轮以 $\varphi=2t^2$ 的规律转动（φ 以 rad 计），如图 1－10 所示，其半径 $R=50$ cm。

试求飞轮上一点 M 的运动方程。

解:由于飞轮作转动,故飞轮上点 M 运动的轨迹是以 R 为半径的圆,因而宜用自然法确定其位置,建立运动方程。

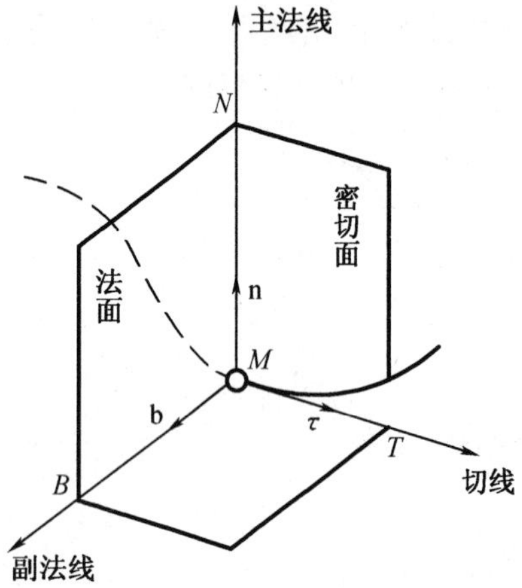

图1-9 曲线上 M 的自然轴系图

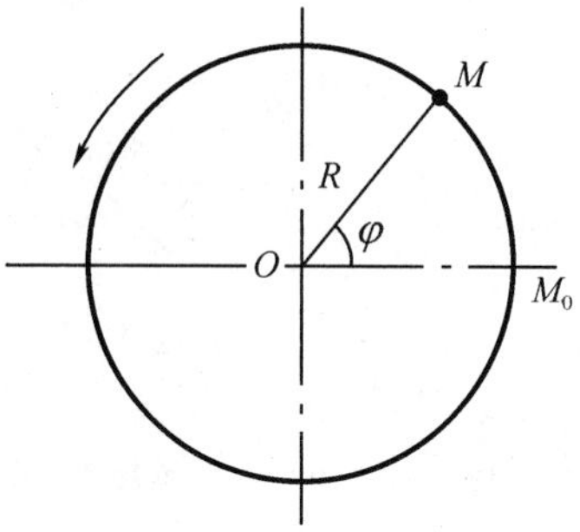

图1-10 例1-5图

当 $t=0$ 时,点 M 位于 M_0 处,现以这点为参考点,则弧长 $\overline{M_0M}$ 为

$$S=R\varphi=100t^2$$

这就是以自然法表示的点 M 的运动方程。

例1-6 摇杆机构由摇杆 BC、滑块 A 和曲柄 OA 组成,如图1-11(a)所示。已知 $OA=OB=100(\mathrm{mm})$,BC 绕 B 轴转动,并通过滑块 A 在 BC 上滑动而带动 OA 杆绕轴 O 转动。角度 φ 与时间 t 的关系是 $\varphi=2t^3(\mathrm{rad})$,$t$ 以秒计。试求 OA 杆上 A 点的运动方程。

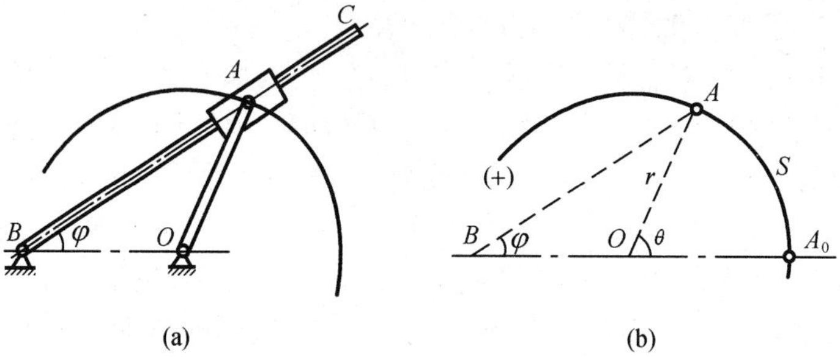

图1-11 例1-6图

解:由图可以看出 A 点运动的轨迹是以 OA 为半径的圆弧,因而宜用自然法确定其位置,建立运动方程。

设 OA 与水平线的夹角为 θ,当 $t=0$ 时,$\varphi=0$,$\theta=0$,A 点在 A_0 处(图1-11(b))。选取 A_0 点为弧坐标原点,由 A_0 向上定为弧坐标正方向。在任意瞬时 t,BC 转过的角度为 φ,动点由 A_0 运动至 A,弧坐标为

$$s=+\overset{\frown}{A_0A}=OA\cdot\theta$$

由于 ΔOAB 是等腰的,所以

$$\theta = 2\varphi = 2\times 2t^3 = 4t^3$$

$$OA\cdot\theta = 0.1\times 4t^3 = 0.4t^3$$

所以

$$S' = 0.4t^3(\mathrm{m}) \tag{a}$$

式(a)就是以自然法表示的 A 点的运动方程。

例 1-7　图 1-12 所示机构中,半径为 R 的固定大圆 C 位于铅垂平面内,小环 M 同时活套在大圆环和摇杆 OA 上,摇杆 OA 绕 O 轴以匀角速度 ω 逆时针方向转动。运动开始时,摇杆在右侧水平位置。求小环的运动方程。

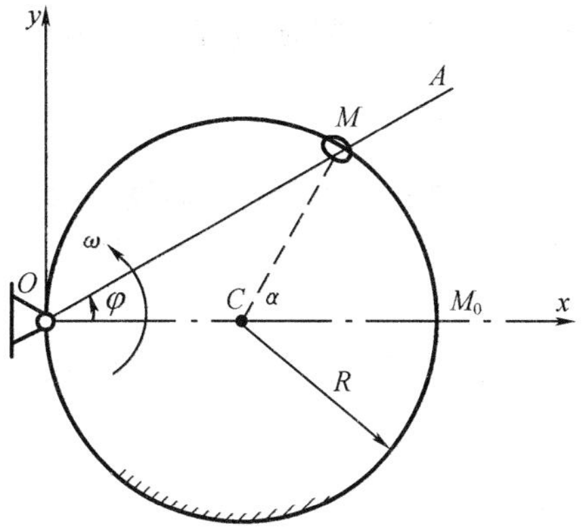

图 1-12　例 1-7 图

解:因为已知小环 M 的运动轨迹是半径为 R 的圆周,故采用自然法。

取 x 轴与大圆环的交点 M_0 为弧坐标的坐标原点,并规定逆时针转向为弧坐标的正方向。则 M 点的运动方程为

$$S = R\alpha$$

而

$$\alpha = 2\varphi,\varphi = \omega t$$

所以

$$S = R\cdot 2\varphi = 2R\omega t$$

1.2　用矢量法确定点的速度和加速度

1.2.1　速度

在矢量法中,设在某瞬时 t,动点位于 M 点,其矢径为 $\boldsymbol{r}$,经过 Δt 时间间隔后,动点运动到 M' 点,其矢径为 $\boldsymbol{r}'$,则矢径 $\boldsymbol{r}$ 的增量为 $\Delta\boldsymbol{r} = \boldsymbol{r}' - \boldsymbol{r}$,(如图 1-13),$\Delta\boldsymbol{r}$ 就是 Δt 时间间隔内,动点 M 的位移,它是一个矢量,而比值 $v^* = \dfrac{\Delta\boldsymbol{r}}{\Delta t}$ 称为动点在 Δt 时间间隔内的平均速度。当 $\Delta t\to 0$ 时,平均速度的极限表明在瞬时 t 动点运动的快慢和方向,用 $\boldsymbol{v}$ 表示,称为动点在瞬时 t 的瞬时速度,以后书中提到的速度都为瞬时速度。

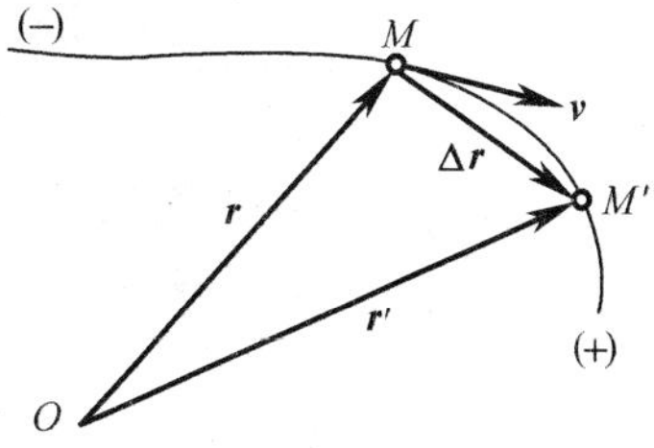

图 1-13　M 点的速度示意图

$$\boldsymbol{v} = \lim_{\Delta t\to 0}\frac{\Delta\boldsymbol{r}}{\Delta t} = \frac{\mathrm{d}\boldsymbol{r}}{\mathrm{d}t} = \dot{\boldsymbol{r}} \tag{1-5}$$

即动点的速度矢量等于它的矢径对时间的一阶导数。速度是一个矢量,它的大小等于 $\left|\dfrac{\mathrm{d}\boldsymbol{r}}{\mathrm{d}t}\right|$,它的方向由位移 $\Delta\boldsymbol{r}$ 的极限方向所确定,即沿轨迹在 M 点的切线方向,并指向动点的运动方向。

在国际单位制中,速度的单位为米/秒(m/s)或厘米/秒(cm/s)等。

1.2.2 加速度

当动点作曲线运动时，其速度的大小和方向一般都随时间而变化，即 $\boldsymbol{v}=\boldsymbol{v}(t)$。如果 t 瞬时动点速度为 $\boldsymbol{v}_1$，经过 Δt 时间间隔后，$t+\Delta t$ 瞬时动点速度为 $\boldsymbol{v}_2$，则速度矢量的增量 $\Delta\boldsymbol{v}=\boldsymbol{v}_2-\boldsymbol{v}_1$，比值 $\boldsymbol{a}^*=\dfrac{\Delta\boldsymbol{v}}{\Delta t}$称为动点在时间间隔 Δt 内的平均加速度。而当 $\Delta t\to 0$ 时，平均加速度的极限即为动点在瞬时 t 的瞬时加速度，简称加速度。

$$\boldsymbol{a}=\lim_{\Delta t\to 0}\frac{\Delta\boldsymbol{v}}{\Delta t}=\frac{\mathrm{d}\boldsymbol{v}}{\mathrm{d}t}=\frac{\mathrm{d}^2\boldsymbol{r}}{\mathrm{d}t^2}=\dot{\boldsymbol{v}}=\ddot{\boldsymbol{r}} \tag{1-6}$$

可见动点的加速度等于它的速度对时间的一阶导数，或等于它的矢径对时间的二阶导数，加速度也是一个矢量。加速度的国际单位常用“米/秒^2”($\mathrm{m/s^2}$)表示。

用矢量法描述点的运动，只需选择一个参考点就可以了，不需要建立参考系，这种方法运算简洁，把矢量的大小和方向统一起来了，便于理论推导。这一特点经常在矢量的公式推导中使用。

1.3 用直角坐标法确定点的速度和加速度

1.3.1 速度

前面已经得到动点的矢径 $\boldsymbol{r}$ 在直角坐标系下的解析表达式：

$$\boldsymbol{r}(t)=X(t)\boldsymbol{i}+Y(t)\boldsymbol{j}+Z(t)\boldsymbol{k}$$

又利用 $$\boldsymbol{v}=\frac{\mathrm{d}\boldsymbol{r}}{\mathrm{d}t}$$

所以 $$\begin{aligned}\boldsymbol{v}&=\frac{\mathrm{d}\boldsymbol{r}(t)}{\mathrm{d}t}=\frac{\mathrm{d}(X(t)\boldsymbol{i})}{\mathrm{d}t}+\frac{\mathrm{d}(Y(t)\boldsymbol{j})}{\mathrm{d}t}+\frac{\mathrm{d}(Z(t)\boldsymbol{k})}{\mathrm{d}t}\\&=\frac{\mathrm{d}X(t)}{\mathrm{d}t}\boldsymbol{i}+X(t)\frac{\mathrm{d}\boldsymbol{i}}{\mathrm{d}t}+\frac{\mathrm{d}Y(t)}{\mathrm{d}t}\boldsymbol{j}+Y(t)\frac{\mathrm{d}\boldsymbol{j}}{\mathrm{d}t}+\frac{\mathrm{d}Z(t)}{\mathrm{d}t}\boldsymbol{k}+Z(t)\frac{\mathrm{d}\boldsymbol{k}}{\mathrm{d}t}\end{aligned}$$

注意到 $\boldsymbol{i},\boldsymbol{j},\boldsymbol{k}$ 都是常矢量

因为有 $$\frac{\mathrm{d}\boldsymbol{i}}{\mathrm{d}t}=\frac{\mathrm{d}\boldsymbol{j}}{\mathrm{d}t}=\frac{\mathrm{d}\boldsymbol{k}}{\mathrm{d}t}=0$$

因而 $$\boldsymbol{v}=\frac{\mathrm{d}X(t)}{\mathrm{d}t}\boldsymbol{i}+\frac{\mathrm{d}Y(t)}{\mathrm{d}t}\boldsymbol{j}+\frac{\mathrm{d}Z(t)}{\mathrm{d}t}\boldsymbol{k}=\dot{X}(t)\boldsymbol{i}+\dot{Y}(t)\boldsymbol{j}+\dot{Z}(t)\boldsymbol{k} \tag{1-7}$$

另一方面，$\boldsymbol{v}$ 是一个矢量，在直角坐标系下，同样可写出它的解析表达式

$$\boldsymbol{v}=v_x\boldsymbol{i}+v_y\boldsymbol{j}+v_z\boldsymbol{k} \tag{1-8}$$

其中，v_x,v_y,v_z 分别表示速度矢量 $\boldsymbol{v}$ 在 x,y,z 三个轴上的投影。

由式(1-7)，(1-8)可得

$$\begin{cases}v_x=\dfrac{\mathrm{d}X(t)}{\mathrm{d}t}=\dot{X}(t)\\[2ex] v_y=\dfrac{\mathrm{d}Y(t)}{\mathrm{d}t}=\dot{Y}(t)\\[2ex] v_z=\dfrac{\mathrm{d}Z(t)}{\mathrm{d}t}=\dot{Z}(t)\end{cases} \tag{1-9}$$

即动点的速度在直角坐标轴上的投影等于其相应轴方向的运动方程对时间的一阶导数。
式(1－9)完全确定了 $\boldsymbol{v}$ 的大小和方向,其大小为

$$v=\sqrt{v_x^2+v_y^2+v_z^2}$$

其方向可由速度 $\boldsymbol{v}$ 的方向余弦来确定

$$\cos(\boldsymbol{v},\boldsymbol{i})=\frac{v_x}{v}$$

$$\cos(\boldsymbol{v},\boldsymbol{j})=\frac{v_y}{v}$$

$$\cos(\boldsymbol{v},\boldsymbol{k})=\frac{v_z}{v}$$

1.3.2　加速度

对速度 $\boldsymbol{v}$ 的表达式进一步求导就得到加速度 $\boldsymbol{a}$ 的表达式

$$\boldsymbol{a}=\frac{\mathrm{d}\boldsymbol{v}}{\mathrm{d}t}=\frac{\mathrm{d}(\dot{X}(t)\boldsymbol{i}+\dot{Y}(t)\boldsymbol{j}+\dot{Z}(t)\boldsymbol{k})}{\mathrm{d}t}=\ddot{X}(t)\boldsymbol{i}+\ddot{Y}(t)\boldsymbol{j}+\ddot{Z}(t)\boldsymbol{k} \tag{1-10}$$

同时,加速度 $\boldsymbol{a}$ 在直角坐标系下的解析表达式为

$$\boldsymbol{a}=a_x\boldsymbol{i}+a_y\boldsymbol{j}+a_z\boldsymbol{k} \tag{1-11}$$

其中 a_x,a_y,a_z 为加速度 $\boldsymbol{a}$ 在 x,y,z 三个轴上的投影。根据式(1－10),(1－11)得

$$\begin{cases}a_x=\ddot{X}(t)=\dfrac{\mathrm{d}v_x}{\mathrm{d}t}\\ a_y=\ddot{Y}(t)=\dfrac{\mathrm{d}v_y}{\mathrm{d}t}\\ a_z=\ddot{Z}(t)=\dfrac{\mathrm{d}v_z}{\mathrm{d}t}\end{cases} \tag{1-12}$$

因此动点的加速度在直角坐标系下的投影,等于该点速度的对应投影方程对时间的一阶导数,也等于该点的对应坐标方程对时间的二阶导数。
式(1－12)完全确定了 $\boldsymbol{a}$ 的大小和方向,其大小为

$$a=\sqrt{a_x^2+a_y^2+a_z^2}$$

其方向余弦为

$$\cos(\boldsymbol{a},\boldsymbol{i})=\frac{a_x}{a}$$

$$\cos(\boldsymbol{a},\boldsymbol{j})=\frac{a_y}{a}$$

$$\cos(\boldsymbol{a},\boldsymbol{k})=\frac{a_z}{a}$$

当点做平面曲线运动时,运动方程中 $z=z(t)=0$,上述各速度,加速度公式仍然适用。

例 1－8　求例 1－1 中连杆 AB 上 M 点的速度和加速度。

解:利用计算速度和加速度的公式,可得

$$v_x=\dot{x}=-(L+h)\omega\sin\omega t$$

$$v_y=\dot{y}=(L-h)\omega\cos\omega t$$

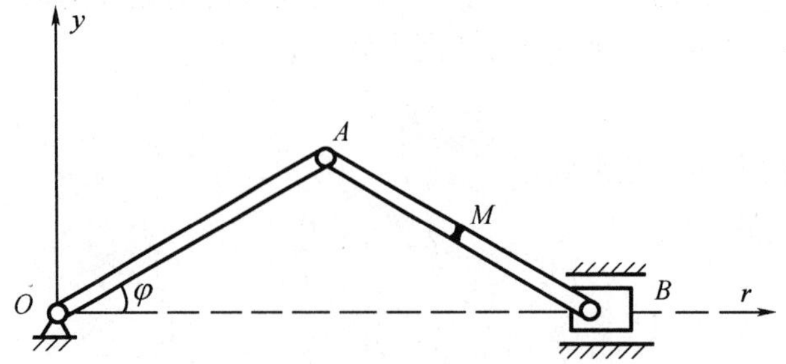

图 1-14 例 1-8 图

$$v=\sqrt{v_x^2+v_y^2}=\omega\sqrt{(L+h)^2\sin^2\omega t+(L-h)^2\cos^2\omega t}$$

其方向沿椭圆的切线方向。

$$a_x=\ddot{x}=-(L+h)\omega^2\cos\omega t=-\omega^2 x$$

$$a_y=\ddot{y}=-(L-h)\omega^2\sin\omega t=-\omega^2 y$$

$$a=\sqrt{a_x^2+a_y^2}=\omega^2\sqrt{x^2+y^2}=\omega^2 r$$

$$\cos(\boldsymbol{a},\boldsymbol{i})=a_x/a=-x/r$$

$$\sin(\boldsymbol{a},\boldsymbol{i})=a_y/a=-y/r$$

由上式可见,加速度 $\boldsymbol{a}$ 的方向余弦与矢径 $\boldsymbol{r}$ 的方向余弦等值反向,因此,加速度 $\boldsymbol{a}$ 的方向始终指向原点 O。

例 1-9 如图 1-15(a)所示运动机构,已知绳子的 A 端系在套筒上,B 端以匀速 u 水平向右运动,套筒可沿水平杆 CO 运动,已知 $DO=h$,试求任一瞬时套筒 A 的速度、加速度与 $AO=s$ 间的关系,并确定 A 的运动性质(即是加速运动,还是减速运动)。

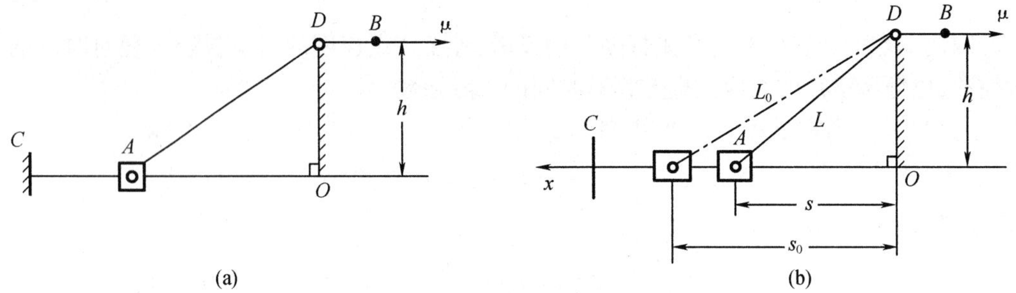

图 1-15 例 1-9 图

解:选如图 1-15(b)所示坐标轴 Ox,s 的正方向与 x 轴一致,设开始运动时 $x_0=s_0$,运动到任一位置 $x=s$ 时,有

$$L_0-\sqrt{h^2+s^2}=ut \tag{a}$$

其中,$L_0=\sqrt{h^2+s_0^2}$。式(a)两边对时间 t 求导,注意到 L_0,h 和 u 均为常量,而套筒 A 的速度 $v=\dot{s}$,所以整理后可得

$$v=-\frac{u}{s}\sqrt{h^2+s^2} \tag{b}$$

上式右端的负号说明套筒 A 运动方向与 x 轴正向相反,即向右运动。

将式(b)两端对时间 t 再求导,可得套筒 A 的加速度

$$a=\frac{\mathrm{d}v}{\mathrm{d}t}=uv\left[-\frac{1}{\sqrt{h^2+s^2}}+\frac{\sqrt{h^2+s^2}}{s^2}\right]=-\frac{u^2h^2}{s^3} \tag{c}$$

由式(c)右端的负号可见,套筒 A 的加速度方向也与 x 轴正向相反。

综合上述,由于套筒 A 的速度与加速度符号相同,所以知套筒 A 做加速运动。

讨论:

(1)分析做直线运动的动点是加速运动还是减速运动时,应以在同一坐标系下其速度与加速度正负是否一致为依据,而不能单凭加速度的正负号做判断,即不能认为加速度为负时一定做减速运动,反之一定做加速运动,例如本题中虽加速度为负,但因它与速度同号,故仍做加速运动。

(2)求解点的运动学问题,一般应先建立坐标系,选择规定坐标系的正负方向,建立相应方程进行求解。否则,不利于对运动方向和运动性质做出正确判断。

例如,在求解本题时,若不设立 x 轴,也不确定 s 的正负方向,则由图 1-15(b)有几何关系

$$L^2=h^2+s^2 \tag{d}$$

式(d)两端对时间 t 求导,且注意到 $\frac{\mathrm{d}L}{\mathrm{d}t}=u$,$\frac{\mathrm{d}s}{\mathrm{d}t}=v$,则有

$$2L\frac{\mathrm{d}L}{\mathrm{d}t}=2s\frac{\mathrm{d}s}{\mathrm{d}t}$$

所以

$$v=\frac{Lu}{s}=\frac{u}{s}\sqrt{h^2+s^2} \tag{e}$$

即为套筒 A 的速度。

上面式(e)再对时间 t 求导,则得套筒 A 的加速度

$$a=\frac{\mathrm{d}v}{\mathrm{d}t}=u^2\left(\frac{1}{s}-\frac{h^2+s^2}{s^3}\right)=-\frac{h^2u^2}{s^3} \tag{f}$$

由上面(e)、(f)两式可见,虽然 v 为正而 a 为负,二者异号,但因事先未确定 s 的正负方向,所以无法由此结果判断套筒 A 的运动方向和运动性质。

例 1-10　曲柄 OA 长为 r,在平面内绕 O 轴逆钟向转动,如图 1-16 所示,杆 AB 穿过套筒 C 而与曲柄在 A 点铰接。设 $\varphi=2\omega t$(ω 为常数),$OC=r$,$AB=2r$,试求 AB 杆端点 B 的运动方程、速度和加速度的大小。

解:选取如图固定直角坐标系 Oxy,则点 B 的直角坐标可写为

$$x=OA\cdot\cos\varphi+AB\cdot\cos\alpha=r\cos\varphi+2r\sin\frac{\varphi}{2}$$

$$y=-(AB\cdot\sin\alpha-OA\cdot\sin\varphi)=r\sin\varphi-2r\cos\frac{\varphi}{2}$$

将 $\varphi=2\omega t$ 代入上式,得 B 点的运动方程

$$\left.\begin{aligned}x&=r\cos2\omega t+2r\sin\omega t\\y&=r\sin2\omega t-2r\cos\omega t\end{aligned}\right\} \tag{1}$$

上式两端对时间 t 求导数,得 B 点速度在 x,y 轴上的投影

$$\left.\begin{aligned} v_x &= \dot{x} = -2r\omega\sin2\omega t + 2r\omega\cos\omega t \\ v_y &= \dot{y} = 2r\omega\cos2\omega t + 2r\omega\sin\omega t \end{aligned}\right\} \quad (2)$$

所以 B 点的速度大小为

$$v = \sqrt{v_x^2 + v_y^2} = 2r\omega\sqrt{2(1-\sin\omega t)} \quad (3)$$

上面式(2)再对时间 t 求导数，得 B 点加速度在 x,y 轴上的投影

$$\left.\begin{aligned} a_x &= \dot{v}_x = -4r\omega^2\cos2\omega t - 2r\omega^2\sin\omega t \\ a_y &= \dot{v}_y = -4r\omega^2\sin2\omega t + 2r\omega^2\cos\omega t \end{aligned}\right\} \quad (4)$$

所以 B 点的加速度大小为

$$a = \sqrt{a_x^2 + a_y^2} = 2r\omega^2\sqrt{5-4\sin\omega t} \quad (5)$$

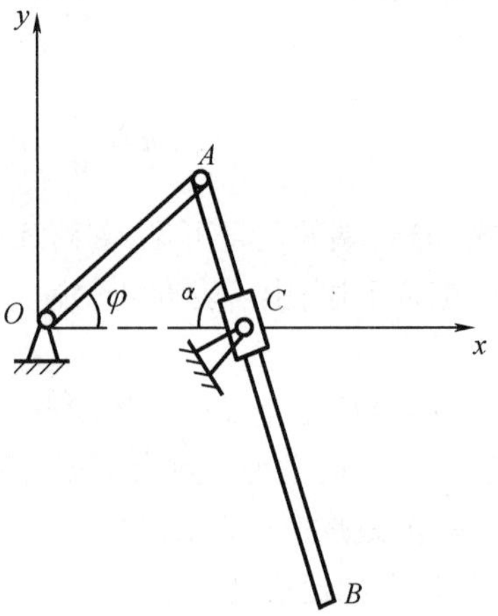

图 1-16 例 1-10 图

讨论：

(1)本题属于由运动方程求点的速度、加速度类型题。求解这类问题，根据题意适当选取点的运动表示法，正确写出运动方程是关键。

(2)在建立运动方程时，应将动点放在任意位置，使所建立的运动方程在动点的整个运动过程中都适用。

(3)本题因为点的运动轨迹未知，所以宜选用直角坐标法来描述点的运动。

例 1-11 已知炮弹 M 以初速度 $\boldsymbol{v}_0$(与地面成 α 角)发射后，其运动过程中的加速度 $a=g$(即重力加速度)，且始终在含初速度 $\boldsymbol{v}_0$ 的铅垂平面内运动，如图 1-17 所示，求炮弹的运动方程、轨迹及其射程。

解：本题运动轨迹未知，故用直角坐标法求解，以炮弹在 $t=0$ 时的初始位置 O 为坐标原点，含 $\boldsymbol{v}_0$ 的铅垂平面为坐标平面，x 轴水平向右，y 轴铅垂向上(图 1-17)。则其加速度 $\boldsymbol{a}$ 和初速度 $\boldsymbol{v}_0$ 在各坐标轴上的投影为

$$\left.\begin{aligned} a_x &= 0, & a_y &= -g \\ v_{0x} &= v_0\cos\alpha, & v_{0y} &= v_0\sin\alpha \end{aligned}\right\} \quad (a)$$

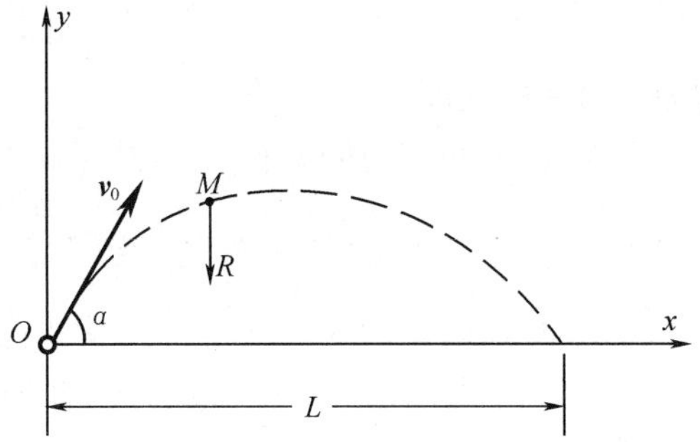

图 1-17 例 1-11 图

由(1-12)式可得

$$dv_x = a_x dt, dv_y = a_y dt$$

或

$$\int_{v_{0x}}^{v_x} dv_x = \int_0^t a_x dt, \int_{v_{0y}}^{v_y} dv_y = \int_0^t a_y dt$$

将(a)式代入上式中，并完成积分后可得

$$v_x = v_0\cos\alpha, v_y = v_0\sin\alpha - gt \quad (b)$$

再由(1-9)式可得

$$dx = v_x dt, dy = v_y dt$$

或

$$\int_{x_0}^{x} dx = \int_0^t v_x dt, \int_{y_0}^{y} dy = \int_0^t v_y dt$$

根据所选坐标系，$t=0$ 时坐标的初始值 $x_0=y_0=0$。将此初始坐标值以及(b)式代入上式，完成积分后可得

$$x = v_0 t\cos\alpha, \qquad y = v_0 t\sin\alpha - \frac{1}{2}gt^2 \tag{c}$$

这就是炮弹的直角坐标形式的运动方程。由(c)式消去时间 t,即得炮弹的轨迹方程

$$y = x\tan\alpha - \frac{gx^2}{2v_0^2\cos^2\alpha}$$

可见炮弹的轨迹是一条抛物线(见图1－17)。

至于求炮弹的射程,则可在(c)式的第二式中令 $y=0$,从而求得炮弹落地的时刻 $t=\dfrac{2v_0\sin\alpha}{g}$,并将其代入(c)式的第一式中,即得射程

$$L = \frac{2v_0^2\sin\alpha\cdot\cos\alpha}{g} = \frac{v_0^2}{g}\sin2\alpha$$

由此可见,当发射角 $\alpha=45°$时射程最大,此时

$$L_{\max} = \frac{v_0^2}{g}$$

1.4　用自然法确定点的速度和加速度

1.4.1　速度

为了得到点的速度在自然轴中的表达式,取动点 M 为研究对象,在 t 到 $t+\Delta t$ 时间间隔内,动点由 M 点运动到 M'点,如图1－18,由速度定义知

$$\boldsymbol{v} = \frac{\mathrm{d}\boldsymbol{r}}{\mathrm{d}t} = \frac{\mathrm{d}\boldsymbol{r}}{\mathrm{d}s}\frac{\mathrm{d}s}{\mathrm{d}t} = \left(\lim_{\Delta t\to0}\frac{\Delta\boldsymbol{r}}{\Delta s}\right)\frac{\mathrm{d}s}{\mathrm{d}t}$$

当 $\Delta t\to0$ 时,$\Delta\boldsymbol{r}\to0$,$\Delta s\to0$,且弧长 Δs 与弦长 $|\Delta\boldsymbol{r}|$趋近于相等,即

$$\lim_{\Delta t\to0}\left|\frac{\Delta\boldsymbol{r}}{\Delta s}\right| = 1$$

矢量 $\Delta\boldsymbol{r}$ 在当 $\Delta t\to0$ 时,其极限方向沿着曲线的切线方向。

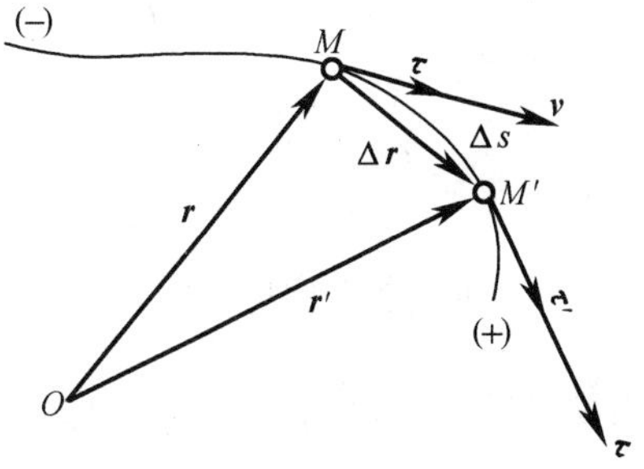

图1－18　M 点的速度示意图

因此$\lim\limits_{\Delta t\to0}\dfrac{\Delta\boldsymbol{r}}{\Delta s}$表示一个沿轨迹曲线切线方向的单位矢量,且指向恒与 S 的正向一致,对照前面的定义可知它就是轨迹切向单位矢量 $\boldsymbol{\tau}$。

于是

$$\boldsymbol{v} = \frac{\mathrm{d}s}{\mathrm{d}t}\boldsymbol{\tau} = \dot{s}\boldsymbol{\tau} = v\boldsymbol{\tau} \tag{1-13}$$

即动点的速度矢量沿其轨迹的切线方向,速度在切线方向的投影等于其弧坐标方程对时间的一阶导数。$\dot{s}>0$ 表示动点速度 $\boldsymbol{v}$ 与 $\boldsymbol{\tau}$ 方向一致,即与弧坐标(或曲线)的正向一致,$\dot{s}<0$ 表示 $\boldsymbol{v}$ 与 $\boldsymbol{\tau}$ 方向相反。另外,速度的大小

$$v = |\dot{s}| = \left|\frac{\mathrm{d}s}{\mathrm{d}t}\right| = \frac{\sqrt{\mathrm{d}x^2+\mathrm{d}y^2+\mathrm{d}z^2}}{\mathrm{d}t} = \sqrt{\dot{x}^2+\dot{y}^2+\dot{z}^2}$$

可见,用自然法求得的速度的大小与直角坐标法是一致的。

1.4.2 加速度

由式(1-13)对时间求一阶导数得动点的加速度

$$\boldsymbol{a}=\frac{\mathrm{d}\boldsymbol{v}}{\mathrm{d}t}=\frac{\mathrm{d}(v\boldsymbol{\tau})}{\mathrm{d}t}=\frac{\mathrm{d}v}{\mathrm{d}t}\boldsymbol{\tau}+v\frac{\mathrm{d}\boldsymbol{\tau}}{\mathrm{d}t}=\frac{\mathrm{d}^2s}{\mathrm{d}t^2}\boldsymbol{\tau}+v\frac{\mathrm{d}\boldsymbol{\tau}}{\mathrm{d}t} \tag{1-14}$$

下面先求解$\frac{\mathrm{d}\boldsymbol{\tau}}{\mathrm{d}t}$。

设$\boldsymbol{\tau}$和$\boldsymbol{\tau}'$分别为动点在t和$t+\Delta t$时刻所在位置的切线单位矢量，如图1-19所示，它们之间的夹角为$\Delta\varphi$，在这段时间间隔内，$\boldsymbol{\tau}$的增量为$\Delta\boldsymbol{\tau}=\boldsymbol{\tau}'-\boldsymbol{\tau}$，其大小为

$$|\Delta\boldsymbol{\tau}|=2|\boldsymbol{\tau}|\sin\frac{\Delta\varphi}{2}\approx 2\frac{\Delta\varphi}{2}=\Delta\varphi$$

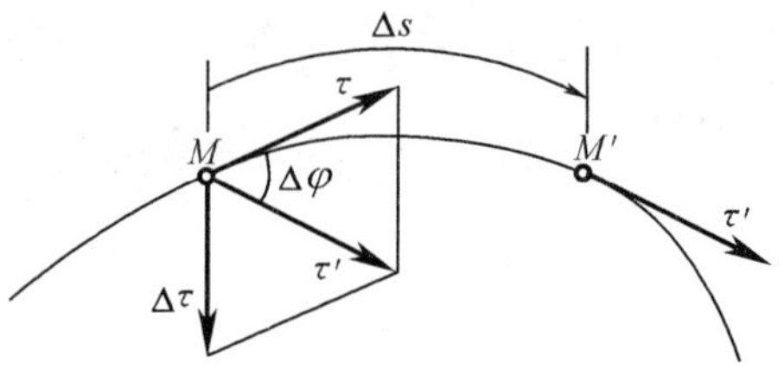

图1-19 M点的加速度示意图

于是

$$\frac{\mathrm{d}\boldsymbol{\tau}}{\mathrm{d}t}=\lim_{\Delta t\to 0}\frac{\Delta\boldsymbol{\tau}}{\Delta t}=\lim_{\Delta t\to 0}\left(\frac{\Delta\boldsymbol{\tau}\Delta s}{\Delta s\,\Delta t}\right)=\lim_{\Delta s\to 0}\frac{\Delta\boldsymbol{\tau}\mathrm{d}s}{\Delta s\,\mathrm{d}t}=v\lim_{\Delta s\to 0}\frac{\Delta\boldsymbol{\tau}}{\Delta s}$$

$\lim\limits_{\Delta s\to 0}\frac{\Delta\boldsymbol{\tau}}{\Delta s}$是一个矢量，其大小$\lim\limits_{\Delta s\to 0}\left|\frac{\Delta\boldsymbol{\tau}}{\Delta s}\right|=\lim\limits_{\Delta s\to 0}\left|\frac{\Delta\varphi}{\Delta s}\right|=\frac{1}{\rho}$，其方向与$\Delta\boldsymbol{\tau}$的极限方向一致。当$\Delta t\to 0$时，$\Delta s\to 0$，$\Delta\varphi\to 0$，$\Delta\boldsymbol{\tau}$与$\boldsymbol{\tau}$之间的夹角为$90°-\frac{1}{2}\Delta\varphi\to 90°$，可见$\frac{\mathrm{d}\boldsymbol{\tau}}{\mathrm{d}s}\perp\boldsymbol{\tau}$，且指向轨迹内凹的一侧，即指向曲线在该点处的曲率中心，从而其方向为$\boldsymbol{n}$，所以

$$\frac{\mathrm{d}\boldsymbol{\tau}}{\mathrm{d}t}=v\frac{1}{\rho}\boldsymbol{n} \tag{1-15}$$

把式(1-15)代入式(1-14)得

$$\boldsymbol{a}=\frac{\mathrm{d}^2s}{\mathrm{d}t^2}\boldsymbol{\tau}+\frac{v^2}{\rho}\cdot\boldsymbol{n} \tag{1-16}$$

可见，加速度$\boldsymbol{a}$由两个分量组成：分量$\frac{\mathrm{d}v}{\mathrm{d}t}\boldsymbol{\tau}$表明速度大小随时间的变化率，其方向永远沿着轨迹的切线，称为切向加速度，用$\boldsymbol{a}_\tau$表示；分量$\frac{v^2}{\rho}\boldsymbol{n}$表明速度方向随时间的变化率，由于$\frac{v^2}{\rho}$恒为正值，因此它的方向永远沿着主法线，并指向轨迹内凹一侧（即指向曲率中心），称为法向加速度，用$\boldsymbol{a}_n$表示，于是

$$a_n=\frac{v^2}{\rho},a_\tau=\frac{\mathrm{d}v}{\mathrm{d}t}=\frac{\mathrm{d}^2s}{\mathrm{d}t^2} \tag{1-17}$$

$\boldsymbol{a}_n=a_n\boldsymbol{n},\boldsymbol{a}_\tau=a_\tau\boldsymbol{\tau}$

$$\boldsymbol{a}=\boldsymbol{a}_n+\boldsymbol{a}_\tau=a_n\boldsymbol{n}+a_\tau\boldsymbol{\tau}=\frac{v^2}{\rho}\boldsymbol{n}+\frac{\mathrm{d}v}{\mathrm{d}t}\boldsymbol{\tau} \tag{1-18}$$

其中$\boldsymbol{a}_\tau$沿轨迹切线方向，$a_\tau>0$，$\boldsymbol{a}_\tau$与$\boldsymbol{\tau}$同向，反之则反向。此外我们还应注意，切向加速度是表示速度大小变化的，因此判断点做变速运动还是做匀速运动，要看切向加速度是否为零。$\boldsymbol{a}_\tau\equiv\boldsymbol{0}$时，$v$为常数，动点做匀速曲线运动；$\boldsymbol{a}_\tau\neq\boldsymbol{0}$时，动点必做变速曲线运动。至于运动是加速还是减速，则必须根据$\frac{\mathrm{d}s}{\mathrm{d}t}=v$，与$\frac{\mathrm{d}v}{\mathrm{d}t}=a_\tau$是同号还是异号来判断。与直线运动情况类

似，当 $\boldsymbol{a}_\tau$ 与 $\boldsymbol{v}$ 同向时，速度的绝对值增加，动点做加速运动；$\boldsymbol{a}_\tau$ 与 $\boldsymbol{v}$ 反向时，速度的绝对值减小，动点做减速运动。

如果 $\boldsymbol{a}_n=\boldsymbol{0}$，则意味着 $v=0$（点的瞬时速度等于零），或 $\rho=\infty$（点做直线运动）从而 $\boldsymbol{v}$ 的方向无变化。

根据加速度在自然轴上的投影，可知，点做曲线运动时，其加速度由两部分组成

$$\boldsymbol{a}=\boldsymbol{a}_\tau+\boldsymbol{a}_n$$

称 $\boldsymbol{a}$ 为动点的全加速度，如图 1－20 所示。其大小

$$a=\sqrt{a_n^2+a_\tau^2}$$

其方向

$$\tan(\boldsymbol{a},\boldsymbol{n})=\left|\frac{a_\tau}{a_n}\right|$$

当点做曲线运动时，全加速度 $\boldsymbol{a}$ 恒在由 $\boldsymbol{\tau}$ 和 $\boldsymbol{n}$ 所决定的密切面内，全加速度 $\boldsymbol{a}$ 在副法线 $\boldsymbol{b}$ 方向的分量（或投影）恒等于零。即 $\boldsymbol{a}_b=\boldsymbol{0}$（或 $a_b=0$）。

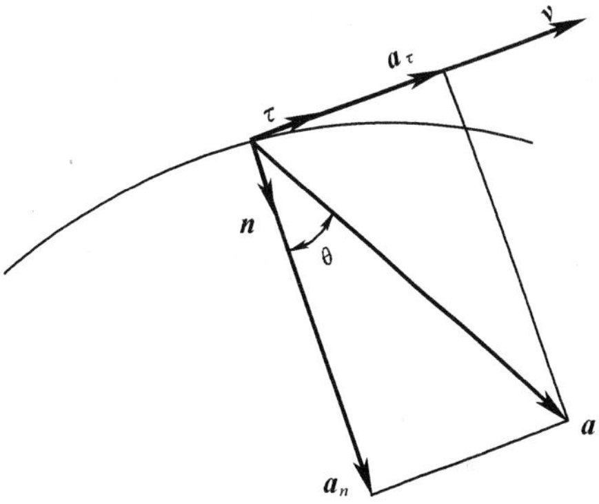

图 1－20　动点的加速度示意图

因此加速度在切线上的投影等于速度的代数值对时间的一阶导数，或等于弧坐标对时间的二阶导数；加速度在主法线上的投影等于速度大小的平方除以轨迹在该点的曲率半径；而加速度在副法线上的投影恒等于零。

根据前面所述，在点的运动问题中，如果已知运动方程，求点的速度和加速度时，归为求导数的问题；反之，如果知道速度或加速度，要求运动规律时，则归结为积分问题。积分常数由运动初始条件决定。现以匀速曲线运动与匀变速曲线运动为例说明如下。

1. 匀速曲线运动

在此情形下，$v=\dfrac{\mathrm{d}s}{\mathrm{d}t}=$ 常数，因此 $a_\tau=0$，而 $\boldsymbol{a}=\boldsymbol{a}_n=\dfrac{v^2}{\rho}\boldsymbol{n}$，即仅有表示速度方向改变的加速度。

由 $v=\dfrac{\mathrm{d}s}{\mathrm{d}t}$ 得

$$\mathrm{d}s=v\cdot\mathrm{d}t$$

设 $t=0$ 时，$s=s_0$，在任一瞬时 t，点的弧坐标为 s。将上式积分

$$\int_{s_0}^{s}\mathrm{d}s=\int_0^t v\mathrm{d}t$$

由于 v 为常量，得

$$s-s_0=vt$$

或

$$s=s_0+vt \tag{1-19}$$

上式即为匀速曲线运动时点的运动方程。

2. 匀变速曲线运动

在此情形下，$a_\tau=\dfrac{\mathrm{d}v}{\mathrm{d}t}=$ 常数。

由 $a_\tau=\dfrac{dv}{dt}$ 得

$$dv=a_\tau dt$$

设 $t=0$ 时，$v=v_0$；在瞬时 t，点的速度为 v。将上式积分

$$\int_{v_0}^{v}dv=\int_0^t a_\tau dt$$

由于 a_τ 为常量，得

$$v=v_0+a_\tau t \qquad (1-20)$$

将 $v=\dfrac{ds}{dt}$ 代入上式可得

$$\frac{ds}{dt}=v_0+a_\tau t$$

由此

$$ds=v_0dt+a_\tau tdt$$

设 $t=0$ 时，$s=s_0$，在瞬时 t，点的弧坐标为 s。将上式积分

$$\int_{s_0}^{s}ds=\int_0^t v_0dt+\int_0^t a_\tau tdt$$

得

$$s-s_0=v_0t+\frac{1}{2}a_\tau t^2$$

或

$$s=s_0+v_0t+\frac{1}{2}a_\tau t^2 \qquad (1-21)$$

(1－21)式即为匀变速曲线运动的运动方程。

由式(1－20)和式(1－21)消去时间 t 可得

$$v^2=v_0^2+2a_\tau(s-s_0) \qquad (1-22)$$

式(1－20)至式(1－22)就是匀变速曲线运动的三个常用公式。同理可推得匀变速直线运动的三个常用公式。在此情形下，要注意 $a=a_\tau$ 这一条件。

$$v=v_0+at \qquad (1-23)$$

$$x=x_0+v_0t+\frac{1}{2}at^2 \qquad (1-24)$$

$$v^2=v_0^2+2a(x-x_0) \qquad (1-25)$$

例1－12　摇杆滑道机构如图1－21所示，滑块 M 同时在固定圆弧槽 BC 中和在摇杆 OA 的滑道中滑动。BC 弧的半径为 R，摇杆 OA 的转轴在 BC 弧所在的圆周上。摇杆绕 O 轴以匀角速度 ω 转动，当运动开始时，摇杆在水平位置。试求：(1)滑块 M 相对于 BC 弧的速度和加速度；(2)滑块 M 相对于摇杆的速度和加速度。

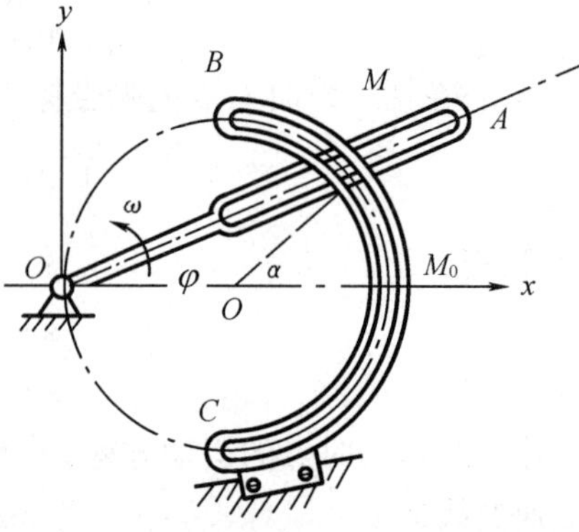

图1－21　例1－12图

解：(1)先求滑块 M 相对于圆弧 BC 的速度和加速度。

BC 弧固定，故滑块 M 的运动轨迹已知，宜用自然法求解。

以 M 点的起始位置 M_0 为原点，逆时针方向为正向，由例 1－7 知 M 点的运动方程为

$$s=2R\omega t$$

则 M 点的速度为

$$v=\frac{ds}{dt}=2R\omega$$

方向沿其所在位置的圆弧的切线方向。

其加速度为

$$a_\tau=\frac{dv}{dt}=0,a_n=\frac{v^2}{R}=4R\omega^2$$

因此

$$a=a_n=4R\omega^2$$

以上结果说明，滑块 M 沿圆弧作匀速圆周运动，其加速度的大小为 $4R\omega^2$，方向指向圆心 O_1。

（2）再求滑块 M 相对于 OA 杆的速度和加速度。

将参考系 Ox' 固定在 OA 杆上，此时，滑块 M 在 OA 杆上做直线运动，其轨迹是已知的 OA 直线。M 点的相对于 OA 杆的运动方程为

$$x'=OM=2R\cos\varphi=2R\cos\omega t$$

其相对于 OA 杆的速度为

$$v_r=\frac{dx'}{dt}=-2R\omega\sin\omega t$$

其方向沿 OA 且与 x' 正向相反。

其相对于 OA 杆的加速度为

$$a_r=\frac{dv_r}{dt}=-2R\omega^2\cos\omega t$$

其方向沿 OA 指向 x' 负向。

可见，在不同的参考系上，观察同一个点的运动，所得到的速度、加速度是不同的。

例 1－13　半径为 r 的轮子可绕水平轴 O 转动，轮缘上绕以不能伸缩的绳索，绳的下端悬挂一物体 A，如图 1－22 所示。设物体按 $x=\frac{1}{2}ct^2$ 的规律下落，其中 c 为一常量。求轮缘上一点 M 的速度和加速度。

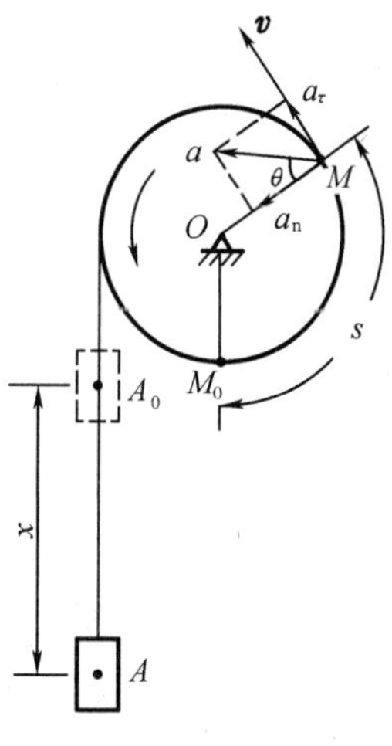

图 1－22　例 1－13 图

解：M 点的轨迹显然是半径为 r 的圆周。设物体在位置 A_0 时 M 点的位置在 M_0，以 M_0 为原点，考虑到绳不能伸缩，可知弧坐标为

$$s=\widehat{M_0M}=x=\frac{1}{2}ct^2 \qquad (a)$$

这就是用自然法表示的 M 点的运动方程。于是可按自然法来求 M 点的速度和加速度。

由式(1－13)可求出 M 点的速度 $\boldsymbol{v}$ 的大小

$$v=\frac{ds}{dt}=ct \qquad (b)$$

$\boldsymbol{v}$ 的方向沿轨迹的切线并朝向运动前进的一方，如图 1－22 所示。

再由式(1-17)可求出 M 点的切向和法向加速度的大小分别为

$$a_\tau=\frac{\mathrm{d}v}{\mathrm{d}t}=c,a_n=\frac{v^2}{\rho}=\frac{(ct)^2}{r} \tag{c}$$

$\boldsymbol{a}_\tau$ 和 $\boldsymbol{a}_n$ 的方向如图 1-22 所示。总加速度 $\boldsymbol{a}$ 的大小和方向可确定如下:

$$a=\sqrt{a_\tau^2+a_n^2}=\sqrt{c^2+\frac{c^4t^4}{r^2}}=c\sqrt{1+\frac{c^2t^4}{r^2}}$$

$$\tan\theta=\frac{a_\tau}{a_n}=\frac{c}{\frac{c^2t^2}{r}}=\frac{r}{ct^2}$$

例 1-14 汽车沿公路 ABC 做匀减速运动行驶,如图 1-23 所示,在 A 点时 $v_A=100$ km/h,$a_A=3$ m/s²,行经 $s=120$ m 后,到达 C 点,此时 $v_C=50$ km/h,$\rho_C=150$ m。试计算 A 点的曲率半径 ρ_A,拐点 B 的全加速度和 C 点的全加速度。

解:汽车的尺寸同轨迹相比很小,因此我们可以将汽车作为一个点看待。根据题意,汽车做匀减速运动,故可应用匀变速曲线运动的三个常用公式来求解。

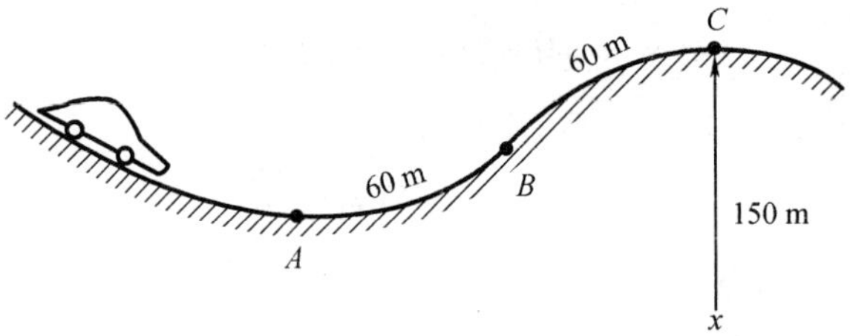

图 1-23 例 1-14 图

先计算切向加速度

$$v_A=100\ \text{km/h}=\frac{100\times1000}{3600}=27.78\ \text{m/s}$$

$$v_C=50\ \text{km/h}=\frac{50\times1000}{3600}=13.89\ \text{m/s}$$

根据公式 $$v_C^2=v_A^2+2a_\tau s$$

故

$$a_\tau=\frac{1}{2s}(v_C^2-v_A^2)$$

$$=\frac{1}{2\times120}[13.89^2-27.78^2]=-2.41\ \text{m/s}^2$$

再计算 A 点的曲率半径 ρ_A。

$$a_A^2=a_\tau^2+a_n^2$$

如图 1-24(a)所示,将 $a_A=3$ m/s²,$a_\tau=-2.41$ m/s² 代入上式,即可得

$$a_n^2=3^2-(-2.41)^2=3.19,a_n=1.78\ \text{m/s}^2$$

因 $$a_n=\frac{v_A^2}{\rho_A}$$

故 $$\rho_A=\frac{v_A^2}{a_n}=\frac{27.78^2}{1.78}=432\ \text{m}$$

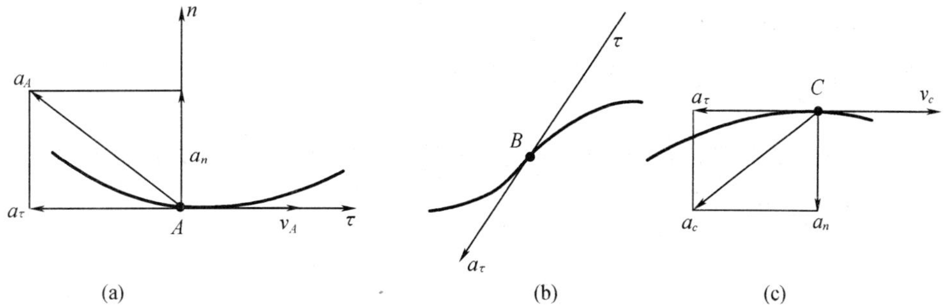

图 1－24　点 A,B,C 的加速度示意图

计算拐点 B 的全加速度 a_B

因 B 点的曲率半径是无穷大,故 $a_n=0$,因而得

$$a_B=a_\tau=-2.41\ \text{m/s}^2,\text{如图 1－24(b)}$$

最后计算 C 点的全加速度 a_C

$$a_n=\frac{v_C^2}{\rho_C}=\frac{13.89^2}{150}=1.29\ \text{m/s}^2$$

$$a_C=\sqrt{a_n^2+a_\tau^2}=\sqrt{1.29^2+(-2.41)^2}=2.73\ \text{m/s}^2,\text{如图 1－24(c)。}$$

通过以上例题的分析,求解点的运动问题的方法和步骤大致如下:

(1)根据题意分析点的运动情况,选择适当的运动表示法,运用弧坐标能够方便地描述点在轨迹上的位置,然而,为了描述点的速度和加速度,弧坐标就不够用了,需要引用自然轴系,自然轴系是与轨迹的几何特性联系在一起的坐标系,当点的运动轨迹已知时,运用自然轴系来描述点的速度,加速度比较简单,当点的运动轨迹未知时,运用直角坐标来描述则比较方便。

(2)如果要求运动方程,则应根据题意来建立。要注意在建立运动方程时,须将动点放在任意瞬时的位置。

(3)如果已知运动方程,则运用求导数的方法求出动点的速度和加速度在各坐标轴上的投影。

(4)当已知动点的加速度,需求点的运动方程时,则根据动点的起始条件,运用积分法求解。

思　考　题

一、判断题

1. 已知直角坐标描述的点的运动方程为 $x=f_1(t)$,$y=f_2(t)$,$z=f_3(t)$,则任一瞬时点的速度、加速度即可确定。(　　)

2. 一动点如果在某瞬时的法向加速度等于零,而其切向加速度不等于零,尚不能决定该点是做直线运动还是做曲线运动。(　　)

3. 点作曲线运动时,下述说法是否正确:

(1)若切向加速度为正,则点做加速运动。(　　)

(2)若切向加速度与速度符号相同,则点做加速运动。(　　)

(3)若切向加速度为零,则速度为常矢量。(　　)

4. 在实际问题中,只存在加速度为零而速度不为零的情况,不存在加速度不为零而速度为零的情况。(　　)

5. 在下图中皮带传动机构中,设皮带既不伸长也不打滑。则在 A 处皮带上的点与轮子上 B 处的点加速度相同。(　　)

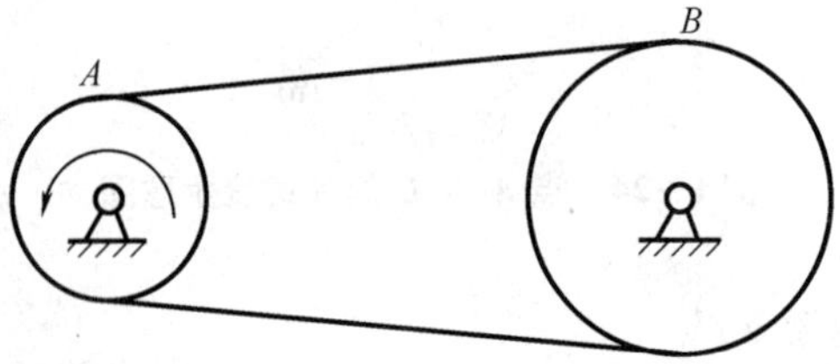

二、选择题

1. 点的加速度在副法线上的投影(　　)。

A. 可能为零　　B. 一定为零　　C. 一定不为零

2. 已知某点的运动方程为 $s = a + bt$(a,b 为常数),则点的轨迹为(　　)。

A. 直线　　B. 曲线　　C. 不能确定

3. 点做直线运动时,若某瞬时速度为零,则此瞬时加速度(　　)。

A. 必为零　　B. 不一定为零　　C. 必不为零

4. 点在地球表面沿经线圈做匀速运动,已知点的速度大小为 v,地球半径为 R,则点的加速度(　　)等于 v^2/R,方向(　　)指向球心。

A. 一定　　B. 不一定　　C. 一定不

三、填空题

1. 速度是描述点运动________的物理量。

2. 点在运动过程中,在下列条件下,各做何种运动?

①$a_\tau = 0, a_n = 0$(答):________;

②$a_\tau \neq 0, a_n = 0$(答):________;

③$a_\tau = 0, a_n \neq 0$(答):________;

④$a_\tau \neq 0, a_n \neq 0$(答):________。

3. 在曲线运动中,动点所走过的路程是它在某一时间间隔内沿轨迹所走过的弧长,其值与坐标原点的位置________。

4. 动点沿曲线运动,在 t 时刻位于 M 点,弧坐标为 s;经过 Δt 后,点运动到 M 处,弧坐标增量为 Δs,位移为 MM',则 Δt 内点的平均速度 $V' =$ ________。

5. 已知点的运动方程为 $x = 3t^2$,$y = t^2$,则点的轨迹方程为________。

习　　题

1－1　动点在某瞬时的速度和加速度的几种情况如题 1－1 图所示,试指出哪几种是运动中可能出现的,哪几种是不可能出现的,并说明不可能的理由。

答案:略。

1－2　点 P 沿螺线自外向内运动。它走过的弧长与时间的一次方成正比。试问该点的速度是越来越快，还是越来越慢？加速度是越来越大，还是越来越小？见题 1－2 图。

答案：略。

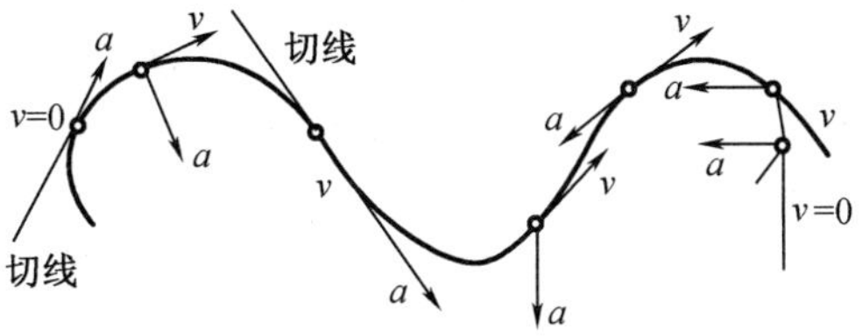

题 1－1 图

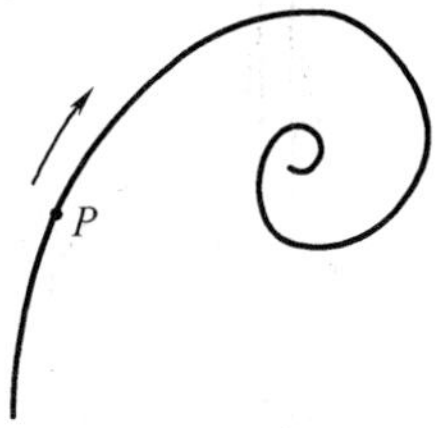

题 1－2 图

1－3　质点沿着直线运动，其位置由 $s=(0.4t^3-16t^2+3)$ mm 确定，t 的单位为秒。从 $t=0$ 开始，求：(a) 速度降到零时，所需时间和质点所走的路程；(b) 加速度为零时，时间是多少？

答案：(a)26.7 s，3792.6 mm，(b)13.3 s。

1－4　如题 1－4 图所示雷达在距离发射台为 l 的 O 处观测垂直上升的火箭发射，测得角 θ 的规律为 $\theta=kt$（k 为常量）。试求火箭的运动方程，并计算当 $\theta=\pi/6$ 时火箭的速度和加速度。

答案：$y=l\tan kt$，$v=\dfrac{4}{3}kl$，$a=\dfrac{8\sqrt{3}}{9}k^2l$。

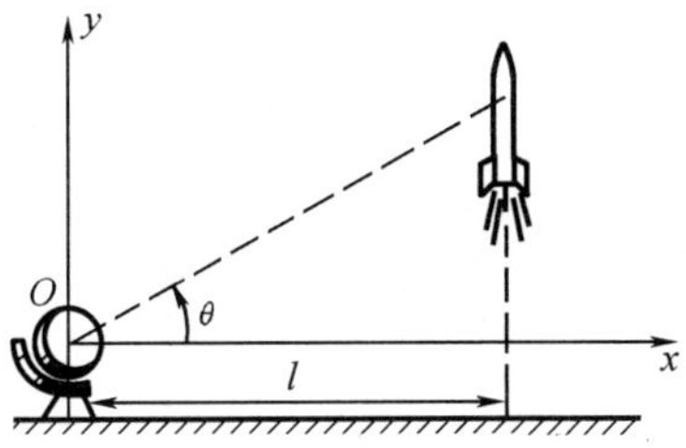

题 1－4 图

1－5　偏心轮半径为 r，转动轴到轮心的偏心距 $OC=d$，坐标轴 Ox 如题 1－5 图所示。求杆 AB 的运动方程，已知 $\varphi=\omega t$，ω 为常量。

答案：$x=d\cos\omega t+\sqrt{r^2-d^2\sin^2\omega t}$。

1－6　图示缆绳一端系在小船上，另一端跨过小滑轮被一小孩拉住。设小孩在岸上以匀速 $v_0=1$ m/s 向右行走，试求在 $\varphi=30°$ 的瞬时小船的速度。

答案：1.1547 m/s

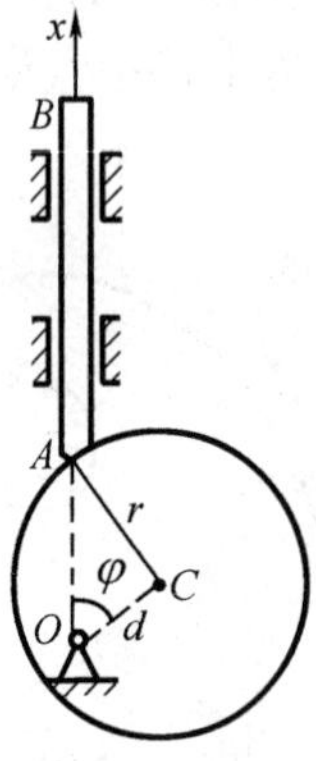

题 1－5 图

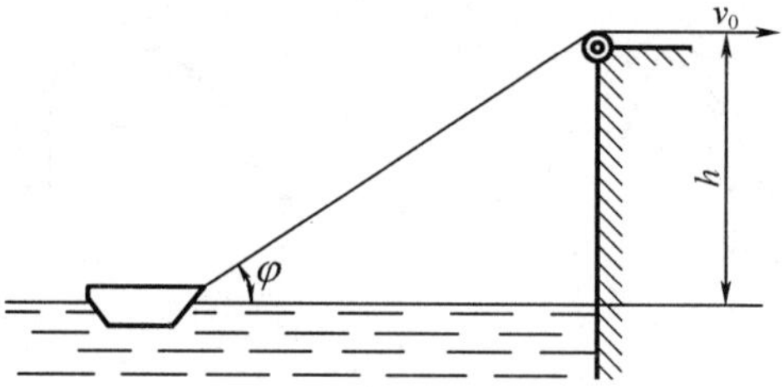

题 1－6 图

1－7　小环 M 由平移的丁字形杆 ABC 带动，沿曲线 $y^2=px$ 的轨道运动，已知杆 ABC 的速度 v 为常量，如题 1－7 图所示。试求小环 M 的速度和加速度的大小（表示为杆位移 x 的函数）。

答案：$v_M=v\sqrt{1+\frac{p}{4x}}$，$a_M=-\frac{v^2}{4x}\sqrt{\frac{2P}{x}}$。

1－8　人造卫星 s 以等速率为 20 Mm/h 围绕地球在一圆轨道上运行。若加速度的大小为 2.5 m/s^2，地球的直径为 12 713 km，求高度 h。

答案：5.99 Mm。

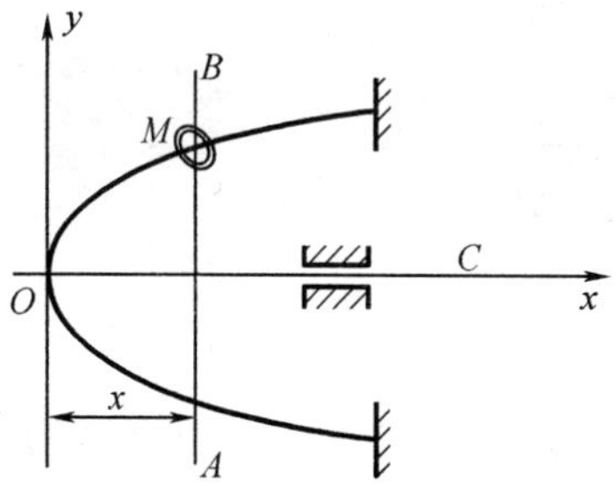

题 1－7 图

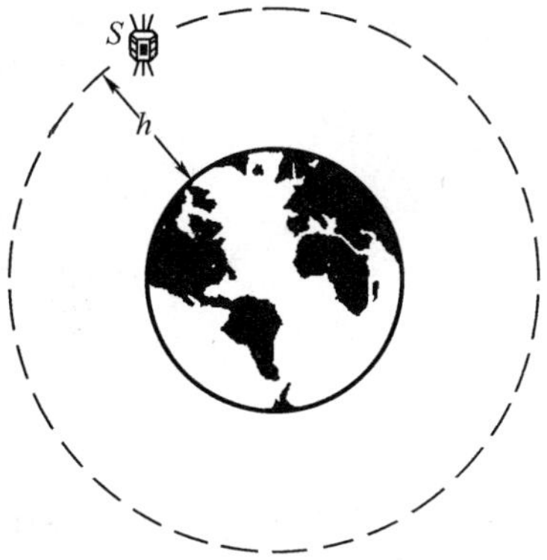

题 1－8 图

1－9　质点 P 以等速率 5 m/s 沿曲线 $y=(x^2-4)m$ 运动。求曲线上产生最大加速度的那一点的位置，并计算此加速度。

答案：50 m/s^2。

1－10　施工现场有一挖土机，在一段时间内在某一铅垂平面内运动，其铲子的运动规律 $r=8(1-\cos\theta)$（单位 m），如果在某一段时刻，$\theta=120^\circ$，$\dot{\theta}=2$ rad/s，$\ddot{\theta}=0.2$ rad/s^2。试求该瞬时铲子的速度和加速度的大小。

答案：$v=27.7$ m/s，$a=85.20$ m/s^2。

1－11　如题 1－11 图所示，OA 和 O_1B 两杆分别绕 O 和 O_1 轴转动，用十字形滑块 D 将两杆连接。在运动过程中，两杆保持相交成直角。已知：$OO_1=a$；$\varphi=kt$，其中 k 为常数。求滑块 D 的速度和相对于 OA 的速度。

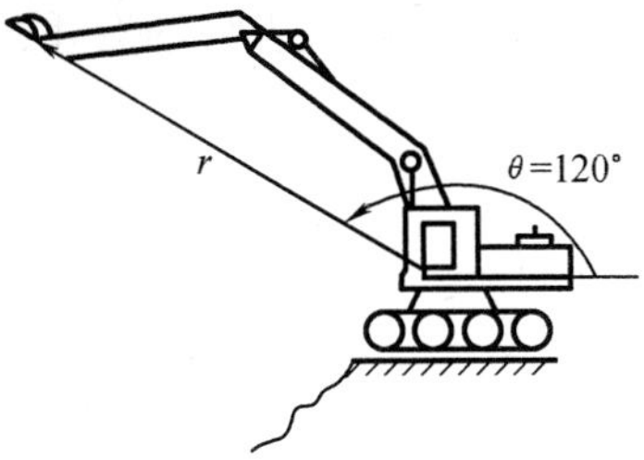

题 1－10 图

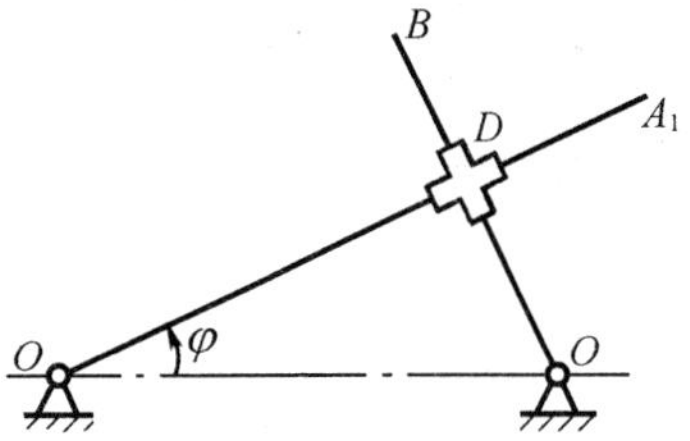

题 1－11 图

答案：$v=ak$，$v_\tau=-ak\sin kt$。

1－12　曲柄 OA 长 r，在平面内绕 O 轴转动，如题 1－12 图所示。杆 AB 通过固定于点 N 的套筒与曲柄 OA 铰接于点 A。设 $\varphi=\omega t$，杆 AB 长 $l=2r$，求点 B 的运动方程、速度和加速度。

答案：$x=r\cos\omega t+l\sin\dfrac{\omega t}{2}$，$y=r\sin\omega t-l\cos\dfrac{\omega t}{2}$；

$$v=\omega\sqrt{r^2+\frac{l^2}{4}-rl\sin\frac{\omega t}{2}}；a=\omega^2\sqrt{r^2+\frac{l^2}{16}-\frac{rl}{2}\sin\frac{\omega t}{2}}。$$

1－13　曲柄连杆机构中，曲柄 OA 以匀角速度 ω 绕 O 轴转动。已知 $OA=r$，$AB=l$，连杆上 M 点距 A 端长度为 b，开始时滑块 B 在最右端位置。求 M 点的运动方程和 $t=0$ 时的速度及加速度。

答案：$x=r\cos\omega t+b\sqrt{1-\dfrac{r^2}{l^2}\sin^2\omega t}$；

$$y=r\left(1-\frac{b}{l}\right)\sin\omega t；v=\left(1-\frac{b}{l}\right)r\omega；$$

$$\arccos(v,i)=\frac{\pi}{2}；a=r\omega^2+b\left(\frac{r\omega}{l}\right)^2；$$

$$\arccos(a,i)=\pi。$$

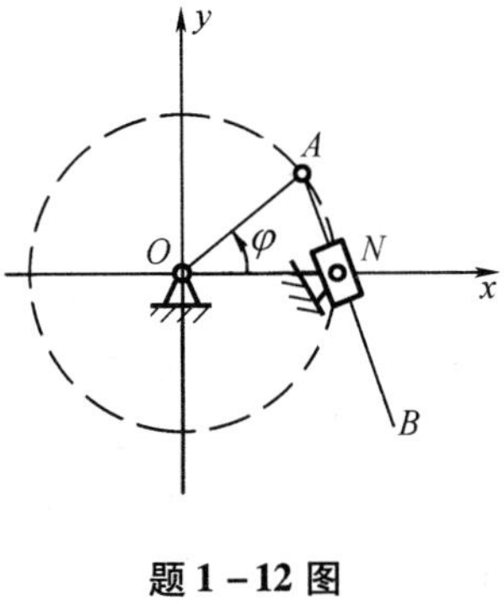

题 1－12 图

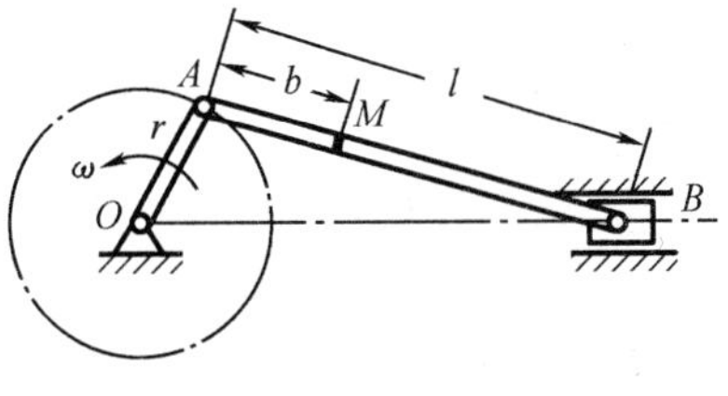

题 1－13 图

1－14 已知点的运动方程：$x=50t, y=500-t^2$，（y 单位为 m，t 单位为 s）。求当 $t=0$ 时，点的切向加速度、法向加速度及轨迹的曲率半径。

答案：$a_t=0, a_n=10\ \mathrm{m/s^2}, \rho=250\ \mathrm{m}$。

1－15 图示半圆形凸轮以匀速 $v_0=1\ \mathrm{cm/s}$ 向右作水平运动，带动活塞杆 AB 沿铅垂方向运动。$t=0$ 时，活塞杆 A 端在凸轮的最高点，凸轮半径 $R=8\ \mathrm{cm}$，试求杆端点 A 的运动方程和 $t=3\ \mathrm{s}$ 时的速度与加速度。

答案：$y_A=\sqrt{64-t^2}\ \mathrm{cm}$。

1－16 点 M 以匀速率 u 在直管 OA 内运动，直管 OA 又按 $\varphi=\omega t$ 规律绕 O 转动。当 $t=0$ 时，M 在 O 点，求其在任一瞬时的速度及加速度的大小。

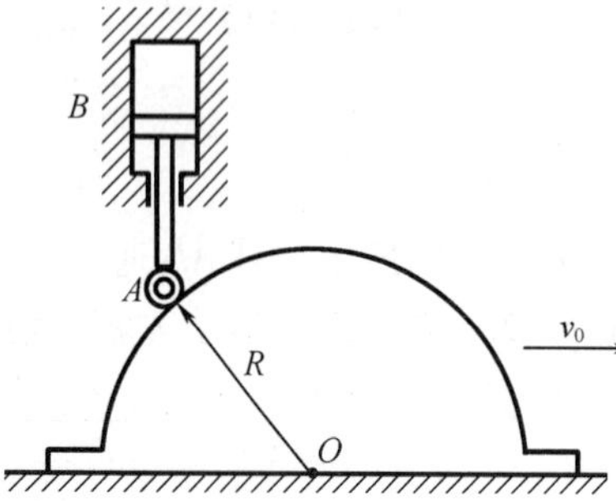

题 1－15 图

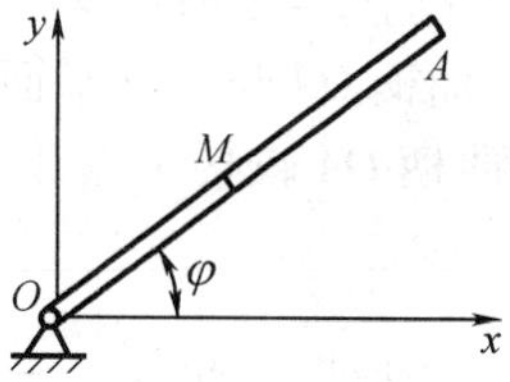

题 1－16 图

答案：$v=u\sqrt{(\omega t)^2+1}, a=u\omega\sqrt{(\omega t)^2+4}$。

1－17 一运动员在 A 处以与水平线成 30°角的方向将篮球投出，如图所示。试求能投中篮筐的出手速度 v_A 及球通过篮筐的速度 v_B。忽略球的尺寸。

答案：$v_A=12.36\ \mathrm{m/s}, v_B=11.11\ \mathrm{m/s}$

1－18 如题 1－18 图所示，分析和比较下面机构的运动：曲柄滑杆机构。曲柄 $OA=r$，$\varphi=\omega t$（ω 为常量）。固定在曲柄上的销钉 A 插在 T 形杆的滑槽中。曲柄转动时，通过销钉带动滑杆作往复直线运动。试求滑杆上一点的速度和加速度。

答案：$v=-r\omega\sin\omega t, a=-r\omega^2\cos\omega t$

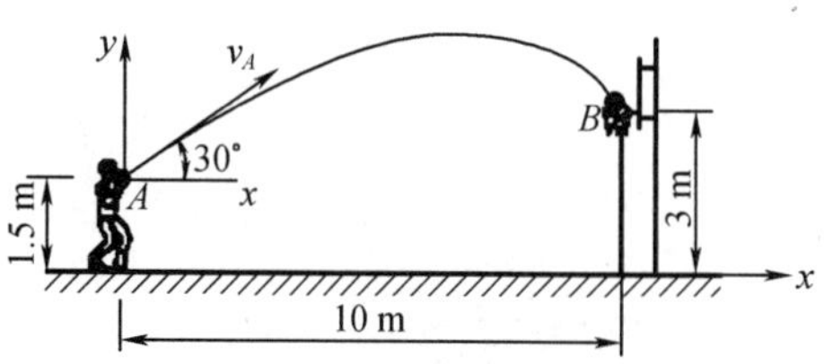

题 1－17 图

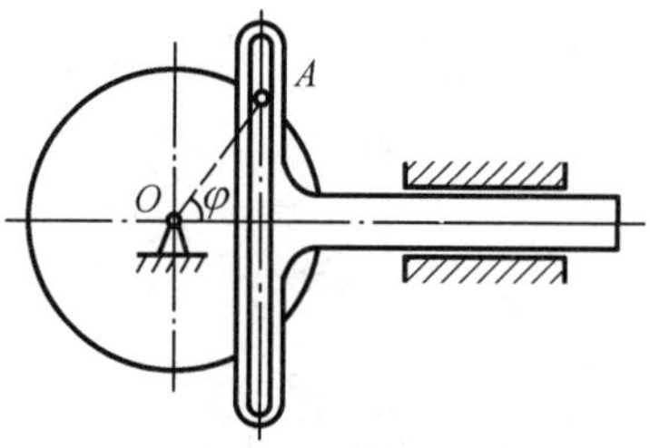

题 1－18 图

1－19 AB 杆以等角速度 ω 绕 A 轴转动，并带动套在水平杆 OC 上的小环 M 运动。开始时，AB 杆在铅垂位置。设 $OA=l$，试求：（1）小环 M 的速度方程；（2）小环 M 相对于 AB 杆运动的速度方程。

答案：(1) $v_{oc}=\dfrac{l\omega}{\cos^2\omega t}$(←)；(2) $v_{AB}=\dfrac{l\omega\sin\omega t}{\cos^2\omega t}$(斜向左上)。

1－20　摇杆滑道机构如题 1－20 图所示。滑块 M 同时在固定圆弧槽 BC 中和在摇杆 OA 的滑道中滑动。BC 弧的半径的 R，摇杆 OA 的转轴在 BC 弧所在圆周上。摇杆绕 O 轴以匀角速度 ω 转动，当运动开始时，摇杆在水平位置。试分别用直角坐标法和自然坐标法求滑块 M 的运动方程，并求其速度及加速度。

答案：$x=R(1+\cos2\omega t)$，$y=R\sin2\omega t$，$s=2R\omega t$，$v=2R\omega$，$a=4R\omega^2$。

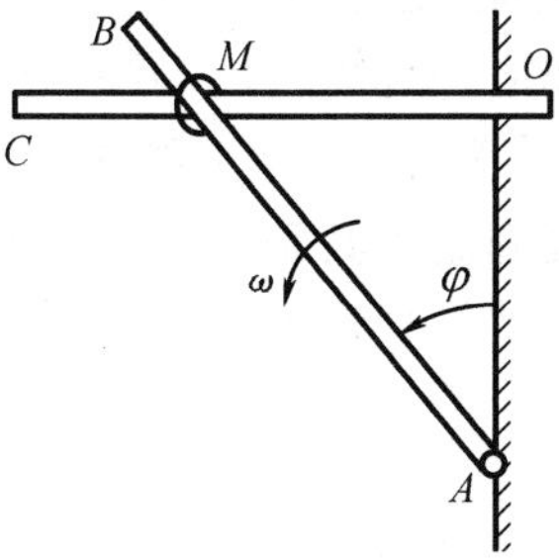

题 1－19 图

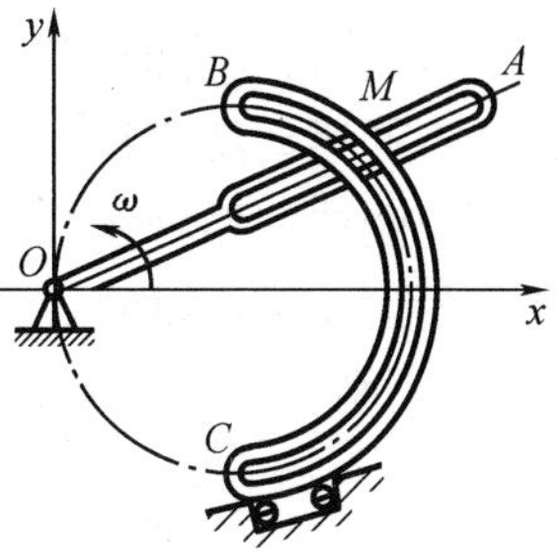

题 1－20 图

第 2 章　刚体的简单运动

上一章我们研究了个别点的运动,而运动着的刚体包含着无数个点,这些点的运动,一般说来,各不相同,具有不同的轨迹,不同的速度和加速度,但是它们都是刚体内的点,各点间的距离保持不变,因而各点的运动,点与刚体整体的运动存在着一定的联系,这就表明,在研究刚体的运动时,一方面要研究其整体的运动特征和运动规律;另一方面还要讨论组成刚体的各个点的运动特征和运动规律,揭示刚体内各点运动与整体运动的联系。

本章先研究刚体的两种最简单的运动:平行移动和绕固定轴转动。以后还可以看到,刚体的更复杂的运动都可以看成这两种运动的合成,因此这两种运动,也称为刚体的基本运动,它们是研究刚体的复杂运动的基础。

2.1　刚体的平动

车辆直线行驶时车厢的运动,机车平行杆 AB 的运动(图 2 - 1),刀架在车床导轨上的运动,电梯的升降运动等常见运动,有这样一个共同的特征:在运动过程中,这些物体上任意两点的连线的方位都始终保持不变,具有这种特征的刚体运动,称为刚体的平行移动,简称平动。

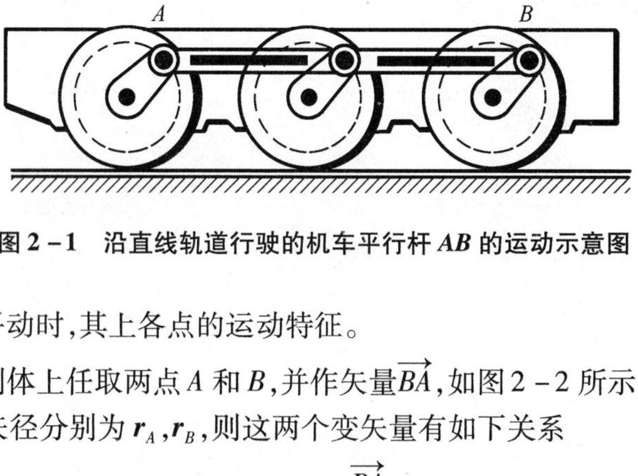

图 2 - 1　沿直线轨道行驶的机车平行杆 *AB* 的运动示意图

现在研究刚体平动时,其上各点的运动特征。

设在作平动的刚体上任取两点 A 和 B,并作矢量$\overrightarrow{BA}$,如图 2 - 2 所示,从空间任意固定点 O 到 A 点和 B 点的矢径分别为 $\boldsymbol{r}_A$,$\boldsymbol{r}_B$,则这两个变矢量有如下关系

$$\boldsymbol{r}_A = \boldsymbol{r}_B + \overrightarrow{BA} \tag{2-1}$$

把(2 - 1)式对时间 t 求导数,并注意到在刚体平动时,其体内任一有向线段$\overrightarrow{BA}$的长度和方向都不改变。因而

$$\frac{\mathrm{d}(\overrightarrow{BA})}{\mathrm{d}t} = 0$$

故得

$$\frac{\mathrm{d}\boldsymbol{r}_A}{\mathrm{d}t} = \frac{\mathrm{d}\boldsymbol{r}_B}{\mathrm{d}t}$$

即

$$\boldsymbol{v}_A = \boldsymbol{v}_B \tag{2-2}$$

将(2 - 2)式对时间再求一次导数,有:

$$\frac{\mathrm{d}\boldsymbol{v}_A}{\mathrm{d}t}=\frac{\mathrm{d}\boldsymbol{v}_B}{\mathrm{d}t}$$

即

$$\boldsymbol{a}_A=\boldsymbol{a}_B \tag{2-3}$$

在图 2-2 中,设 AB,A_1B_1,A_2B_2……表示刚体内一条直线段在瞬时 $t,t+\Delta t,t+2\Delta t$……的位置,则能得出,折线 $AA_1A_2\cdots$ 和 $BB_1B_2\cdots$的对应边都相等且平行,这两根折线形状相同,当 $\Delta t\to 0$ 时,两根折线分别趋近于 A 点和 B 点的轨迹曲线。由此可见,A,B 两点的轨迹平行且形状完全相同。A,B 两点的位移平行且相等。

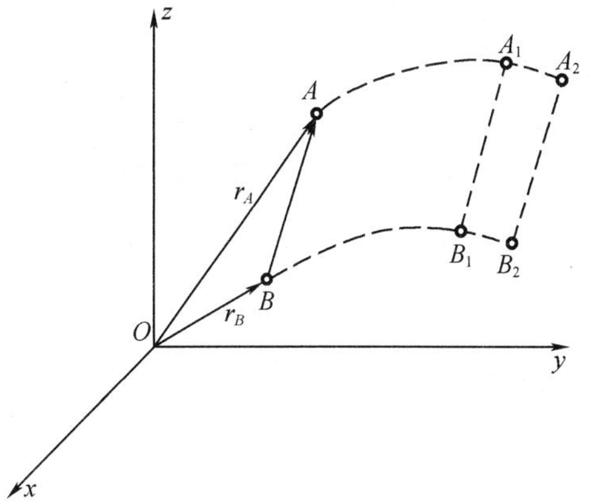

图 2-2　平动刚体上任意直线 AB 的运动示意图

综上所述,刚体平动时,其上各点的轨迹、位移都相同,且每瞬时,各点具有相同的速度和相同的加速度,因此对于做平动的刚体,只需确定出刚体内某一点的运动规律,就可以知道其上任一点的运动规律,也就确定了整个刚体的运动规律,即刚体的平动问题,可以归结为点的运动问题来研究,即把平动刚体视为一个动点。

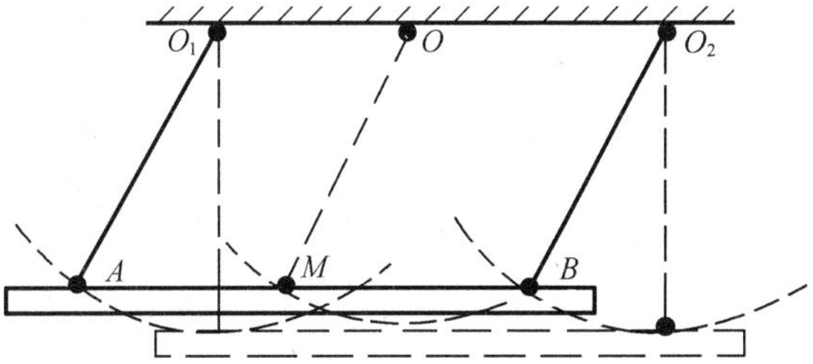

图 2-3　荡木 AB 的运动

值得注意的是平动刚体内的点不一定沿直线运动,也不一定保持在平面内运动,就是说,它的轨迹可以是任意的空间曲线,所以平动又分为直线平动和曲线平动两种。如电梯的升降运动为直线平动,荡木 AB 的运动则为曲线平动(图 2-3),其中 A,B,M 各点均围绕着各自的圆心 O_1,O_2,O 作圆周运动。

例 2-1　在图 2-4(a)中,平行四连杆机构在图示平面内运动。$O_1A=O_2B=0.2\ \mathrm{m}$,$O_1O_2=AB=0.6\ \mathrm{m}$,$AM=0.2\ \mathrm{m}$,如 O_1A 按 $\varphi=15\pi t$ 的规律转动,其中 φ 以 rad,t 以 s 计。试求:当 $t=0.8$ s 时,M 点的速度与加速度。

解:在运动过程中,AB 杆始终与 O_1O_2 平行。因此,AB 杆为平移,O_1A 为定轴转动。根据平移的特点,在同一瞬时,M,A 两点具有相同的速度和加速度。A 点作圆周运动,它的运动规律为

$$s=O_1A\cdot\varphi=3\pi t(\mathrm{m})$$

所以

$$v_A=\frac{\mathrm{d}s}{\mathrm{d}t}=3\pi(\mathrm{m/s})$$

$$a_A^{\tau}=\frac{\mathrm{d}v}{\mathrm{d}t}=0$$

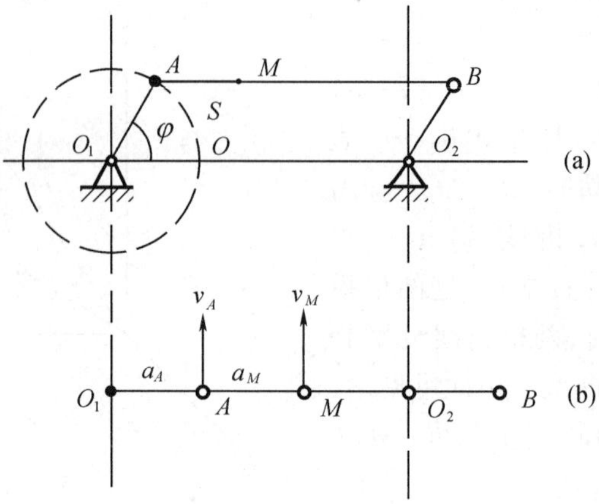

图 2－4　例 2－1 图

$$a_A^n = \frac{v_A^2}{O_1A} = \frac{9\pi^2}{0.2} = 45\pi^2(\mathrm{m/s^2})$$

为了表示 v_M,a_M 的方向,需确定 $t=0.8$ s 时,AB 杆的瞬时位置。$t=0.8$ s 时,$s=2.4\pi(\mathrm{m})$,$O_1A=0.2(\mathrm{m})$,$\varphi=2.4\pi/0.2=12\pi(\mathrm{rad})$,$AB$ 杆正好第 6 次回到起始的水平位置 O 点处,v_M,a_M 的方向如图 2－4(b)所示。

例 2－2　半径为 R 的半圆盘在 A,B 处与曲柄 O_1A 和 O_2B 铰接(图 2－5(a))。已知 $O_1A=O_2B=l=4$ cm,$O_1O_2=AB$,曲柄 O_1A 的转动规律 $\varphi=4\sin\frac{\pi}{4}t$,其中 t 为时间,单位以 s 计。试求当 $t=0$ 和 $t=2$ s 时,半圆盘上 M 点的速度和加速度,以及半圆盘的角速度 ω_{AB}。

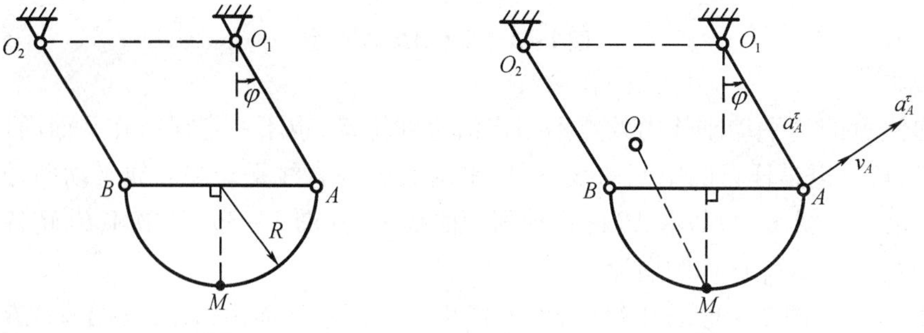

图 2－5　例 2－2 图

解:因为半圆盘做平动,所以其上各点的运动轨迹相同,且速度、加速度相等。

故任一瞬时 M 点的速度 v_M、加速度 a_M 分别为(图 2－5(b))

$$v_M = v_A = l\dot{\varphi} = 4\pi\cos\frac{\pi}{4}t \tag{1}$$

$$a_M^n = a_A^n = l\dot{\varphi}^2 = 4\pi^2\cos^2\frac{\pi}{4}t \tag{2}$$

$$a_M^\tau = a_A^\tau = l\ddot{\varphi} = -\pi^2\sin\frac{\pi}{4}t \tag{3}$$

将 $t=0$ 代入以上三式,得此瞬时

$v_M=4\pi$ cm/s,方向水平向右

$a_M^\tau=0$,$a_M=a_M^n=4\pi^2$ cm/s^2,方向铅直向上

将 $t=2$s 代入式(1)、(2)、(3),得此瞬时

$v_M=0$,$a_M^n=0$,$a_M=a_M^\tau=-\pi^2$,方向垂直于 AO_1 斜向右上方

因为半圆盘作平动,所以其角速度为 $\omega_{AB}=0$。

讨论:

(1)求解此类问题,正确判断做平动的刚体很重要,如本题中的半圆盘是做曲线平动,而非定轴转动。

(2)因为半圆盘做平动,所以盘上各点的运动应与 A 点相同,它们均做半径为 $l=4$ cm 的变速圆周运动。不过,各点都有各自的曲率中心,在同一瞬时,各点的曲率半径是相互平行的。例如任一瞬时半圆盘上 M 点做匀变速圆周运动的曲率中心就在图 2-5(b)的 O 点,且 $OM \underline{\underline{/\!/}} AO_1$。

2.2　刚体绕固定轴的转动,角速度矢量及角加速度矢量

在日常生活和工程实际中所遇到的另一种常见的刚体简单运动是刚体绕固定轴的转动,如绕着固定轴开闭的门窗,车床上的传动齿轮,电机的转子,机器上的飞轮等的运动有共同的特点:在运动的过程中,刚体内部或其扩大部分内有一条始终固定不动的直线,这种运动称为刚体绕固定轴的转动,简称定轴转动。这条固定不动的直线称为转轴。所谓扩大部分的意思是说,刚体绕之转动的轴不一定在刚体内部,它也可能在刚体外部。因此,这种运动的特点是:刚体内部或其扩大部分内有一直线或两个点固定不动;而刚体上不在转轴上的其他各点分别在与转轴垂直的平面内做着各自的圆周(或圆弧)运动。

对于定轴转动的刚体,由于其上各点的运动并不完全相同,因此,既要研究刚体的整体运动,又要确定其上各点的运动,这一节先讨论定轴转动刚体的整体运动,下一节将讨论转动刚体上任一点的运动。

2.2.1　转动方程

设刚体绕固定轴 z 转动,如图 2-6 所示,先选一通过转动刚体转轴的固定平面 Q,再选一个通过转轴而与刚体固接在一起,随刚体一起转动的动平面 P,为简单起见,通常选初瞬时($t=0$),Q 与 P 平面重合,则随着刚体的转动,刚体在任一瞬时的状态,可由固定平面 Q 和动平面 P 间的夹角 φ 来确定,φ 称为刚体的转角。

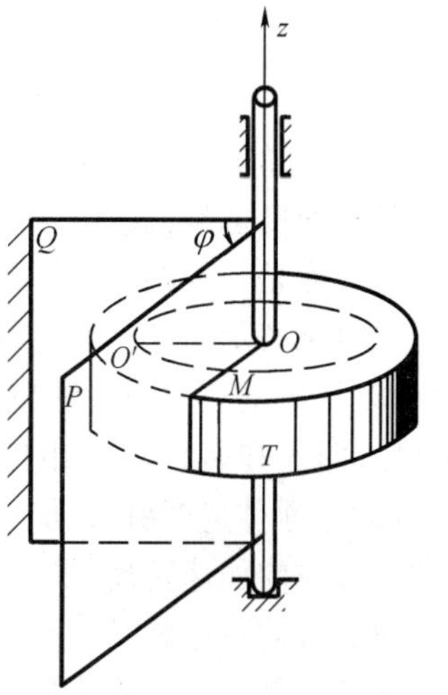

图 2-6　刚体绕固定轴转动示意图

转角 φ 是一个代数量,它确定了刚体的位置,它的符号规定如下:取拇指方向与 z 轴正向一致,按右手螺旋定则来确定 φ 的正负,即从转轴 z 正向看刚体,逆时针的 φ 为正,反之为负。

转角 φ 的单位是弧度(rad)。

当刚体绕定轴 z 转动时，转角 φ 随时间而变化，是时间 t 的单值连续函数

$$\varphi=\varphi(t) \tag{2-4}$$

它反映了刚体转动的规律，称之为刚体绕固定轴转动时的转动方程，转角 φ 的变化量 $\Delta\varphi$ 称为刚体的角位移。

2.2.2 角速度

为了描述刚体转动的快慢，我们引进角速度的概念，设 t 和 $t+\Delta t$ 瞬时的转角分别为 φ 和 $\varphi+\Delta\varphi$，则在 Δt 时间间隔内，转角的增量为 $\Delta\varphi$，而 $\frac{\Delta\varphi}{\Delta t}$ 就是刚体在 Δt 时间间隔内的平均角速度。

当 $\Delta t\to 0$ 时，平均角速度成为瞬时角速度

$$\omega=\lim_{\Delta t\to 0}\frac{\Delta\varphi}{\Delta t}=\frac{\mathrm{d}\varphi}{\mathrm{d}t}=\dot{\varphi} \tag{2-5}$$

用 ω 表示转动刚体的瞬时角速度，简称角速度。即转动刚体的角速度，等于其转角方程对时间的一阶导数，角速度也是代数量，其符号规定与转角 φ 相同，迎着 Z 轴正向看，逆时针方向转动的角速度 ω 为正，反之为负。

角速度的单位是“弧度/秒”(rad/s)。

在工程问题中，也常用“转速”来表示刚体转动的快慢，转速 n 表示每分钟的转数，其单位是“转/分”(r/min)。转数 n 与角速度 ω 的关系是

$$\omega=\frac{2n\pi}{60}=\frac{n\pi}{30}\approx 0.1n$$

2.2.3 角加速度

为了描述角速度随时间变化的快慢，我们引进角加速度的概念，在瞬时 t 和 $t+\Delta t$ 时刻，刚体的角速度分别为 ω 和 $\omega+\Delta\omega$，则与推导角速度类似，我们可得到平均角加速度 $\frac{\Delta\omega}{\Delta t}$，

当 $\Delta t\to 0$ 时，$\frac{\Delta\omega}{\Delta t}$ 取得极限，就是转动刚体的瞬时角加速度，简称角加速度，用 α 表示，则

$$\alpha=\lim_{\Delta t\to 0}\frac{\Delta\omega}{\Delta t}=\frac{\mathrm{d}\omega}{\mathrm{d}t}=\ddot{\varphi}=\dot{\omega} \tag{2-6}$$

即转动刚体的角加速度等于其角速度对时间的一阶导数，也等于其转角方程对时间的二阶导数。角加速度也是代数量，它的大小代表角速度瞬时变化率的大小，其符号规定与转角的符号规定也是一致的，迎着转轴的正向看，α 是逆时针转向时为正，顺时针转向时为负。它的正负号则表示角速度变化的方向，但应注意，角加速度 α 的转向并不能表示刚体转动的方向，仅从 α 的符号也无法判断刚体是做加速转动还是做减速转动。必须同时考虑 α 和 ω 的符号，即 α 和 ω 同号时，刚体做加速转动；α 和 ω 异号时，刚体做减速转动。例如，ω 为正值时(表示刚体逆时针转动)，如果 α 也为正值，则 $\Delta\omega>0$，刚体的角速度增大了，因此刚体按逆时针方向加速转动；如果这时 α 为负值，可知 $\Delta\omega<0$，刚体的角速度减小了，因此刚体按逆时针方向减速转动。而当 $\alpha=0$ 时，说明刚体做匀角速度转动，当 α 为常量时，刚体做匀角加速度转动，这时其公式与质点匀加速直线运动时的公式(1-23)、(1-24)和(1-25)相似。

在国际单位制中，角加速度的单位是“弧度/秒^2”（rad/s^2）或写成 1/秒^2（1/s^2）。

例 2-3　卷扬机的鼓轮绕固定轴 O 逆时针转动如图 2-7 所示。启动时的转动方程为 $\varphi = t^3$（rad），其中 t 以秒计。试计算 $t=2$（s）时鼓轮转过的圈数、角速度及角加速度。

解：由于鼓轮的转动方程已知，可直接应用公式求解。故将 $t=2$（s）代入转动方程即可得转角为

$$\varphi = t^3 = 8(\text{rad})$$

所以圈数 $N = 8/2\pi = 1.27$ 圈。

由式（2-5）及（2-6）求角速度及角加速度：

$$\omega = \frac{\mathrm{d}\varphi}{\mathrm{d}t} = \frac{\mathrm{d}}{\mathrm{d}t}(t^3) = 3t^2$$

$$\alpha = \frac{\mathrm{d}\omega}{\mathrm{d}t} = \frac{\mathrm{d}}{\mathrm{d}t}(3t^2) = 6t$$

由于 α 随时间 t 而变，鼓轮作变速转动，将 $t=2$（s）之值代入得

$$\omega = 3 \times 2^2 = 12(\text{rad/s})$$
$$\alpha = 6 \times 2 = 12(\text{rad/s}^2)$$

转向分别如图 2-7 所示。

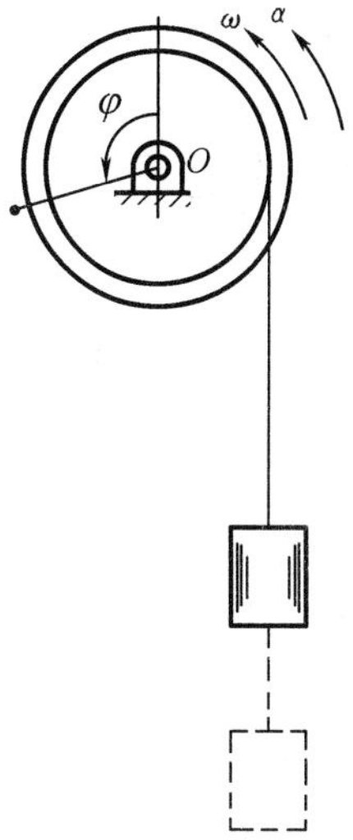

图 2-7　例 2-3 图

例 2-4　已知某瞬时，飞轮转动的角速度 $\omega_1 = 800$ rad/s，方向为顺时针转向；其角加速度 $\alpha = 4$ trad/s^2，方向为逆时针转向。求（1）当飞轮的角速度减为 $\omega_2 = 400$ rad/s 时所需的时间 t_1。（2）当飞轮改变转动方向时所需的时间 t_2。（3）由题述瞬时计起，在 35 s 时间内，飞轮转过的转数 N。

解：因为该瞬时飞轮转动的角速度 ω 与角加速度 α 方向相反，所以应有

$$\frac{\mathrm{d}\omega}{\mathrm{d}t} = -\alpha = -4t \qquad (1)$$

求积分

$$\int_{\omega_0}^{\omega} \mathrm{d}\omega = -\int_0^t 4t\mathrm{d}t$$

得

$$\omega = \omega_0 - 2t^2 \qquad (2)$$

（1）求时间 t_1

将 $\omega_0 = \omega_1 = 800$ rad/s，$\omega = \omega_2 = 400$ rad/s 代入上式，求得飞轮角速度减为 $\omega_2 = 400$ rad/s 时所需的时间为

$$t_1 = \sqrt{\frac{\omega_1 - \omega_2}{2}} = \sqrt{\frac{800-400}{2}} = 10\sqrt{2}\ \text{s}$$

（2）求时间 t_2

因为飞轮改变转向时，角速度 $\omega = 0$，所以由式（2）求得飞轮改变转向时所需的时间为

$$t_2 = \sqrt{\frac{\omega_1 - 0}{2}} = \sqrt{\frac{800}{2}} = 20\ \text{s}$$

（3）求转数 N

设飞轮在 35 s 内转过的转角为 φ，由上述结果可知，在 35 s 的时间内，飞轮转向发生了变化，所以应分段计算转角 φ。

① 在由题中瞬时计起的前 20 s 时间内，飞轮做顺时针方向的减速转动，设转过的转角为 φ_1，则由

$$\frac{\mathrm{d}^2\varphi}{\mathrm{d}t^2}=\frac{\mathrm{d}\omega}{\mathrm{d}t}=-\alpha=-4t$$

积分可得

$$\varphi=\varphi_0+\omega_0 t-\frac{2}{3}t^3 \tag{3}$$

将 $\varphi_0=0$、$\omega_0=800$ rad/s、$t=20$ 代入上式求得

$$\varphi_1=800\times20-\frac{2}{3}\times20^3=10\ 666.67\ \text{rad}$$

②在由题中瞬时计起的后 15 s 时间内，飞轮由静止开始做逆时针方向的加速转动，设转过的转角为 φ_2，则由

$$\frac{\mathrm{d}^2\varphi}{\mathrm{d}t^2}=\frac{\mathrm{d}\omega}{\mathrm{d}t}=\alpha=4t$$

积分可得

$$\varphi=\varphi_0+\omega_0 t+\frac{2}{3}t^3$$

将 $\varphi_0=0$、$\omega_0=0$ rad/s、$t=15$ s 代入上式可得

$$\varphi_2=\frac{2}{3}\times15^3=2\ 250\ \text{rad}$$

所以，飞轮在 35 s 时间内转过的转角

$$\varphi=\varphi_1+\varphi_2=10\ 666.67+2250=12\ 916.67\ \text{rad}$$

转数

$$N=\frac{\varphi}{2\pi}=2\ 055.75r$$

讨论：

（1）对于本题中这类已知角加速度求角速度或转动方程的问题，关键在于根据题意建立微分方程，然后积分，特别应注意初始条件的分析，以便确定积分常数或上、下限。

（2）求飞轮在 35 s 内转过的转数时，应特别注意分析在这段时间内飞轮的转向有无变化，若有，则应分段计算转角，再求和，据此来求得转数，切不可不加分析地直接将 35 s 代入式(3)来求总转角 φ，否则，常会得出错误的结果。

例 2－5　车细螺纹时，如果车床主轴的转速 $n_0=300$ rpm，要求主轴在两转以后立即停车，以便很快反转。设停车过程是匀变速转动，求主轴的角加速度。

解：因已知 $\omega_0=\dfrac{n_0\pi}{30}=\dfrac{300\pi}{30}=10\ \pi$ rad/s，$\omega=0$

$$\varphi=2\times2\pi=4\pi\ \text{rad}$$

故可求 α。

根据匀变速时 $\omega=\omega_0+\alpha t$　及　$\varphi=\varphi_0+\omega_0 t+\dfrac{1}{2}\alpha t^2$

得

$$\omega^2=\omega_0^2+2\alpha(\varphi-\varphi_0)$$

设 $\varphi_0=0$，将 ω_0,ω,φ 值代入上式，即

$$0=(10\pi)^2+2\alpha\times4\pi$$

故 $\alpha=-\dfrac{100\pi^2}{8\pi}=-39.25\ \mathrm{rad/s^2}$

负号表示 α 的转向与主轴转动方向相反，故为减速运动。

2.2.4　角速度和角加速度的矢量表示

前面我们研究刚体的定轴转动时，迎着转轴方向，只需正、负号就能确定刚体的转动方向及角速度、角加速度的方向，因此，把角速度和角加速度都定义为代数量，在讨论某些复杂问题时，转轴是沿空间某一任意方向的，这时把角速度和角加速度视为矢量则更方便。为了确定角速度的全部性质，应该知道转动轴的位置、角速度的大小（转动的快慢）和转动方向这三个因素。这三个因素可用一个矢量表示出来，称为角速度矢量，用 $\boldsymbol{\omega}$ 表示。为了表示转轴的位置，让 $\boldsymbol{\omega}$ 与轴共线，其长度表示角速度的大小，转轴的正向即是角速度矢量的正向，按右手螺旋定则，当拇指指向沿 $\boldsymbol{\omega}$ 矢量方向时，四指指向代表 $\boldsymbol{\omega}$ 的转向，如图 2－8 所示。

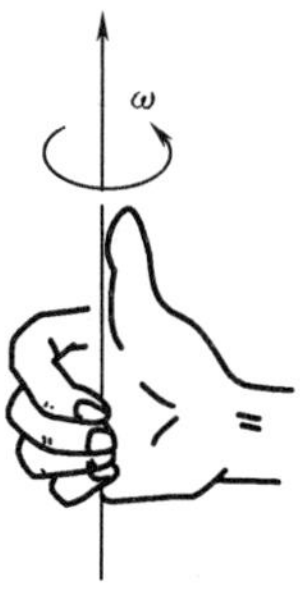

图 2－8　角速度的矢量表示示意图

$\boldsymbol{\omega}$ 矢量可以从转轴上任一固定点画起，角速度矢量是滑动矢量，它没有固定的作用点，它也可以按平行四边形法则相加，若用 $\boldsymbol{k}$ 表示转轴正方向的单位矢量，则

$$\boldsymbol{\omega}=\omega\boldsymbol{k}=\frac{\mathrm{d}\varphi}{\mathrm{d}t}\boldsymbol{k}=\dot{\varphi}\boldsymbol{k} \tag{2-7}$$

同理可以定义角加速度矢量 $\boldsymbol{\alpha}$，$\boldsymbol{\alpha}$ 也是作用线沿转轴的滑动矢量，无固定的作用点，$\boldsymbol{\alpha}$ 的模表示角加速度的大小，其指向由角加速度转向按右手螺旋定则确定，且角加速度矢量 $\boldsymbol{\alpha}$ 等于

$$\boldsymbol{\alpha}=\alpha\boldsymbol{k}=\frac{\mathrm{d}\boldsymbol{\omega}}{\mathrm{d}t}=\frac{\mathrm{d}\omega}{\mathrm{d}t}\boldsymbol{k}=\ddot{\varphi}\boldsymbol{k}=\dot{\omega}\boldsymbol{k} \tag{2-8}$$

而且角加速度矢量 $\boldsymbol{\alpha}$ 与角速度矢量 $\boldsymbol{\omega}$ 同向时，刚体加速转动；$\boldsymbol{\alpha}$ 与 $\boldsymbol{\omega}$ 反向时，刚体减速转动。

2.2.5　泊松公式

设刚体以角速度 $\boldsymbol{\omega}$ 绕固定轴 Oz 转动，坐标系 $O'x'y'z'$ 固连在刚体上，随刚体一起转动，如图 2－9 所示，泊松公式亦称常模矢量求导公式，即转动刚体上任一连体矢量对时间的导数等于刚体的角速度矢量与该矢量的矢积。

公式具体形式为

$$\frac{\mathrm{d}\boldsymbol{i}'}{\mathrm{d}t}=\boldsymbol{\omega}\times\boldsymbol{i}'\qquad\frac{\mathrm{d}\boldsymbol{j}'}{\mathrm{d}t}=\boldsymbol{\omega}\times\boldsymbol{j}'\qquad\frac{\mathrm{d}\boldsymbol{k}'}{\mathrm{d}t}=\boldsymbol{\omega}\times\boldsymbol{k}' \tag{2-9}$$

其中 $\boldsymbol{i}',\boldsymbol{j}',\boldsymbol{k}'$ 为沿坐标轴 x',y',z' 正向的单位矢量。

证明：设单位矢量 $\boldsymbol{i}'$ 的端点为 A，以 $\boldsymbol{r}_A$ 和 $\boldsymbol{r}_O'$ 表示 A,O' 点的矢径

$$\boldsymbol{i}'=\boldsymbol{r}_A-\boldsymbol{r}_O'$$

所以

$$\frac{\mathrm{d}\boldsymbol{i}'}{\mathrm{d}t}=\frac{\mathrm{d}\boldsymbol{r}_A}{\mathrm{d}t}-\frac{\mathrm{d}\boldsymbol{r}_O'}{\mathrm{d}t}=\boldsymbol{v}_A-\boldsymbol{v}_O'$$

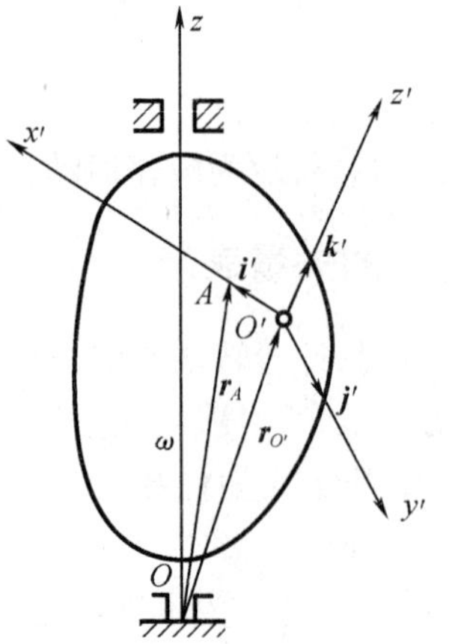

图 2-9 固接在定轴转动刚体上的动坐标系图

所以
$$\frac{\mathrm{d}\boldsymbol{i}'}{\mathrm{d}t}=\boldsymbol{\omega}\times\boldsymbol{r}_A-\boldsymbol{\omega}\times\boldsymbol{r}_O'=\boldsymbol{\omega}\times(\boldsymbol{r}_A-\boldsymbol{r}_O')=\boldsymbol{\omega}\times\boldsymbol{i}'$$

同理可证：$\frac{\mathrm{d}\boldsymbol{j}'}{\mathrm{d}t}=\boldsymbol{\omega}\times\boldsymbol{j}'$　$\frac{\mathrm{d}\boldsymbol{k}'}{\mathrm{d}t}=\boldsymbol{\omega}\times\boldsymbol{k}'$

2.3 转动刚体上各点的速度和加速度

我们已经用转动方程，角速度和角加速度描述了定轴转动刚体的整体运动情况，下面将讨论刚体的整体运动已知时，如何确定其上各点的不同的速度和加速度。

2.3.1 代数量表示各点的速度和加速度

假设刚体以角速度 ω，角加速度 α 做定轴转动，其上任一点都在垂直于转轴的平面内做圆周运动，各圆的半径等于各点到转轴的垂直距离，圆心是转轴与圆所在平面的交点 O，选用弧坐标法研究刚体内各点的运动比较方便。

设 M 为刚体内任一点，它离转轴的垂直距离为 R，称为 M 点的转动半径，取 M 点的轨迹为自然轴坐标系，如图 2-10所示。

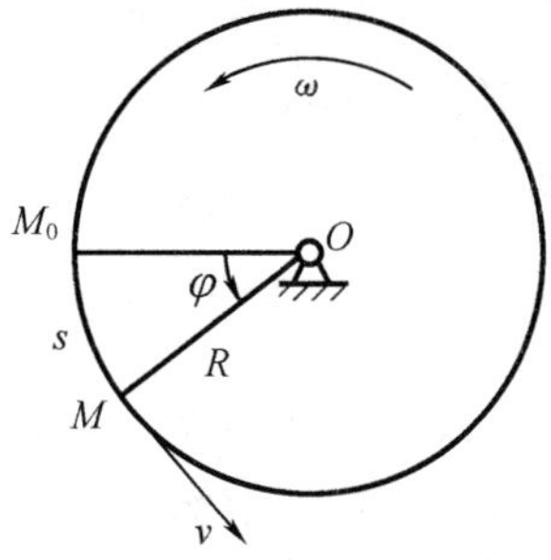

图 2-10 定轴转动刚体上任一点 M 的速度示意图

取 $t=0$ 时，M 点的位置 M_0 为坐标原点，自然坐标轴的正向与 φ 的正向相同，则任意瞬时，M 点的弧坐标为

$$S=R\varphi$$

这是动点 M 沿其圆周轨迹的运动方程，两边同时对时间 t 求导数得

$$v=\frac{\mathrm{d}s}{\mathrm{d}t}=\frac{\mathrm{d}(R\varphi)}{\mathrm{d}t}=R\frac{\mathrm{d}\varphi}{\mathrm{d}t}=R\omega \tag{2-10}$$

即转动刚体内任一点的速度的代数值等于该点的转动半径与刚体的角速度的乘积，速度的方向沿圆周在该点的切线方向，即垂直于 M 点的转动半径，且指向转动的方向与角速度的

转向一致。另外，在速度与转动半径的关系上，我们发现，绕定轴转动的刚体上任一点的速度 $\boldsymbol{v}$ 的大小与该点到转轴的距离 R 成正比，故刚体上任一转动半径上各点同一瞬时的速度按三角形规律分布，各点速度的方向与其转动半径垂直，如图 2－11 所示。

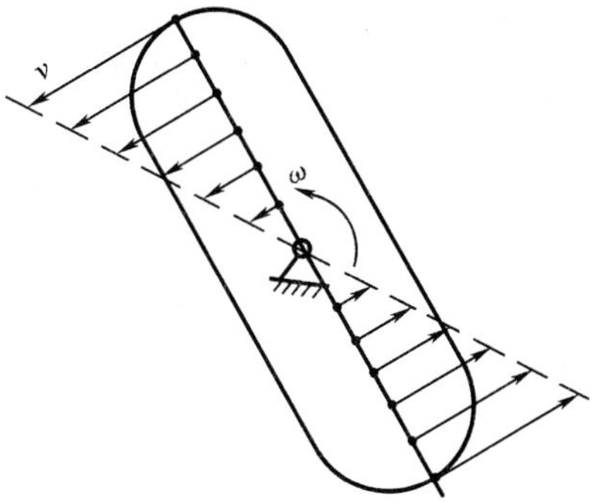

图 2－11　定轴转动刚体上任一转动半径上各点的速度分布图

接下来讨论刚体上各点的加速度情况，因不在转轴上的任一点做圆周运动，一般说来，除了切向加速度 $\boldsymbol{a}_\tau$ 之外，还有法向加速度 $\boldsymbol{a}_n$。点作曲线运动时，有

$$a_\tau = \frac{\mathrm{d}v}{\mathrm{d}t}, a_n = \frac{v^2}{\rho}$$

此外

$$v = \omega R, \rho = R$$

则有

$$a_\tau = \frac{\mathrm{d}(\omega R)}{\mathrm{d}t} = \frac{\mathrm{d}\omega}{\mathrm{d}t}R = \alpha R \tag{2-11}$$

$$a_n = \frac{v^2}{R} = \omega^2 R \tag{2-12}$$

（2－11）式表明，定轴转动刚体上任一点的切向加速度的大小等于该点的转动半径与角加速度的乘积，它沿着该点轨迹的切线方向，而指向由角加速度 α 的正负号来确定。如 α 为正值，则 $\boldsymbol{a}_\tau$ 的指向应与刚体逆时针转向时该点的切向单位矢量 $\boldsymbol{\tau}$ 的指向一致。

（2－12）式表明，定轴转动刚体上任一点的法向加速度的大小等于该点的转动半径与角速度平方的乘积，它总是沿着转动半径的方向指向圆心。

M 点的加速度 $\boldsymbol{a}$ 等于其切向加速度 $\boldsymbol{a}_\tau$ 和法向加速度 $\boldsymbol{a}_n$ 的矢量和，即

$$\boldsymbol{a} = \boldsymbol{a}_\tau + \boldsymbol{a}_n$$

称 $\boldsymbol{a}$ 为 M 点的全加速度（如图 2－12）。

其大小为

$$a = \sqrt{a_n^2 + a_\tau^2} = R \cdot \sqrt{\alpha^2 + \omega^4}$$

全加速度的方向可由它与法线之间的夹角 θ 确定

$$\tan\theta = \frac{|a_\tau|}{a_n} = \frac{|\alpha|}{\omega^2}$$

所以

$$\theta = \arctan\frac{|\alpha|}{\omega^2}$$

由此可见，θ 与转动半径 R 无关，因此，在同一瞬时，刚体上所有不在转轴上的点的全加速度与其转动半径的夹角 θ 是相同的，且 $\theta \leqslant 90°$，如图 2－13（a）所示。

$\theta = 90°$时，意味着 $\boldsymbol{a} = \boldsymbol{a}_\tau$，$a_n = 0$，也就是该瞬时刚体转动的角速度 $\omega = 0$。而转动刚体上各点的切向加速度 $\boldsymbol{a}_\tau$ 的大小，法向加速度 $\boldsymbol{a}_n$ 的大小，全加速度 $\boldsymbol{a}$ 的大小（图 2－13(b)）都正比于它们各自的转动半径 R，它们都是沿着转动半径按线性规律分布的。

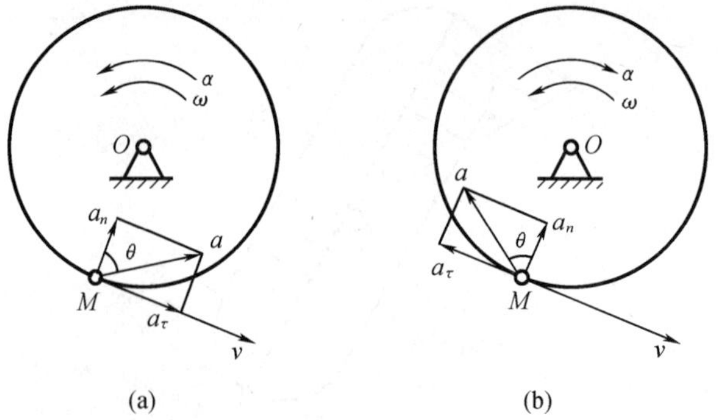

图 2－12　定轴转动刚体上任一点 M 的加速度示意图

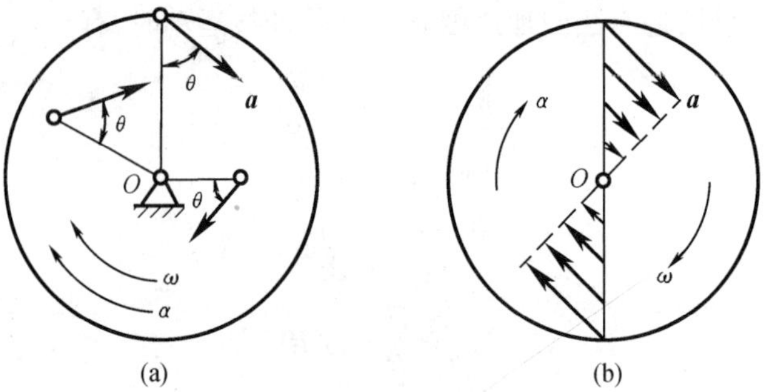

图 2－13　定轴转动刚体上点的加速度分布图

2.3.2　用矢量表示速度和加速度

如将角速度和角加速度视为矢量，则转动刚体内任一点 M 的速度和加速度可以方便地用矢积表示出来。在图 2－14 中，某刚体绕固定轴 z 轴作定轴转动，在转轴上任取固定点 O，以 $\boldsymbol{r}$ 表示转动刚体内任一点 M 对点 O 的矢径，以 $\boldsymbol{\omega}$ 表示此瞬时刚体转动的角速度矢量，以 $\boldsymbol{\alpha}$ 表示此瞬时刚体转动的角加速度矢量，由刚体的不变形性质知，矢径 $\boldsymbol{r}$ 的大小随刚体转动不改变，矢径会扫过一个圆锥面，$\boldsymbol{r}$ 的端点 M 则画出一个圆弧。

设 γ 为矢径 $\boldsymbol{r}$ 与角速度 $\boldsymbol{\omega}$ 之间的夹角，则 M 点的速度可以表示为

$$\boldsymbol{v} = \boldsymbol{\omega} \times \boldsymbol{r} \tag{2-13}$$

这是因为矢量积 $\boldsymbol{\omega} \times \boldsymbol{r}$ 表示一个新的矢量，其模与 M 点的速度 $\boldsymbol{v}$ 的模相等。

$$|\boldsymbol{\omega} \times \boldsymbol{r}| = |\boldsymbol{\omega}| \cdot |\boldsymbol{r}| \cdot \sin\gamma = |\omega| \cdot R = |v|$$

矢量积 $\boldsymbol{\omega} \times \boldsymbol{r}$ 的方向，由右手螺旋定则决定，正好与 $\boldsymbol{v}$ 的方向一致，于是，得出这个新矢量就是 M 的速度 $\boldsymbol{v}$。

结论：定轴转动刚体上矢径为 $\boldsymbol{r}$ 的点的速度 $\boldsymbol{v}$ 等于定轴转动角速度 $\boldsymbol{\omega}$ 与该点的矢径 $\boldsymbol{r}$ 的矢量积。

将(2-13)式对时间求一阶导数，得 M 点的加速度为

$$\boldsymbol{a}=\frac{\mathrm{d}\boldsymbol{v}}{\mathrm{d}t}=\mathrm{d}(\boldsymbol{\omega}\times\boldsymbol{r})=\frac{\mathrm{d}\boldsymbol{\omega}}{\mathrm{d}t}\times\boldsymbol{r}+\boldsymbol{\omega}\times\frac{\mathrm{d}\boldsymbol{r}}{\mathrm{d}t}=\boldsymbol{\alpha}\times\boldsymbol{r}+\boldsymbol{\omega}\times\boldsymbol{v}$$

即

$$\boldsymbol{a}=\boldsymbol{\alpha}\times\boldsymbol{r}+\boldsymbol{\omega}\times\boldsymbol{v} \qquad (2-14)$$

因为 $\boldsymbol{\alpha}\times\boldsymbol{r}$ 的模与 $\boldsymbol{a}_\tau$ 的模相等

$$|\boldsymbol{\alpha}\times\boldsymbol{r}|=|\boldsymbol{\alpha}|\cdot|\boldsymbol{r}|\cdot\sin\gamma=|\alpha|R=|a_\tau|$$

$\boldsymbol{\alpha}\times\boldsymbol{r}$ 的方向与 $\boldsymbol{a}_\tau$ 的方向一致，如图 2-15(a)所示。所以切向加速度

$$\boldsymbol{a}_\tau=\boldsymbol{\alpha}\times\boldsymbol{r}$$

又因为 $\boldsymbol{\omega}\times\boldsymbol{v}$ 的模与 $\boldsymbol{a}_n$ 的模相等

$$|\boldsymbol{\omega}\times\boldsymbol{v}|=|\boldsymbol{\omega}|\cdot|\boldsymbol{v}|\cdot\sin 90^\circ=\omega^2\cdot R$$

$\boldsymbol{\omega}\times\boldsymbol{v}$ 的方向与 $\boldsymbol{a}_n$ 的方向相同，如图 2-15(b)所示。

所以法向加速度　$\boldsymbol{a}_n=\boldsymbol{\omega}\times\boldsymbol{v}$

即

$$\boldsymbol{a}=\boldsymbol{a}_n+\boldsymbol{a}_\tau=\boldsymbol{\omega}\times\boldsymbol{v}+\boldsymbol{\alpha}\times\boldsymbol{r}$$

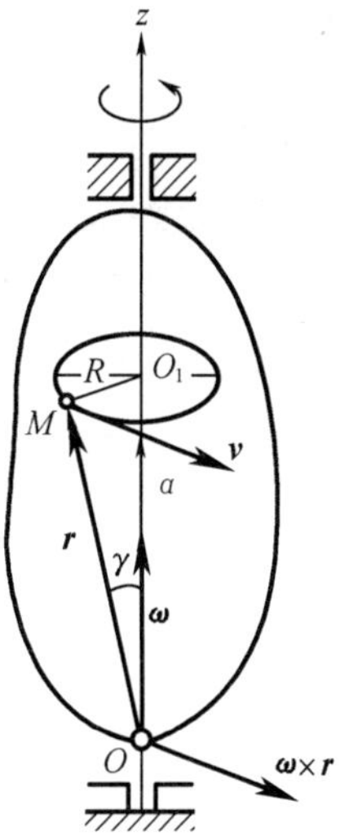

图 2-14　速度的矢积表示示意图

于是得到结论：定轴转动刚体内任意点的切向加速度等于刚体的角加速度与该点矢径的矢量积；法向加速度等于刚体的角速度矢量与该点的速度的矢量积。

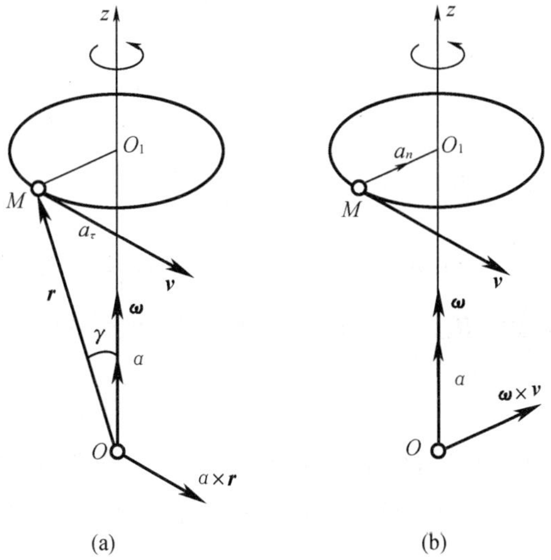

图 2-15　加速度的矢积表示图

例 2-6　图 2-16 所示为一电动绞车简图。设齿轮 1 的半径为 r_1，鼓轮半径为 $r_2=1.5r_1$，齿轮 2 的半径 $R=2r_1$。已知齿轮 1 在某瞬时的角速度和角加速度分别为 ω_1 和 α_1，转向如图所示。求与齿轮 2 固连的鼓轮边缘上的 B 点的速度和加速度以及所吊起的重物 A 的速度和加速度。

解：当齿轮 1 转动而带动齿轮 2 和鼓轮转动时，两齿轮节圆上相切的 C 点具有相同的速度和切向加速度，故可求得齿轮 2 的角速度 ω_2 和角加速度 α_2 分别为

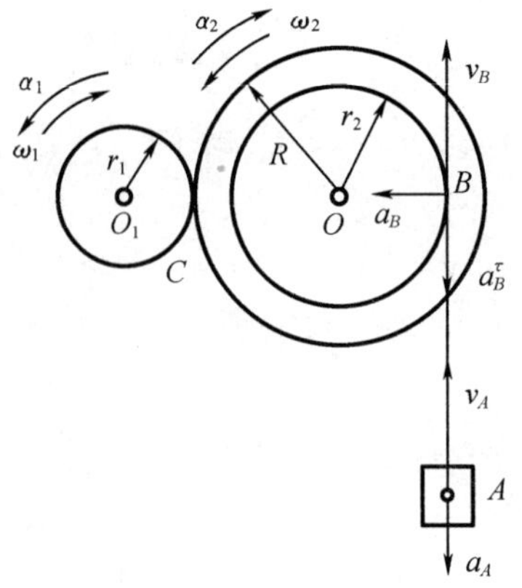

图 2-16 例 2-6 图

$$\omega_2=\frac{v_c}{R}=\frac{r_1\omega_1}{2r_1}=\frac{\omega_1}{2}\ ,\alpha_2=\frac{a_c^\tau}{R}=\frac{r_1\alpha_1}{2r_1}=\frac{\alpha_1}{2}$$

由于鼓轮与齿轮 2 固连,则其角速度和角加速度与齿轮 2 相同。因而可得 B 点的速度和加速度

$$v_B=r_2\omega_2=1.5r_1\times\frac{\omega_1}{2}=0.75r_1\omega_1$$

$$a_B^\tau=r_2\alpha_2=1.5r_1\times\frac{\alpha_1}{2}=0.75r_1\alpha_1$$

$$a_B^n=r_2\omega_2^2=1.5r_1\times\left(\frac{\omega_1}{2}\right)^2=0.375r_1\omega_1^2$$

至于 A 点的速度显然与 B 点的速度相等,而其加速度则与 B 点的切向加速度相等,故得

$$v_A=v_B=0.75r_1\omega_1,\quad a_A=a_B^\tau=0.75r_1\alpha_1$$

例 2-7 在连续印刷过程中,纸张需以匀速 v 进入印刷机,纸筒可绕其中心 O 轴转动,图 2-17 所示,设纸的厚度为 b,试求纸筒的角加速度 α 与纸筒瞬时半径 r 的关系。

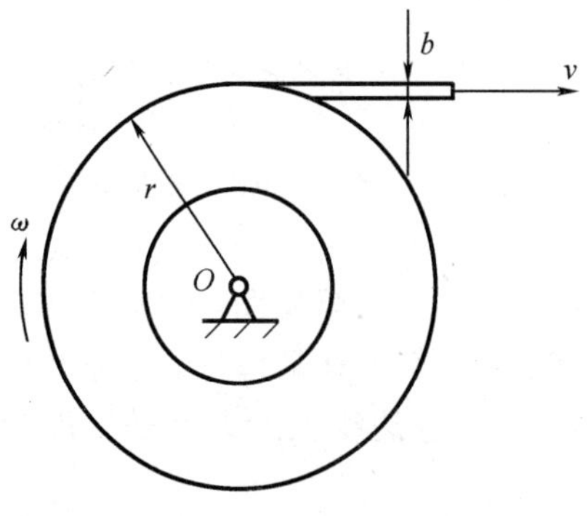

图 2-17 例 2-7 图

解:纸筒做定轴转动,由题意知纸筒边缘上点的速度

$$v = r\omega = \text{const} \tag{1}$$

将上式两端对时间求导，注意到纸筒的半径 r 和角速度 ω 都随时间而变化，所以有

$$\frac{\mathrm{d}v}{\mathrm{d}t} = \frac{\mathrm{d}r}{\mathrm{d}t}\omega + r\frac{\mathrm{d}\omega}{\mathrm{d}t} = 0$$

故纸筒的角加速度

$$\alpha = \frac{\mathrm{d}\omega}{\mathrm{d}t} = -\frac{\omega}{r}\frac{\mathrm{d}r}{\mathrm{d}t} = -\frac{v}{r^2}\frac{\mathrm{d}r}{\mathrm{d}t} \tag{2}$$

其中$\frac{\mathrm{d}r}{\mathrm{d}t}$表示纸筒半径对时间的变化率。问题归结为如何求解$\frac{\mathrm{d}r}{\mathrm{d}t}$。

下面介绍三种方法。

解法一　因为当纸筒每转动一周即 2π 弧度时，半径 r 将减少一层纸的厚度 b，所以当纸筒转过 $\mathrm{d}\varphi$ 角时，半径相应的变化量

$$\mathrm{d}r = -\frac{b}{2\pi}\mathrm{d}\varphi$$

即

$$\frac{\mathrm{d}r}{\mathrm{d}t} = -\frac{b}{2\pi}\frac{\mathrm{d}\varphi}{\mathrm{d}t} = -\frac{b}{2\pi}\omega = -\frac{bv}{2\pi r} \tag{3}$$

将式(3)代入式(2)，得纸筒的角加速度

$$\alpha = \frac{bv^2}{2\pi r^3} \tag{4}$$

解法二　设任一瞬时纸筒的横截面面积为 $A = \pi r^2$，该面积在单位时间内的变化率应与拉出的纸张侧面积相等，所以有

$$\frac{\mathrm{d}A}{\mathrm{d}t} = \frac{\mathrm{d}(\pi r^2)}{\mathrm{d}t} = -bv$$

即

$$2\pi r\frac{\mathrm{d}r}{\mathrm{d}t} = -bv \tag{5}$$

经过整理即得式(3)，再代入式(2)即得角加速度 α。

解法三　因为在 Δt 时间间隔内，输出纸张的长度为 $\Delta s = v\cdot\Delta t$，所以纸筒在 Δt 时间内输出的层数

$$\Delta n = \frac{\Delta s}{2\pi r} = \frac{v\cdot\Delta t}{2\pi r}$$

纸筒半径的改变量 $\Delta r = -\Delta n\cdot b = -\frac{v\cdot\Delta t}{2\pi r}b$

故

$$\frac{\mathrm{d}r}{\mathrm{d}t} = -\frac{vb}{2\pi r}$$

上式即是解法一的(3)式。

讨论：

(1)求解本题时，应特别注意纸筒的半径和纸筒的横截面面积是随时间而减小的，所以其变化率均为负值。

(2)由所得结果式(4)可见，纸筒的角加速度 α 随半径 r 减小而迅速增加。

(3)本题分析，要求纸厚 b 必须远小于纸筒的半径 r，同时纸张的输出方向也必须始终保持沿圆周的切向，以保证 $v = r\omega$ 成立。

例 2－8　可绕固定水平轴转动的摆，如图 2－18 所示，其转动方程为 $\varphi = \varphi_0\cos\frac{2\pi}{T}t$，式

中 T 是摆的周期。设由摆的重心 C 到转轴 O 的距离是 l,试求在初瞬时($t=0$)及经过平衡位置时($\varphi=0$)摆的重心的速度和加速度。

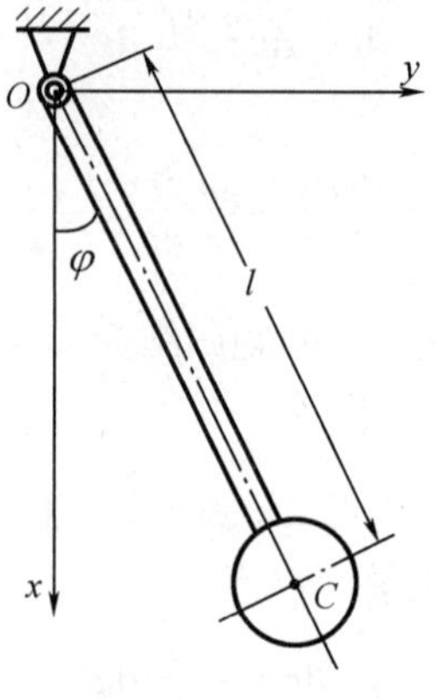

图 2-18 例 2-8 图

解:由转动方程可求出摆的角速度和角加速度为

$$\omega=\frac{\mathrm{d}\varphi}{\mathrm{d}t}=-\frac{2\pi\varphi_0}{T}\sin\left(\frac{2\pi}{T}t\right)$$

$$\alpha=\frac{\mathrm{d}^2\varphi}{\mathrm{d}t^2}=-\frac{4\pi^2\varphi_0}{T^2}\cos\left(\frac{2\pi}{T}t\right)$$

(1)当 $t=0$ 时,$\varphi=\varphi_0$ 摆的角速度和角加速度分别为

$$\omega_0=0,\alpha_0=-\frac{4\pi^2\varphi_0}{T^2}$$

于是根据公式,即可求得重心 C 在初瞬时的速度和加速度为

$$v_0=l\omega_0=0$$

$$a_0^\tau=l\alpha_0=-\frac{4\pi^2\varphi_0}{T^2}l$$

$$a_0^n=l\omega_0^2=0$$

可见在初瞬时,重心 C 的全加速度等于切向加速度,方向指向角 φ 减小的一边。

(2)当 $\varphi=0$ 时,由转动方程得知 $\cos\left(\frac{2\pi}{T}t\right)=0$,即 $\left(\frac{2\pi}{T}t\right)=\frac{\pi}{2}$ 或 $\frac{3\pi}{2}$,而 $\sin\left(\frac{2\pi}{T}t\right)=\pm1$,故当摆经过平衡位置时,其角速度和角加速度为

$$\omega=\pm\frac{2\pi\varphi_0}{T},\alpha=0$$

因此在此瞬时,重心 C 的速度和加速度为

$$v=l\omega=\pm\frac{2\pi\varphi_0}{T}l$$

$$a_\tau=0,a_n=l\omega^2=\frac{4\pi^2\varphi_0^2 l}{T^2}$$

可见在经过平衡位置时,重心 C 全加速度等于法向加速度,方向指向摆的转轴。在 v 和 ω 的表达式中的正号表示摆由左边向右边摆动;负号表示摆由右边向左边摆动。

例 2－9　直径为 d 的轮子做匀速转动，每分钟转数为 n。求轮缘上各点的速度和加速度。

解：轮缘上点的速度为 $v=r\omega$

以 $r=\dfrac{d}{2}$ 和 $\omega=\dfrac{\pi n}{30}$ 代入上式，即得

$$v=\frac{\pi nd}{60}$$

由于轮子作匀速转动，因此，$\omega=\mathrm{const}$，$\alpha=\dfrac{\mathrm{d}\omega}{\mathrm{d}t}=0$。

于是

$$a_\tau=r\alpha=0$$

$$a=a_n=r\omega^2=\frac{d}{2}\left(\frac{\pi n}{30}\right)^2=\frac{\pi^2n^2d}{1800}$$

2.4　轮系的传动比

轮系的传动问题是定轴转动在机械工程上的一个重要应用，圆柱齿轮传动是常用的轮系传动方式之一，可用来提高或降低转速，并可用来改变转向。图 2－19(a)，2－19(b) 为外啮合情况，图 2－19(c) 为内啮合情况。两齿轮外啮合时，它们的转向相反，而内啮合时则转向相同。

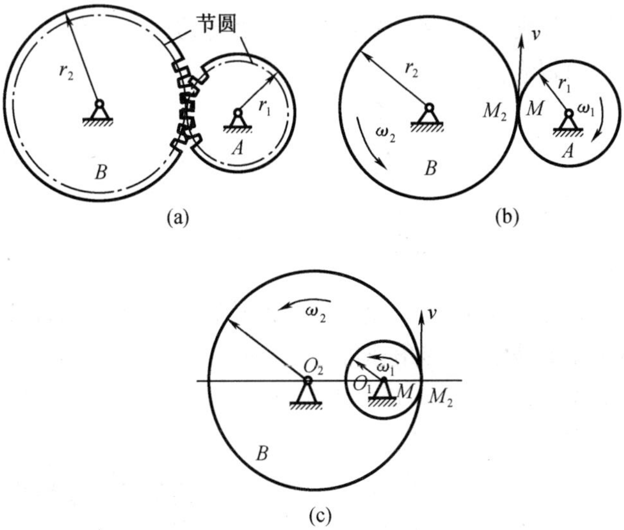

图 2－19　圆柱齿轮传动图

例如，设主动轮 A 和从动轮 B 的节圆的半径分别为 r_1 和 r_2，轮 A 的角速度为 ω_1（转速为 n_1），试求出轮 B 的角速度 ω_2（转速 n_2）。

解：在齿轮传动中，因齿轮互相啮合，两齿轮的节圆接触点 M_1 和 M_2 无相对滑动，具有相同的速度 $\boldsymbol{v}$，因而有

$$v=r_1\omega_1=\frac{2\pi n_1r_1}{60} \tag{a}$$

即
$$v = r_2\omega_2 = \frac{2\pi n_2 r_2}{60} \tag{b}$$
由式(a)、(b)可得
$$\omega_2 = \frac{r_1}{r_2}\omega_1, n_2 = \frac{r_1}{r_2}n_1 \tag{c}$$

通常称主动轮的角速度(或转速)与从动轮的角速度(或转速)之比$\frac{\omega_1}{\omega_2}$或$\frac{n_1}{n_2}$为传动比(传速比),设以 i_{12}表示,于是式(c)可变为
$$i_{12} = \pm\frac{\omega_1}{\omega_2} = \pm\frac{n_1}{n_2} = \pm\frac{r_2}{r_1} \tag{d}$$
(d)式表明:互相啮合的两个齿轮的角速度(或转速)与半径成反比。

关系式(c)和(d)对于锥齿轮传动和带传动(如图 2－20)同样适用。

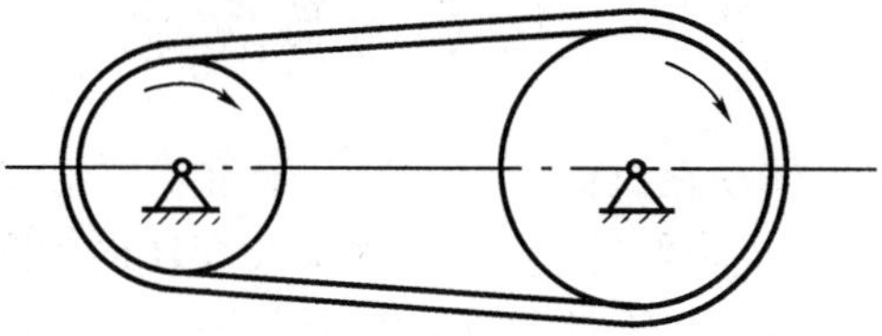

图 2－20　皮带轮传动图

设齿轮 A,B 的齿数分别为 Z_1,Z_2,因能够互相啮合的两个齿轮的齿数与它们节圆的周长 $2\pi r_1$,$2\pi r_2$ 成正比,所以有
$$\frac{Z_1}{Z_2} = \frac{2\pi r_1}{2\pi r_2} = \frac{r_1}{r_2} \tag{e}$$
将(e)式代入(d)式可得
$$i_{12} = \pm\frac{\omega_1}{\omega_2} = \pm\frac{n_1}{n_2} = \pm\frac{r_2}{r_1} = \pm\frac{Z_2}{Z_1} \tag{f}$$
其中正号表示两轮转向相同(内啮合),负号表示两轮转向相反(外啮合)。

由此可见:互相啮合的两齿轮的角速度(或转速)与齿数成反比。在一些复式轮系(如变速箱)中包含有几对齿轮,将每一对齿轮的传速比,按(d)式或(f)式算出后,将它们连乘起来,便可以得到总的传速比。

例 2－10　图 2－21 所示为一带式输送机。电动机以齿轮 1 带动齿轮 2,通过与齿轮 2 固定在同一轴上的链轮 3 带动链轮 4,从而使与链轮 4 固定在同一轴上的辊轮 5 靠摩擦力拖动胶带 6 运动。已知主动轮 1 的转速 n_1 = 1 500(r/min),齿轮与链轮的齿数分别为:z_1 = 24,z_2 = 95,z_3 = 20,z_4 = 45。轮 5 的直径 D = 460(mm)。若不计胶带的滑动,试计算胶带运动的速度。

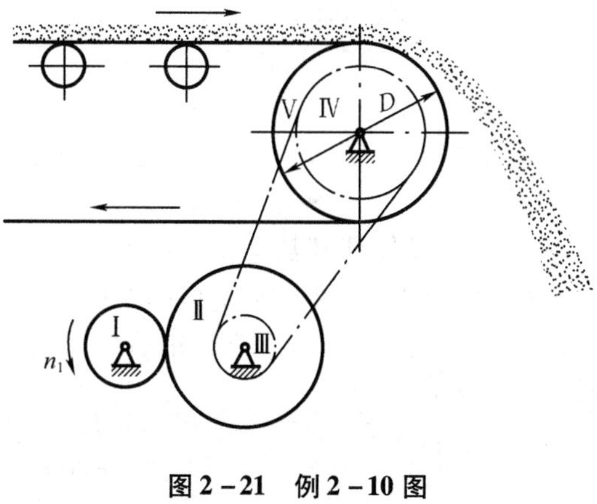

图 2－21　例 2－10 图

解:按题意,胶带上一点和轮 5 外圆上一点的速度大小应相等。因此只要根据轮系的传动比 i_{15} 计算出轮 5 的角速度,就可以由 D 计算出胶带的速度(注意链轮传动时转速也与其齿数成反比,但二轮转向相同)。

应用传动比概念有

$$i_{12}=\frac{n_1}{n_2}=\frac{z_2}{z_1},i_{34}=\frac{n_3}{n_4}=\frac{z_4}{z_3}$$

因此

$$n_1=\frac{z_2}{z_1}\cdot n_2,n_4=\frac{z_3}{z_4}\cdot n_3$$

由于固定在同一轴上的原因,$n_2=n_3$, $n_4=n_5$,因而

$$i_{15}=\frac{n_1}{n_5}=\frac{n_1}{n_4}=i_{14}$$

将 n_1 和 n_4 的表达式代入上式即得

$$i_{15}=\frac{n_1}{n_5}=\frac{n_1}{n_4}=\frac{\frac{z_2}{z_1}\cdot n_2}{\frac{z_3}{z_4}\cdot n_3}=\frac{z_2\cdot z_4}{z_1\cdot z_3}$$

代入齿数则得

$$i_{15}=\frac{95\times 45}{24\times 20}=8.9$$

因而

$$n_5=\frac{n_1}{i_{15}}=\frac{1500}{8.9}=168.5(\mathrm{r/min})$$

则胶带运动速度的大小为

$$v_6=v_5=r_5\omega_5=\frac{D}{2}\cdot\frac{2\pi n_5}{60}=4(\mathrm{m/s})$$

思　考　题

一、判断题

1. 刚体上凡是有两点的轨迹相同,则刚体做平动。(　　)

2. 平动刚体上各点的运动轨迹可以是直线,可以是平面曲线,也可以是空间任意曲线。(　　)

3. 如图所示机构在某瞬时 A 点和 B 点的速度完全相同(等值,同向)则 AB 板的运动是平动。(　　)

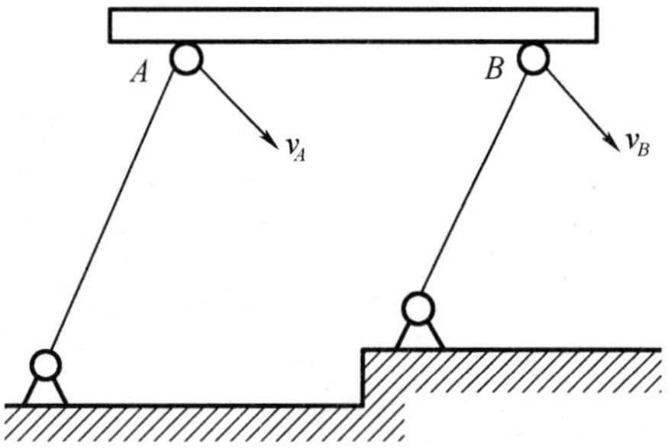

第 3 题图

4. 如果刚体上每一点轨迹都是圆曲线,这刚体一定作定轴转动。(　　)

5. 飞轮匀速转动,若半径增大一倍,边缘上点的速度和加速度都增大一倍。(　　)

二、选择题

1. 下图示一汽车自西开来,在十字路口绕转盘转变后向北开,则汽车在转盘的圆形弯道行驶过程中,其车身做(　　)

A. 平面曲线平动　　B. 定轴转动

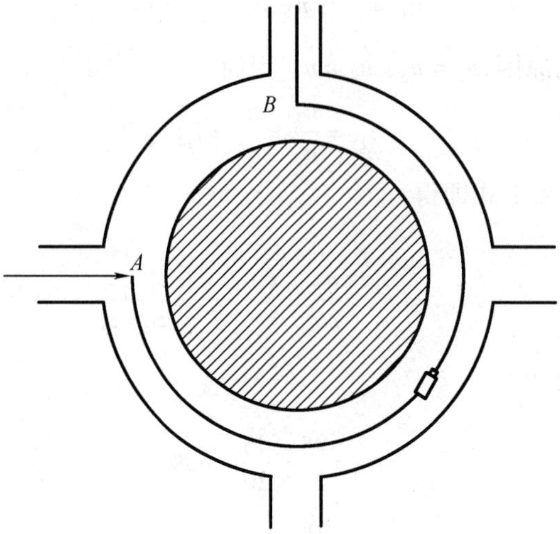

第 1 题图

2. 下列刚体运动中,做平动的刚体是(　　)。

A. 沿直线轨道运动的车箱

B. 沿直线滚动的车轮

C. 在弯道上行驶的车厢

D. 直线行驶自行车脚蹬板始终保持水平的运动

E. 滚木的运动

F. 发动机活塞相对于汽缸外壳的运动

G. 龙门刨床工作台的运动。

3. 下图中 AB, BC, CD, DA 段皮带上各点的速度大小(　　),加速度大小(　　),皮带上和轮接触和 A 点和轮上与 A 接触的点的速度(　　),它们的加速度(　　)。

A. 相等　　B. 不相等

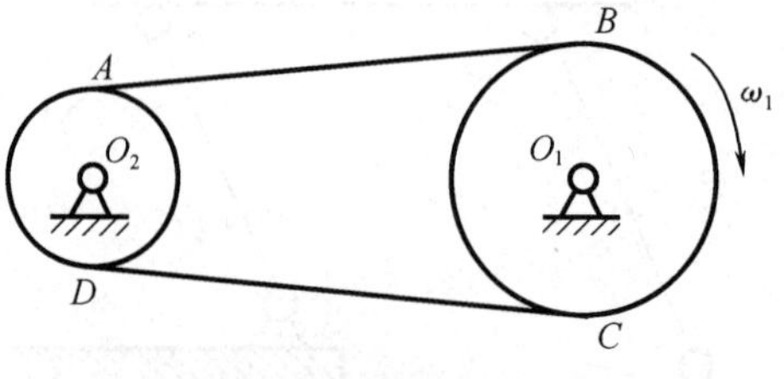

第 3 题图

4. 平行四连杆机构如下图所示：$O_1O_2 = AB = 2L$，$O_1A = O_2B = DC = L$。O_1A 杆以 ω 绕 O_1 轴匀速转动。在图示位置，C 点的加速度为（　　）。

A. 0　　B. $L\omega^2$　　C. $2L\omega^2$　　D. $\sqrt{5}L\omega^2$

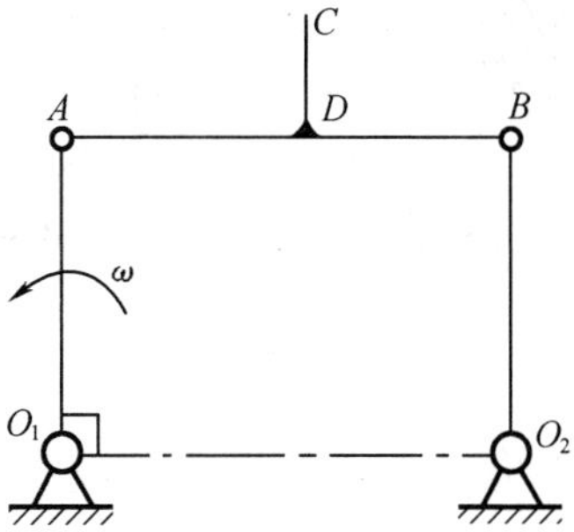

第 4 题图

5. 杆 OA 绕固定轴 O 转动，某瞬时杆端 A 点的加速度 a 分别如图(a)、(b)、(c)所示。则该瞬时（　　）的角速度为零，（　　）的角加速度为零。

A. 图(a)系统　　B. 图(b)系统　　C. 图(c)系统

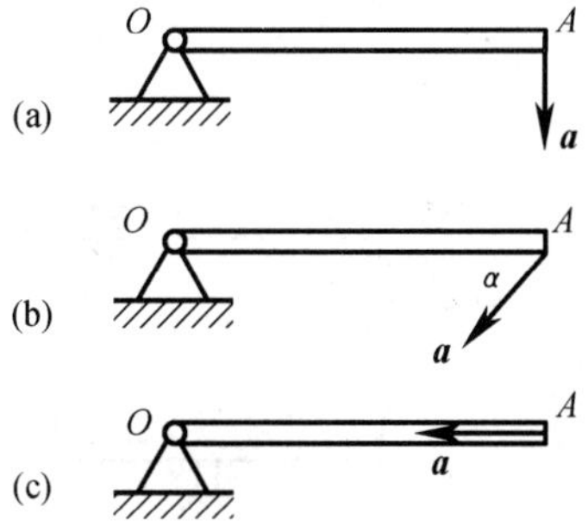

第 5 题图

三、填空题

1. 已知下图示平行四边形 $O_1AB\ O_2$ 机构的 O_1A 杆以匀角速度 ω 绕 O_1 轴转动，则 D 的速度为________，加速度为________。（二者方向要在图上画出）。

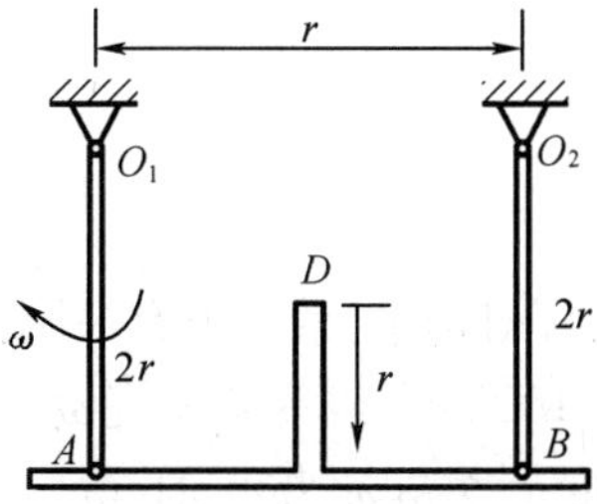

第 1 题图

2. 如图所示机构中，刚体 1 做________，刚体 2 做________。

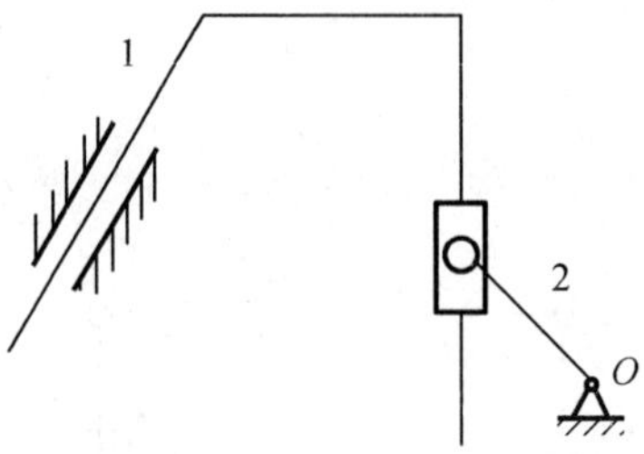

第 2 题图

3. 试分别求下图示各平面机构中 A 点与 B 点的速度和加速度。各点的速度和加速度的

方向皆如图所示（将各点的速度和加速度矢量分别画在各自的题图上）。

(1) $v_A=$________；$a_A^\tau=$________；$a_A^n=$________。

$v_B=$________；$a_B^\tau=$________；$a_B^n=$________。

(2) $v_A=$________；$a_A^\tau=$________；$a_A^n=$________。

$v_B=$________；$a_B^\tau=$________；$a_B^n=$________。

(3) $v_A=$________；$a_A^\tau=$________；$a_A^n=$________。

$v_B=$________；$a_B^\tau=$________；$a_B^n=$________。

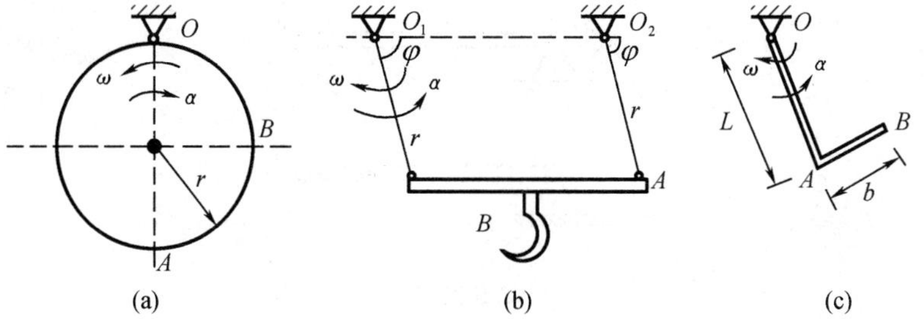

第 3 题图

4. 相啮合的两个齿轮其角速度和角加速度与半径成________，与齿数成________。

5. 刚体作定轴转动时，若 α 与 ω 转向一致，则角速度的绝对值随时间而________，刚体做________转动。

习　题

2－1　如题 2－1 图示曲柄滑杆机构中，滑杆上有一圆弧形滑道，其半径 $R=100$ mm，圆心 O_1 在导杆 BC 上。曲柄长 $OA=100$ mm，以等角速度 $\omega=4$ rad/s 绕 O 轴转动。求导杆 BC 的运动规律以及当曲柄与水平线间的交角 φ 为30°时，导杆 BC 的速度和加速度。

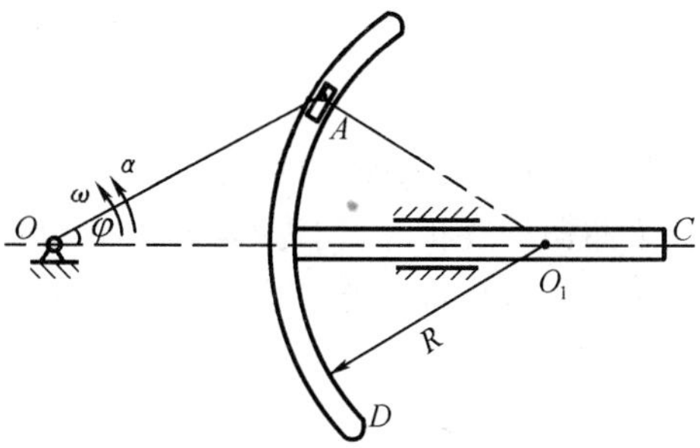

题 2－1 图

答案：$x=0.2\cos 4t$ m；$v=-0.4$ m/s；$a=-2.771$ m/s^2。

2－2　轮子的初始顺时针角速度是 10 rad/s 和等角加速度是 3 rad/s^2。求使轮子获得 15 rad/s 的顺时针角速度必须转动的转数，需要的时间是多少？

答案：$\theta_2=3.32$ 转，$t=1.67$ s。

2－3　如题 2－3 图示的两平行摆杆 $O_1B=O_2C=0.5$ m，且 $BC=O_1O_2$。若在某瞬时摆杆的角速度 $\omega=2$ rad/s，角加速度 $\alpha=3$ rad/s^2。试求吊钩尖端 A 点的速度和加速度。

答案：1 m/s，$a_C=1.5$ m/s^2，$a_n=2$ m/s^2。

2－4　汽车上的雨刷 CD 固连在横杆 AB 上，由曲柄 O_1A 驱动，如题 2－4 图所示。已知：$O_1A=O_2B=r=300$ mm，$AB=O_1O_2$，曲柄 O_1A 往复摆动的规律为 $\varphi=(\pi/4)\sin(2\pi t)$，其中 t 以 s 计，$\varphi$ 以 rad 计。试求在 $t=0$，$t=\frac{1}{8}$ s，$t=\frac{1}{4}$ s 各瞬时雨刷端点 C 的速度和加速度。

答案：$t=0$，$v_c=1.48$ m/s，$a_{Cn}=7.31$ m/s^2，$a_{Ct}=0$；

$t=\frac{1}{8}s$，$v_c=1.047$ m/s，$a_{Cn}=3.65$ m/s^2，$a_{Cn}=-6.58$ m/s^2；

$t=\frac{1}{4}s$，$v_c=0$，$a_{Cn}=0$，$a_{Ct}=-9.30$ m/s^2。

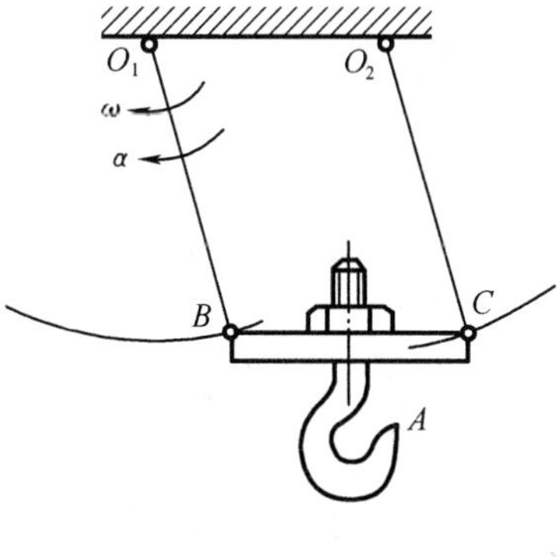

题 2－3 图

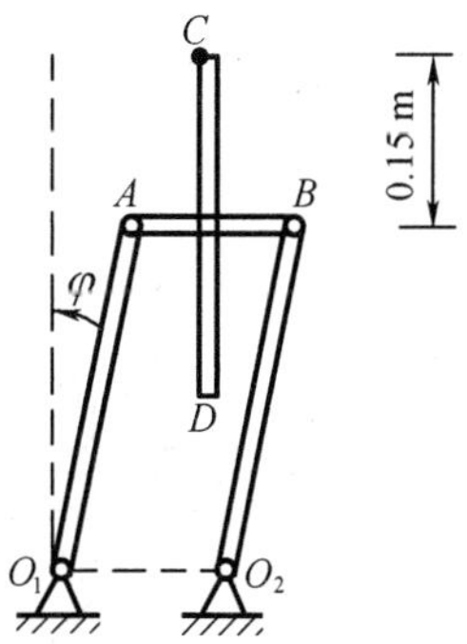

题 2－4 图

2－5　题 2－5 下图示为把工件送入干燥炉内的机构，叉杆 $OA=1.5$ m，在铅直面内转动，杆AB＝0.8 m，A 端为铰链，B 端有放置工件的框架。在机构运动时，工件的速度恒为 0.05 m/s，AB 杆始终铅垂。设运动开始时，角 $\varphi=0$。求运动过程中角 φ 与时间的关系。并求点

B 的轨迹方程。

答案:$\varphi=\frac{1}{30}t,\left(\frac{x}{1.5}\right)^2+\left(\frac{y}{1.5}\right)^2=1$。

2-6 揉茶机的揉桶由三个曲柄支持,曲柄的支座 A,B,C 与支轴 a,b,c 都恰成等边三角形,如题2-6图所示。三个曲柄长度相等,均为 $l=150$ mm,并以相同的转速 $n=45$ r/min 分别绕其支座在图示平面内转动。求揉桶中心点 O 的速度和加速度。

答案:$v=707$ mm/s,$a=3\ 330$ mm/s^2。

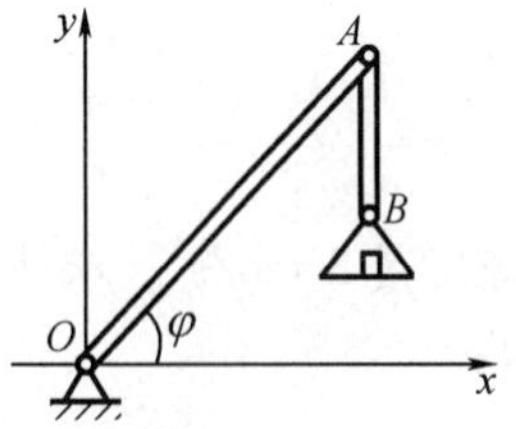

题2-5图

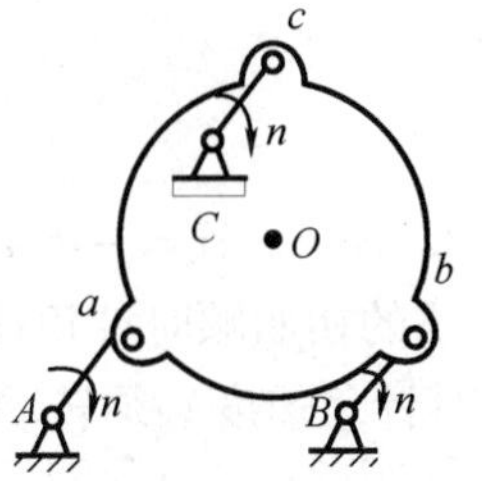

题2-6图

2-7 杆 AB 长 l,以匀角速度 ω 绕点 B 转动,角 φ 的变化规律为 $\varphi=\omega t$。与杆连接的滑块 D 按 $s=c+b\sin\omega t$ 沿水平方向做简谐运动,如题2-7图所示,其中 c 和 b 均为常数。求点 A 的轨迹。

答案:椭圆,$\frac{(x-c)^2}{(b+l)^2}+\frac{y^2}{l^2}=1$。

2-8 搅拌机由主动轴 O_1 同时带动齿轮 O_2,O_3 转动,搅杆 ABC 用销钉 A,B 与 O_2,O_3 轮相连。若已知主动轮转速为 $n=950$ r/min, $AB=O_2O_3$,$O_2A=O_3B=250$ mm,各轮的齿数 z_1、z_2、z_3 如图中所示。试求搅杆端点 C 的速度和轨迹。

答案:9.95 m/s。

2-9 长方体以等角速度 $\omega=3.44$ rad/s 绕轴 AC 转动,转向如题2-9图所示。试求点 B 的速度与加速度。图上所注尺寸单位为 mm。

答案:28(4,0,3) mm/s, 11.2(21,-25,-28) mm/s^2。

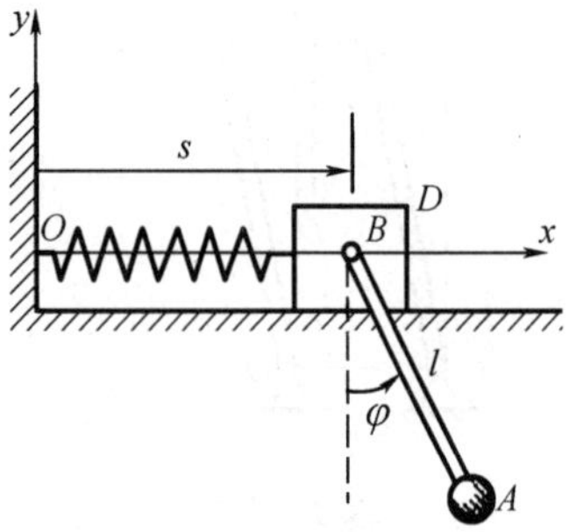

题2-7图

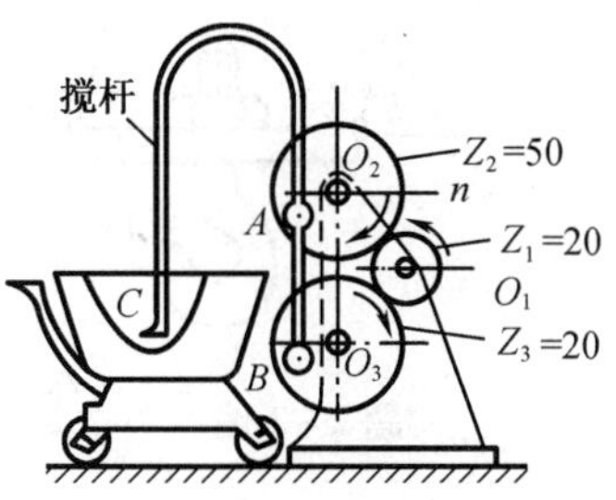

题2-8图

2-10 题2-10图示仪表机构中,已知各齿轮的齿数为 $z_1=6,z_2=24,z_3=8,z_4=32$,齿轮5的半径为 $R=4$ cm。如齿轮 BC 下移1 cm,求指针 OA 转过的角度 φ。

答案：$\varphi = 4$ rad。

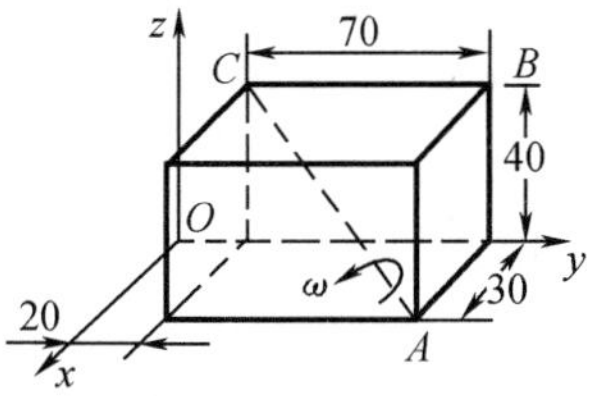

题 2－9 图

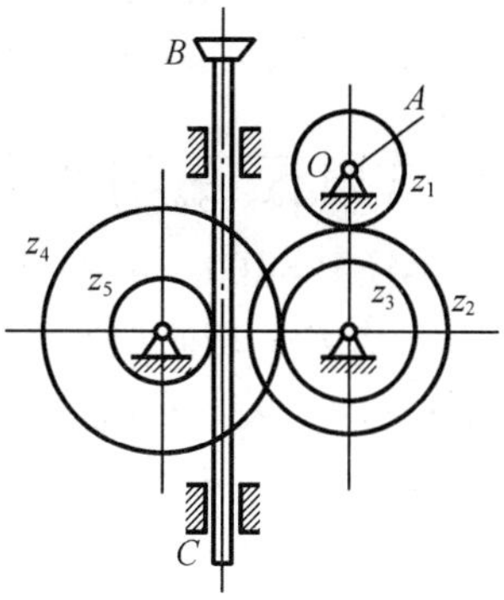

题 2－10 图

2－11　刨床的曲柄摇杆机构如题 2－11 图所示。曲柄 OA 的 A 端用铰链与滑块 A 相连，并可沿摇杆 O_1B 上的槽滑动。已知：曲柄 OA 长为 r，以匀角速度 ω_0 绕 O 轴顺时针转动，$OO_1 = l$。试求摇杆 O_1B 的运动方程，设 $t = 0$ 时，$\varphi = 0$。

答案：$\varphi = \arctan \dfrac{r\sin\omega_0 t}{l + r\cos\omega_0 t}$。

2－12　轮 I，II 的半径分别为 $r_1 = 150$ mm，$r_2 = 200$ mm，轮心与杆 AB 的两端铰接。两轮在半径为 $R = 450$ mm 的圆柱面上无滑动地滚动。在图示瞬时，A 点的加速度 $a_A = 1.2\ \text{m/s}^2$，a_A 与 AO 成 60°角。试求此瞬时：(1)杆 AB 的角速度和角加速度；(2)点 B 的加速度。

答案：(1)$\omega = 1$ rad/s，$\alpha = 1.732\ \text{rad/s}^2$，(2)$a_B = 1.3\ \text{m/s}^2$。

2－13　如题 2－13 图所示，齿轮 A 和 B 相互啮合。如果 A 由静止开始并具有 $\alpha = 2\ \text{rad/s}^2$ 的等角加速度，求 B 到达角速度为 $\omega_B = 50$ rad/s 所需要的时间。$r_A = 25$ mm，$r_B = 100$ mm。

答案：100 s。

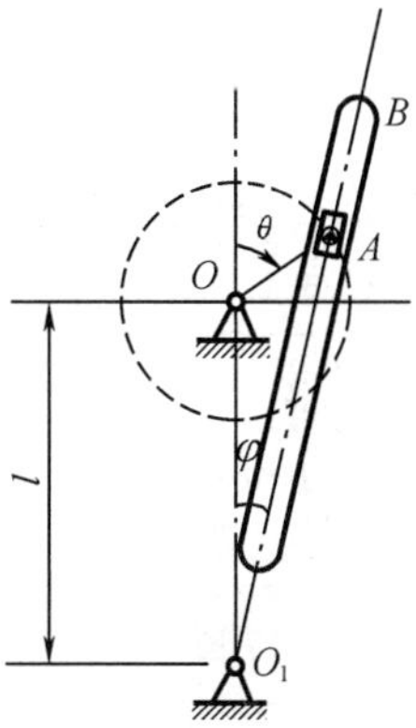

题 2－11 图

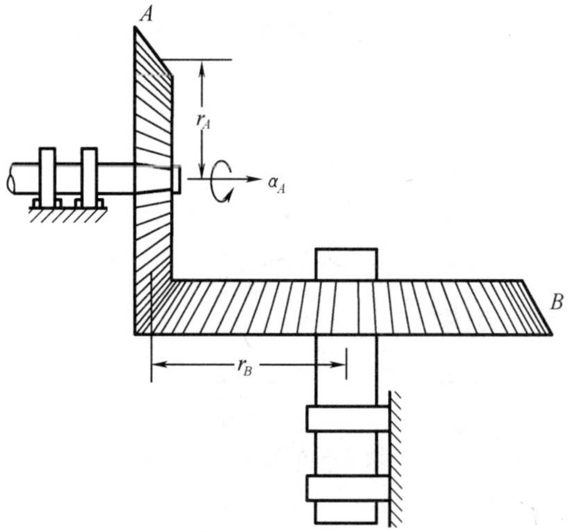

题 2－13 图

2－14　一飞轮绕固定轴 O 转动，其轮缘上任一点的全加速度在某段运动过程中与轮半径的交角恒为60°。当运动开始时，其转角 $\varphi_0=0$，角速度为 ω_0。求飞轮的转动方程以及角速度与转角的关系。如题2－14图所示。

答案：$\varphi=\frac{\sqrt{3}}{3}\ln\left(\frac{1}{1-\sqrt{3}\omega_0 t}\right)$；$\omega=\omega_0 e^{\sqrt{3}\varphi}$。

2－15　半径 $R=100$ mm 的圆盘绕其圆心转动，题2－15图示瞬时，点 A 的速度为 $v_A=200\mathrm{j}$ mm/s，点 B 的切向加速度 $a_B^\tau=150\mathrm{i}$ mm/s²。求角速度 ω 和角加速度 α，并进一步写出点 C 的加速度的矢量表达式。

答案：$\omega=2\mathrm{k}$，$\alpha=-1.5\mathrm{k}$，$a_C=(-388.9\mathrm{i}+176.8\mathrm{j})$ mm/s²

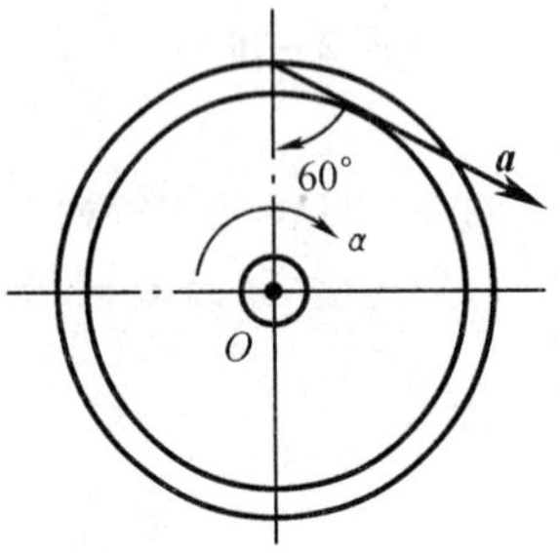

题 2－14 图

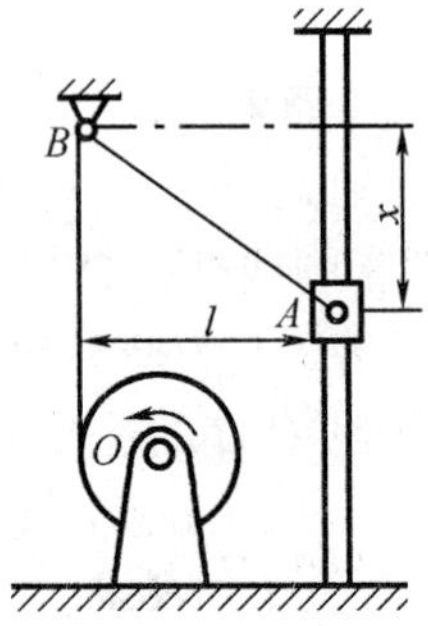

题 2－15 图

2－16　如题2－16图示杆系支承在球铰 A 和 B 上。已知绕 y 轴转动的角速度 $\omega=5$ rad/s，角加速度 $\alpha=8$ rad/s²，求点 C 的速度和加速度。

答案：$v_C=2.50$ cm/s，$a_C=13.1$ m/s²。

2－17　摩擦传动机构的主动轮Ⅰ的转速为 $n=600$ rpm，它与轮Ⅱ的接触点按箭头所示的方向移动，距离 d 按规律 $d=10-0.5t$ 变化，单位为cm。摩擦轮的半径 $r=5$ cm，$R=15$ cm。求：(1)以距离 d 表示轮Ⅱ的角加速度；(2)当 $d=r$ 时，轮Ⅱ边缘上一点全加速度的大小。

答案：(1) $\alpha_2=\frac{50\pi}{d^2}$ rad/s²；(2) $a=59.220$ cm/s²。

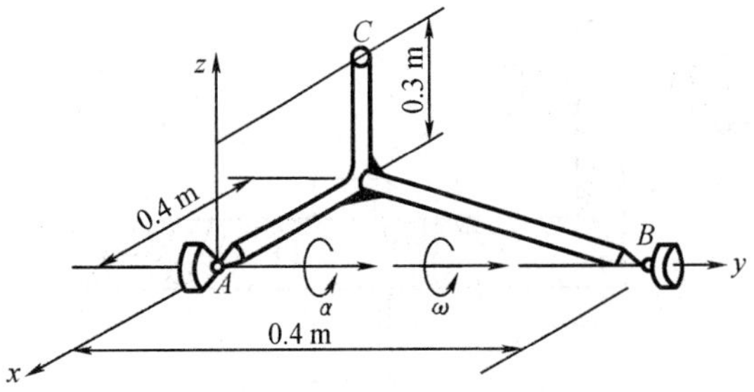

题 2－16 图

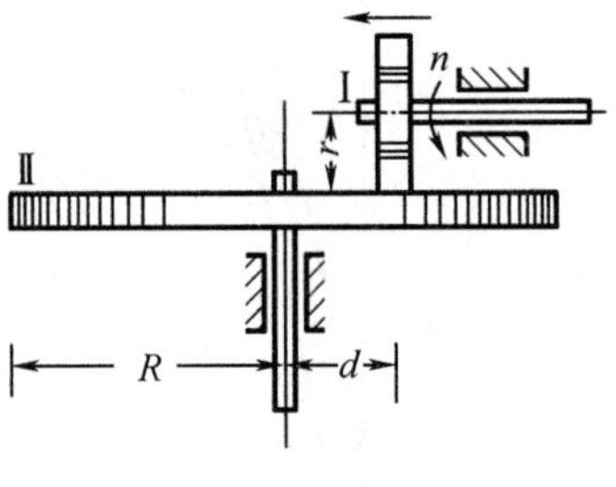

题 2－17 图

第3章　点的复合运动

在第1章点的运动学中,我们讨论了在所选定的某一参考系中研究动点运动的一般方法,而且我们知道了对运动的描述是相对的,即从不同的参考系观察同一物体的运动,会得到不同的结论。这些不同的结论之间会有什么样的联系呢?这是本章的重要内容。本章将从两个具有不同运动的参考系中去研究同一动点的运动以及其相互关系,并由此引伸出一种新的、有效的运动分析方法——点的复合运动方法。它在处理比较复杂的问题以及机械运动分析时,具有重要的实用意义。

3.1　复合运动的基本概念

3.1.1　运动的合成与分解

在第1章中研究点的运动时,都是在所选定的坐标系(通常与地球固连)中直接考察动点相对于该坐标系的运动,但这种方法对研究较复杂的问题并不方便。例如,要研究沿直线道路前进的汽车轮缘上一点 M 的运动,若从地面观察,该点的运动轨迹是旋轮线(图3-1)。

但是如果以车厢为参考体,则该点的运动是简单的圆周运动,而车厢对于地面的运动又是简单的平动,于是可将 M 点的复杂运动,分解为这两种简单的运动,然后再将它们合成,这就比直接研究 M 点的运动方便。再如,无风时,站在地面上的人看到的雨点,是铅垂下落的,但坐在行驶着的车辆上的人所看到的雨点却是向后倾斜下落的;又如,在水中行驶的船上,一个人从船尾走到船头,在岸上看人的运动和坐在船上看人的运动是不同的,等等。可见同一个动点的运动,在不同的参考系下观察,其运动的复杂程度是不同的,那么这些或简单,或复杂的运动之间有什么联系呢?我们在这一章中所研究的是点的运动,因此研究对象称为动点,一般说来,动点的运动(通常相对于地面而言),总可通过它相对于其他坐标系的运动,以及其他坐标系对地球坐标系的运动合成而得到,或者,动点对某一坐标系的运动,可以分解为它相对其他坐标系的运动,以及此坐标系对原坐标系的运动,这就是复合运动方法的基本思想,其实质就是运动的合成与分解。

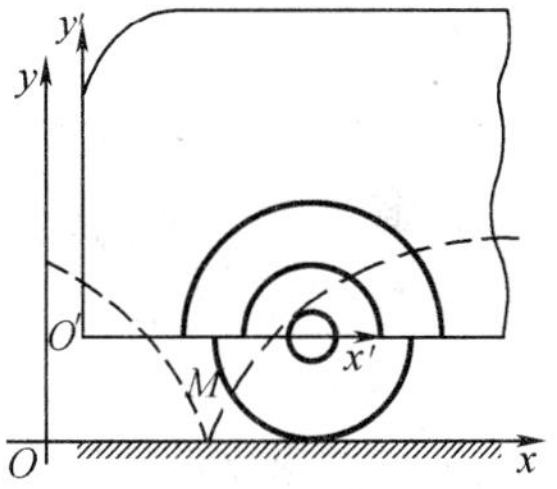

图3-1　旋轮线运动图

3.1.2　两个坐标系和三种运动

用点的复合运动理论分析点的运动时,必须选定两个参考系,区分三种运动。通常将与地球固连的坐标系称为定坐标系,简称定系,用 $Oxyz$ 表示,认为它是固定不动的,而将固定在其他相对于地球运动的参考体上的坐标系称为动坐标系,简称动系,用 $O'x'y'z'$表示。

我们选取了动点,又建立了两种参考系,因而产生了三种运动:动点相对于定坐标系的运动称为动点的绝对运动;动点相对于动坐标系的运动称为动点的相对运动;动坐标系相对于定坐标系的运动称为牵连运动,所以,一个动点,两个坐标系,三种运动的关系表示如图 3 - 2 所示。

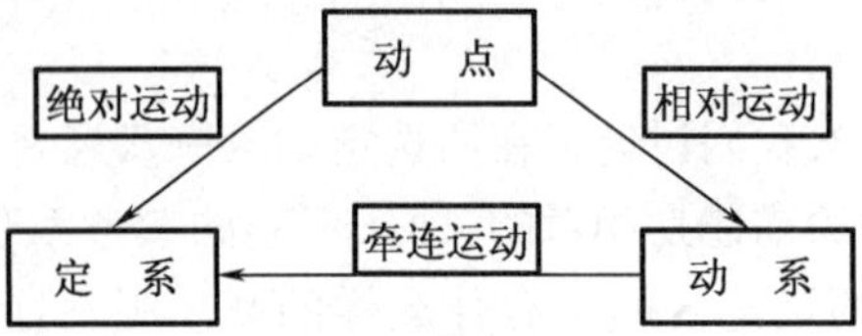

图 3 - 2　三种运动示意图

在前面讨论的实例中,车轮轮缘上的 M 点,下落的雨滴,以及在船上行走的人都是我们的研究对象,看作几何点,即动点,与地面,或岸边固连的坐标系就是定坐标系,而与汽车车厢,行驶的汽车以及在水中行驶的船相连的坐标系则是动坐标系。相应地,轮缘上 M 点相对于地面的运动下落的雨滴相对于地面的运动,以及船上行走的人相对于岸边的运动,都是绝对运动;M 点相对于汽车车厢的运动,雨滴相对于行驶的汽车车窗的运动,以及船上行走的人相对于行驶的船的运动,则是相对运动;而汽车车厢相对于地面的运动,行驶的汽车相对于地面的运动以及行驶的船相对于岸边的运动则是牵连运动。

为了进一步理解两个坐标系,三种运动,下面再分析两个例子。

例 3 - 1　在图 3 - 3 所示曲柄摇杆机构中,曲柄 O_1A 以销钉 A 与套筒相连,套管套在摇杆 O_2B 上,当曲柄以角速度 ω 绕 O_1 轴转动时,通过套筒带动摇杆 O_2B 绕 O_2 轴摆动。分析 A 点的运动。

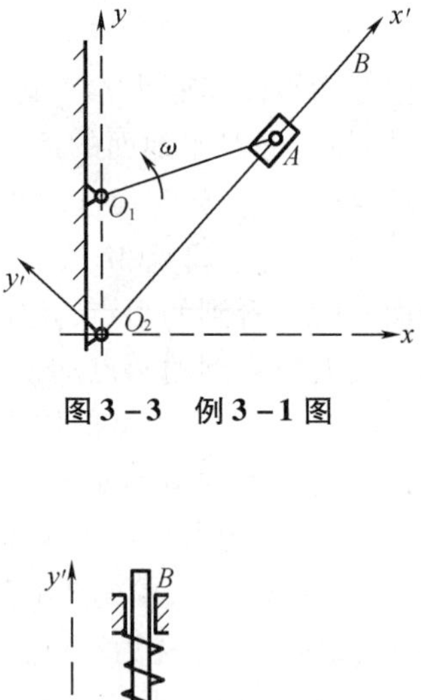

图 3 - 3　例 3 - 1 图

这种几个物体相连的机构,通常取主、从件的连接点为动点,取销钉 A 为动点。

定系:取 O_2xy 坐标系与地面固接;

动系:取 $O_2x'y'$ 与摇杆 O_2B 固接,并随之绕 O_2 轴转动。(我们不能取动系与 O_1A 固接,否则,动点与动系固接在一起,就没有相对运动了。)

绝对运动:A 点以 O_1 为圆心,O_1A 为半径的圆周运动;

相对运动:A 点沿 O_2B 的直线运动;

牵连运动:绕 O_2 轴的定轴转动。

例 3 - 2　如图 3 - 4 所示,半径为 R,偏心距为 e 的凸轮,以匀角速度 ω 绕 O 轴转动,杆 AB 能在滑槽中上下平动,杆的端点 A 始终与凸轮接触,且 OAB 成一直线。分析 A 点的运动。

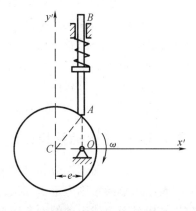

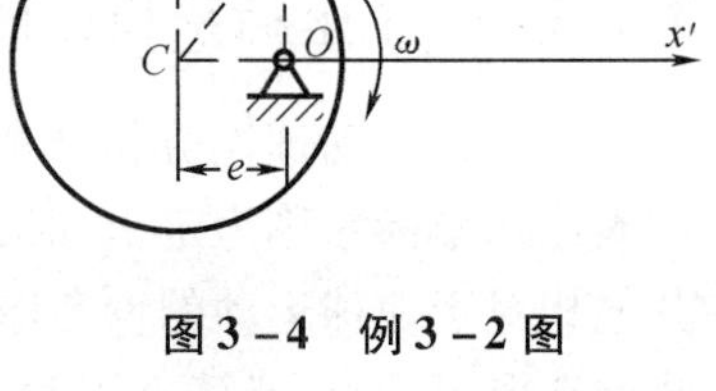

图 3 - 4　例 3 - 2 图

由于 A 点始终与凸轮接触,因此,它相对于凸轮的相对运动轨迹为已知的圆。选 A 为动点,动坐标系 $Cx'y'$ 固接在凸轮上,定坐标系固接于地面上。则 A 点的绝对运动是直线运动,相对运动是以 C 为圆心的圆周运动，牵连运动是动坐标系绕 O 轴的定轴转动。

本题的选法使三种运动，特别是相对运动轨迹十分明显、简单且为已知的圆，使问题得以顺利解决。反之，若选凸轮上的点（例如与 A 重合的点）为动点，而动坐标系与 AB 杆固接，这样，相对运动轨迹不仅难以确定，而且其曲率半径未知。因而相对运动轨迹变得十分复杂，这将导致求解的复杂性。

例3－3 如图3－5所示，曲柄 OA 以等角速度 ω 绕 O 轴逆时针转向转动。由于曲柄的 A 端推动水平板 B，而使滑杆 C 沿铅直方向上升。分析 A 点运动。

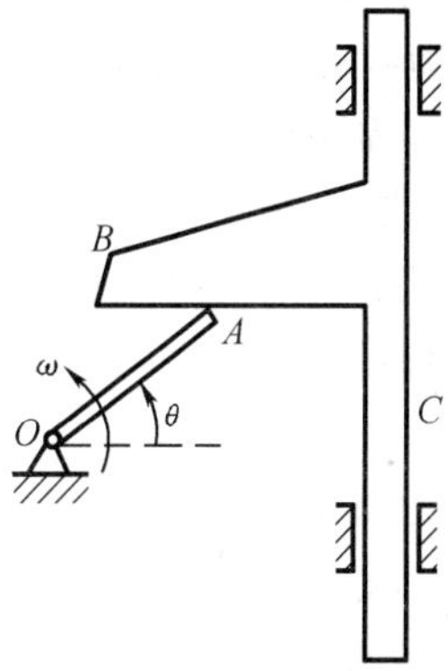

图3－5 例3－3图

由于 A 点始终与水平板 B 接触，因此，它相对于水平板的相对运动轨迹为直线。选 A 为动点（它是曲柄的端点），动坐标系固接在水平板上，定坐标系固接于地面上。则 A 点的绝对运动是以 O 为圆心，OA 为半径的圆；相对运动是水平直线；牵连运动是水平板 B 的竖直平动。

通过上面的各实例分析可以看出，用复合运动理论时，首要的是选定研究对象，即动点。然后确定两个坐标系，我们习惯于在地球上观察物体相对于地球的运动，因此通常将定系与地球固接在一起，但也有很多例外的情况，总之，定系的选择是比较容易的，因此复合运动方法的关键在于恰当的选择研究对象（即动点）和动坐标系，一般说来应注意以下几点。

1. 动点和动系不能选在同一物体上，两者的选定应该使动点与动系之间有相对运动，而且此相对运动的轨迹要比较明显、简单，使相对运动易于分析，如选取的动系，导致相对运动难以分析，甚至无法分析就不好了。

2. 动系并不完全等同于与之相连的刚体，它不受特定的几何尺寸和形状的限制，它不仅包含了与之固连的刚体，而且还包含了随刚体一起运动的空间，也就是动坐标系可以看作是无限大的刚体。

3. 刚体的基本运动是平动和定轴转动，在这两种情况下，刚体上各点的运动规律比较简单，且又为我们所熟知，因此，一般多取动系为平动坐标系，或作定轴转动的坐标系。

4. 两个物体运动过程中始终相接触，接触点既在此物体上，又在彼物体上，对于哪个物体来说，接触点始终是它上面的同一个点，则该点就与该物体固接，并取为动点，而取动系与另一个物体固接，如例3－2和例3－3。

5. 动点是指运动的点，但它在所研究的系统中一经选定必须始终是系统中的同一个点，研究它不同时刻的轨迹，速度，加速度等，不允许这一瞬时取这一点，另一瞬时又取另外的点为动点。

6. 我们还应该明确，动系、定系的选取方法不是唯一的，选择不同的定系，动系都可能会解决问题，但解决问题的难易程度则相差较大，因此，经过大量的练习及总结，针对具体问题，最好能选到最简单的定系，动系选法。

选好研究对象（动点）和两种坐标系之后，就要正确判定绝对运动，相对运动和牵连运动了，这里应特别注意，绝对运动，相对运动都是点的运动，只是分别在定系和动系两种不同的坐标系上去观察，其轨迹要么是直线运动，要么是曲线运动，而牵连运动则不是点的运动，它是指坐标系的运动，实质上是刚体的运动，它的运动形式要么是平动或定轴转动等刚体的简单运动,要么是刚体其他形式的复杂运动。

3.1.3 动点在三种运动中的速度和加速度

有了两个坐标系和三种运动的概念之后,我们将进一步研究三种运动的速度之间以及三种运动的加速度之间的关系,为此,我们先来定义各种运动的速度和加速度。

动点相对于定坐标系的运动速度,称为动点的绝对速度,用 $\boldsymbol{v}_a$ 表示;动点相对于动坐标系的运动速度,称为动点的相对速度,用 $\boldsymbol{v}_r$ 表示。同理,动点相对于定坐标系运动的加速度,称为动点的绝对加速度,用 $\boldsymbol{a}_a$ 表示;动点相对于动坐标系运动的加速度,称为动点的相对加速度,用 $\boldsymbol{a}_r$ 表示。也就是说,动点的绝对速度和绝对加速度是它在绝对运动中的速度和加速度,而动点的相对速度和相对加速度是它在相对运动中的速度和加速度。至于牵连运动,前面已经指出,它是动坐标系而不是动点相对于定坐标系的运动,由于动坐标系是一个刚体而不是一个点,故动坐标系运动时,其上各点的运动一般是不相同的(平动时除外),而对我们所研究的动点的运动最有意义的点是在任意瞬时,动坐标系上与动点相重合的点,因此,我们把任意瞬时,动坐标系上与动点相重合的那一点,叫该瞬时动点的牵连点。只有牵连点的运动能够给动点以直接的影响,为此,定义某瞬时,动点的牵连点相对于定坐标系运动的速度为动点的牵连速度,用 $\boldsymbol{v}_e$ 表示;动点的牵连点相对于定坐标系运动的加速度为动点的牵连加速度,用 $\boldsymbol{a}_e$ 表示。研究点的复合运动时,明确区分动点和它的牵连点是很重要的,动点和牵连点是一对相伴点,在运动的同一瞬时,它们是重合在一起的,前者是与动系有相对运动的点,后者是动系上的几何点,它们是不同的两个点,在不同瞬时,动点与动坐标系上不同的点重合,就有不同的点成为新的牵连点。

因此,综合起来,绝对速度、绝对加速度、牵连速度和牵连加速度都是相对于定坐标系而言的,而相对速度,相对加速度是相对于动坐标系而言的;绝对速度、绝对加速度、相对速度和相对加速度是描述动点的运动的,而牵连速度、牵连加速度是描述动点的牵连点的。

例如,在例 3-1 中,A 点的垂直于 O_1A 曲柄的速度是绝对速度,A 点的以 O_1 为圆心,O_1A 为半径的圆周运动的加速度是绝对加速度;沿 O_2B 方向的速度是相对速度,沿 O_2B 方向的加速度是相对加速度;O_2B 摇杆上与 A 点重合的点的垂直于 O_2B 方向的速度是牵连速度,O_2B 摇杆上与 A 点重合的点的相对于定系的加速度是牵连加速度,这个加速度由垂直于 O_2B 方向和沿 O_2B 方向的两个分量组成。

3.2 点的速度合成定理

在本节中,速度合成定理建立了动点的绝对速度、相对速度和牵连速度之间的关系。

取空间固定直角坐标系 $Oxyz$ 为定坐标系,设动点 M 沿空间任一曲线 C 按一定的规律运动,取动坐标系与曲线 C 固接,同时,曲线 C 又随同动坐标系一起相对于定坐标系 $Oxyz$ 作任意运动。如图 3-6 所示(动系未画出),则动点 M 相对于定系 $Oxyz$ 的运动是绝对运动,动点 M 相对于动系,即相对于曲线 C 的运动是相对运动,而曲线 C 相对于定系 $Oxyz$ 的运动则是牵连运动。

设在瞬时 t,曲线在 C 处,动点位于 M 点且与曲线上的 1 点重合,经过时间间隔 Δt 后,曲线 C 随同动坐标系运动到 C'处,动坐标系上的点 1 沿$\overline{MM_1}$运动到 M_1 处,动点则沿曲线运动到 M'点处(与曲线 C'上的点 2 重合)。

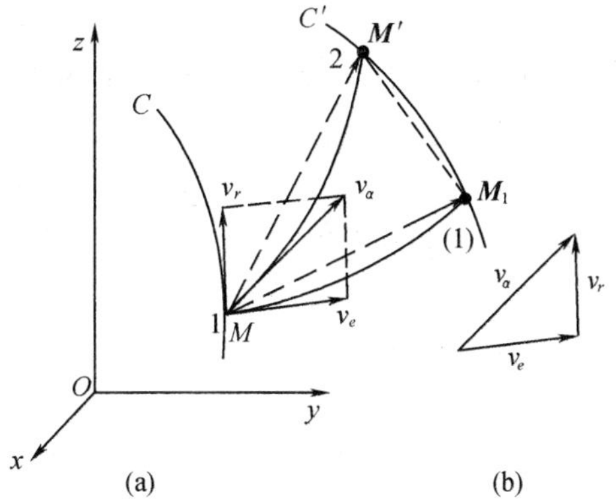

图 3－6　速度合成定理示意图

在定坐标系 $Oxyz$ 中所观察到的动点的轨迹为 MM'，称为动点的绝对轨迹，矢量$\overrightarrow{MM'}$称为动点的绝对位移——即在定系中所观察到的动点的位移，这个过程可以看作是在 Δt 时间间隔内分两步完成的，第一步：曲线 C 运动到 C'，动点相对于动系静止不动，随曲线 C 上的 t 瞬时动点 M 的牵连点 1 一起运动到 M_1，就像动系上的 1 点把动点带到 M_1 点一样；第二步：假定曲线在位置 C'处不动，动点沿曲线$\overline{M_1M'}$由 M_1 点运动到 M'点处。

这两个过程实际上是同时进行的，我们把运动分成这样的两步，与点的真实运动是有差异的，但是 Δt 越小，这种差异也就越小。$\overline{M_1M'}$是动点相对于动系的运动轨迹，称为动点的相对轨迹，而动点相对于动系的位移矢量$\overrightarrow{M_1M'}$称为动点 M 的相对位移，它实际上是我们在动系中所观察到的动点在动系中的位移；矢量$\overrightarrow{MM_1}$是动点 M 在瞬时 t 的牵连点 1 在 Δt 时间间隔内相对于定系的位移，称为动点的牵连位移。

由矢量三角形 MM_1M'可见

$$\overrightarrow{MM'} = \overrightarrow{MM_1} + \overrightarrow{M_1M'} \tag{3-1}$$

即在 Δt 时间间隔内，动点的绝对位移等于它的相对位移和牵连位移的矢量和。将式(3－1)各项同时除以 Δt，当 $\Delta t \to 0$ 时，两边取极限得

$$\lim_{\Delta t \to 0}\frac{\overrightarrow{MM'}}{\Delta t} = \lim_{\Delta t \to 0}\frac{\overrightarrow{MM_1}}{\Delta t} + \lim_{\Delta t \to 0}\frac{\overrightarrow{M_1M'}}{\Delta t} \tag{3-2}$$

按照速度的基本概念，矢量$\lim\limits_{\Delta t \to 0}\frac{\overrightarrow{MM'}}{\Delta t}$就是动点在瞬时 t 的绝对速度 $\boldsymbol{v}_a$，它沿动点的绝对轨迹$\overline{MM'}$在 M 点的切线方向。矢量$\lim\limits_{\Delta t \to 0}\frac{\overrightarrow{MM_1}}{\Delta t}$是在瞬时 t 动点的牵连点（即 1 点）的速度，即动点在瞬时 t 的牵连速度 $\boldsymbol{v}_e$，它沿曲线$\overline{MM_1}$在 M 点的切线方向；矢量$\lim\limits_{\Delta t \to 0}\frac{\overrightarrow{M_1M'}}{\Delta t}$则是动点在瞬时 t 的相对速度 $\boldsymbol{v}_r$。因 $\Delta t \to 0$ 时，曲线 C'与曲线 C 重合，M_1 点与 M 点重合，所以 $\boldsymbol{v}_r$ 的方向沿曲线 C 在 M 点的切线方向，于是式(3－2)成为

$$\boldsymbol{v}_a = \boldsymbol{v}_e + \boldsymbol{v}_r \tag{3-3}$$

这式表明：在任一瞬时，动点的绝对速度等于它的牵连速度与相对速度的矢量和。这就是点的速度合成定理。

在上述证明中，对牵连运动未加任何限制，因此点的速度合成定理对任何形式的牵连运动都是适用的，即动系可以做平动，定轴转动或其他任何较复杂运动。同时还需注意以下几点：

(1) $\boldsymbol{v}_a=\boldsymbol{v}_e+\boldsymbol{v}_r$ 对运动的任一瞬时都成立；

(2)对 $\boldsymbol{v}_a=\boldsymbol{v}_e+\boldsymbol{v}_r$ 这个矢量式决定的平行四边形来说，它是在 $Oxyz$ 坐标系内空间分布的，绝对速度 $\boldsymbol{v}_a$ 为该平行四边形的对角线；

(3)求解矢量式 $\boldsymbol{v}_a=\boldsymbol{v}_e+\boldsymbol{v}_r$ 时，可用几何法也可用解析法，若用解析法将此式投影到坐标轴上，则得到两个独立的投影方程，故可用来求解两个未知量，所以对 $\boldsymbol{v}_a,\boldsymbol{v}_e,\boldsymbol{v}_r$ 中的六个要素（三个速度的大小及方向），必须知道其中的任意四个才能求解另外的两个。

在具体解题时，一般遵循以下步骤：

第一步：恰当确定动点及定、动两个坐标系，特别是动坐标系，动系最好做平动或定轴转动，且应使相对运动轨迹较明显。

第二步：分析三种运动及确定三种运动的轨迹。对牵连运动是分析牵连点的轨迹。

第三步：画出速度分析图，在研究状态下，沿三种运动轨迹的切线画出相应的速度矢量，分析三个速度的六个要素中哪个已知，哪个未知。

第四步：用解析法列投影方程，求解所需要的各量。由于速度合成定理中只有三个矢量，也可按速度合成定理作速度平行四边形，求得待求量。

例 3-4 车厢以速度 $\boldsymbol{v}_1$ 沿水平直线轨道行驶，如图 3-7 所示。雨铅直落下，滴在车厢侧面的玻璃上，留下与铅直线成角 α 的雨痕。试求雨滴的速度。

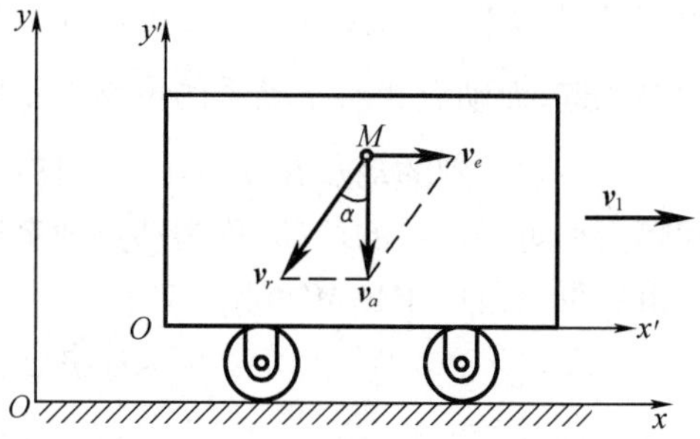

图 3-7 例 3-4 图

解：本题要求的是雨滴相对于地面的速度。首先选雨滴 M 为动点，动坐标系与车厢固接，定坐标系与地面固接。

于是动点的相对运动是雨滴沿着与铅直线成 α 角的直线运动，牵连运动是速度为 $\boldsymbol{v}_1$ 的车厢的平动，动点的绝对运动是雨滴沿铅直线的运动。

在速度合成定理 $\boldsymbol{v}_a=\boldsymbol{v}_r+\boldsymbol{v}_e$ 中，相对速度 $\boldsymbol{v}_r$ 的方向是已知的，与铅直线夹 α 角，大小未知；牵连速度 $\boldsymbol{v}_e$ 的大小和方向都是已知的，它等于车厢的速度 $\boldsymbol{v}_1$；绝对速度 $\boldsymbol{v}_a$ 的方向也是已知的，它铅直向下，大小未知。因此，在速度合成定理中，四个要素已知，是可以求解另外两个要素的。

作出速度平行四边形，如图 3-7 所示，一定保证绝对速度是对角线方向。于是得雨滴落向地面的速度

$$v_a=v_e\operatorname{ctan}\alpha=v_1\operatorname{ctan}\alpha$$

雨滴相对于车厢的速度大小为 $v_r=\dfrac{v_1}{\sin\alpha}$

例 3-5 对例 3-2 中所示机构及已知条件，求在图示位置时，杆 AB 的速度。

因为杆 AB 做平动，各点速度相同，因此只要求出其上任一点的速度即可。选取杆 AB 的端点 A 作为研究的动点，同样将动坐标系 $Cx'y'$ 固接在凸轮上，定坐标系固接于地面上。则 A 点的绝对运动是直线运动，绝对速度方向沿 AB，大小待求；相对运动是以 C 为圆心的圆周运动，相对速度方向沿凸轮圆周的切线方向，大小未知；牵连运动是动坐标系绕 O 轴的定轴转动，牵连速度为凸轮上与杆端 A 点重合的那一点的速度，它的方向垂直于 OA，大小为 $v_e=\omega\cdot OA$。

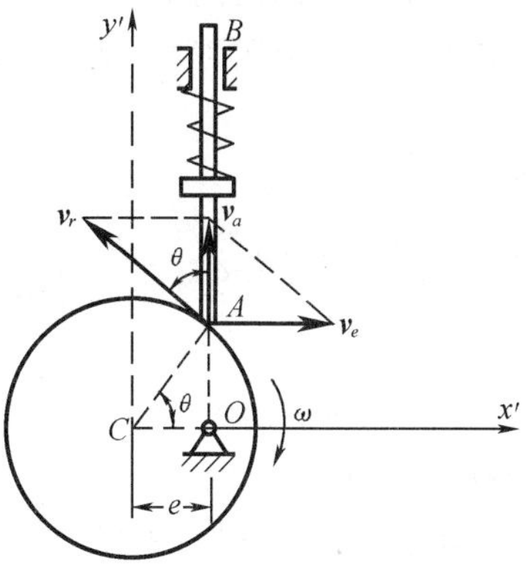

图 3－8　例 3－5 图

根据速度合成定理，六个要素中有四个知道，另外两个可以求解。作出速度平行四边形，如图 3－8 所示。由三角关系求得杆的绝对速度为

$$v_a=v_e\cdot \operatorname{ctan}\theta=\omega\cdot OA\cdot\frac{e}{OA}=\omega\cdot e$$

例 3－6　在例 3－3 所示机构中，若曲柄 OA 长 40 cm，等角速度 $\omega=0.5$ rad/s。求当曲柄与水平线间的夹角 $\theta=30°$时，滑杆 C 的速度。

解：选 A 为动点（它是曲柄的端点），动坐标系固接在水平板上，定坐标系固接于地面上。则 A 点的绝对运动是以 O 为圆心，OA 为半径的圆，绝对速度方向垂直于 OA，大小为 $v_a=\omega\cdot OA$；相对运动是水平直线，相对速度沿着水平方向，大小未知；牵连运动是水平板 B 与滑杆 C 的竖直平动，牵连速度沿竖直方向，大小待求。三个速度的六个要素中知道四个，可以求解另外两个。

根据速度合成定理 $\boldsymbol{v}_a=\boldsymbol{v}_r+\boldsymbol{v}_e$，作速度平行四边形，如图 3－9 所示，则得滑杆的速度为 $v_e=v_a\cdot\cos\theta=\omega\cdot OA\cdot\cos\theta=0.173\ 2$ m/s。

例 3－7　如图 3－10 所示，半径为 R 的半圆形凸轮沿水平面向右运动，使杆 OA 绕定轴 O 转动。$OA=R$，在图示瞬时杆 OA 与铅垂线夹角 $\theta=30°$，杆端 A 与凸轮相接触，点 O 与 O_1 在同一铅直线上，凸轮的速度为 u。试求该瞬时杆 OA 的角速度。

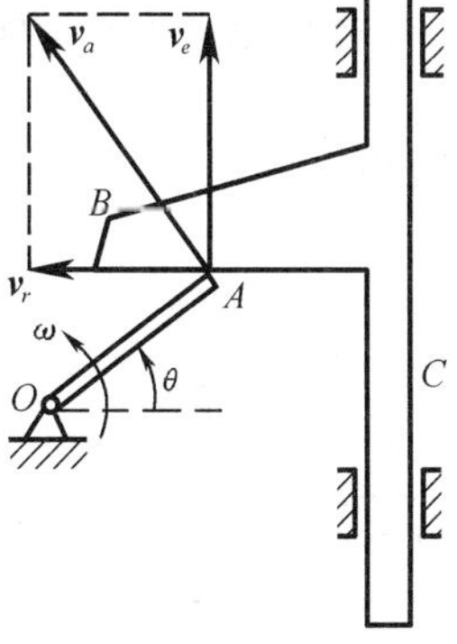

图 3－9　例 3－6 图

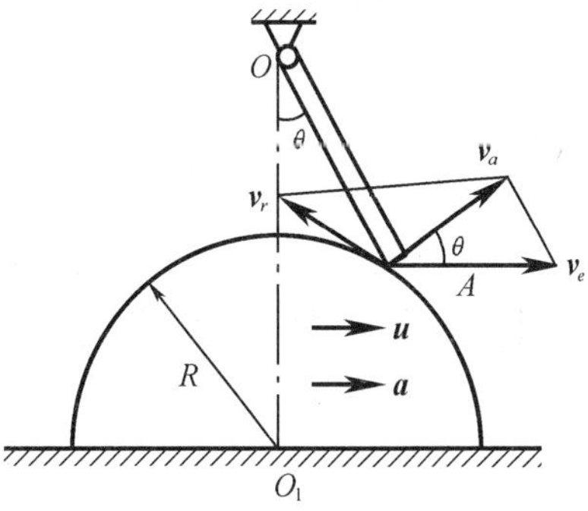

图 3－10　例 3－7 图

解：选取杆 OA 上的端点 A 为动点，动系与凸轮固接，定系与固定底座固连。动点 A 的绝对运动是以 O 为原点，OA 长为半径的圆弧运动；相对运动是沿凸轮表面的圆弧运动；牵

连运动是随凸轮向右的水平直线平动。

根据速度合成定理 $\boldsymbol{v}_a=\boldsymbol{v}_r+\boldsymbol{v}_e$，作出速度平行四边形如图所示，因为 $v_e=u$，所以

$$v_a=v_r=\frac{v_e}{2\cos\theta}=\frac{u}{2\cos30^\circ}=\frac{\sqrt{3}}{3}u$$

故杆 OA 的角速度为 $\omega_{OA}=\dfrac{v_a}{OA}=\dfrac{\sqrt{3}}{3R}u$（逆时针转向）。

讨论：

（1）本题属运动传递问题，在分析求解时，不可误认为杆 OA 与凸轮始终是在杆端 A 处相接触，当杆 OA 与凸轮相切时，它们的接触点在切点，而不一定是杆端 A，此时若选 OA 杆上的相切点为动点，动系固接于凸轮，则会因为相对运动轨迹不明确，而给以后的加速度分析带来困难。

（2）此题也可选凸轮的圆心 O_1 为动点，动系与 OA 杆固连，定系仍与固定底座固连进行分析，此时动点 O_1 的绝对运动为水平直线运动；因为动点 O_1 到 OA 杆的距离保持不变，始终为 $O_1A=R$，所以动点 O_1 的相对运动是与杆 OA 平行且相距为 R 的直线运动；牵连运动为随 OA 杆的定轴转动。

根据速度合成定理，因为 $v_a=u$，且此瞬时 v_e 垂直于 OO_1 连线，所以，易知 $v_r=0$，而 $v_e=v_a=u$ 为 $\omega_{OA}=\dfrac{v_e}{OO_1}=\dfrac{u}{2R\cos30^\circ}=\dfrac{\sqrt{3}}{3R}u$（逆时针转向）

例 3－8　直线 AB 以大小为 v_1 的速度沿垂直于 AB 的方向向上移动；直线 CD 以大小为 v_2 的速度沿垂直于 CD 的方向向左上方移动，如图 3－11 所示。如两直线间的交角为 θ，求两直线交点 M 的速度。

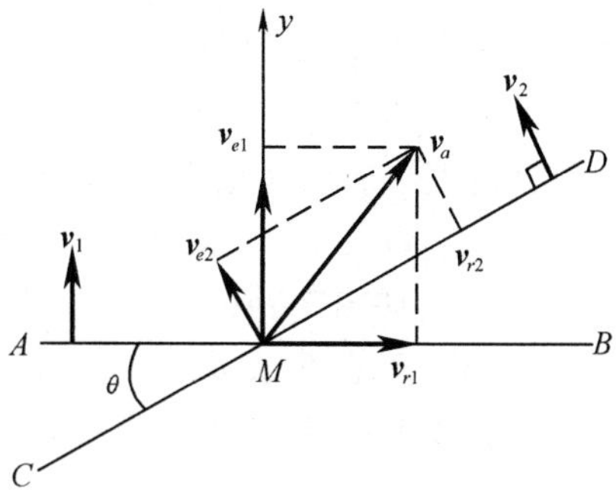

图 3－11　例 3－8 图

解：取交点 M 为动点（可视为套在两杆上的小环），分别取杆 AB 和 CD 为动系 1，2，根据速度合成定理则有

$$\boldsymbol{v}_a=\boldsymbol{v}_{e1}+\boldsymbol{v}_{r1},\boldsymbol{v}_{e1}=\boldsymbol{v}_1$$

$$\boldsymbol{v}_a=\boldsymbol{v}_{e2}+\boldsymbol{v}_{r2},\boldsymbol{v}_{e2}=\boldsymbol{v}_2$$

各速度平行四边形如图所示，由此两式得

$$\boldsymbol{v}_1+\boldsymbol{v}_{r1}=\boldsymbol{v}_2+\boldsymbol{v}_{r2}$$

将此式向 y 轴投影，得

$$v_1=v_2\cos\theta+v_{r2}\sin\theta$$

由此可解出 v_{r2}，所以交点 M 的速度为

$$v_a=\sqrt{v_2^2+v_{r2}^2}=\frac{1}{\sin\theta}\sqrt{v_1^2+v_2^2-2v_1v_2\cos\theta}$$

3.3　点的速度合成定理的解析证明

前面我们用几何法导出了速度合成定理，现在用解析法再加以证明，首先我们要了解矢量的相对导数和绝对导数的概念。

3.3.1　矢量的相对导数和绝对导数

众所周知,数量的变化量(增量)与坐标系的选择无关,但是对于一矢量 A 的增量 ΔA,必须明确指出它是相对于哪一坐标系的,对不同的坐标系增量 ΔA 是不同的。

设 $Oxyz$ 是一定坐标系,而 $O'x'y'z'$ 是一动坐标系,$\boldsymbol{i},\boldsymbol{j},\boldsymbol{k}$ 与 $\boldsymbol{i}',\boldsymbol{j}',\boldsymbol{k}'$ 分别是它们的正向单位矢量,如图 3－12 所示,设动点 M 在动系中的矢径为

$$\boldsymbol{r}' = x'\boldsymbol{i}' + y'\boldsymbol{j}' + z'\boldsymbol{k}' \tag{3-4}$$

我们在定系中将 $\boldsymbol{r}'$ 对时间求导数得

$$\frac{\mathrm{d}\boldsymbol{r}'}{\mathrm{d}t} = \dot{x}'\boldsymbol{i}' + \dot{y}'\boldsymbol{j}' + \dot{z}'\boldsymbol{k}' + x'\dot{\boldsymbol{i}}' + y'\dot{\boldsymbol{j}}' + z'\dot{\boldsymbol{k}}' \tag{3-5}$$

这就是动系中的矢量 $\boldsymbol{r}'$ 的绝对变化率,它表示我们在定系中所观察到的 $\boldsymbol{r}'$ 的变化率,也叫 $\boldsymbol{r}'$ 的绝对导数。

我们在动系中再将 $\boldsymbol{r}'$ 对时间求导数,这时,我们相对于动系是静止的,因此,这时 $\boldsymbol{i}',\boldsymbol{j}',\boldsymbol{k}'$ 是相对于动系不变的常矢量,它们对时间的导数应当为零,这样求得的导数称为矢量 $\boldsymbol{r}'$ 的相对变化率,它是在动系中所观察到的 $\boldsymbol{r}'$ 的变化率。也叫 $\boldsymbol{r}'$ 的相对导数,我们用 $\frac{\tilde{\mathrm{d}}\boldsymbol{r}'}{\mathrm{d}t}$ 表示 $\boldsymbol{r}'$ 的相对变化率,于是有

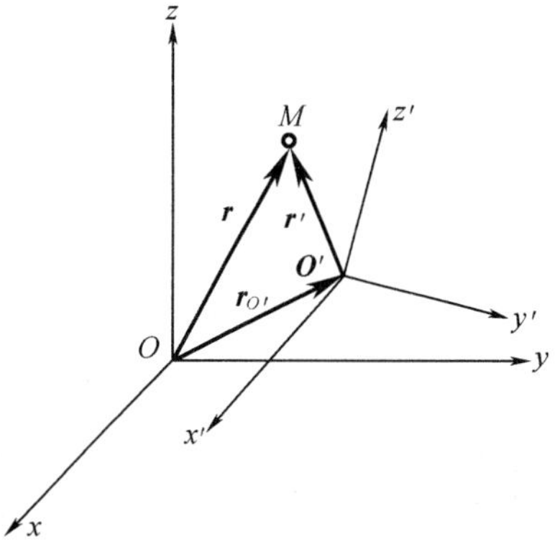

图 3－12　矢量关系图

$$\frac{\tilde{\mathrm{d}}\boldsymbol{r}'}{\mathrm{d}t} = \dot{x}'\boldsymbol{i}' + \dot{y}'\boldsymbol{j}' + \dot{z}'\boldsymbol{k}' \tag{3-6}$$

所以动点的相对速度 $\boldsymbol{v}_r$ 是动点在动系中的矢径对时间的相对导数,动点的相对加速度 $\boldsymbol{a}_r$ 是动点的相对速度 $\boldsymbol{v}_r$ 对时间的相对导数。

3.3.2　点的速度合成定理的解析证明

首先选定空间固定直角坐标系 $Oxyz$ 为定坐标系,$O'x'y'z'$ 为相对于定系做任意运动的动坐标系。设动点 M 在动系中运动,如图 3－13 所示。

动点 M 对定系的矢径为 $\boldsymbol{r}$

$$\boldsymbol{r} = x\boldsymbol{i} + y\boldsymbol{j} + z\boldsymbol{k}$$

动点 M 对动系的矢径为 $\boldsymbol{r}'$

$$\boldsymbol{r}' = x'\boldsymbol{i}' + y'\boldsymbol{j}' + z'\boldsymbol{k}'$$

动点的绝对速度就是动点的矢径对时间的绝对导数,单位矢量 $\boldsymbol{i},\boldsymbol{j},\boldsymbol{k}$ 是不随时间变化的,所以动点的绝对速度 $\boldsymbol{v}_a$ 的解析表达式为

$$\boldsymbol{v}_a = \frac{\mathrm{d}\boldsymbol{r}}{\mathrm{d}t} = \frac{\mathrm{d}x}{\mathrm{d}t}\boldsymbol{i} + \frac{\mathrm{d}y}{\mathrm{d}t}\boldsymbol{j} + \frac{\mathrm{d}z}{\mathrm{d}t}\boldsymbol{k} = \dot{x}\boldsymbol{i} + \dot{y}\boldsymbol{j} + \dot{z}\boldsymbol{k}$$

动点的相对速度也就是动点在动系中的矢径对时间的相对导数,由式(3－6)得动点的相对速度 $\boldsymbol{v}_r$ 的解析表达式为

$$\boldsymbol{v}_r = \frac{\tilde{\mathrm{d}}\boldsymbol{r}'}{\mathrm{d}t} = \frac{\mathrm{d}x'}{\mathrm{d}t}\boldsymbol{i}' + \frac{\mathrm{d}y'}{\mathrm{d}t}\boldsymbol{j}' + \frac{\mathrm{d}z'}{\mathrm{d}t}\boldsymbol{k}' = \dot{x}'\boldsymbol{i}' + \dot{y}'\boldsymbol{j}' + \dot{z}'\boldsymbol{k}'$$

在任何瞬时，矢径 $\boldsymbol{r},\boldsymbol{r}'$ 和动系原点 O' 对定系的矢径 $\boldsymbol{r}_o$ 之间都有如下的关系

$$\boldsymbol{r}=\boldsymbol{r}_o+\boldsymbol{r}'$$

将上式对时间求导数，注意现在是对定系而言的，$\boldsymbol{i}',\boldsymbol{j}',\boldsymbol{k}'$ 都随时间变化，得

$$\frac{\mathrm{d}\boldsymbol{r}}{\mathrm{d}t}=\frac{\mathrm{d}(\boldsymbol{r}_o+\boldsymbol{r}')}{\mathrm{d}t}=\frac{\mathrm{d}\boldsymbol{r}_o}{\mathrm{d}t}+\frac{\mathrm{d}\boldsymbol{r}'}{\mathrm{d}t}$$

所以

$$\begin{aligned}\boldsymbol{v}_a&=\frac{\mathrm{d}\boldsymbol{r}_o}{\mathrm{d}t}+\frac{\mathrm{d}x'}{\mathrm{d}t}\boldsymbol{i}'+\frac{\mathrm{d}y'}{\mathrm{d}t}\boldsymbol{j}'+\frac{\mathrm{d}z'}{\mathrm{d}t}\boldsymbol{k}'+x'\frac{\mathrm{d}\boldsymbol{i}'}{\mathrm{d}t}+y'\frac{\mathrm{d}\boldsymbol{j}'}{\mathrm{d}t}+z'\frac{\mathrm{d}\boldsymbol{k}'}{\mathrm{d}t}\\&=\frac{\mathrm{d}\boldsymbol{r}_o}{\mathrm{d}t}+x'\frac{\mathrm{d}\boldsymbol{i}'}{\mathrm{d}t}+y'\frac{\mathrm{d}\boldsymbol{j}'}{\mathrm{d}t}+z'\frac{\mathrm{d}\boldsymbol{k}'}{\mathrm{d}t}+\boldsymbol{v}_r\end{aligned}\tag{3-7}$$

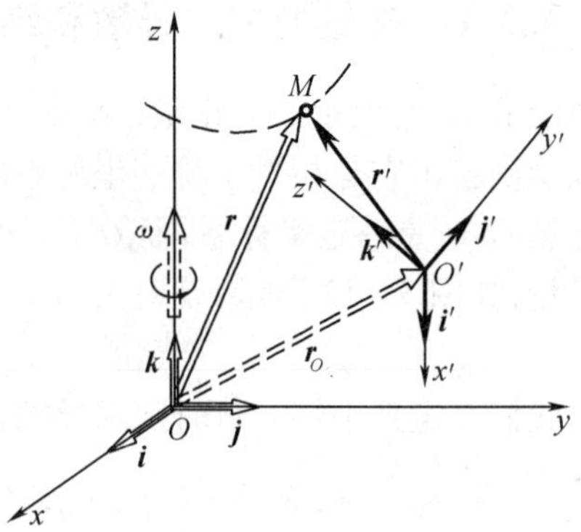

图 3-13 解析证明示意图

下面说明(3-7)式右边的前四项刚好是动点的牵连速度 $\boldsymbol{v}_e$。

牵连速度是指动系上的动点的牵连点相对于定系的速度，牵连点是动系上与动点重合的点，所以牵连点对定系的矢径与动点对定系的矢径相同，即

$$\boldsymbol{r}=\boldsymbol{r}_o+\boldsymbol{r}'=\boldsymbol{r}_o+x'\boldsymbol{i}'+y'\boldsymbol{j}'+z'\boldsymbol{k}'$$

则牵连速度为

$$\boldsymbol{v}_e=\frac{\mathrm{d}\boldsymbol{r}}{\mathrm{d}t}=\frac{\mathrm{d}(\boldsymbol{r}_o+\boldsymbol{r}')}{\mathrm{d}t}=\frac{\mathrm{d}\boldsymbol{r}_o}{\mathrm{d}t}+\frac{\mathrm{d}\boldsymbol{r}'}{\mathrm{d}t}=\frac{\mathrm{d}\boldsymbol{r}_o}{\mathrm{d}t}+x'\frac{\mathrm{d}\boldsymbol{i}'}{\mathrm{d}t}+y'\frac{\mathrm{d}\boldsymbol{j}'}{\mathrm{d}t}+z'\frac{\mathrm{d}\boldsymbol{k}'}{\mathrm{d}t}+\frac{\mathrm{d}x'}{\mathrm{d}t}\boldsymbol{i}'+\frac{\mathrm{d}y'}{\mathrm{d}t}\boldsymbol{j}'+\frac{\mathrm{d}z'}{\mathrm{d}t}\boldsymbol{k}'\tag{3-8}$$

由于牵连点是动系上的点，故它在动系上的坐标 x',y',z' 是常量，因而它们对时间的导数恒为零，即

$$\frac{\mathrm{d}x'}{\mathrm{d}t}=\frac{\mathrm{d}y'}{\mathrm{d}t}=\frac{\mathrm{d}z'}{\mathrm{d}t}=0\tag{3-9}$$

把(3-9)式代入(3-8)式得

$$\boldsymbol{v}_e=\frac{\mathrm{d}\boldsymbol{r}_o}{\mathrm{d}t}+x'\frac{\mathrm{d}\boldsymbol{i}'}{\mathrm{d}t}+y'\frac{\mathrm{d}\boldsymbol{j}'}{\mathrm{d}t}+z'\frac{\mathrm{d}\boldsymbol{k}'}{\mathrm{d}t}\tag{3-10}$$

把(3-10)式代入(3-7)式得

$$\boldsymbol{v}_a=\boldsymbol{v}_e+\boldsymbol{v}_r$$

这就是点的速度合成定理。

3.4 牵连运动为平动时点的加速度合成定理

由速度合成定理，我们已经得到了绝对速度，相对速度和牵连速度之间的关系。那么在加速度之间是否也有类似的关系呢？下面我们对牵连运动为平动和定轴转动两种情况分别加以研究。本节首先来研究牵连运动为平动的情况。

取空间固定坐标系 $Oxyz$，设动点沿曲线 AB 运动，而 AB 又随固接其上的动坐标系一起做平动，如图 3-14 所示，设在瞬时 t，动点在 AB 上的 M 点位置。其绝对速度、相对速度和牵连速度分别为 $\boldsymbol{v}_a,\boldsymbol{v}_r$ 和 $\boldsymbol{v}_e$。由速度合成定理有

$$\boldsymbol{v}_a=\boldsymbol{v}_e+\boldsymbol{v}_r\tag{3-11}$$

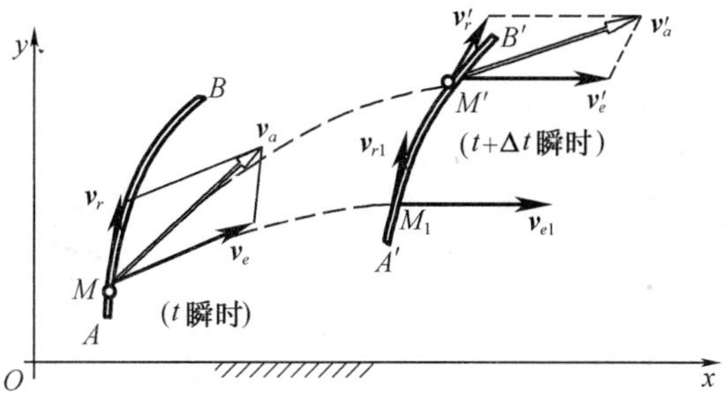

图 3－14　平动加速度合成定理示意图

经过时间间隔 Δt 后，曲线 AB 随动系平动到 $A'B'$位置，动点 M 到达了 M'点位置，M 点 t 瞬时的牵连点则到了 M_1 位置，此时动点的绝对速度，相对速度和牵连速度分别为 $\boldsymbol{v}_a'$,$\boldsymbol{v}_r'$和 $\boldsymbol{v}_e'$，同样由速度合成定理有

$$\boldsymbol{v}_a' = \boldsymbol{v}_e' + \boldsymbol{v}_r' \tag{3-12}$$

(3－12)式减去(3－11)式后，除以 Δt 并取极限，得

$$\lim_{\Delta t \to 0} \frac{\boldsymbol{v}_a' - \boldsymbol{v}_a}{\Delta t} = \lim_{\Delta t \to 0} \left[\frac{(\boldsymbol{v}_e' + \boldsymbol{v}_r') - (\boldsymbol{v}_e + \boldsymbol{v}_r)}{\Delta t} \right] = \lim_{\Delta t \to 0} \frac{\boldsymbol{v}_e' - \boldsymbol{v}_e}{\Delta t} + \lim_{\Delta t \to 0} \frac{\boldsymbol{v}_r' - \boldsymbol{v}_r}{\Delta t} \tag{3-13}$$

$$\lim_{\Delta t \to 0} \frac{\boldsymbol{v}_a' - \boldsymbol{v}_a}{\Delta t} = \frac{\mathrm{d}\boldsymbol{v}_a}{\mathrm{d}t} = \boldsymbol{a}_a$$

$\boldsymbol{a}_a$ 是 t 瞬时动点对定系的加速度，即绝对加速度。

由于动系作平动，所以其上各点速度相同，因此与 M'点重合的动系上的点的速度 $\boldsymbol{v}_e'$与动系上 M_1 点的速度 $\boldsymbol{v}_{e1}$ 相等。

所以(3－13)式右端第一项

$$\lim_{\Delta t \to 0} \frac{\boldsymbol{v}_e' - \boldsymbol{v}_e}{\Delta t} = \lim_{\Delta t \to 0} \frac{\boldsymbol{v}_{e1} - \boldsymbol{v}_e}{\Delta t} \tag{3-14}$$

(3－14)式中 $\boldsymbol{v}_e$ 和 $\boldsymbol{v}_{e1}$表示的是动系中 t 瞬时 M 点的牵连点在 t 和 $t+\Delta t$ 两个不同瞬时的速度。所以(3－14)式表示的是动点的牵连点的加速度，即牵连加速度。

$$\boldsymbol{a}_e = \lim_{\Delta t \to 0} \frac{\boldsymbol{v}_{e1} - \boldsymbol{v}_e}{\Delta t} \tag{3-15}$$

在曲线 AB 平动到 $A'B'$的过程中，动点从位置 M 运动到位置 M'。(3－13)式右端第二项表示相对速度对时间的绝对变化率，即绝对导数，而当动系做平动时，矢径的绝对导数与相对导数是相等的，所以

$$\lim_{\Delta t \to 0} \frac{\boldsymbol{v}_r' - \boldsymbol{v}_r}{\Delta t} = \frac{\tilde{\mathrm{d}}\boldsymbol{v}_r}{\mathrm{d}t} = \boldsymbol{a}_r \tag{3-16}$$

即动点相对于动系的速度的一阶变化率，即相对加速度。

将式(3－15)、(3－16)代入(3－13)得

$$\boldsymbol{a}_a = \boldsymbol{a}_e + \boldsymbol{a}_r \tag{3-17}$$

这就是牵连运动为平动时点的加速度合成定理：当牵连运动为平动时，动点在每一瞬时的绝对加速度等于其牵连加速度与相对加速度的矢量和。

这里必须注意，牵连运动为平动时加速度合成定理与速度合成定理在形式上很相似，

但 $\boldsymbol{v}_a=\boldsymbol{v}_e+\boldsymbol{v}_r$ 适用于任何形式的牵连运动，而 $\boldsymbol{a}_a=\boldsymbol{a}_e+\boldsymbol{a}_r$ 仅适用于牵连运动为平动的情况。

例3－9　半径为 R 的半圆形凸轮 D 以等速 v_0 沿水平线向右运动，带动从动杆 AB 沿铅直方向上升，如图3－15所示。求 $\varphi=30°$ 时杆 AB 相对于凸轮的速度和加速度。

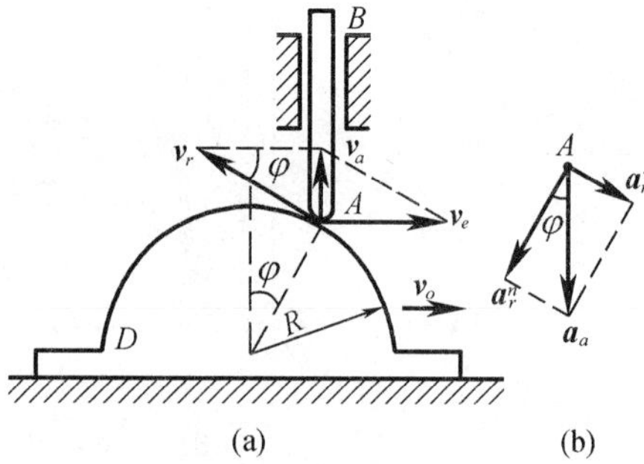

图3－15　例3－9图

解：选 AB 杆的端点 A 为动点，凸轮为动系，定系与地面固接，则动点的绝对运动为竖直方向的直线运动，绝对速度和绝对加速度都沿铅直方向，大小未知；动点的相对运动为以 R 为半径的圆弧，相对速度沿圆弧在该点的切线方向，大小待求，相对加速度由沿圆弧切线的切向加速度和沿法线的法向加速度组成；牵连运动为水平平动，牵连速度为 v_0，牵连加速度为零。

根据速度合成定理 $\boldsymbol{v}_a=\boldsymbol{v}_e+\boldsymbol{v}_r$，作速度平行四边形如图3－15所示。则

$v_r=\dfrac{v_e}{\cos\varphi}=\dfrac{v_0}{\cos 30°}=\dfrac{2\sqrt{3}}{3}v_0$，方向如图3－15所示。

再根据加速度合成定理 $\boldsymbol{a}_a=\boldsymbol{a}_e+\boldsymbol{a}_r^n+\boldsymbol{a}_r^\tau$，作各矢量如图3－15所示。

因为 $a_e=0$　　$a_r^n=\dfrac{v_r^2}{R}$　　$\boldsymbol{a}_a=\boldsymbol{a}_r^n+\boldsymbol{a}_r^\tau=\boldsymbol{a}_r$

所以 $a_r=a_a=\dfrac{a_r^n}{\cos 30°}=\dfrac{8\sqrt{3}}{9}\dfrac{v_0^2}{R}$，方向竖直向下。

例3－10　具有圆弧形滑道的曲柄滑道机构，用来使滑道 CD 获得间歇往复运动。若已知曲柄 OA 绕 O 轴做定轴转动，其转速为 $\omega=4t$ rad/s，又 $R=OA=100$ mm，当 $t=1$ s 时，机构在图示位置，曲柄与水平轴成角 $\varphi=30°$，求此时滑道 CD 的速度和加速度。

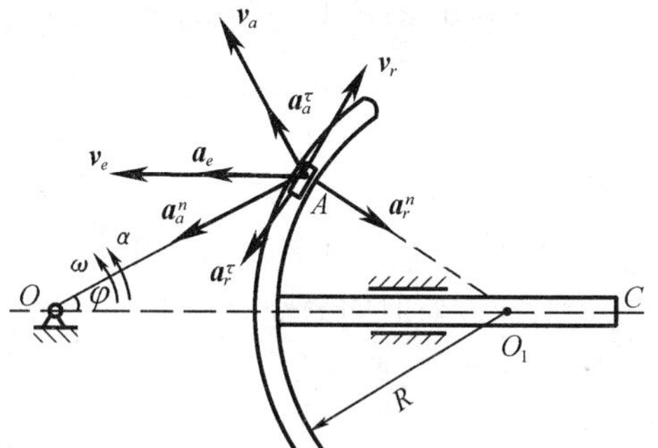

图3－16　例3－10图

解：滑道 CD 沿水平直线轨道平动，曲柄 OA 做定轴转动，小滑块 A 是它们的交点，取 A 为动点，定坐标系固定在固定底座上，动坐标系与滑道 CD 固接，并随之一起平动。那么要求的滑道 CD 的速度和加速度就是 A 点的牵连速度和牵连加速度。

A 点的绝对运动：以 O 为圆心，OA 为半径的圆周运动，绝对速度 $v_a=\omega\cdot R$，方向垂直于 OA，绝对加速度 $\boldsymbol{a}_a$ 包括沿圆周切线方向的 $\boldsymbol{a}_a^\tau$ 和沿圆周法线方向的 $\boldsymbol{a}_a^n$ 两个分量。

A 点的相对运动：以 O_1 为圆心，O_1A 为半径的圆周运动，相对速度 $\boldsymbol{v}_r$ 沿圆弧形滑道的切线方向，相对加速度 $\boldsymbol{a}_r$ 也包括沿圆弧滑道切线方向的 $\boldsymbol{a}_r^\tau$ 和沿圆弧滑道法线方向的 $\boldsymbol{a}_r^n$ 两个分量。

牵连运动：水平直线平动，牵连速度 $\boldsymbol{v}_e$ 和牵连加速度 $\boldsymbol{a}_e$ 都沿水平方向。

根据速度合成定理 $\boldsymbol{v}_a=\boldsymbol{v}_e+\boldsymbol{v}_r$，作速度平行四边形得 $v_e=v_r=v_a=\omega R=40$ cm/s，方向如

图 3-16 所示。

再分析加速度：$\alpha = \dfrac{d\omega}{dt} = 4\ \text{rad/s}^2$。

绝对加速度 $\boldsymbol{a}_a = \boldsymbol{a}_a^\tau + \boldsymbol{a}_a^n$。

$a_a^\tau = \alpha \cdot R = 40\ \text{cm/s}^2$，方向垂直于 OA，

$a_a^n = \omega^2 \cdot R = 160\ \text{cm/s}^2$，方向沿 OA 指向 O。

相对加速度 $\boldsymbol{a}_r = \boldsymbol{a}_r^\tau + \boldsymbol{a}_r^n$。

$a_r^n = \dfrac{v_r^2}{R} = 160\ \text{cm/s}^2$，方向沿 AO_1 指向 O_1。

根据加速度合成定理得 $\boldsymbol{a}_a^\tau + \boldsymbol{a}_a^n = \boldsymbol{a}_e + \boldsymbol{a}_r^\tau + \boldsymbol{a}_r^n$。

为避开未知的 a_r^τ，可将上面矢量式向 AO_1 方向投影得

$$a_a^n \cos 60° + a_a^\tau \cos 30° = a_e \cos 30° - a_r^n$$

解得

$$a_e = \frac{2}{\sqrt{3}}\left(\frac{1}{2}\omega^2 R + \omega^2 R + \frac{\sqrt{3}}{2}\alpha R\right) = 317.1\ \text{cm/s}^2，方向如图 3-16 所示。$$

例 3-11　十字形滑块 K 连接固定杆 AB 和垂直于 AB 的杆 CD，长 32 cm 的曲柄 OC 按 $\varphi = \dfrac{1}{4}t\text{rad}$ 规律转动，并带动杆 CD 和滑块 K 运动，求：$t = \pi$s 时滑块 K 相对于杆 CD 的速度和加速度及滑块 K 的绝对速度和绝对加速度。

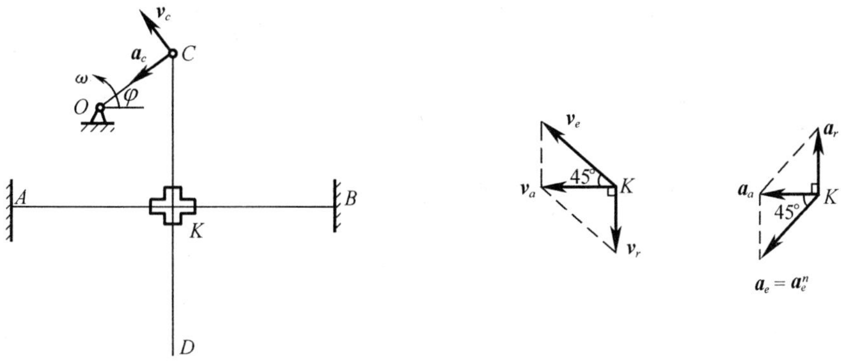

图 3-17　例 3-11 图

解：取滑块 K 为动点，取定坐标系与固定杆 AB 固接，动坐标系与杆 CD 固接，并随之一起运动。

则滑块 K 的绝对运动：沿固定杆 AB 的直线运动，绝对速度 $\boldsymbol{v}_a$ 和绝对加速度 $\boldsymbol{a}_a$ 都沿 AB 方向。

滑块 K 的相对运动：沿杆 CD 的直线运动，相对速度 $\boldsymbol{v}_r$ 和相对加速度 $\boldsymbol{a}_r$ 都沿 CD 方向。

牵连运动：杆 CD 的曲线平动，动系上各点的速度和加速度都相等，所以端点 C 的速度和加速度即等于牵连速度和牵连加速度。$\boldsymbol{v}_e = \boldsymbol{v}_c, \boldsymbol{a}_e = \boldsymbol{a}_c$

代入已知条件，可得

$$\omega = \frac{d\varphi}{dt} = \frac{1}{4}\text{rad/s}, \alpha = \frac{d\omega}{dt} = 0$$

$v_e = v_c = \omega \cdot OC = 8\ \text{cm/s}$ 方向垂直于 OC,

$$\boldsymbol{a}_e = \boldsymbol{a}_c = \boldsymbol{a}_e^{\tau} + \boldsymbol{a}_e^{n}$$

$a_e^{\tau} = \alpha \cdot OC = 0 \quad a_e = a_e^{n} = \omega^2 \cdot OC = 2\ \text{cm/s}^2$ 方向沿 OC 指向 O,当 $t = \pi\text{s}$ 时 $\varphi = \dfrac{\pi}{4}\text{rad}$。

由速度合成定理,作速度平行四边形如图所示:

$v_a = v_e\cos45° = 4\sqrt{2}\ \text{cm/s}$,方向水平向左;

$v_r = v_a = 4\sqrt{2}\ \text{cm/s}$,方向竖直向下;

由动系平动时加速度合成定理知

$\boldsymbol{a}_a = \boldsymbol{a}_e + \boldsymbol{a}_r = \boldsymbol{a}_e^{n} + \boldsymbol{a}_r$

作加速度平行四边形可得

$$a_a = a_e^{n}\cos45° = \sqrt{2}\ \text{cm/s}^2,\text{方向水平向左;}$$

$$a_r = a_a = \sqrt{2}\ \text{cm/s}^2,\text{方向竖直向上。}$$

例 3－12 小车沿水平方向向右作加速运动,其加速度 $a = 0.493\ \text{m/s}^2$。在小车上有一轮绕 O 轴转动,转动的规律为 $\varphi = t^2$(t 以 s 计,φ 以 rad 计)。当 $t = 1$ s 时,轮缘上点 A 的位置如图 3－18 所示。如轮的半径 $r = 0.2$ m,求此时点 A 的绝对加速度。

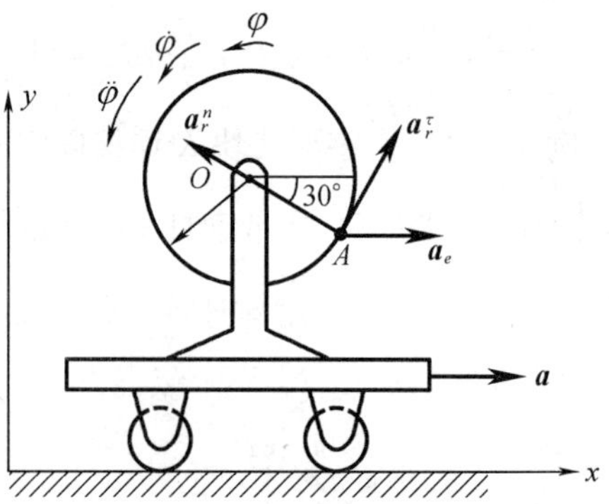

图 3－18 例 3－12 图

解:以轮缘上点 A 为动点,把动坐标系固接在小车上,定坐标系取在地面上。

A 点的绝对运动:平面曲线运动,轨迹未知,绝对速度 $\boldsymbol{v}_a$ 和绝对加速度 $\boldsymbol{a}_a$ 未知;

A 点的相对运动:以 OA 为半径的圆周运动,相对速度 $\boldsymbol{v}_r$ 和相对加速度 $\boldsymbol{a}_r$ 由小轮的转动规律确定;

牵连运动:水平向右的平动,牵连速度水平方向,牵连加速度水平向右。

因为
$$\omega = \frac{\mathrm{d}\varphi}{\mathrm{d}t} = 2t,\alpha = \frac{\mathrm{d}\omega}{\mathrm{d}t} = 2$$

所以
$$t = 1\ \text{s 时} \qquad \omega = 2\ \text{rad/s},\alpha = 2\ \text{rad/s}^2$$

则有 $a_e = a = 0.493\ \text{m/s}^2$,方向水平向右;

$a_r^{\tau} = \alpha \cdot r = 0.4\ \text{m/s}^2$,方向垂直于 OA;

$a_r^{n} = \omega^2 \cdot r = 0.8\ \text{m/s}^2$,方向沿 OA 指向 O;

根据加速度合成定理 $\boldsymbol{a}_a = \boldsymbol{a}_a^{x} + \boldsymbol{a}_a^{y} = \boldsymbol{a}_e + \boldsymbol{a}_r^{\tau} + \boldsymbol{a}_r^{n}$ 作各加速度矢量如图所示,其中只有 a_a^x 和 a_a^y 未知,将各矢量向 x 轴和 y 轴投影,得投影方程为

$$a_a^x = a_e + a_r^{\tau}\sin30° - a_r^{n}\cos30° = 0.000\ 18\ \text{m/s}^2$$

$$a_a^y = a_r^{\tau}\cos30° + a_r^{n}\sin30° = 0.746\ 4\ \text{m/s}^2$$

所以
$$a_a = \sqrt{(a_a^x)^2 + (a_a^y)^2} = 0.746\ 4\ \text{m/s}^2$$

$$\cos(\boldsymbol{a}_a,\boldsymbol{i}) = \frac{a_a^x}{a_a},\cos(\boldsymbol{a}_a,\boldsymbol{j}) = \frac{a_a^y}{a_a}$$

综上所述,可见在用复合运动方法求加速度时,可遵循以下步骤进行:

第一步：确定动点，动坐标系，定坐标系，并作运动分析和速度分析（将加速度计算中需用到的某些速度确定下来）。

第二步：作加速度分析图（画在动点上）。若各个加速度矢量中只有两个未知要素，则问题是可解的。若只涉及三个矢量则可画出加速度平行四边形，解这个四边形即可求得未知量。否则，把矢量方程 $\boldsymbol{a}_a = \boldsymbol{a}_e + \boldsymbol{a}_r$ 往某些轴上投影，得代数方程（或方程组），解此方程（或方程组）即得所求结果。

3.5　牵连运动为平动时点的加速度合成定理的解析证明

本节我们将采用解析的办法给出牵连运动为平动时点的加速度合成定理的证明。取空间固定坐标系 $Oxyz$，动系 $O'x'y'z'$ 在定系中做平动，动系原点 O' 在定系中的矢径为 $\boldsymbol{r}_o$，动点 M 在定系中的矢径为 $\boldsymbol{r}$，动点 M 在动系中矢径为 $\boldsymbol{r}'$，如图 3－19 所示。

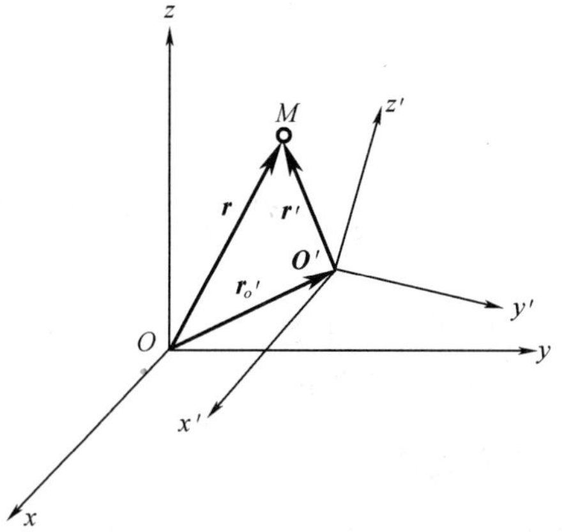

图 3－19　加速度合成定理解析证明图

我们知道动点的绝对加速度是动点的绝对速度对时间的绝对导数，即

$$\boldsymbol{a}_a = \frac{\mathrm{d}\boldsymbol{v}_a}{\mathrm{d}t} = \frac{\mathrm{d}^2\boldsymbol{r}}{\mathrm{d}t^2} = \ddot{x}\boldsymbol{i} + \ddot{y}\boldsymbol{j} + \ddot{z}\boldsymbol{k}$$

动点的相对加速度是动点相对于动系的加速度，是动点的相对速度对时间的相对导数，即

$$\boldsymbol{a}_r = \frac{\tilde{\mathrm{d}}\boldsymbol{v}_r}{\mathrm{d}t} = \frac{\check{\mathrm{d}}}{\mathrm{d}\boldsymbol{t}^2}(\ddot{x}'\boldsymbol{i}' + \ddot{y}'\boldsymbol{j}' + \ddot{z}'\boldsymbol{k}') = \ddot{x}'\boldsymbol{i}' + \ddot{y}'\boldsymbol{j}' + \ddot{z}'\boldsymbol{k}'$$

动点的牵连加速度，是动点的牵连点在 t 瞬时对定系的加速度，当动系平动时，其上各点的速度，加速度均相同，因此动系原点 O' 的速度和加速度就是动点的牵连速度和牵连加速度，即

$$\boldsymbol{v}_e = \frac{\mathrm{d}\boldsymbol{r}_o}{\mathrm{d}t} = \boldsymbol{v}_o, \qquad \boldsymbol{a}_e = \frac{\mathrm{d}^2\boldsymbol{r}_o}{\mathrm{d}t^2} = \boldsymbol{a}_o$$

当动系做平动时，$\boldsymbol{i}'$，$\boldsymbol{j}'$，$\boldsymbol{k}'$ 为常矢量，它们的大小和方向均不变，从而

$$\frac{\mathrm{d}\boldsymbol{i}'}{\mathrm{d}t} = \frac{\mathrm{d}\boldsymbol{j}'}{\mathrm{d}t} = \frac{\mathrm{d}\boldsymbol{k}'}{\mathrm{d}t} = 0$$

又 $$\boldsymbol{r}=\boldsymbol{r}_o+\boldsymbol{r}'=\boldsymbol{r}_o+X'\boldsymbol{i}'+Y'\boldsymbol{j}'+Z'\boldsymbol{k}'$$

所以 $$\frac{\mathrm{d}\boldsymbol{r}}{\mathrm{d}t}=\frac{\mathrm{d}\boldsymbol{r}_o}{\mathrm{d}t}+\frac{\mathrm{d}(X'\boldsymbol{i}'+Y'\boldsymbol{j}'+Z'\boldsymbol{k}')}{\mathrm{d}t} \tag{3-18}$$

所以 $$\boldsymbol{v}_a=\boldsymbol{v}_o+\frac{\mathrm{d}X'}{\mathrm{d}t}\boldsymbol{i}'+\frac{\mathrm{d}Y'}{\mathrm{d}t}\boldsymbol{j}'+\frac{\mathrm{d}Z'}{\mathrm{d}t}\boldsymbol{k}' \tag{3-19}$$

两边对时间再求一次导数得

$$\boldsymbol{a}_a=\frac{\mathrm{d}\boldsymbol{v}_a}{\mathrm{d}t}=\frac{\mathrm{d}\boldsymbol{v}_o}{\mathrm{d}t}+\frac{\mathrm{d}^2X'}{\mathrm{d}t^2}\boldsymbol{i}'+\frac{\mathrm{d}^2Y'}{\mathrm{d}t^2}\boldsymbol{j}'+\frac{\mathrm{d}^2Z'}{\mathrm{d}t^2}\boldsymbol{k}'=\boldsymbol{a}_o+\boldsymbol{a}_r=\boldsymbol{a}_e+\boldsymbol{a}_r \tag{3-20}$$

这就是动系平动时的加速度合成定理。

这里注意，动系平动时，$\boldsymbol{i}'$，$\boldsymbol{j}'$，$\boldsymbol{k}'$均为常矢量，$\frac{\mathrm{d}\boldsymbol{i}'}{\mathrm{d}t}$，$\frac{\mathrm{d}\boldsymbol{j}'}{\mathrm{d}t}$，$\frac{\mathrm{d}\boldsymbol{k}'}{\mathrm{d}t}$均恒等于零，动系若作其他形式的运动，则(3－20)式不成立；同时，动系平动时，动系上各点的速度，加速度均相同，因此可用动系原点的速度和加速度来代表牵连点的速度和加速度，所以动系非平动时，(3－20)式不成立。总之，也就是说并不是对作任意形式运动的动系都有

$$\frac{\mathrm{d}\boldsymbol{v}_e}{\mathrm{d}t}=\boldsymbol{a}_e,\qquad \frac{\mathrm{d}\boldsymbol{v}_r}{\mathrm{d}t}=\boldsymbol{a}_r$$

3.6 牵连运动为转动时点的加速度合成定理

当牵连运动为转动时，上节所得到的加速度合成定理的公式是否仍然适用呢？下面我们来推证牵连运动为转动时的加速度合成定理。

3.6.1 推导加速度合成定理

设有一直杆 OA，以匀角速度 ω 绕定轴 O 转动，一动点沿直杆做变速运动。t 瞬时，直杆位于位置Ⅰ，动点位于杆上的 M 点，其牵连速度为 $\boldsymbol{v}_e$，相对速度为 $\boldsymbol{v}_r$，经过时间间隔 Δt 后，直杆转动到位置Ⅱ，动点运动到 M'点，其牵连速度为 $\boldsymbol{v}_e'$，相对速度为 $\boldsymbol{v}_r'$，如图 3－20(a)所示。从图中可见，动点从 t 瞬时到 $t+\Delta t$ 瞬时的运动过程中，它的牵连速度和相对速度的大小及方向都发生了变化，下面我们看一下 $\boldsymbol{v}_r$ 与 $\boldsymbol{v}_e$ 的增量。

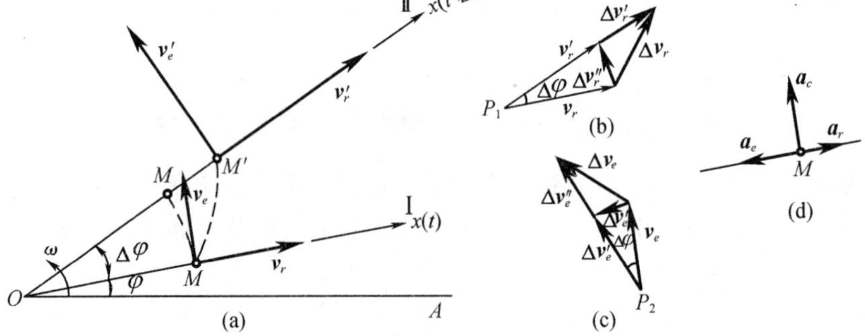

图 3－20 牵连运动为转动时点的加速度合成定理示意图

作相对速度矢量三角形。如图 3－20(b)所示，作出 $\boldsymbol{v}_r$，$\boldsymbol{v}'_r$，$\Delta\boldsymbol{v}_r$，再从 $\boldsymbol{v}_r'$上截取等于 v_r 的

一段长度,将 $\Delta \boldsymbol{v}_r$ 分解为 $\Delta \boldsymbol{v}_r'$和 $\Delta \boldsymbol{v}_r''$,即

$$\Delta \boldsymbol{v}_r = \Delta \boldsymbol{v}_r' + \Delta \boldsymbol{v}_r'' \tag{3-21}$$

式中 $\Delta \boldsymbol{v}_r'$表示在 Δt 时间间隔内相对速度大小的变化量,仅与相对运动本身有关,而与牵连运动无关;$\Delta \boldsymbol{v}_r''$表示由于牵连运动为转动而引起的相对速度方向的改变量,与 ω 的大小有关。同样作牵连速度矢量三角形,如图 3-20(c),作出 $\boldsymbol{v}_e$,$\boldsymbol{v}_e'$和 $\Delta \boldsymbol{v}_e$,再从 $\boldsymbol{v}_e'$矢量上截取等于 v_e 的一段长度,将牵连速度增量 $\Delta \boldsymbol{v}_e$ 分解为 $\Delta \boldsymbol{v}_e'$和 $\Delta \boldsymbol{v}_e''$,即

$$\Delta \boldsymbol{v}_e = \Delta \boldsymbol{v}_e' + \Delta \boldsymbol{v}_e'' \tag{3-22}$$

式中 $\Delta \boldsymbol{v}_e'$表示动点的牵连速度由于牵连运动为转动而引起的方向改变量,与相对运动无关;$\Delta \boldsymbol{v}_e''$表示动点的牵连速度由于相对运动而引起的牵连速度大小的改变量,与 $\boldsymbol{v}_r$ 有关。

根据加速度的定义,动点 M 在瞬时 t 的绝对加速度为

$$\begin{aligned}\boldsymbol{a}_a &= \frac{\mathrm{d}\boldsymbol{v}_a}{\mathrm{d}t} = \lim_{\Delta t\to 0}\frac{\boldsymbol{v}_a' - \boldsymbol{v}_a}{\Delta t} = \lim_{\Delta t\to 0}\frac{(\boldsymbol{v}_e' + \boldsymbol{v}_r') - (\boldsymbol{v}_e + \boldsymbol{v}_r)}{\Delta t} = \lim_{\Delta t\to 0}\frac{\Delta \boldsymbol{v}_r}{\Delta t} + \lim_{\Delta t\to 0}\frac{\Delta \boldsymbol{v}_e}{\Delta t}\\ &= \lim_{\Delta t\to 0}\frac{\Delta \boldsymbol{v}_r'}{\Delta t} + \lim_{\Delta t\to 0}\frac{\Delta \boldsymbol{v}_r''}{\Delta t} + \lim_{\Delta t\to 0}\frac{\Delta \boldsymbol{v}_e'}{\Delta t} + \lim_{\Delta t\to 0}\frac{\Delta \boldsymbol{v}_e''}{\Delta t}\end{aligned} \tag{3-23}$$

下面分别讨论(3-23)式右端各项的大小,方向及其物理意义。

第一项 $\lim\limits_{\Delta t\to 0}\dfrac{\Delta \boldsymbol{v}_r'}{\Delta t}$

其大小对应于相对速度 $\boldsymbol{v}_r$ 大小的改变率,方向总是沿着相对运动轨迹直杆。可见第一项是在固接于直杆的动参考系上观察到的相对速度的变化率,显然就是动点的相对加速度 $\boldsymbol{a}_r$。

第三项
$$\lim_{\Delta t\to 0}\frac{\Delta \boldsymbol{v}_e'}{\Delta t}$$

其大小为
$$\lim_{\Delta t\to 0}\left|\frac{\Delta \boldsymbol{v}_e'}{\Delta t}\right| = \lim_{\Delta t\to 0}\left|v_e\frac{\Delta\varphi}{\Delta t}\right| = \omega^2 OM$$

当 $\Delta t\to 0$ 时,则有 $\Delta\varphi\to 0$,所以此项的极限位置垂直于 $\boldsymbol{v}_e$,也就是其方向沿直杆指向 O 点,可见此项正是瞬时 t 动坐标系上动点牵连点的加速度,即动点的牵连加速度 $\boldsymbol{a}_e$。

第二项
$$\lim_{\Delta t\to 0}\frac{\Delta \boldsymbol{v}_r''}{\Delta t}$$

其大小为
$$\lim_{\Delta t\to 0}\left|\frac{\Delta \boldsymbol{v}_r''}{\Delta t}\right| = \lim_{\Delta t\to 0}\left|v_r\frac{\Delta\varphi}{\Delta t}\right| = |\omega\cdot v_r|$$

它对应于因动系转动而引起的相对速度 $\boldsymbol{v}_r$ 方向的改变率,当 $\Delta t\to 0$ 时,$\Delta\varphi\to 0$,故此项极限位置垂直于 $\boldsymbol{v}_r$。

第四项
$$\lim_{\Delta t\to 0}\frac{\Delta \boldsymbol{v}_e''}{\Delta t}$$

其大小为

$$\lim_{\Delta t\to 0}\left|\frac{\Delta \boldsymbol{v}_e''}{\Delta t}\right| = \lim_{\Delta t\to 0}\left|\frac{v_e' - v_e}{\Delta t}\right| = \lim_{\Delta t\to 0}\left|\frac{OM'\cdot\omega - OM\cdot\omega}{\Delta t}\right| = \lim_{\Delta t\to 0}\left|\frac{\omega\cdot M_1M'}{\Delta t}\right| = |\omega\cdot v_r|$$

它对应于因动点有相对运动而引起的牵连速度 $\boldsymbol{v}_e$ 大小的改变率,方向与 $\boldsymbol{v}_e$ 相同,即垂直于 $\boldsymbol{v}_r$。

上述第二项与第四项所表示的加速度分量的大小、方向都相同,可以合并为一项并用 $\boldsymbol{a}_c$ 表示,其大小为 $a_c = 2\omega v_r$,方向与 $\boldsymbol{v}_r$ 垂直,$\boldsymbol{a}_c$ 称为科氏加速度。对于动系的转动轴与 $\boldsymbol{v}_r$ 不

垂直的一般情况，科氏加速度 $\boldsymbol{a}_c$ 的计算可以用矢量的矢积表示为

$$\boldsymbol{a}_c = 2\boldsymbol{\omega}_e \times \boldsymbol{v}_r$$

综上所述，(3-23)式成为

$$\boldsymbol{a}_a = \boldsymbol{a}_r + \boldsymbol{a}_e + \boldsymbol{a}_c \tag{3-24}$$

这就是牵连运动为定轴转动时的加速度合成定理：当牵连运动为定轴转动时动点在每一瞬时的绝对加速度等于其相对加速度，牵连加速度与科氏加速度三者的矢量和。

(3-24)式虽然是在牵连运动为定轴转动的情况下导出的，但对牵连运动为一般运动的情况也适用。

3.6.2 牵连运动为定轴转动时点的加速度合成定理的解析证明

任取空间固定坐标系 $Oxyz$，动坐标系 $O'x'y'z'$，设动点 M 在动系 $O'x'y'z'$中运动，而动系 $O'x'y'z'$又以角速度 $\boldsymbol{\omega}$，角加速度 $\boldsymbol{\alpha}$ 绕定系的 z 轴转动，如图 3-21 所示。

动点 M 对定系的矢径 $\boldsymbol{r} = x\boldsymbol{i} + y\boldsymbol{j} + z\boldsymbol{k}$，对动系的矢径 $\boldsymbol{r}' = x\boldsymbol{i} + z\boldsymbol{k}$。

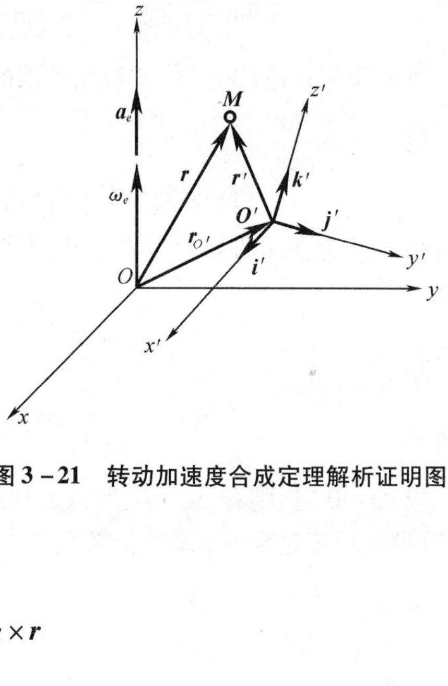

图 3-21 转动加速度合成定理解析证明图

前面我们在证明速度合成定理时，已得到动点 M 的绝对速度和绝对加速度的解析表达式：

$$\boldsymbol{v}_a = \dot{x}\boldsymbol{i} + \dot{y}\boldsymbol{j} + \dot{z}\boldsymbol{k}$$

$$\boldsymbol{a}_a = \ddot{x}\boldsymbol{i} + \ddot{y}\boldsymbol{j} + \ddot{z}\boldsymbol{k}$$

动点 M 的相对速度和相对加速度的解析表达式：

$$\boldsymbol{v}_r = \dot{x}'\boldsymbol{i}' + \dot{y}'\boldsymbol{j}' + \dot{z}'\boldsymbol{k}'$$

$$\boldsymbol{a}_r = \ddot{x}'\boldsymbol{i}' + \ddot{y}'\boldsymbol{j}' + \ddot{z}'\boldsymbol{k}'$$

而牵连速度和牵连加速度是动系上动点的牵连点对定系的速度和加速度：

$$\boldsymbol{v}_e = \boldsymbol{\omega} \times \boldsymbol{r}$$

$$\boldsymbol{a}_e = \boldsymbol{\omega} \times \boldsymbol{v}_e + \boldsymbol{\alpha} \times \boldsymbol{r}$$

把速度合成定理

$$\boldsymbol{v}_a = \boldsymbol{v}_e + \boldsymbol{v}_r$$

两边同时对时间 t 求导数得

$$\frac{\mathrm{d}\boldsymbol{v}_a}{\mathrm{d}t} = \frac{\mathrm{d}\boldsymbol{v}_e}{\mathrm{d}t} + \frac{\mathrm{d}\boldsymbol{v}_r}{\mathrm{d}t} \tag{3-25}$$

其中

$$\frac{\mathrm{d}\boldsymbol{v}_a}{\mathrm{d}t} = \boldsymbol{a}_a$$

$$\frac{\mathrm{d}\boldsymbol{v}_e}{\mathrm{d}t} = \frac{\mathrm{d}(\boldsymbol{\omega} \times \boldsymbol{r})}{\mathrm{d}t}$$

$$\frac{\mathrm{d}\boldsymbol{v}_r}{\mathrm{d}t} = \frac{\mathrm{d}}{\mathrm{d}t}(\dot{x}'\boldsymbol{i}' + \dot{y}'\boldsymbol{j}' + \dot{z}'\boldsymbol{k}')$$

即 $\dfrac{\mathrm{d}\boldsymbol{v}_e}{\mathrm{d}t} = \dfrac{d(\boldsymbol{\omega} \times \boldsymbol{r})}{\mathrm{d}t} = \dfrac{d\boldsymbol{\omega}}{\mathrm{d}t} \times \boldsymbol{r} + \boldsymbol{\omega} \times \dfrac{\mathrm{d}\boldsymbol{r}}{\mathrm{d}t} = \boldsymbol{\alpha} \times \boldsymbol{r} + \boldsymbol{\omega} \times \boldsymbol{v}_a = \boldsymbol{\alpha} \times \boldsymbol{r} + \boldsymbol{\omega} \times \boldsymbol{v}_e + \boldsymbol{\omega} \times \boldsymbol{v}_r = \boldsymbol{a}_e + \boldsymbol{\omega} \times \boldsymbol{v}_r$

$$\frac{d\boldsymbol{v}_r}{dt}=\frac{d}{dt}(\dot{x}'\boldsymbol{i}'+\dot{y}'\boldsymbol{j}'+\dot{z}'\boldsymbol{k}')=\ddot{x}\boldsymbol{i}'+\ddot{y}\boldsymbol{i}'+\ddot{z}'\boldsymbol{k}'+\dot{x}'\frac{d\boldsymbol{i}'}{dt}+\dot{y}'\frac{d\boldsymbol{i}'}{dt}+\dot{z}'\frac{d\boldsymbol{k}'}{dt}=\boldsymbol{a}_r+\dot{x}'\frac{d\boldsymbol{i}'}{dt}+\dot{y}'\frac{d\boldsymbol{j}'}{dt}+\dot{z}'\frac{d\boldsymbol{k}'}{dt}$$

将上面两项代入(3－25)式，得

$$\boldsymbol{a}_a=\boldsymbol{a}_e+\boldsymbol{\omega}\times\boldsymbol{v}_r+\boldsymbol{a}_r+\dot{x}'\frac{d\boldsymbol{i}'}{dt}+\dot{y}'\frac{d\boldsymbol{j}'}{dr}+\dot{z}'\frac{d\boldsymbol{k}'}{dt}\tag{3-26}$$

根据泊桑公式

$$\frac{d\boldsymbol{i}'}{dt}=\boldsymbol{\omega}\times\boldsymbol{i}'$$

$$\frac{d\boldsymbol{j}'}{dt}=\boldsymbol{\omega}\times\boldsymbol{k}'$$

$$\frac{d\boldsymbol{k}'}{dt}=\boldsymbol{\omega}\times\boldsymbol{k}'$$

可得 $\dot{x}\frac{d\boldsymbol{i}'}{dt}+\dot{y}'\frac{d\boldsymbol{j}'}{dt}+\dot{z}\frac{d\boldsymbol{k}'}{dt}=\dot{x}'\cdot\boldsymbol{\omega}\times\boldsymbol{i}'+\dot{y}'\cdot\boldsymbol{\omega}\times\boldsymbol{j}'+\dot{z}'\cdot\boldsymbol{\omega}\times\boldsymbol{k}'=\boldsymbol{\omega}\times(\dot{x}'\boldsymbol{i}'+\dot{y}'\boldsymbol{j}'+\dot{z}'\boldsymbol{k}')$

$$=\boldsymbol{\omega}\times\boldsymbol{v}_r$$

(3－26)式变为

$$\boldsymbol{a}_a=\boldsymbol{a}_e+\boldsymbol{\omega}\times\boldsymbol{v}_r+\boldsymbol{a}_r+\boldsymbol{\omega}\times\boldsymbol{v}_r=\boldsymbol{a}_e+\boldsymbol{a}_r+2\boldsymbol{\omega}\times\boldsymbol{v}_r=\boldsymbol{a}_e+\boldsymbol{a}_r+\boldsymbol{a}_c$$

这就是牵连动为转动时点的加速度合成定理。

3.6.3　科氏加速度的物理意义

从前面的讨论过程中可以看到，科式加速度来源于两部分，分别来源于$\frac{d\boldsymbol{v}_e}{dt}$和$\frac{d\boldsymbol{v}_r}{dt}$，前一个是由于相对运动引起了牵连速度大小的改变而产生的，假若没有相对运动，即 $v_r=0$，则这一项等于零；后一个是由于牵连运动(动系转动)引起了相对速度方向的改变而产生的，假若牵连运动是平动，则 $\boldsymbol{i}'$，$\boldsymbol{j}'$，$\boldsymbol{k}'$均为常矢量，那么$\frac{d\boldsymbol{i}'}{dt}=\frac{d\boldsymbol{j}'}{dt}=\frac{d\boldsymbol{k}'}{dt}=0$，$\boldsymbol{\omega}\times\boldsymbol{v}_r$ 这一项也就不存在了，可见，科氏加速度的出现是由于牵连运动与相对运动相互影响的结果。

如果动系做平动，可得 $\omega=0$，$a_c=0$，则加速度合成定理为

$$\boldsymbol{a}_a=\boldsymbol{a}_e+\boldsymbol{a}_r$$

3.6.4　科氏加速度的计算

科氏加速度等于动系的角速度矢和点的相对速度的矢积的两倍。

$\boldsymbol{a}_c=2\boldsymbol{\omega}\times\boldsymbol{v}_r$ 根据矢积的定义，$\boldsymbol{a}_c$ 的大小为 $a_c=2\omega\cdot v_r\sin\alpha$

式中 α 表示 $\boldsymbol{\omega}$ 与 $\boldsymbol{v}_r$ 之间小于90°的夹角。几何上 $\boldsymbol{a}_c$ 的大小等于以 $\boldsymbol{\omega}$，$\boldsymbol{v}_r$ 两矢量为邻边所构成的平行四边形的面积(图 3－22 的阴影部分)。$\boldsymbol{a}_c$ 的方向与 $\boldsymbol{\omega}$ 和 $\boldsymbol{v}_r$ 相垂直，即垂直于矢量 $\boldsymbol{\omega}$ 和 $\boldsymbol{v}_r$ 所确定的平面，指向按右手规则确定。

显然当 $\alpha=0°$或 $\alpha=180°$时，$\boldsymbol{\omega}/\!/\boldsymbol{v}r$，即动点沿平行于动系的转轴的直线做相对运动，这时，$a_c=0$；当 $\alpha=90°$时，$\boldsymbol{\omega}\perp\boldsymbol{v}_r$，$a_c=2\omega\cdot v_r$。

我们是在地球上研究物体的运动，由于地球本身不停地绕地轴自转，故物体在地面上运动时只要其速度方向不与地轴平行，则相对于其他恒星而言物体就有科氏加速度。例如，沿地球经线或纬线运动的物体及水流等的科氏加速度如图 3－23 所示。

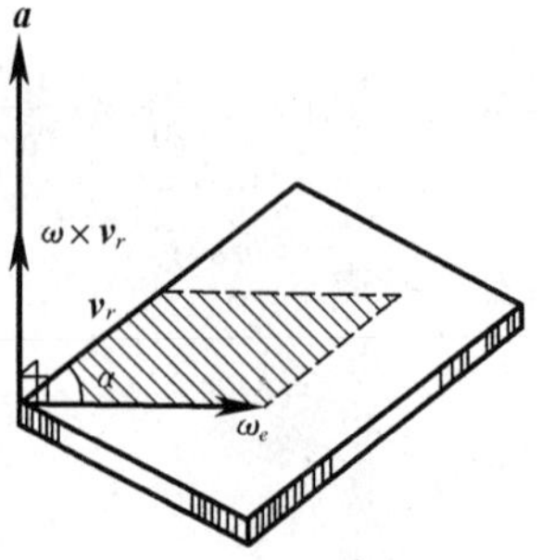

图 3－22 科氏加速度示意图

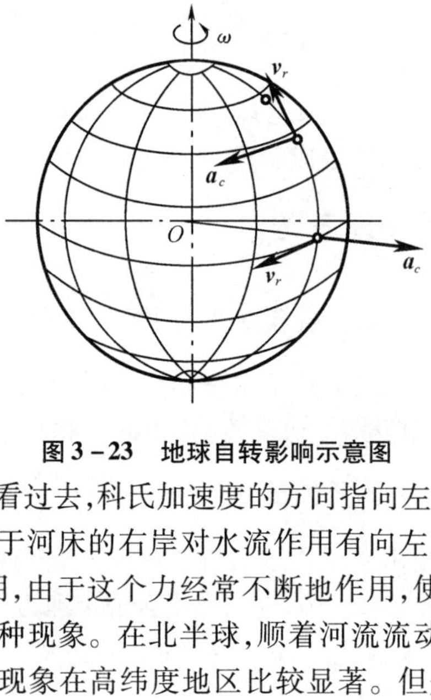

图 3－23　地球自转影响示意图

如果顺着河流流动方向看过去,科氏加速度的方向指向左侧,由牛顿第二定律可知,水流有向左的科氏加速度是由于河床的右岸对水流作用有向左的力。根据作用与反作用力定律,水流对右岸必有反作用,由于这个力经常不断地作用,使河床的右岸受到冲刷,这就解释了在自然界观察到的一种现象。在北半球,顺着河流流动的方向看过去,河流的冲刷现象右岸比左岸显著。这种现象在高纬度地区比较显著。但是,对于单线铁道,由于列车往返行驶的机会相等,两条钢轨因侧向力而被磨损的程度也是相等的。但由于地球自转角速度很小,除发射洲际导弹,宇宙火箭等远距离运动问题外,在一般工程问题中可不考虑地球的自转影响。

例 3－13　M 点在杆 OA 上按规律 $x=2+3t^2$ cm 运动,同时杆 OA 绕 O 轴以等角速度 $\omega=2$ rad/s转动,如图 3－24 所示。求当 $t=1$ s 时,点 M 的绝对加速度。

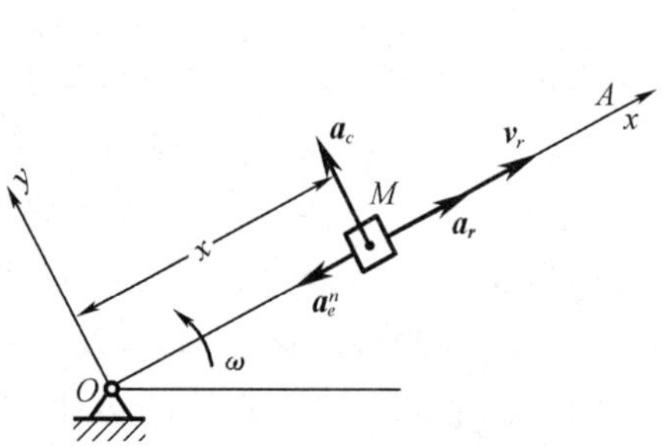

图 3－24　例 3－13 图

解:选取 M 点为动点,定坐标系固接在定轴上,动坐标系与杆 OA 固接,并随之一起转动。

M 点的绝对运动:平面内的曲线运动,绝对速度 v_a 和绝对加速度 a_a 未知;

M 点的相对运动：沿 OA 杆的直线运动，相对速度 $\boldsymbol{v}_r$ 和相对加速度 $\boldsymbol{a}_r$ 都沿杆方向；

牵连运动：OA 杆绕 O 轴的定轴转动。

因动系做定轴转动，所以会产生科氏加速度 $\boldsymbol{a}_c$，而不同于前面所讲的动系做平动时的情况。

从已知条件得到：

相对速度的速率 $$v_r = \frac{\mathrm{d}x}{\mathrm{d}t} = 6t$$

当 $t = 1$ s 时，$v_r = 6$ cm/s，方向沿 OA 指向 A；

相对加速度的大小 $a_r = \dfrac{\mathrm{d}v_r}{\mathrm{d}t} = 6\ \mathrm{cm/s^2}$，也是沿 OA 指向 A；

因为杆 OA 的定轴转动角速度为常量，所以定轴转动角加速度 $\alpha = 0$，

当 $t = 1$ s 时，$OM = 5$ cm

牵连加速度 $\boldsymbol{a}_e = \boldsymbol{a}_e^\tau + \boldsymbol{a}_e^n$

其中 $$a_e^\tau = \alpha \cdot OM = 0$$

$$a_e^n = \omega^2 \cdot OM = 4 \times 5 = 20\ \mathrm{cm/s^2}$$，方向沿 OA 指向 O；

科氏加速度 $\boldsymbol{a}_c$：$\boldsymbol{a}_c = 2\boldsymbol{\omega} \times \boldsymbol{v}_r$

$$a_c = 2\omega \cdot v_r = 24\ \mathrm{cm/s^2}$$，方向垂直于 OA。

根据牵连运动为定轴转动时的加速度合成定理 $\boldsymbol{a}_a = \boldsymbol{a}_e + \boldsymbol{a}_r + \boldsymbol{a}_c$

得本题中的形式为 $\boldsymbol{a}_a^x + \boldsymbol{a}_a^y = \boldsymbol{a}_r + \boldsymbol{a}_e^n + \boldsymbol{a}_c$，作各矢量如图 3－24 所示，其中只有 a_a^x 和 a_a^y 两个加速度的大小不知道，而各加速度的方向都是知道的，可采用解析法求解。

向 x 轴和 y 轴列两个投影方程为：

$a_a^x = a_r - a_e^n = -14\ \mathrm{cm/s^2}$，负号表示 $\boldsymbol{a}_a^x$ 的方向与所设方向相反，即沿 x 轴的负向；

$a_a^y = a_c = 24\ \mathrm{cm/s^2}$，方向与所设方向一致。

所以 M 点的绝对加速度为

$$a_a = \sqrt{(a_a^x)^2 + (a_a^y)^2} = \sqrt{14^2 + 24^2} = 27.78\ \mathrm{cm/s^2}$$

其方向由方向余弦确定：$\cos(\boldsymbol{a},\boldsymbol{i}) = \dfrac{a_a^x}{a_a} = \dfrac{-14}{27.78} = -0.504$

$$\cos(\boldsymbol{a}_a,\boldsymbol{j}) = \frac{a_a^y}{a_a} = \frac{24}{27.78} = 0.8639$$

例 3－14　刨床的急回机构如图 3－25 所示。曲柄 OA 的一端 A 与滑块用铰链连接。当曲柄 OA 以匀角速度 ω 绕固定轴 O 转动时，滑块在摇杆 O_1B 上滑动，并带动摇杆 O_1B 绕固定轴 O_1 摆动。设曲柄长 $OA = r$，两轴间距离 $OO_1 = l$。求当曲柄在水平位置时摇杆的角速度 ω 和角加速度 α。

解：选取曲柄端点 A 为动点，把动坐标系 $O_1x'y'$ 固接在摇杆 O_1B 上，并与 O_1B 一起绕 O_1 轴摆动，定坐标系选在固定轴上。

A 点的绝对运动：以 O 为圆心，r 为半径的圆周运动；

A 点的相对运动：沿 O_1B 方向的直线运动；

牵连运动：摇杆 O_1B 绕 O_1 轴的摆动。

首先求摇杆的角速度：

绝对速度 $\boldsymbol{v}_a$：大小 $v_a = \omega \cdot r$　方向垂直于曲柄 OA；

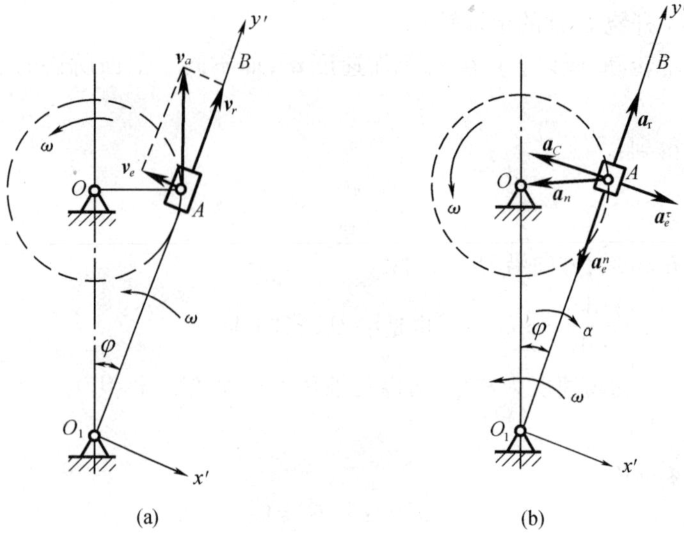

图 3－25　例 3－14 图

相对速度 $\boldsymbol{v}_r$:大小未知,方向沿摇杆 O_1B;

牵连速度 $\boldsymbol{v}_e$: $v_1=\omega_1\cdot O_1A$,方向垂直于 O_1A。

根据速度合成定理 $\boldsymbol{v}_a=\boldsymbol{v}_e+\boldsymbol{v}_r$,三个矢量中只有两个未知要素,可解,作速度平行四边形如图 3－25 所示,则

$$v_e=v_a\sin\varphi$$

又 $\sin\varphi=\dfrac{r}{\sqrt{l^2+r^2}}$,且 $v_a=\omega\cdot r, v_e=\omega_1\cdot O_1A$,所以

$$v_e=\omega_1\cdot O_1A=\frac{r^2\omega}{\sqrt{l^2+r^2}}$$

因此得出此瞬时摇杆的角速度为

$\omega=\dfrac{r^2\omega}{l^2+r^2}$,转向为逆时针转向。

下面求摇杆的角加速度:

因为动系作定轴转动,因此会出现科氏加速度,加速度合成定理为

$$\boldsymbol{a}_a=\boldsymbol{a}_a^n+\boldsymbol{a}_e^\tau+\boldsymbol{a}_e^n+\boldsymbol{a}_r+\boldsymbol{a}_c$$

其中牵连加速度 $a_e^n=\omega_1^2\cdot O_1A=\dfrac{r^4\omega^2}{(l^2+r^2)^{\frac{3}{2}}}$,沿摇杆 O_1B 方向指向 O_1;

$a_e^\tau=\alpha\cdot O_1A=\alpha\cdot\sqrt{l^2+r^2}$,垂直于 O_1B 方向。

可以看出只要求出 a_e^τ 就可求出 α。

绝对加速度:因绝对运动为匀速圆周运动,所以只有法向加速度 $\boldsymbol{a}_a^n$。

大小: $a_a^n=\omega^2\cdot r$,方向:水平向左。

相对加速度:大小未知,方向沿摇杆 O_1B 直线方向。

牵连加速度: $\boldsymbol{a}_c=2\boldsymbol{\omega}_1\times\boldsymbol{v}_r, v_r=v_a\cos\varphi=\dfrac{\omega rl}{\sqrt{l^2+r^2}}$

大小：$a_c = 2\omega_1 \cdot v_r = \dfrac{2\omega^2 r^3 l}{(l^2 + r^2)^{\frac{3}{2}}}$，方向垂直于 O_1B。

为了求出 a_e^τ，应将加速度合成定理中各矢量向 O_1x' 轴投影：

$$-a_a^n \cos\varphi = a_e^\tau - a_c$$

解得

$$a_e^\tau = -\frac{rl(l^2 - r^2)}{(l^2 + r^2)^{\frac{3}{2}}\omega^2}$$

式中 $l^2 - r^2 > 0$，故 a_e^τ 为负值。负号表示真实指向与假设方向相反。

摇杆的角加速度 $\alpha = \dfrac{a_e^\tau}{O_1A} = -\dfrac{rl(l^2 - r^2)}{(l^2 + r^2)^2}\omega^2$

负号表示真实转向为逆时针转向。

例 3－15　一半径 $r = 200$ mm 的圆盘，绕通过 A 点垂直于图平面的轴转动。物块 M 以匀速率 $v_r = 400$ mm/s 沿圆盘边缘运动。在图示位置，圆盘的角速度 $\omega = 2$ rad/s，角加速度 $\alpha = 4$ rad/s^2，求物块 M 的绝对速度和绝对加速度。

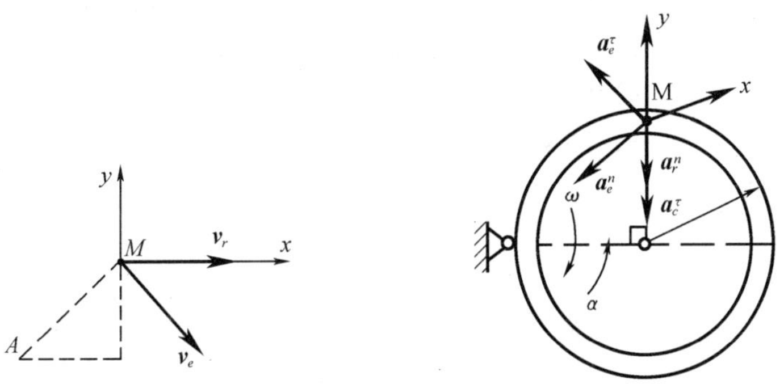

图 3－26　例 3－15 图

解：选取物块 M 为所研究的动点，定坐标系固接于固定轴 A 上，动坐标系与圆盘固接，并随之一起绕 A 轴转动。

M 点的绝对运动：是轨迹复杂的平面曲线运动；

M 点的相对运动：以 r 为半径的圆周运动；

牵连运动：圆盘绕 A 轴的定轴转动。

（1）求物块的绝对速度

首先分析各个速度的已知要素：

绝对速度 $\boldsymbol{v}_a$：大小方向都是未知的；

相对速度 $\boldsymbol{v}$：$v_r = 400$ mm/s，沿圆盘的切线方向，即水平向右；

牵连速度 $\boldsymbol{v}_e$：$v_e = \omega \cdot AM = \omega \cdot \sqrt{2}r = 400\sqrt{2}$ mm/s，方向垂直于 AM。

根据速度合成定理 $\boldsymbol{v}_a = \boldsymbol{v}_a^x + \boldsymbol{v}_a^y = \boldsymbol{v}_e + \boldsymbol{v}_r$，作各矢量如图，矢量式中包含四个矢量，只有两个未知要素，是可以求解的且宜采用投影的方法，分别向 x 轴、y 轴投影得：

$$v_a^x = v_r + v_e 45° = 800 \text{ mm/s}$$

$$v_a^y = -v_e \sin 45° = -400 \text{ mm/s}$$

所以

$$v_a = \sqrt{(v_a^x)^2 + (v_a^y)^2} = 400\sqrt{5} \text{ mm/s}$$

$$\cos(\boldsymbol{v}_a,\boldsymbol{i})=\frac{v_a^x}{v_a}=\frac{2\sqrt{5}}{5}\quad \cos(\boldsymbol{v}_a,\boldsymbol{j})=-\frac{\sqrt{5}}{5}$$

(1)求物块的绝对加速度 $\boldsymbol{a}_a$

先分析加速度各要素：

绝对加速度 $\boldsymbol{a}_a$：大小、方向都未知，$\boldsymbol{a}_a=\boldsymbol{a}_a^x+\boldsymbol{a}_a^y$；

相对加速度 $\boldsymbol{a}_r$：$\boldsymbol{a}_r=\boldsymbol{a}_r^\tau+\boldsymbol{a}_r^n$；

$a_r^\tau=\dfrac{\mathrm{d}y_r}{\mathrm{d}t}=0$，$a_r^n=\dfrac{v_r^2}{r}=800\ \mathrm{mm/s^2}$，方向沿法线指向圆盘圆心；

牵连加速度 $\boldsymbol{a}_e$：$\boldsymbol{a}_e=\boldsymbol{a}_e^t+\boldsymbol{a}_e^n$

$$a_e^\tau=\alpha\cdot AM=\alpha\cdot\sqrt{2}r=800\sqrt{2}r=800\sqrt{2}\ \mathrm{mm/s^2}，方向垂直于 AM，$$

$$a_e^n=\omega^2\cdot AM=\omega^2\cdot\sqrt{2}r=800\sqrt{2}\ \mathrm{mm/s^2}，方向沿 AM 指向 A；$$

科氏加速度 $\boldsymbol{a}_c$：$\boldsymbol{a}_c=2\boldsymbol{\omega}\times\boldsymbol{v}_r$

$$a_c=2\omega\cdot v_r=1\ 600\ \mathrm{mm/s^2}，方向沿圆盘法向指向圆心。$$

根据动系定轴转动时加速度合成定理 $\boldsymbol{a}_a=\boldsymbol{a}_a^x+\boldsymbol{a}_a^y=\boldsymbol{a}_e^\tau+\boldsymbol{a}_e^n+\boldsymbol{a}_r^n+\boldsymbol{a}_c$，作各矢量图，其中只有两个要素未知，选取 x 轴、y 轴为投影轴，列投影方程得：

$$a_a^x=-a_e^\tau\cos45^\circ-a_e^n\cos45^\circ=-1\ 600\ \mathrm{mm/s^2}$$

$$a_a^y=a_a^\tau\sin45^\circ-a_e^n\sin45^\circ-a_r^n-a_c=-2\ 400\ mm/s^2$$

所以物块的绝对加速度 $\boldsymbol{a}_a$

$$a_a=\sqrt{(a_a^x)^2+(a_a^y)^2}=800\sqrt{13}\ \mathrm{mm/s^2}$$

$$\cos(\boldsymbol{a}_a,\boldsymbol{i})=-\frac{2\sqrt{13}}{13},\cos(\boldsymbol{a}_a,\boldsymbol{j})=-\frac{3\sqrt{13}}{13}$$

例 3－16　圆盘的半径 $R=2\sqrt{3}$ cm，以匀角速度 $\omega=2$ rad/s，绕位于盘缘的水平固定轴 O 转动，并带动杆 AB 绕水平固定轴 A 转动，杆与圆盘在同一铅垂面内，如图 3－27(a)所示。试求机构运动到 A，C 两点位于同一铅垂线上，并且杆与铅垂线 AC 夹角 $\alpha=30°$时，AB 杆转动的角速度与角加速度。

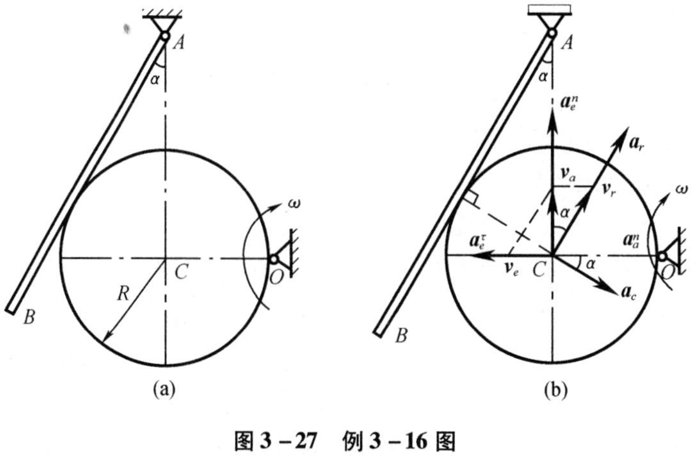

图 3－27　例 3－16 图

解：因为求解点的复合运动问题时，动点与动系选取的基本原则之一就是应使动点的相对运动比较直观、清晰，所以，分析本题中机构的运动，由于在机构运动过程中圆盘的中心 C 到直杆 AB 的垂直距离始终保持不变，并且等于半径 R，因此可选盘心 C 为动点，动系固连于直杆 AB，定系固接于机座。

动点 C 的绝对运动：以 R 为半径，以 O 点为圆心的圆周运动；相对运动：沿平行于杆 AB，并与其相距为 R 的直线运动。

牵连运动：随杆 AB 绕水平轴 A 的定轴转动。

(1)求 AB 杆的角速度 ω_{AB}

各速度的大小及方向要素如下：

绝对速度 $\boldsymbol{v}_a$：$v_a=\omega\cdot R=4\sqrt{3}$ cm/s 方向垂直 OC 竖直向上；

相对速度 $\boldsymbol{v}_r$：大小未知，方向平行于 AB；

牵连速度 $\boldsymbol{v}_e$：$v_e=\omega_{AB}\cdot AC$，方向垂直于 AC。

根据速度合成定理 $\boldsymbol{v}_a=\boldsymbol{v}_e+\boldsymbol{v}_r$，作速度平行四边形如图 3-27 所示，由图可得

$$v_e=v_a\tan\alpha=\omega R\tan30°s=4\ \text{cm/s}$$

$$v_r=\frac{v_a}{\cos\alpha}=\frac{R\omega}{\cos30°}=8\ \text{cm/s}$$

所以，杆 AB 的角速度

$$\omega_{AB}=\frac{v_e}{AC}=\frac{v_e}{2R}=\frac{\sqrt{3}}{3}\ \text{rad/s 顺时针转向)}$$

(2)求 AB 杆的角加速度 α_{AB}

各加速度大小及方向要素如下：

绝对加速度：$a_a^\tau=0$，$a_a^n=\omega^2R=8\sqrt{3}$ cm/s²，方向沿 CO；

相对加速度：大小未知，方向平行于 AB；

牵连加速度：$a_e^\tau=\alpha_{AB}AC$，方向垂直于 AC，

$$a_e^n=\omega_{AB}^2\cdot AC=\frac{4\sqrt{3}}{3}\ \text{cm/s}^2\text{，方向沿 }CA\text{；}$$

科氏加速度：$\boldsymbol{a}_c=2\boldsymbol{\omega}_{AB}\times\boldsymbol{v}_r$

$$a_c=2\omega_{AB}\cdot v_r=\frac{16\sqrt{3}}{3}\ \text{cm/s}^2\text{，方向垂直于 }AB\text{；}$$

根据牵连运动为定轴转动时的加速度合成定理 $\boldsymbol{a}_a^\tau+\boldsymbol{a}_a^n=\boldsymbol{a}_e^\tau+\boldsymbol{a}_e^n+\boldsymbol{a}_r+\boldsymbol{a}_c$

作加速度矢量图，并将上式各矢量沿科氏加速度方向投影可得

$$a_a^n\cos\alpha=-a_e^\tau\cos\alpha-a_e^n\sin\alpha+a_c$$

代入各值得

$$a_e^\tau=\frac{1}{\cos\alpha}(a_c-a_e^n\sin\alpha-a_a^n\cos\alpha)=-4.52\ \text{cm/s}^2$$

故 AB 杆的角加速度大小为

$$\alpha_{AB}=\frac{a_e^\tau}{Ac}=\frac{a_e^\tau}{2R}=-0.65\ \text{rad/s}^2\text{，转向为逆时针。}$$

讨论：本题的机构在运动过程中，圆盘与杆 AB 的接触点随时间而不断变化，没有一个不变的接触点，这时不宜选取这种不断变化的接触点为动点，否则，动点的相对运动不直观，不清晰，难以进行加速度问题的分析与求解。

思 考 题

一、判断题

1. 不论牵连运动为何种运动,点的速度合成定理 $\boldsymbol{v}_a=\boldsymbol{v}_e+\boldsymbol{v}_r$ 皆成立。( )

2. 在图中选套筒 A 为动点,摇杆 OC 为动参考系,基座为静参考系,则 $v_e=OA\cdot\omega$。( )

3. 牵连运动是指动系相对于定系的运动,它和刚体的运动形式相同。( )

4. 动点的相对运动为直线运动、牵连运动为直线平动时,动点的绝对运动也一定是直线运动。( )

5. 在图所示各机构中,取 A 为动点,O_1B 为动参考系。则 $a_k=2\omega_1 v_r$( ),方向如图(a)所示( )。

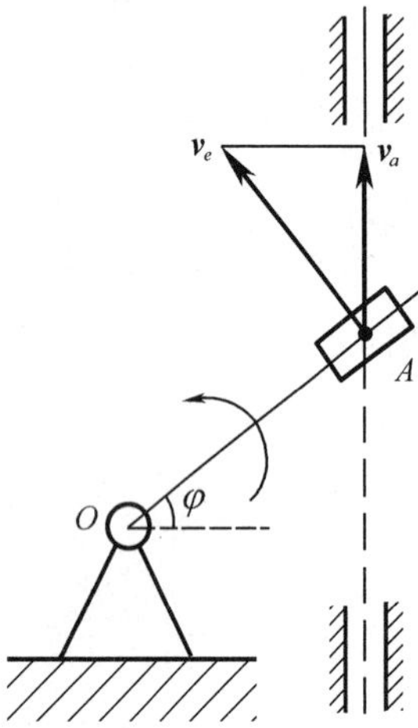

第 2 题图

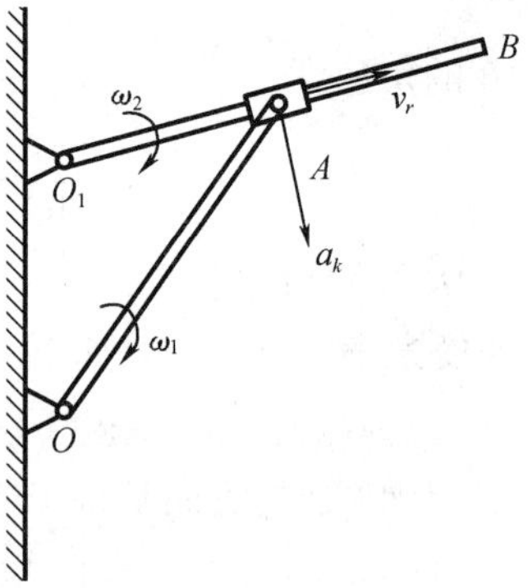

第 5 题图

二、选择题

1. 图中(a)、(b)情况下,选取动点、动系的方案分别为:(a)以 OA 上的 A 点为动点,以 BC 为动系;(b)以 BC 上的 A 点为动点,以 OA 为动系;则( )方案正确。

A. (a)种　　　　B. (b)种

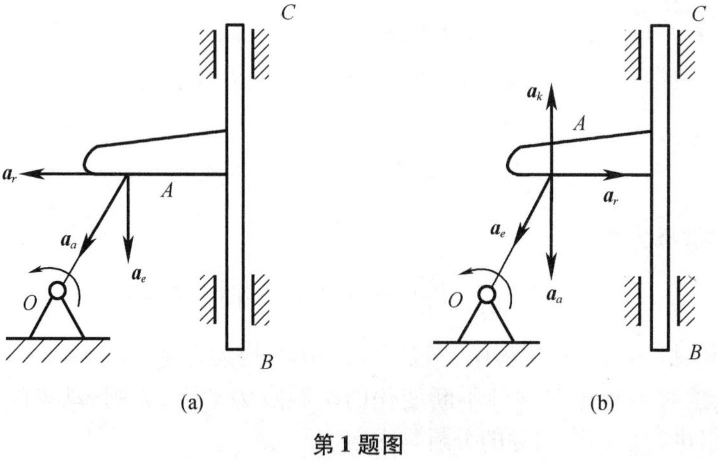

第 1 题图

2. 长 L 的直杆 OA，以角速度 ω 绕 O 轴转动，杆的 A 端铰接一个半径为 r 的圆盘，圆盘相对于直杆以角速度 ω_r 绕 A 轴转动。今以圆盘边缘上的一点 M 为动点，OA 为动坐标，当 AM 垂直 OA 时，点 M 的相对速度为(　　)。

A. $vr = L\omega_r$，方向沿 AM

B. $vr = r(\omega_r - \omega)$，方向垂直 AM，指向左下方

C. $vr = r(L2 + r2)1/2\omega_r$，方向垂直 OM，指向右下方

D. $vr = r\omega_r$，方向垂直 AM，指向在左下方

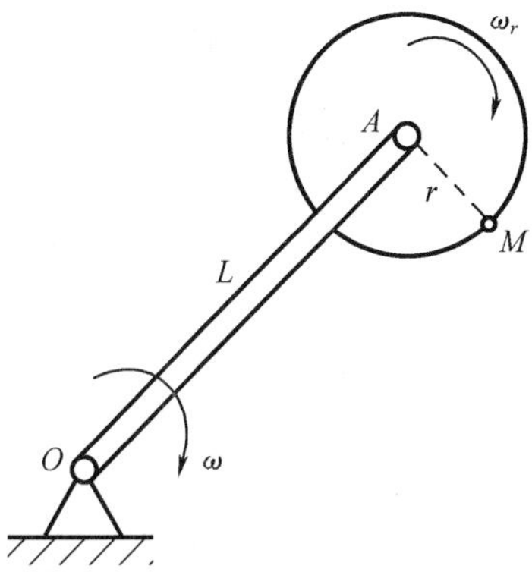

第 2 题图

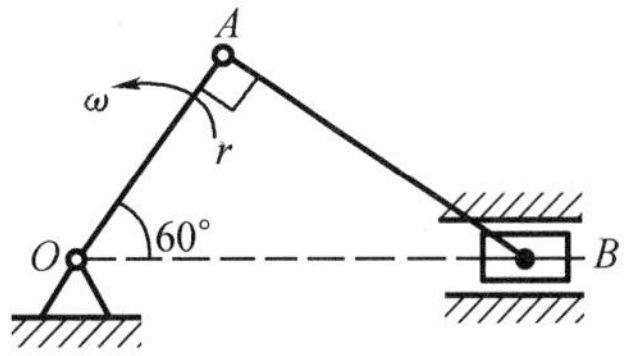

第 3 题图

3. 在下图中曲柄连杆机构中，曲柄以角速度 μ 转动，如选滑块 B 为动点，动系固接于曲柄 OA 上，则在图示位置动点的牵连速度的大小为(　　)。

A. $r\omega$　　B. $\sqrt{3}\omega$　　C. $\sqrt{3}\omega$　　D. 0

4. 如下图所示，OA 杆以 w_o 绕 O 轴匀速转动，半径为 r 的小轮沿 OA 做无滑动的滚动。若选轮心 O_1 为动点，动系固接于 OA 杆，地面为定系，则牵连速度的大小和方向为(　　)。

A. $v_e = s\omega_0$(垂直于 OB，沿 ω_0 转向)　　B. $v_e = (s + r)\omega_0$(垂直于 OB，沿 ω_0 转向)

C. $v_e = \sqrt{s^2 + r^2}\omega_0$(垂直于 OB，沿 ω_0 转向)　　D. $v_e = \sqrt{s^2 + r^2}\omega_0$(垂直于 OO_1，沿 ω_0 转向)

5. 在图中，直角曲杆以匀角速度 ω 绕轴 O 转动，小环 M 沿曲杆运动。若取小环为动点，曲杆为动系，地面为静系。则当小环运动到位置 A 和位置 B 时，小环在这两瞬时牵连速度的大小(　　)，其方向(　　)。

A. 相同　　B. 不相同

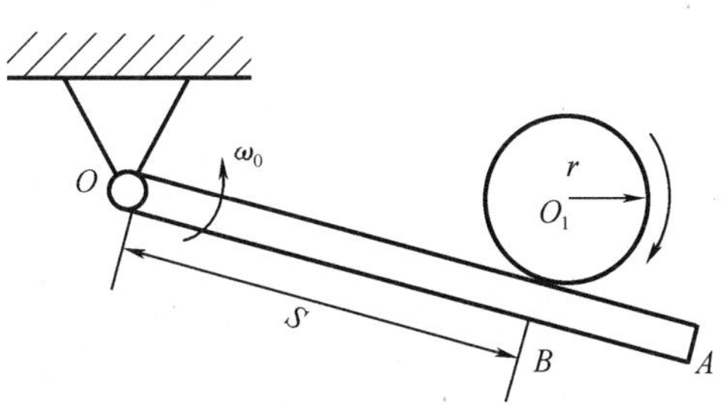

第 4 题图

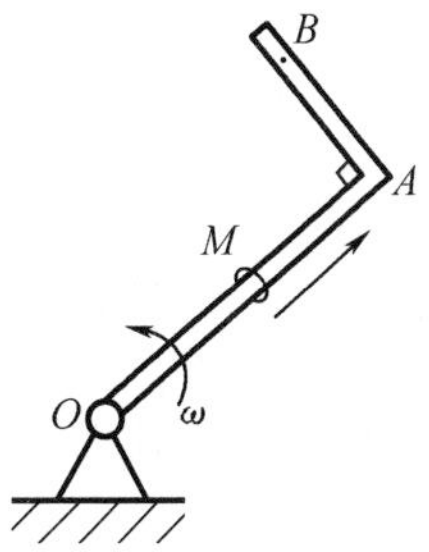

第 5 题图

三、填空题

1. 牵连点是某瞬时________上与________相重合的那一点。

2. 物块 A 以速度 V_A 向右移动，OB 杆靠在物块 A 上且其一端 O 以固定铰链与地面相连。在图所示位置时：(1)取________为动点；________为动系；________为定系。(2)动点的绝对运动为________，相对轨迹为________，相对轨迹为________。(3)动点的相对速度为________，绝对速度为________，牵连速度为________。其速度矢量图如图(b)所示。

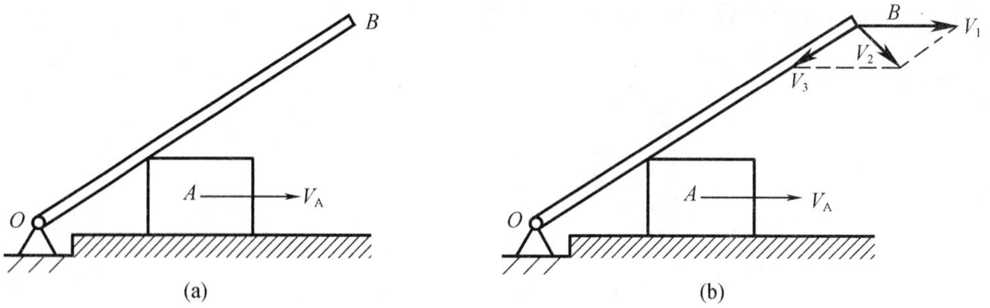

第 2 题图

3. 合理选择图所示各机构中的动点和动系(a)动点________，动系________；(b)动点________，动系________；(c)动点________，动系________；(d)动点________，动系________；(e)动点________，动系________；

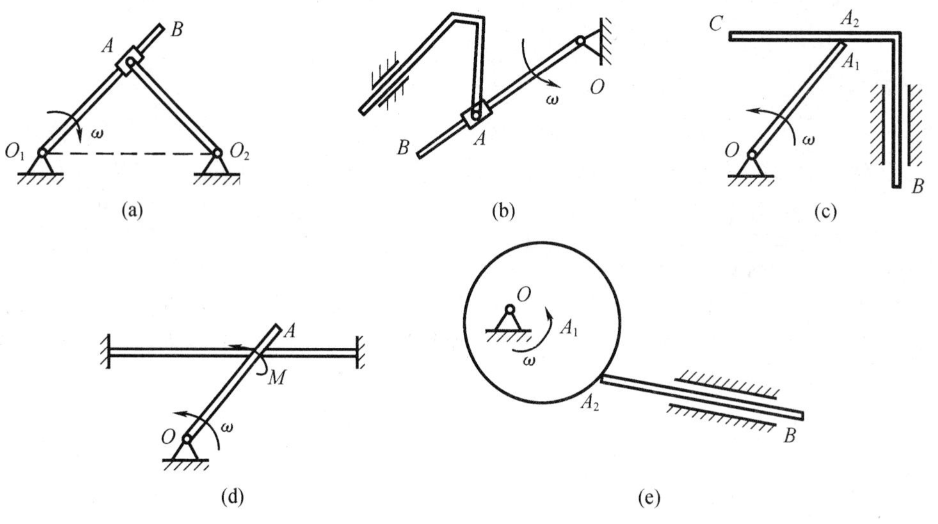

第 3 题图

4. 已知杆 OC 长$\sqrt{2}l$，以匀角速度 ω 绕 O 转动，若以 C 为动点，AB 为动系，则当 AB 杆处于铅垂位置时点 C 的相对速度为 $v_r=$________，方向用图表示；牵连速度 $v_e=$________，方向用图表示。

5. 系统按 $S=a+b\sin\omega t$、且 $\varphi=\omega t$(式中 a,b,ω 均为常量)的规律运动，杆长 L，若取小球 A 为动点，物体 B 为动坐标系，则牵连加速度 $\alpha_e=$________，相对加速度 $\alpha_r=$________

(方向均须由图表示)。

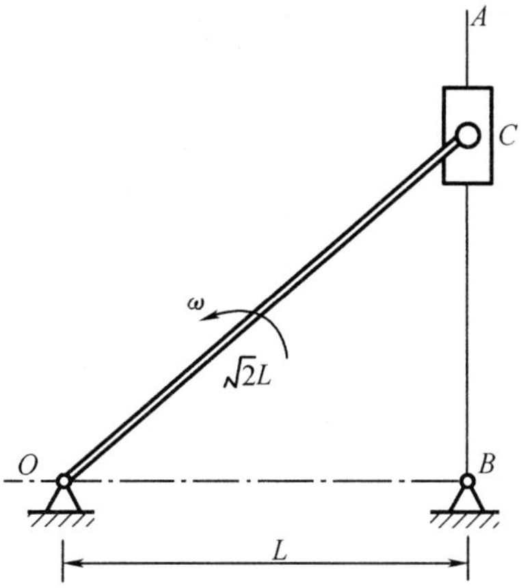

第 4 题图

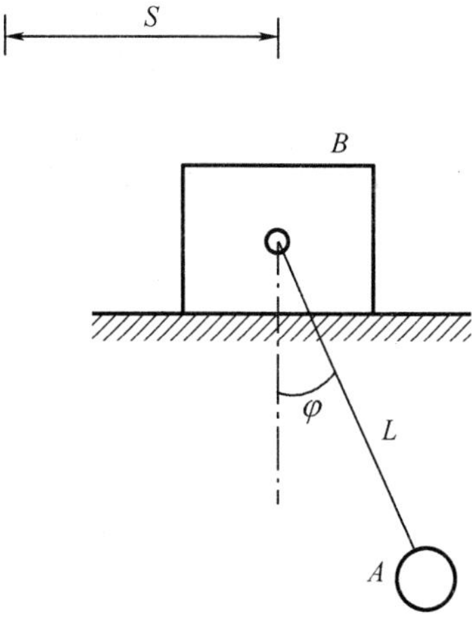

第 5 题图

习　　题

3-1　指出下述情况中的绝对运动、相对运动和牵连运动是何种运动。画出在图示位置的牵连速度方向。定系固定于地面。

(1)图 a 中动点是车 1,动系固接于车 2;

(2)图 b 中动点是小环 M,动系固接于杆 OA;

(3)图 c 中动点是 L 形杆的端点 A,动系固接于矩形滑块 M;

(4)图 d 中动点是脚蹬 M,动系固接于自行车车架;

(5)图 e 中动点是滑块上的销钉 M,动系固接于 L 形杆 OAB。

答案:略。

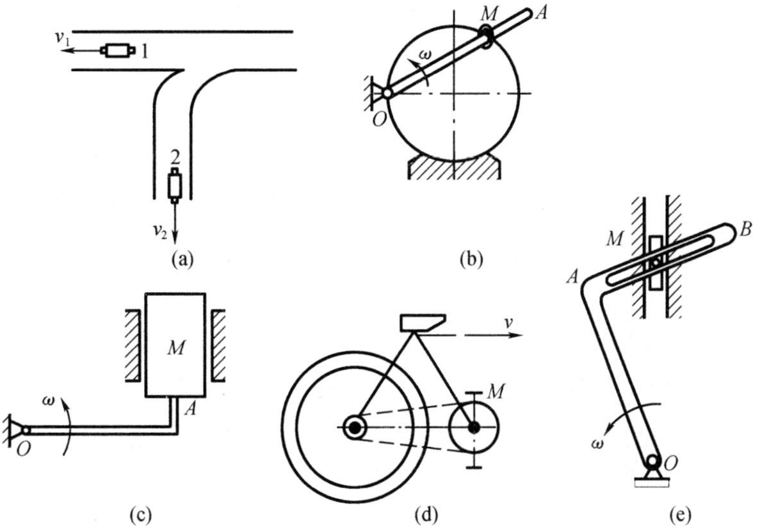

题 3-1 图

3-2 对于图中所示的各机构，适当选取动点、动系和定系，试画出在图示瞬时动点的 v_a，v_e 和 v_r。

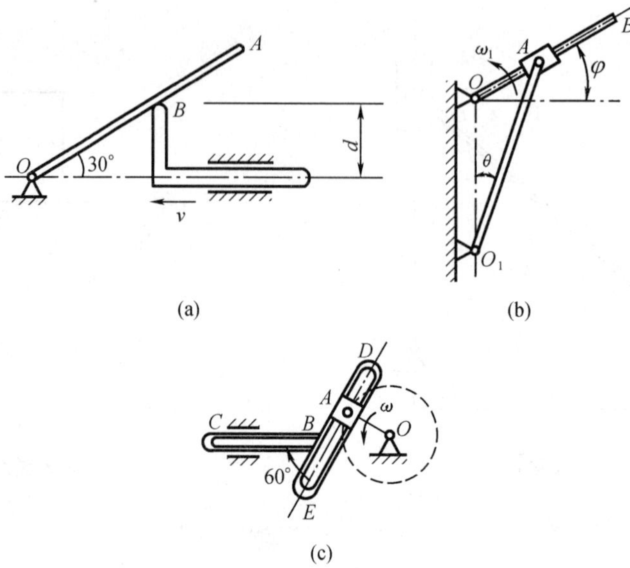

题3-2图

答案：略。

3-3 火车以15 km/h的速度沿水平直道行驶，雨滴在车厢侧面玻璃留下与铅垂线成30°向后的雨痕。短时间后，火车的速度增至30 km/h，而车厢里的人看见雨滴与铅垂线的夹角增为45°。试问若火车处于静止，将见雨滴以多大速度沿什么方向下落？设一切摩擦均可忽略。

答案：$v_a = 9.98$ m/s，$\theta = 8.8°$。

3-4 三个物体A、B和C等速沿着直线运动。若A相对B的速度为8 m/s(向右运动)，B相对C的速度为-3 m/s(向左运动)，C以6 m/s的速度向右运动，求A和B的绝对速度。

答案：$v_A = 11$ m/s→，$v_B = 3$ m/s→。

3-5 塔式起重机的水平悬臂以匀角速度 $\omega = 0.1$ rad/s 绕铅垂轴 OO_1 转动，同时跑车A带着重物B沿悬臂按 $x = 20 - 0.5t$(x的单位为m，t的单位为s)的规律运动。且悬挂钢索AB始终保持铅垂。求当5 = 10 s时重物B的绝对速度。

答案：$v_a = 1.58$ m/s，$\theta = 71°34'$。

3-6 在水平面上有舰艇A和B，B向东行驶，B沿半径为 $\rho = 100$ m圆弧行驶。两者的速度大小都是 $v = 36$ km/h。在题3-6图瞬时，$s = 50$ m，$\varphi = 45°$。试求在此瞬时：(1)B艇的重心相对于A艇的速度；(2)A艇相对于B艇(视为绕O转动的物体)的速度。

答案：$v_{BA} = 66.5$ km/h；$v_{AB} = 40.3$ km/h。

3-7 荡木AB在题3-7图示平面内摆动，小车沿下线运动。已知：AB = CD，AC = BD = 2.5 m。在图示位置，CA的角速度和角加速度分别为 $\omega = 1$ rad/s、$\varepsilon = \sqrt{3}$ rad/s^2，小车G的速度和加速度分别为 $u_0 = 3$ m/s、$\alpha_0 = 1$ m/s^2(方向如图所示)，$\phi = 45°$，$\beta = 30°$，GE = 3 m。

试求该瞬时小车 G 相对于荡木 AB 的速度和加速度。

答案：$v_{rx}=0.83\ \mathrm{m/s}$，$v_{ry}=-1.25\ \mathrm{m/s}$；$a_r=4\ \mathrm{m/s^2}$

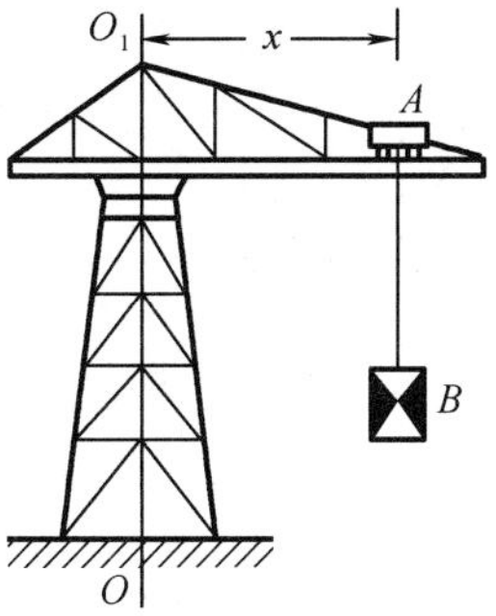

题 3－5 图

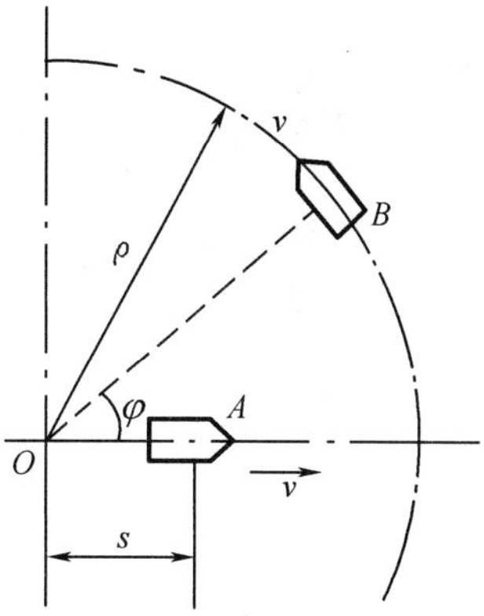

题 3－6 图

3－8　杆 OA 长为 l，在 O 端为固定铰支，A 端搁在半圆形凸轮上，凸轮半径 $r=\dfrac{l}{\sqrt{2}}$，移动速度为 v。试求当 $\theta=30°$时，杆 OA 的角速度。

答案：$\omega_{OA}=0.732\ \dfrac{v}{l}$

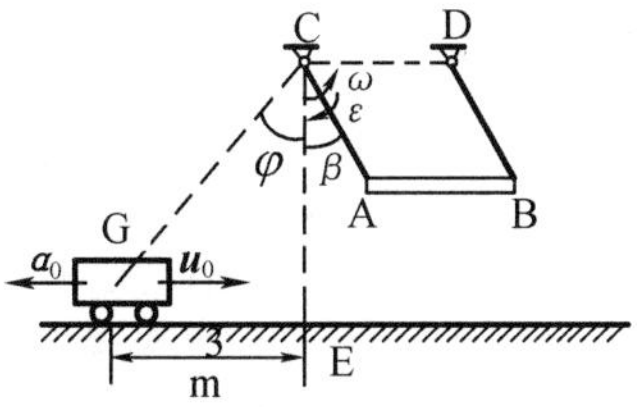

题 3－7 图

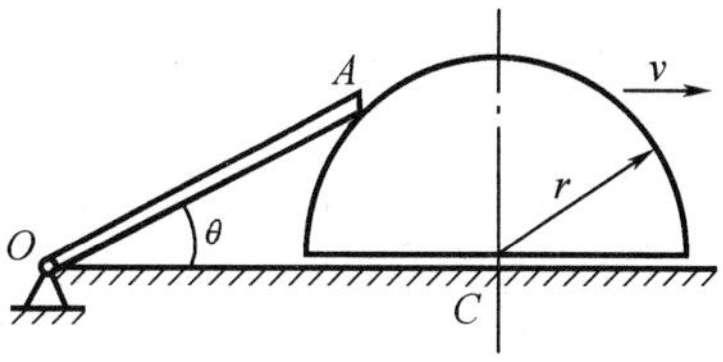

题 3－8 图

3－9　图示曲柄滑道机构中，杆 BC 为水平，而杆 DE 保持铅垂。曲柄长 $OA=10\ cm$，以匀角速度 $\omega=20\ \mathrm{rad/s}$ 绕 O 轴转动，通过滑块 A 使 BC 作往复运动。求当曲柄与水平线的交角分别为 $\varphi=0$、$30°$、$90°$时，杆 BC 的速度。

答案：(1) $v=0$；(2) $v=100\ \mathrm{cm/s}$；(3) $v=200\ \mathrm{cm/s}$

3－10　如题 3－10 图所示，点 M 在平面 $Ox'y'$中运动，运动方程为 $x'=40(1-\cos t)$，$y'=40\sin t$，式中 t 以 s 计，x'和 y'以 mm 计。平面 $Ox'y'$又绕垂直于该平面的 O 轴转动，转动方程为 $\varphi=t$ rad，式中角 φ 为动坐标系的 x'轴与定坐标系的 x 轴间的交角。求点 M 的相对轨迹和绝对轨迹。

答案：相对轨迹为圆：$(x'-40)^2+y'^2=1\ 600$

绝对轨迹为圆：$(x+40)^2+y^2=1\ 600$

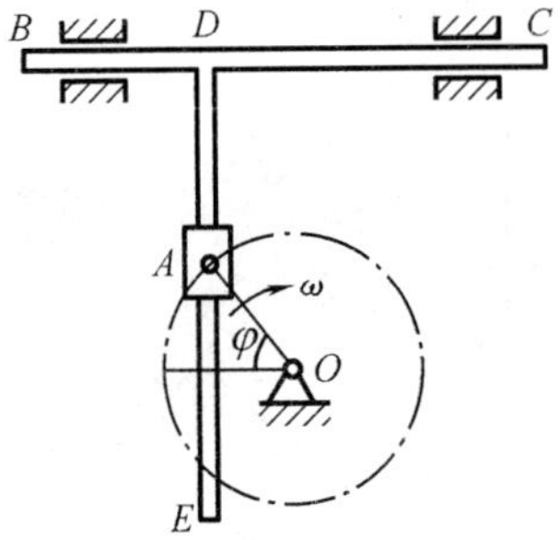

题 3 - 9 图

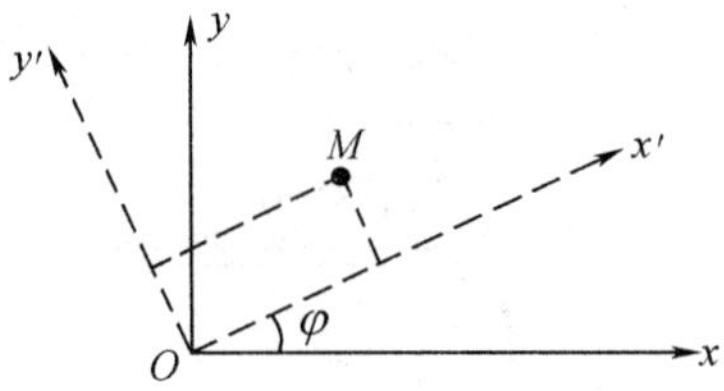

题 3 - 10 图

3 - 11　在题 3 - 11 图(a)和(b)所示的两种机构中,已知 $OO_1 = a = 200$ mm,$\omega_1 = 3$ rad/s。求图示位置时杆 O_2A 的角速度。

答案:(a)$\omega_2 = 1.5$ rad/s

(b)$\omega_2 = 2$ rad/s

3 - 12　在题 3 - 12 图示曲柄滑道机构中,曲柄长 $OA = r$,并以等角速度 ω 绕 O 轴转动。装在水平杆上的滑槽 DE 与水平线成 60°角。求当曲柄与水平线的交角分别为 $\varphi = 0, 30°$, 60 时,杆 BC 的速度。

答案:当 $\varphi = 0$ 时,$v = \frac{\sqrt{3}}{3}r\omega$,向左;

当 $\varphi = 30°$时,$v = 0$;

当 $\varphi = 60°$时,$v = \frac{\sqrt{3}}{3}r\omega$,向右。

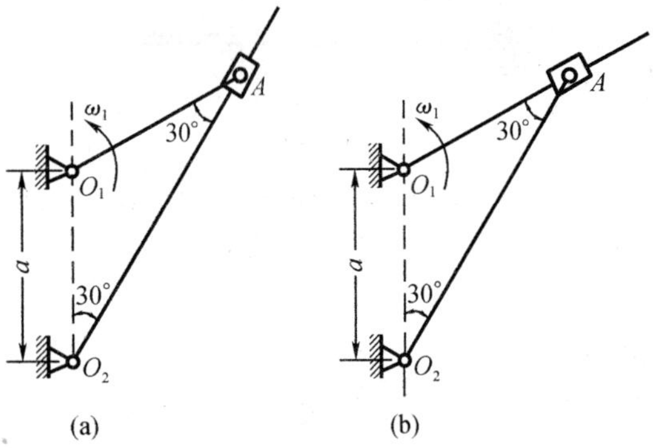

题 3 - 11 图

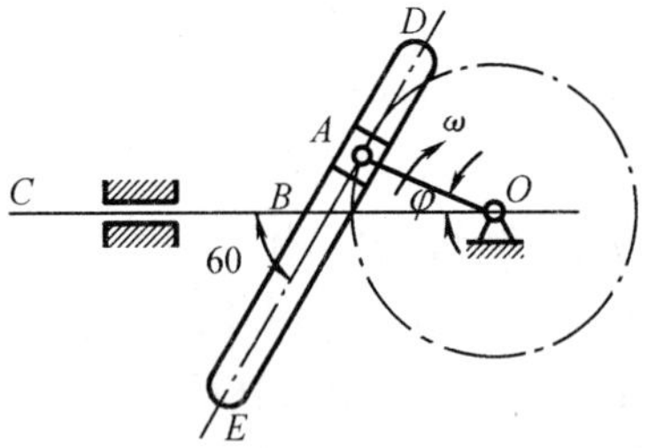

题 3 - 12 图

3 - 13　在题 3 - 13 图(a),(b)所示两种情形下,物块 B 均以速度 v_B,加速度 a_B 沿水平直线向左作平移,从而推动杆 OA 绕点 O 作定轴转动,$OA = r$,$\varphi = 40°$。试问若应用点的复合运动方法求解 OA 的角速度与角加速度,其计算方案与步骤应当怎样?将两种情形下的速度与加速度分量标注在图上,并写出计算表达式。

答案:略。

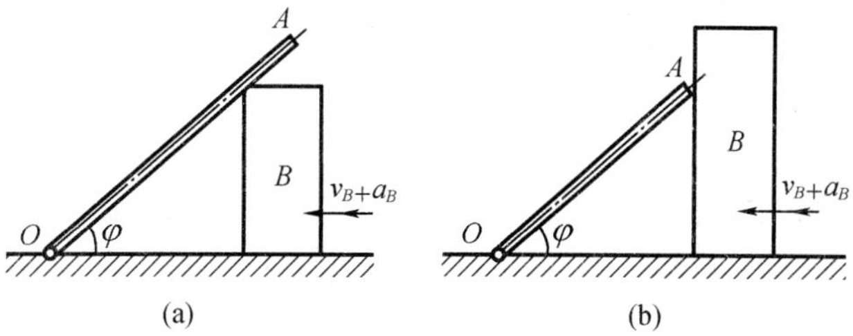

题 3－13 图

3－14　在题 3－14 图中，杆 OB 以角速度 ω 绕 O 轴转动，带动滑块 A 沿水平直线导轨运动。设距离 h 已知，试求当 OB 与水平线的夹角为 φ 时滑块 A 的速度。

答案：$\dfrac{h\omega^2}{\sin^2\varphi}$。

3－15　在题 3－15 图中 L 形杆 OAB 以角速度 ω 绕 O 轴转动，$OA=l$，OA 垂直于 AB；通过滑套 C 推动杆 CD 沿铅直导槽运动。在图示位置时，$\angle AOC=\varphi$，试求杆 CD 的速度。

答案：$l\omega\sin\varphi/\cos^2\varphi$。

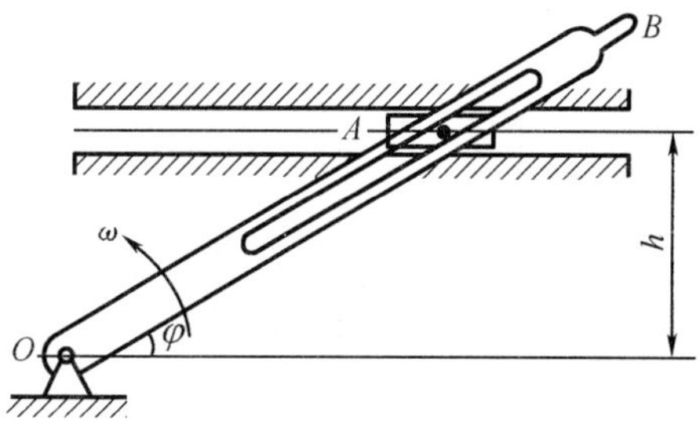

题 3－14 图

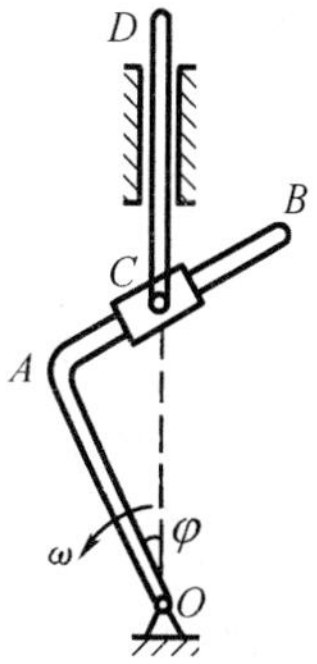

题 3－15 图

3－16　在题 3－16 图中，矿砂在传动带 A 落到另一个传动带 B 上，其绝对速度为 $v_1=4$ m/s，方向与铅直线成 30°角。

（1）设传动带 B 与水平面成 15°角，其速度 $v_2=2$ m/s。求矿砂落到传送带 B 时对于它的相对速度。

（2）传送带 B 的速度应改为多大，方能使矿砂落上时的相对速度与它垂直？

答案：（1）3.982 m/s；（2）1.035 m/s。

3－17　在题 3－17 图中，摇杆 OC 带动齿条 AB 上下移动，齿条又带动直径为 100 mm 的齿轮绕 O_1 轴摆动。在图示瞬时，OC 的角速度为 $\omega=0.5$ rad/s，求这时齿轮的角速度。

答案：$\omega=5.33$ rad/s。

3－18　在题 3－18 图中，摇杆滑道机构的曲柄 OA 长 l，以匀角速度 ω_0 绕 O 轴转动。已知在图示位置 $OA\perp OO_1$，$AB=2l$，求该瞬时 BC 杆的速度。

答案：$v=1.155\ \omega_0 l$。

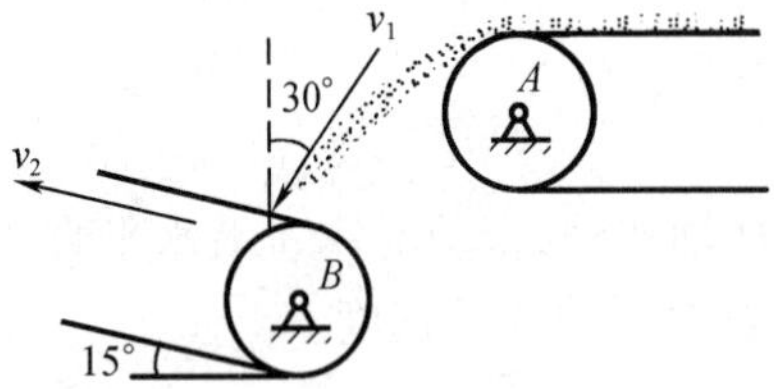

题 3－16 图

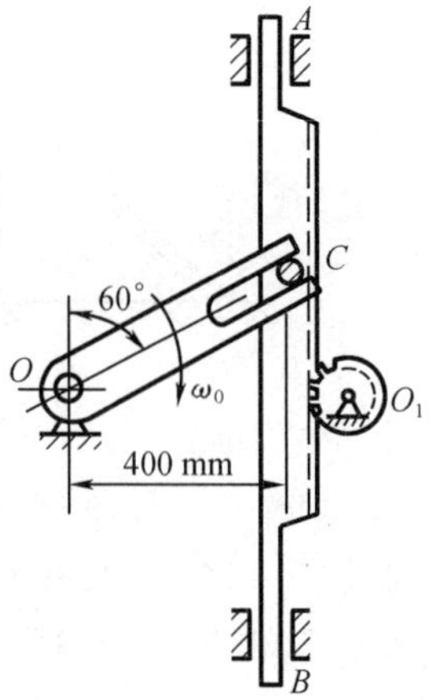

题 3－17 图

3－19　在题 3－19 图中，正弦机构的曲柄长 $OA = 100$ mm。在图示位置 $\angle AOC = 30°$ 时，曲柄的瞬时角速度 $\omega = 2$ rad/s，瞬时角加速度 $\alpha = 1$ rad/s^2。试求这时导杆 BC 的加速度以及滑块 A 对滑道的相对加速度。

答案：396.4 mm/s^2；113.4 mm/s^2。

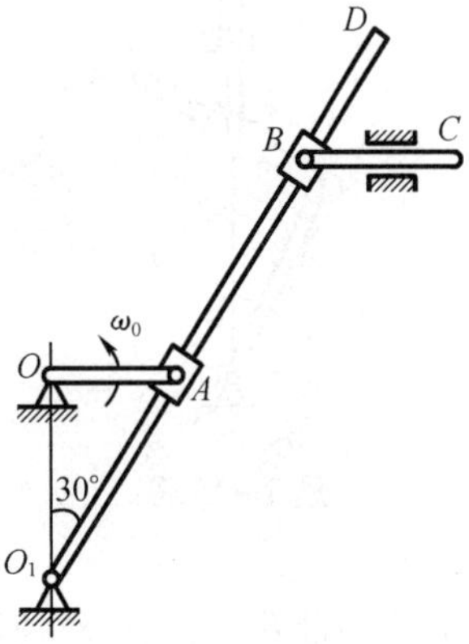

题 3－18 图

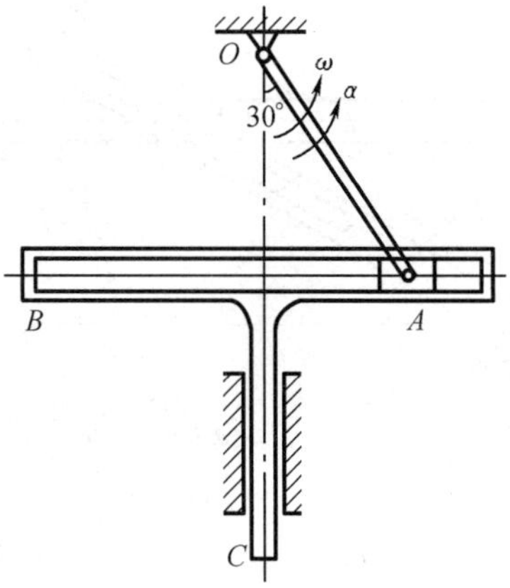

题 3－19 图

3－20　在题 3－20 图中，汽车 A 和 B，分别在半径为 $R_A = 900$ m，$R_B = 1\ 000$ m 的圆形轨道上行驶，其速度分别为 $v_A = v_B = 72$ km/h，如图所示。试求汽车 B 相对 A 的相对速度和相对加速度。

答案：$v_r = \dfrac{380}{9}$ m/s，$a_r = 1.78$ m/s^2。

3－21　在题 3－21 图中，已知 $O_1A = O_2B = l = 1.5$ m，且 O_1A 平行于 O_2B，在图示位置，滑道 OC 的角速度 $\omega = 2$ rad/s，角加速度 $\alpha = 1$ rad/s^2，$OM = b = 1$ m。试求此时杆 O_1A 的角速度和角加速度。

答案：$\omega_1 = 1.89$ rad/s，$\alpha_1 \approx 10$ rad/s^2。

3－22　在题 3－22 图中，曲柄 OA，长为 $2r$，绕固定轴 O 转动。圆盘半径为 r，绕 A 轴转动。已知 $r=100$ mm，在图示位置，曲柄 OA 的角速度 $\omega_1=4$ rad/s，角加速度 $\alpha_1=3$ rad/s^2，圆盘相对于 OA 的角速度 $\omega_2=6$ rad/s，角加速度 $\alpha_2=4$ rad/s^2。求圆盘上 M 点和 N 点的绝对速度和绝对加速度。

答：$v_M=600$ mm/s；$a_M=3\ 630$ mm/s^2；$v_N=825$ mm/s，$a_N=3\ 450$ mm/s^2。

答案：$v_M=\dfrac{1}{\sin\theta}\sqrt{v_1^2+v_2^2-2v_1v_2\cos\theta}$。

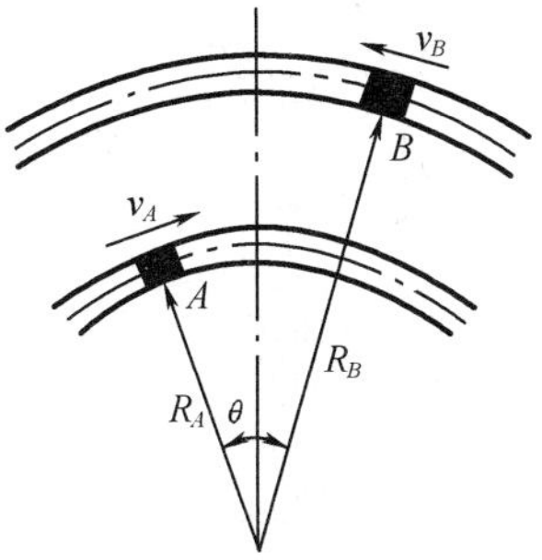

题 3－20 图

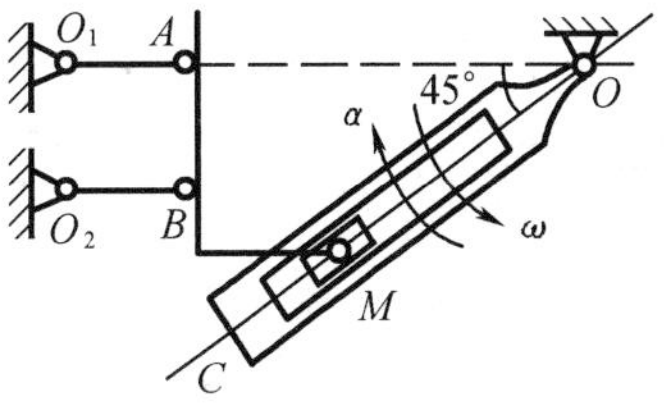

题 3－21 图

3－23　在题 3－23 图中，游乐场中的旋转天车如图所示。车斗及其拉杆由销钉连接在柱 AB 的 A 端。车及拉杆可绕过点 A 的水平轴转动，转角为 θ。柱 AB 又可绕铅垂轴匀速转动，转速 $n=15$ r/min。在某瞬时，$\theta=30°$，$\dot{\theta}=0.5$ rad/s，$\ddot{\theta}=-1$ rad/s^2，求人乘坐的点 P 的加速度 a_P，并在图示的 $Axyz$（z 轴向外未画出）坐标系中表示。

答案：$(-5.27i-14.5j-7.38k)$ m/s^2。

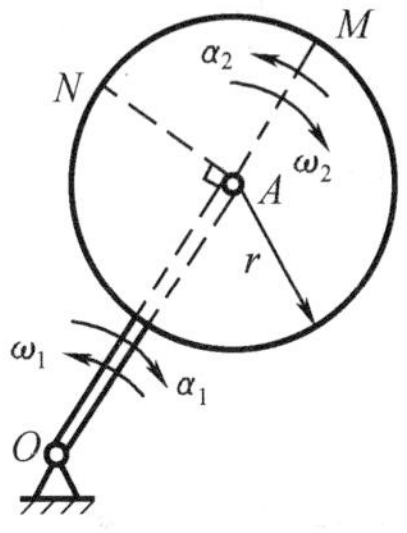

题 3－22 图

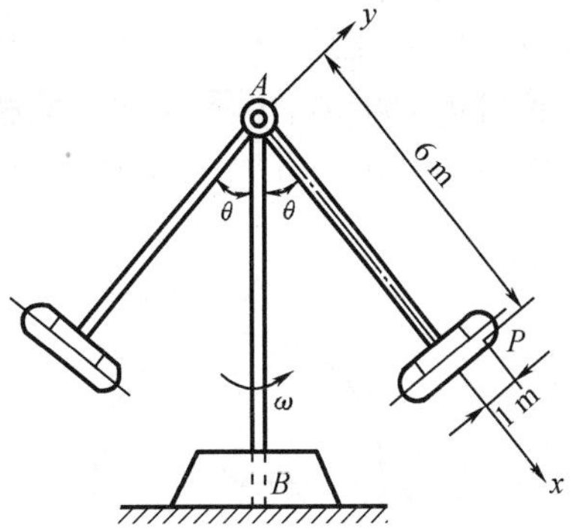

题 3－23 图

3－24　在题 3－24 图中，圆盘绕水平轴 AB 转动，其角速度 $\omega=2t$ rad/s，盘上 M 点沿半径按 $OM=r=4t^2$（r 的单位为 cm，t 单位为 s）的规律运动，OM 与 AB 轴成 60°倾角。求当 $t=1$ s 时，M 点的绝对加速度。

答案：$a_M=35.55$ cm/s^2。

3－25　在题 3－25 图中，图示半径为 R 的圆盘以匀角速度 ω_1 绕水平轴 CD 转动，此轴又以匀角速度 ω_2 绕铅垂轴转动。试求圆盘上 1 点和 2 点的速度和加速度。

答案：$v_1 = R\omega_1, a_1 = R\omega_1\sqrt{\omega_1^2 + 4\omega_2^2}, v_2 = R\sqrt{\omega_1^2 + \frac{\omega_2^2}{2}}$。

$a_2 = \frac{\sqrt{2}R}{2}\sqrt{2\omega_1^4 + \omega_2^4 + 6\omega_1^2\omega_2^2}$。

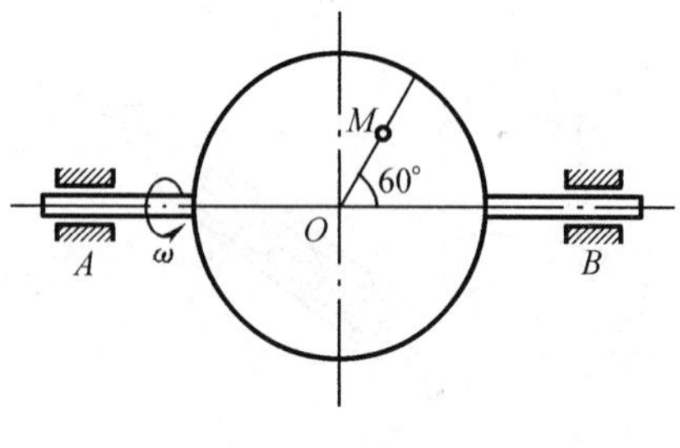

题 3－24 图

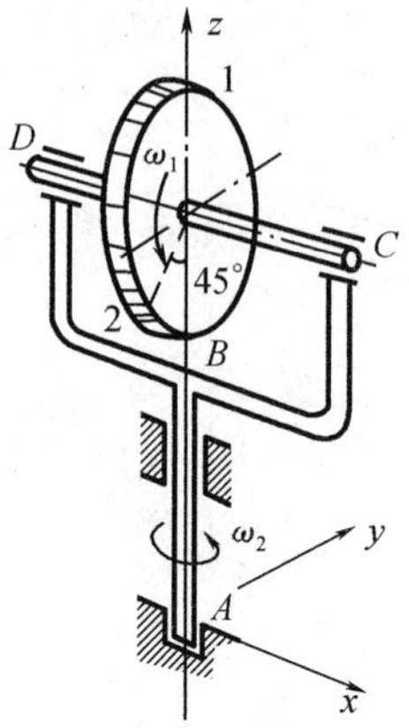

题 3－25 图

3－26 在题 3－26 图中，图示偏心轮摇杆机构中，摇杆 O_1A 借助弹簧压在半径为 R 的偏心轮 C 上。偏心轮 C 绕轴 O 往复摆动，从而带动摇杆绕轴 O_1 摆动。设 $OC \perp OO_1$ 时，轮 C 的加速度为 ω，角加速度为 0，$\theta = 60°$。求此时摇杆 O_1A 的角速度 ω_1 和角加速度 α_1。

答案：$\omega_1 = \frac{\omega}{2}, \alpha = \frac{\sqrt{3}}{12}\omega^2$。

3－27 在题 3－27 图中，图示直角曲杆 OBC 绕 O 轴转动，使套在其上的小环 M 沿固定直杆 OA 滑动。已知：$OB = 0.1$ m，OB 与 BC 垂直，曲杆的角速度 $\omega = 0.5$ rad/s，角加速度为零。求当 $\varphi = 60°$时，小环 M 的速度和加速度。

答案：$v_M = 0.173$ m/s，$a_M = 0.35$ m/s^2。

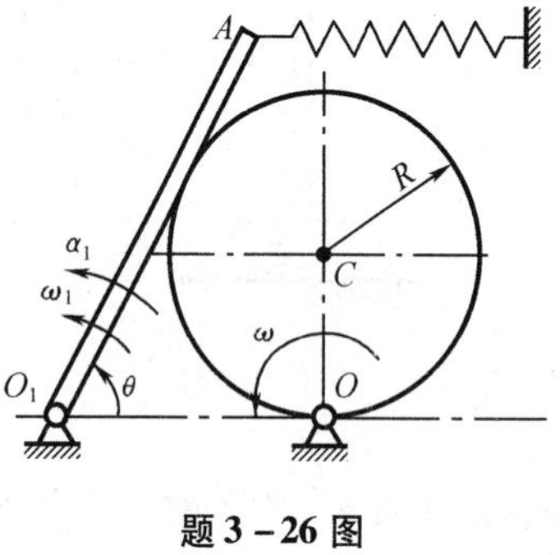

题 3－26 图

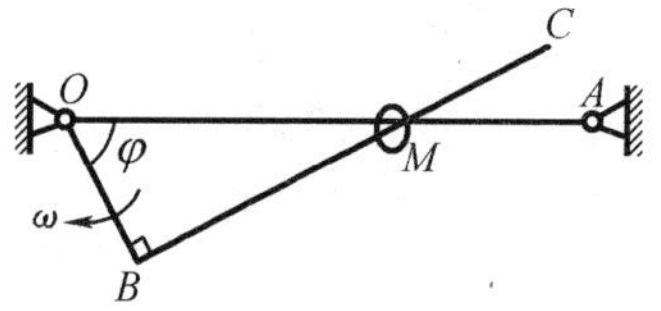

题 3－27 图

3－28 如题 3－28 图所示，半径均为 R 的两圆轮在其轮缘处用连杆 CE 铰接，杆 AD 的两端分别与轮心 A 及可沿连杆滑动的套筒 D 铰接，若两圆轮在直线轨道上均做纯滚动，且他们轮心的速度 v 为常矢。试求图示位置，杆 AD 的角速度和角加速度。

答案：$\frac{v}{3R}$（顺时针），$\frac{8\sqrt{3}v^2}{27R^2}$（顺时针）。

3－29　图示机构，$O_1A = O_2B = \frac{2\sqrt{3}}{3}l$，$AB = O_1O_2 = l$，在图示位置时：$O_1A \perp AB$，$\angle CAB = \pi/6$，且此时 O_1A 的角速度为 ω，角加速度为 0。试求此时杆 AC 的角速度和角加速度。

答案：ω（逆时针），$\sqrt{3}\omega^2$（逆时针）。

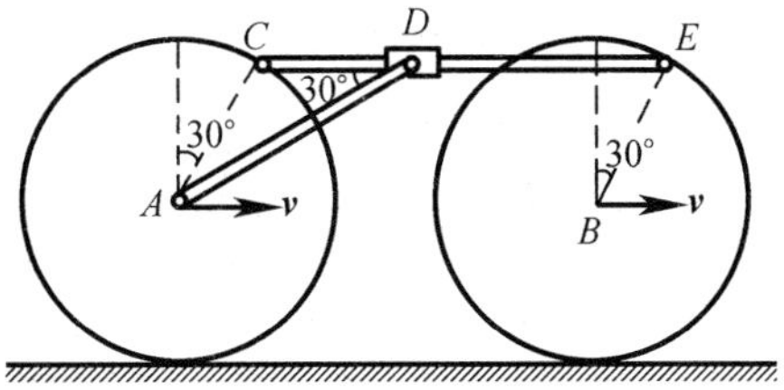

题 3－28 图

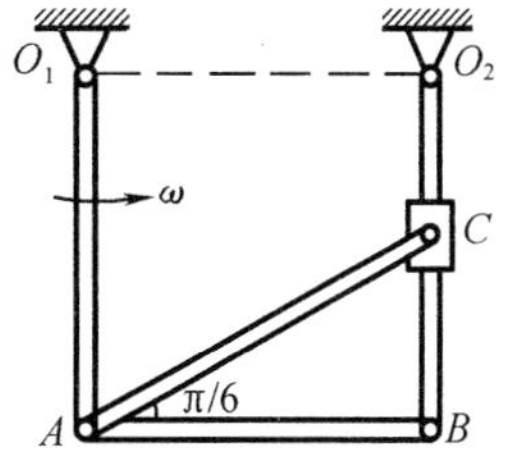

题 3－29 图

3－30　销钉 P 被限制在两个构件滑槽中运动，其中构件 AB 以匀速度 $v_{AB} = 80$ mm/s 沿图示方向运动，而构件 CD 在此瞬时则以速度 $v_{CD} = 40$ mm/s、加速度 $a_{CD} = 10$ mm/s^2 沿水平方向运动。求此瞬时销钉 P 的速度 v_P 和加速度 a_P。

答案：$v_P = 80$ mm/s，$a_P = 11.55$ mm/s^2。

3－31　摇杆机构，曲柄 OA 长 0.1 m，以匀角速度 $\omega = 1$ rad/s 绕 O 轴逆时针转动，带动滑块 A 在导杆 CDB 水平直滑槽内运动，从而使得杆 BE 沿套筒 O_1 滑动，套筒可绕 O_1 轴做定轴转动。已知 $l = 0.5$ m，图示位置 $\theta = 60°$，$\varphi = 30°$。试求此时套筒 O_1 的角加速度。

答案：0.136 rad/s^2。

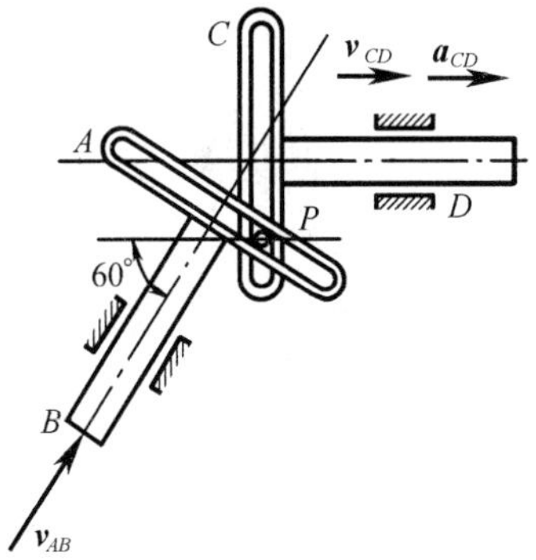

题 3－30 图

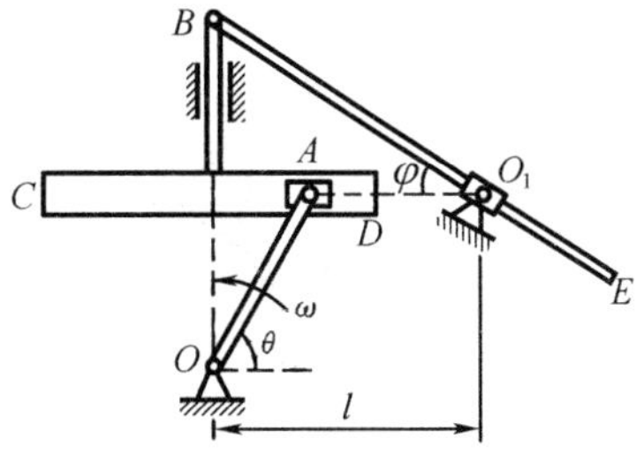

题 3－31 图

3－32 在图示机构中，曲柄 OA 和摇杆 O_1B 的长度均为 r，连杆 AB 长为 $2r$。当曲柄 OA 以等角速度 ω 作定轴转动时，通过连杆 AB 和套筒 C 带动连杆 CD 沿水平轨道滑动。在图示位置时，OA 水平，O_1B 铅垂，$AC = CB = r$，试求此时杆 CD 的速度和加速度。

答案：$v_{CD} = \frac{\sqrt{3}}{3}r\omega$，$a_{CD} = \frac{13+6\sqrt{3}}{3}r\omega^2$。

3－33　在题 3－33 图中，转轴以匀角速度转动，其上有一固连的半径为 r 的圆环，当转轴转过一圈时，质点 M 也沿圆环逆时针走过一圈，且 v_r = 常数。试求质点在图示 θ 位置时的绝对速度，加速度，以及上述量对应于 $\theta=0°, 90°$ 的值（转轴到圆环中心的距离可近似为 r）

答案：$v_a = r\omega(1+\cos\theta)i - r\omega\cos\theta j - r\omega\sin\theta k$。

$a_a = -r\omega^2\sin\theta i + r\omega^2\sin\theta j - r\omega^2(1+2\cos\theta)k$。

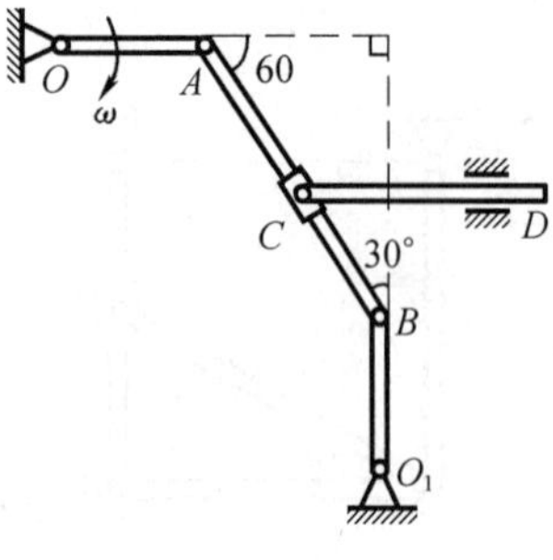

题 3－32 图

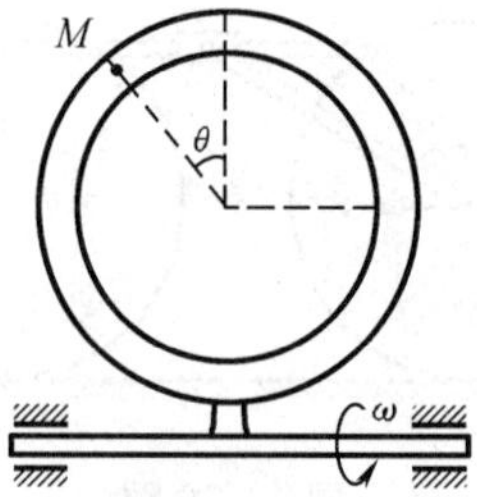

题 3－33 图

3－34 在题 3－34 图中，图示圆环绕 O 点以角速度 $\omega=4$ rad/s，角速度 $\alpha=2$ rad/s^2 转动。圆环上的套管 A 在图示瞬时相对圆环有速度 5 m/s，速度数值的增长率 8 m/s^2。试求套管 A 的绝对速度和加速度。

答案：$v_a=20.3$ m/s，$a_a=114$ m/s^2。

3－35 在题 3－35 图中，图示点 P 以不变的相对速度 v_r 沿圆锥体的母线 OB 向下运动。此圆锥体以角速度 ω 绕 OA 轴作匀速运动。如 $\angle POA=\alpha$，且当 $t=0$ 时点在 P_0 处，此时距离 $OP_0=b$。试求点 P 在瞬时 t 的绝对加速度。

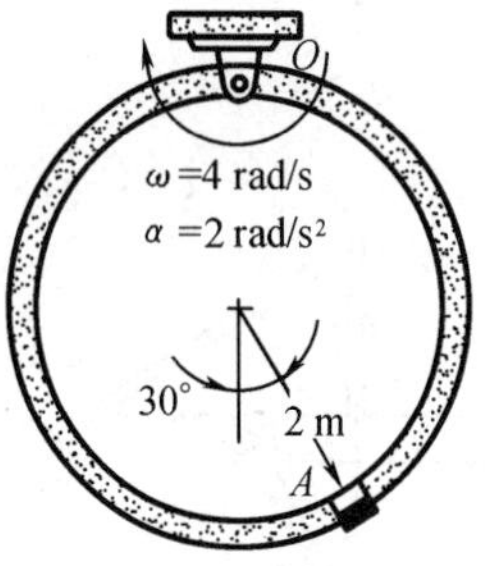

题 3－34 图

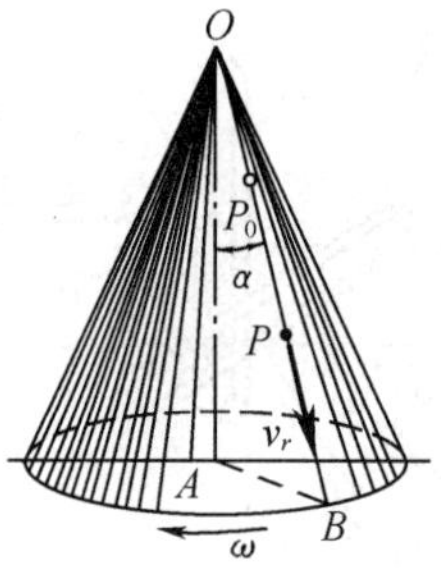

题 3－35 图

答案：$a=\sqrt{(6+v_rt)^2\omega^4+4\omega^2v_r^2}\cdot\sin\alpha$。

第4章　刚体的平面运动

前面我们讨论了点的较复杂运动——点的复合运动,刚体的两种基本运动——平动和定轴转动。这一章将以刚体的平动和定轴转动知识为基础,通过运用复合运动理论来分析工程上常见的刚体的一种较为复杂的运动形式——平面运动。本章将阐明平面运动刚体上各点的速度和加速度的计算方法。

4.1　刚体平面运动的基本概念及运动的分解

4.1.1　刚体平面运动的概念

在第3章中,我们对刚体的两种基本运动进行了讨论,但是在日常生活和工程上的不少机构中,我们常常遇到刚体的这样一种运动,例如,车轮沿一直线轨道滚动(图4-1),黑板擦在擦黑板时的运动,曲柄滑块机构中连杆 AB 的运动(图4-2)等,这类运动既不是平动,又不是定轴转动,它们的运动具有这样一个共同的特点,即在运动过程中,刚体上所有各点到某一固定平面的距离始终保持不变,刚体的这种运动称为刚体的平面运动。

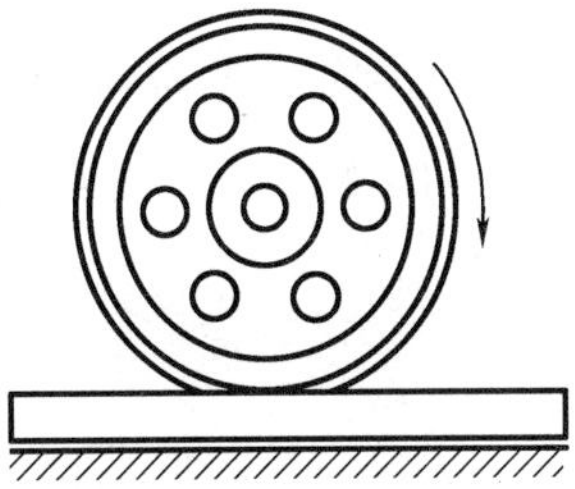

图4-1　车轮沿一直线轨道滚动图

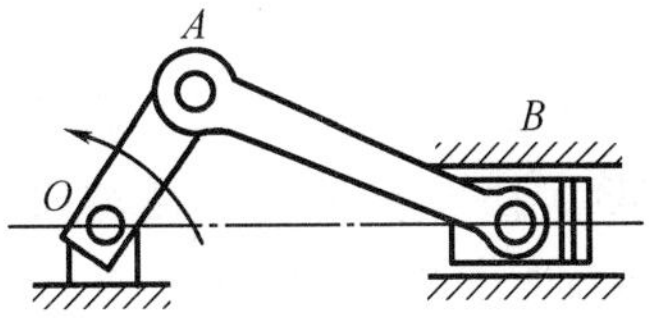

图4-2　曲柄滑块机构图

4.1.2　刚体平面运动的简化

现在进一步分析刚体作平面运动时的运动特点,以图4-3(a)所示连杆的运动为例,连杆在平面运动的过程中,连杆上所有各点到固定平面 $O_1x_1y_1$ 的距离始终保持不变,或者说,刚体上的所有各点都在平行于这个固定平面 $O_1x_1y_1$ 的某个平面内运动。

如果用一个平行于这个固定平面 $O_1x_1y_1$ 的平面 Oxy 截割刚体连杆,所得到的平面图形将始终在这个截割平面 Oxy 内运动,如图4-3(b)所示。

如果我们通过平面图形上某任意点 c 作一直线 cc_1 垂直于固定平面 $L_1x_1y_1$,那么,当刚体作平面运动时,该直线始终垂直于固定平面,即做平动,因此该直线上各点的运动(轨迹,速度,加速度)均完全相同,从而直线 cc_1 上各点的运动可以用平面图形上的相应点 c 的运动来代表,而 c 点必在平行于固定平面的 Oxy 平面中运动,这样一来,平面图形上各点的运动可以代表连杆刚体上所有各点的运动,当任意形状刚体作平面运动时,考虑到截面的位置不同,可能截出的平面图形不同,因此平面图形的大小和形状都认为不受任何限制,可在截割平面内无限延展。

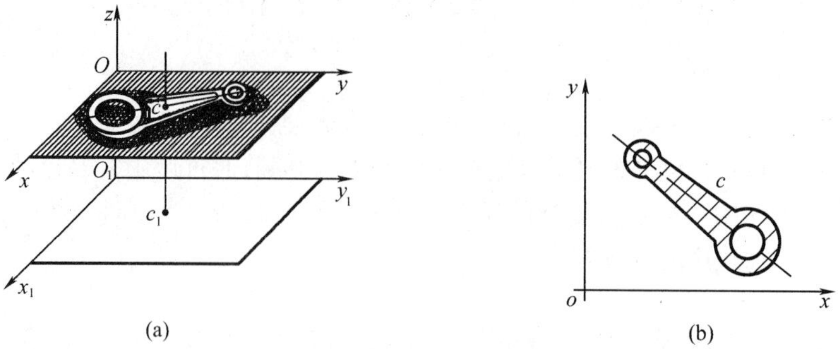

图4-3　连杆运动简化图

(a)连杆运动;(b)连杆运动简化

综上所述,对于刚体所作的平面运动的研究,可以不必考虑它的厚度,而简化为以一个截面代表的平面图形在其自身平面内的运动来研究。研究刚体的平面运动,就是要确定代表刚体的平面图形的运动,确定图形上各点的速度和加速度。

4.1.3　刚体平面运动的方程

刚体平面运动的方程实际上是平面图形 S 在其自身所在平面内运动的方程。设平面图形 S 在固定平面 Oxy 内运动,如图4-4所示,为了确定图形 S 在固定平面 Oxy 的位置,我们只须确定图形上任意一条线段$\overrightarrow{O'M}$在 Oxy 中的位置就够了。确定线段$\overrightarrow{O'M}$的位置的方法有很多,这里采用这样一种方法,即确定 O'点的坐标(x_0,y_0)和$\overrightarrow{O'M}$与 x 轴正向的夹角 φ,这三个参数一定下来,图形的位置就可以完全确定。

当图形 S 在 Oxy 平面内运动时,x_0,y_0 和 φ 角都随时间而变化,且均是时间 t 的单值连续函数

$$\begin{cases} x_0 = x_0(t) \\ y_0 = y_0(t) \\ \varphi = \varphi(t) \end{cases} \tag{4-1}$$

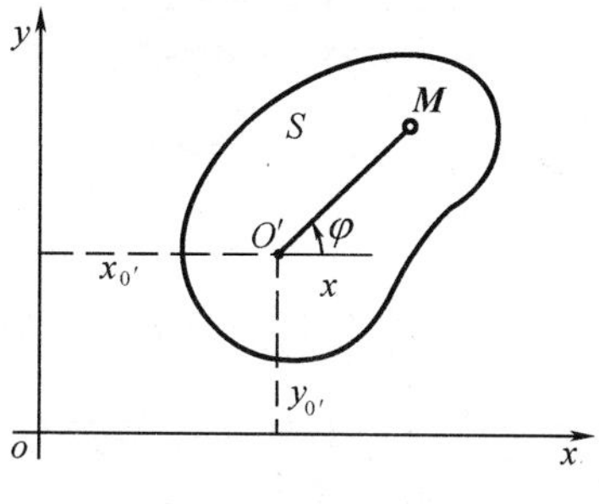

图4-4　刚体平面运动的方程示意图

这就是刚体平面运动的方程式,因为如函数 $x_0(t)$,$y_0(t)$,$\varphi(t)$都已知,则它能确定平面图形 S(即刚体)在任意瞬时的位置。刚体作平面运动时,其位置只需用三个独立的参数即可确定。可以看出,如果平面图形上 O'点固定不动,则刚体做定轴转动,如果平面图形上 φ 角保持不变,则刚体做平动。由此可以想到,刚体的平面运动可以看成是平动和转动的合成运动。

4.1.4　刚体的平面运动分解为平动和转动

首先举例说明刚体的平面运动可以分解为平动和转动。车轮沿直线轨道滚动是平面运动,如果在车厢上观察,则车轮相对于车厢做定轴转动,而车厢相对于地面做平动。这

样，车轮的平面运动可以看成是车轮随同车厢的平动和相对于车厢的转动的合成运动，反过来说，车轮的平面运动可以分解为随同车厢的平动和相对于车厢的转动。

下面将上述分解的方法推广至所有平面运动问题，设杆 AB 代表某一平面图形在某一固定平面内运动如图 4－5 所示，某一瞬时 t，杆 AB 在位置Ⅰ处，在杆 AB 上任取一点，例如端点 A 为原点，建立一个随 A 点平动的坐标系，因为平动坐标系上各点的运动都是相同的，因此坐标系原点 A 的运动情况就可以体现出整个平动坐标系的运动情况，所以可不必在图形上画出平动坐标系，而用 A 点的运动来代表平动坐标系的运动，通常称此平动坐标系的原点 A 为平面图形平面运动的基点。以后凡是提到基点就意味着以基点为原点，且随基点一起运动的平动坐标系。

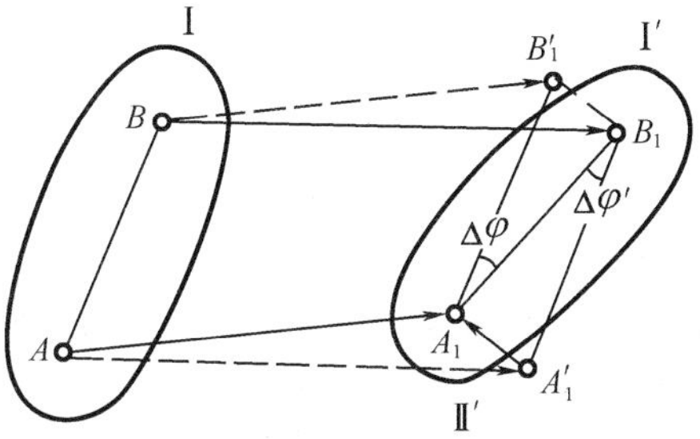

图 4－5　平面运动可以分解为平动和转动示意图

平面图形 AB 杆的运动，在经历了时间间隔 Δt 后，于瞬时 $t+\Delta t$ 时刻运动到位置Ⅱ，即 A_1B_1 处。我们将这个从Ⅰ位置到Ⅱ位置的过程分成两个阶段。

1. 先将杆 AB 随同基点 A 由位置Ⅰ平移到Ⅰ′（即 A_1B_1'）处，这时杆上（即图形上）各点的位移都和基点 A 的位移相同，都等于 $\overrightarrow{AA_1}$。我们说这个阶段杆（或图形）随同基点平移到位置Ⅰ′。

2. 然后将杆绕通过基点 A 且垂直于平面的轴转过一个角度 $\Delta\varphi=\angle B_1'A_1B_1$，从而图形从位置Ⅰ′转到了位置Ⅱ，在这个阶段，杆绕基点做了一次转动。

这两个过程实际上是同时进行的，只要 Δt 充分的小，那么这种把运动分成两个阶段的作法和真实运动之间的差别就越小，这样一来，平面图形的运动，也就是刚体的平面运动就分成随同基点的平动和绕基点的转动。

但是，平面图形上各点的运动情况一般说来是不同的，因此选取不同的点作为基点，随基点所做的平动也是不同的，例如图 4－5 中，如果选取杆 AB 上的 B 点作为基点，先使杆 AB 随同基点运动到位置Ⅱ′（$A_1'B_1$）处，然后顺时针转动 $\Delta\varphi'$ 角到达 A_1B_1（位置Ⅱ）处。在第一阶段，杆上各点的位移均为 $\overrightarrow{BB_1}$，显然与以 A 为基点时的平动位移 $\overrightarrow{AA_1}$ 是不同的，这就是说，选择不同的基点，其平动规律一般是不同的。可见，随同基点的平动规律与基点的选择有关，通常选取运动情况已知的点作为基点。

另由图 4－5 可见，因为 $\overrightarrow{AB}/\!/\overrightarrow{A_1B_1'}/\!/\overrightarrow{A_1'B_1}$，所以转角 $\Delta\varphi$ 与 $\Delta\varphi'$ 大小相等，且转向相同。因而在同一瞬时杆 AB 绕不同基点转动的角速度和角加速度是相同的。可见，刚体平面运动的绕基点的转动部分与基点的选择无关，无论我们选择哪一点作为基点，刚体绕基点的转动都是一样的。因此，我们无需专门指明刚体是绕哪个基点的转动，而只是说平面图形的转动，具体提到角速度和角加速度时也不用说绕哪个点转，转动时有一个共同的角速度和角加速度。

综上所述,刚体平面运动可以分解为随同基点的平动和绕基点的转动,平面图形随同基点平动的速度和加速度随基点选取的不同而不同。绕基点转动的角速度和角加速度则与基点的选择无关。

需要说明的是,应用前面的复合运动理论来分析刚体的平面运动时,平面图形 AB 的运动是刚体的绝对运动,固接在基点 A 的平动坐标系 $Ax'y'$ 的运动是牵连运动,而平面图形绕基点 A 的转动就是相对运动。因为牵连运动是平动,所以刚体相对于平动坐标系转动的角速度和角加速度与相对于固定平面转动的角速度和角加速度是一样的。

4.2 平面图形内各点的速度

4.2.1 基点法

上一节我们讲了,研究平面图形的平面运动时,先取其上某一点作为基点,以基点为原点,建立一个随同基点一起运动的平动坐标系,基点的运动就代表了平动坐标系的运动。随着刚体的平面运动,组成刚体的各个点的运动速度、加速度如何呢?如果我们把平面图形上的点看作要研究的动点,动点相对于固定平面的运动就是绝对运动,动点相对于动系——也就是平面图形相对于动系的运动——绕基点的转动就是动点的相对运动,而动系随同基点的平动就是牵连运动。于是平面图形上的各点的速度可以用复合运动理论中点的速度合成定理来求。这种求平面图形上的点的速度的方法,称为基点法,也叫做合成法。

设已知某瞬时平面运动平面图形上某点 A 的速度为$\boldsymbol{v}_A$,图形的角速度为 ω,求图形上任一点 B 的速度$\boldsymbol{v}_B$。如图 4-6(a)所示,图形上 A 点的速度已知,所以取 A 点为基点,并以 A 为原点建立平动坐标系 $Ax'y'$,取 B 点为动点,于是 B 点的绝对速度,即 B 点随同平面图形相对于固定平面做平面运动时的速度为动点的相对速度与牵连速度的矢量和。

$$\boldsymbol{v}_B=\boldsymbol{v}_a=\boldsymbol{v}_e+\boldsymbol{v}_r \tag{4-2}$$

牵连运动是随同基点 A 的平动,所以 B 点的牵连速度等于基点 A 的速度$\boldsymbol{v}_A$。即$\boldsymbol{v}_e=\boldsymbol{v}_A$。平面图形的相对运动是绕基点 A 的转动,所以 B 点的相对运动是以基点 A 为圆心,$\overline{AB}$为半径的圆周运动,B 点的相对速度$\boldsymbol{v}_r$用$\boldsymbol{v}_{BA}$表示,其大小等于 $\omega\cdot AB$,方向垂直于连线$\overline{AB}$,指向与角速度 ω 转向一致。从 A 点到 B 点的矢径用$\boldsymbol{r}_{AB}$表示,如图 4-6(b)所示。

则

$$\boldsymbol{v}_{BA}=\boldsymbol{\omega}\times\boldsymbol{r}_{AB}$$

由速度合成定理知,B 点的绝对速度$\boldsymbol{v}_B$等于牵连速度$\boldsymbol{v}_A$和相对速度$\boldsymbol{v}_{BA}$的矢量和,即

$$\boldsymbol{v}_B=\boldsymbol{v}_A+\boldsymbol{v}_{BA} \tag{4-3}$$

综上所述,可得刚体做平面运动时,其上任一点的速度等于该瞬时基点的速度与该点随图形绕基点做圆周运动时的速度的矢量和。

在具体应用基点法时,应注意下面几点。

首先,相对速度$\boldsymbol{v}_{BA}$垂直于 AB 连线,且相对速度$\boldsymbol{v}_{BA}$的大小正比于$\overline{AB}$,$\boldsymbol{v}_{BA}$的指向与角速度 ω 一致,由 ω 的方向可以判断$\boldsymbol{v}_{BA}$的方向。反过来,若相对速度$\boldsymbol{v}_{BA}$的方向已知,可以借此判定 ω 的方向。

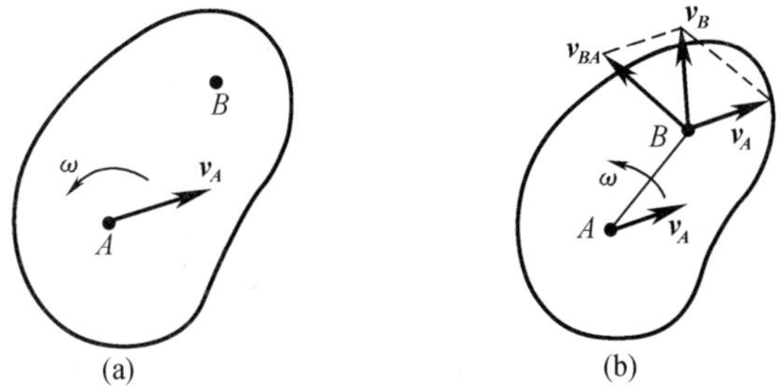

图 4-6　基点法示意图

(b)基点法示意;(a)基点法问题

其次,$v_B = v_A + v_{BA}$这个矢量式中包含每个矢量的大小、方向,共六个要素,但有一个要素,即v_{BA}的方向总是已知的,所以只要再知道三个要素就可以求解问题,就可以求出其余的两个未知要素。

通常要取平面图形上运动情况已知的点为基点,运动情况包括点的轨迹、速度和加速度。但图形内任一点都可以作为基点,所以基点法(4-3)式表明了平面图形内任意两点的速度之间的关系。

4.2.2　速度投影定理

由图 4-6(b)可以看到,v_{BA}总是垂直于 AB 连线,就是说v_{BA}在 AB 连线上的投影等于零。因此,若把矢量式(4-3)两边分别向 AB 连线上投影,则得:

$$v_B|_{AB} = v_A|_{AB} \tag{4-4}$$

即 B 点的速度v_B和 A 点的速度v_A在 AB 连线上的投影相等。这就得到了速度投影定理:刚体上任意两点的速度在过这两点的直线上的投影相等。

这个定理的物理意义也是很明显的,如果 A 点速度v_A和 B 点速度v_B在直线$\overleftrightarrow{AB}$上的投影不相等,就意味着 A,B 两点之间的距离发生了变化,然而刚体上两点之间的距离是不变的,因此v_A与v_B在 AB 直线上的投影必定相等。这个速度投影定理的用处很大,经常用来求刚体上某点的速度的大小或方向,而不涉及平面图形运动的角速度。同时,它不仅适用于作平面运动的刚体,也适用于做其他任意运动的刚体。

下面举例说明基点法和速度投影定理的应用。

例 4-1　在图 4-7(a)中的 AB 杆,A 端沿墙面下滑,B 端沿地面向右运动。在图示位置,杆与地面的夹角为 30°,这时 B 点的速度 $v_B = 10$ cm/s,试求该瞬时端点 A 的速度 v_A 和杆中点 D 的速度 v_D。

解:AB 杆作平面运动

先用基点法求 A 点速度。取速度已知的 B 点为基点,根据速度基点法公式有

$$v_A = v_B + v_{AB} \tag{$*$}$$

式中 v_{AB}为 A 点绕 B 点的相对转动速度,其方向垂直$\overrightarrow{AB}$。A 点沿墙面滑动,其速度 v_A 的方向是已知的。这样就可画出(*)式所表示的三个速度的矢量关系图(如图 4-7),由图中几何关系得到

$$v_A = v_B \text{ctan}30° = 10 \times \sqrt{3} = 17.3(\text{cm/s})$$

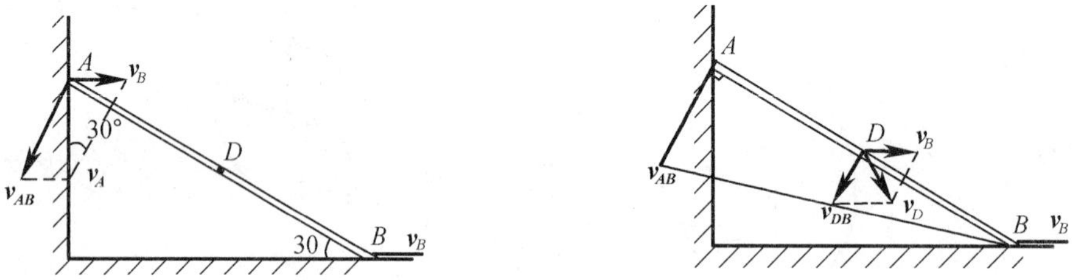

图 4-7 例 4-1 图

(a)例 4-1 图;(b)求解图

$\boldsymbol{v}_A$ 的指向是沿墙面向下。由图中矢量的关系还可以求出 A 点绕 B 点的相对转动速度

$$v_{AB}=\frac{v_B}{\sin 30^\circ}=20(\text{cm/s})$$

再求杆中点 D 的速度 $\boldsymbol{v}_D$,仍用基点法。仍取 B 点为基点,有

$$\boldsymbol{v}_D=\boldsymbol{v}_B+\boldsymbol{v}_{DB} \qquad (**)$$

式中相对转动速度 $\boldsymbol{v}_{DB}$的方向垂直$\overrightarrow{BD}$,但其大小未知。注意到 D 点相对转动速度 $\boldsymbol{v}_{DB}$和 A 点相对转动速度 $\boldsymbol{v}_{AB}$的大小与$\overrightarrow{BD}$和$\overrightarrow{AB}$的长度成正比。因此有 $v_{DB}=\frac{1}{2}v_{AB}$,如图 4-7(b)所示。v_{AB}在前面求得,所以

$$v_{DB}=\frac{1}{2}v_{AB}=\frac{1}{2}\times 20=10(\text{cm/s})$$

在图中画出了(* *)式表示的速度矢量合成关系。因为 $\boldsymbol{v}_B$ 与 $\boldsymbol{v}_{DB}$大小相等,方向的夹角为 120°,所以它们合成的 $\boldsymbol{v}_D$ 的大小与 $\boldsymbol{v}_B$ 相等,即 $v_D=10(\text{cm/s})$,$\boldsymbol{v}_D$ 与 $\boldsymbol{v}_B$ 的夹角为 60°,如图 4-7(b)所示。

例 4-2 用速度投影定理求解例 4-1 中端点 A 的速度 $\boldsymbol{v}_A$。

解:根据速度投影定理,将 $\boldsymbol{v}_A$ 和 $\boldsymbol{v}_B$ 投影到$\overrightarrow{AB}$方向上(如图 4-8 所示),得到

$$v_A\cos 60^\circ=v_B\cos 30^\circ$$

因此

$$v_A=\frac{\cos 30^\circ}{\cos 60^\circ}v_B=\sqrt{3}\times 10=17.3(\text{cm/s})$$

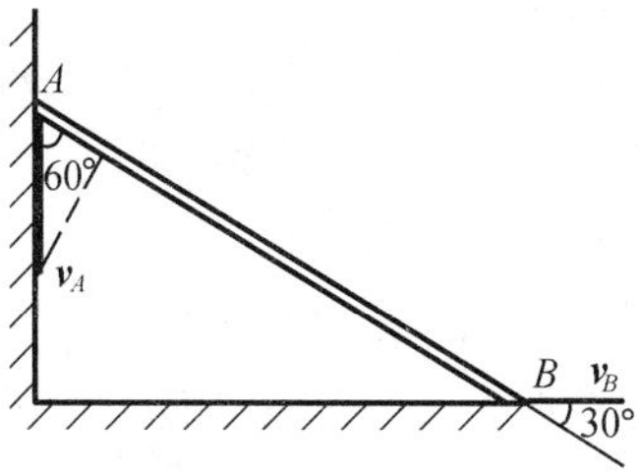

图 4-8 例 4-2 图

例 4-3 图 4-9 给出一平面铰接机构。已知 OA 杆长为$\sqrt{3}r$,角速度为 $\omega_0=\omega$;CD 杆长为 r,角速度 $\omega_D=2\omega$,它们的转向如图所示。在图示位置,OA 杆与 AB 杆垂直,BC 与 AB 的夹角为 120°,CD 与 AB 平行。试求该瞬时 B 点的速度 $\boldsymbol{v}_B$。

解:机构中 OA 杆和 CD 杆作定轴转动,AB 杆和 BC 杆做平面运动。先分别算出 A 点和 C 点的速度

$$v_A=\overrightarrow{OA}\omega_0=\sqrt{3}r\omega$$

$$v_C=\overrightarrow{CD}\omega_D=2r\omega$$

它们的方向如图所示。

现用基点法求 B 点的速度。B 是 AB 上的一个点,取 A 为基点,有

$$\boldsymbol{v}_B=\boldsymbol{v}_A+\boldsymbol{v}_{BA} \tag{1}$$

式中 $\boldsymbol{v}_B$ 的大小和方向,$\boldsymbol{v}_{BA}$ 的大小都是未知量,因而仅用该式求不出 $\boldsymbol{v}_B$。再考虑到,B 也是 BC 上的一个点,取 C 为基点,有

$$\boldsymbol{v}_B=\boldsymbol{v}_C+\boldsymbol{v}_{BC} \tag{2}$$

比较上面两个式子,有

$$\boldsymbol{v}_A+\boldsymbol{v}_{BA}=\boldsymbol{v}_C+\boldsymbol{v}_{BC} \tag{3}$$

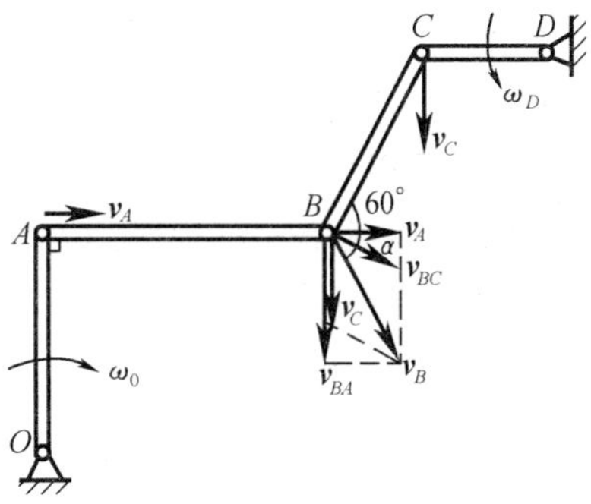

图4-9　例4-3图

上式中的 $\boldsymbol{v}_A$ 和 $\boldsymbol{v}_C$ 已经求出,而 $\boldsymbol{v}_{BA}$ 和 $\boldsymbol{v}_{BC}$ 的方向分别是垂直 $\overrightarrow{AB}$ 和 $\overrightarrow{BC}$。如能求出 $\boldsymbol{v}_{BA}$ 或 $\boldsymbol{v}_{BC}$,则由(1)或(2)式便可求出 $\boldsymbol{v}_B$。为此,将(3)式中的各个矢量投影到与 $\boldsymbol{v}_{BC}$ 垂直的 $\overrightarrow{BC}$ 轴上,使 $\boldsymbol{v}_{BC}$ 的投影为零,这样得到

$$v_A\cos 60°-v_{BA}\cos 30°=-v_C\cos 30°$$

从而解得

$$v_{BA}=\frac{\cos 60°}{\cos 30°}v_A+v_C=3r\omega$$

注意到 $\boldsymbol{v}_{BA}$ 与 $\boldsymbol{v}_A$ 互相垂直,由(1)式得到

$$v_B=\sqrt{{v_A}^2+{v_{BA}}^2}=\sqrt{(\sqrt{3}r\omega)^2+(3r\omega)^2}=2\sqrt{3}r\omega$$

由图看出,$\boldsymbol{v}_B$ 与 $\overrightarrow{AB}$ 的夹角 α 的余弦为

$$\cos\alpha=\frac{v_A}{v_B}=\frac{\sqrt{3}r\omega}{2\sqrt{3}r\omega}=\frac{1}{2}$$

所以

$$\alpha=60°$$

4.2.3　速度瞬心法

在应用基点法的过程中,根据公式(4-3)$\boldsymbol{v}_B=\boldsymbol{v}_A+\boldsymbol{v}_{BA}$,如果能找到图形上在该瞬时速度为零的点作为基点,那么 B 点速度 $\boldsymbol{v}_B=\boldsymbol{v}_{BA}=\boldsymbol{\omega}\times\boldsymbol{r}_{AB}$,这样,该瞬时图形上各点的速度分布情况就和图形在该瞬时绕 A 点转动一样,那么确定平面图形上任一点 B 的速度就方便多了。

每一瞬时任何平面图形内部或其扩大部分内总存在一点其绝对速度为零,该点称为平面图形在该瞬时的瞬时速度中心,简称速度瞬心。对于平面图形来说,其速度瞬心总是存在且唯一的。

设某瞬时平面图形的速度瞬心为 P,转动角速度为 ω,则取瞬心 P 为基点,该瞬时平面图形上任意一点 A 的速度为

$$\boldsymbol{v}_A=\boldsymbol{v}_P+\boldsymbol{\omega}\times\boldsymbol{r}_{PA}=\boldsymbol{\omega}\times\boldsymbol{r}_{PA} \tag{4-5}$$

这显然与绕定轴转动的刚体上的速度分布相似,也就是——在任一瞬时,平面图形上各点的速度方向垂直于该点与该瞬时的速度瞬心 P 的连线,其指向由 ω 的转向决定,其大

小与该点到速度瞬心 P 的距离成正比，等于该点到速度瞬心的距离与图形转动的角速度的乘积，如图 4－10 所示。

在任一瞬时，平面图形上各点的速度分布情况与该瞬时图形以角速度 ω 绕通过速度瞬心，且与平面图形垂直的轴转动一样。这种情况称为瞬时转动。以速度瞬心为基点来求作平面运动的刚体上各点的速度的方法称为速度瞬心法。

若已知某瞬时速度瞬心的位置 P，以及任意一点 A 点的速度 $\boldsymbol{v}_A$，则可求出平面图形的角速度 ω，如图 4－11 所示。

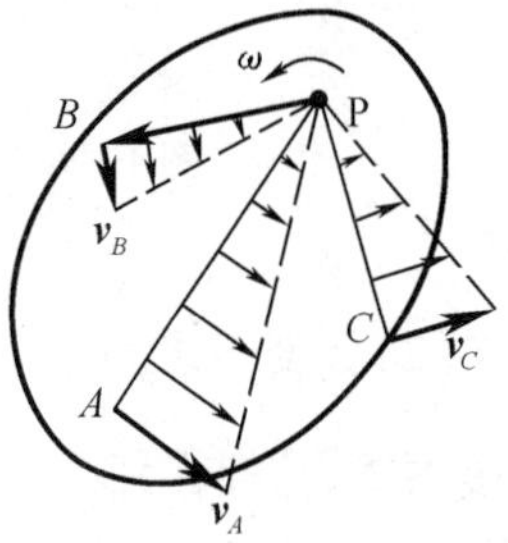

图 4－10 速度瞬心示意图

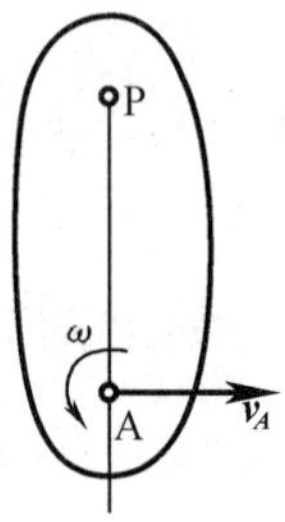

图 4－11 速度瞬心存在示意图

角速度 ω 大小

$$\omega = \frac{v_A}{AP}$$

ω 的方向由 $\boldsymbol{v}_A$ 指向得出。反之，若已知平面图形的角速度 ω 及其上任一点 A 的速度 $\boldsymbol{v}_A$，则从 $\boldsymbol{v}_A$ 开始，沿 ω 的方向转过 90° 作直线 $\overrightarrow{PA} \perp \boldsymbol{v}_A$，使 $PA = \dfrac{v_A}{\omega}$，则 P 点即为该瞬时的速度瞬心。对于下面一些常见运动情况可以很快找到平面图形的瞬心。

当平面图形 S 沿某一固定不动的图形轮廓做无滑动的滚动(即纯滚动)时，每一瞬时平面图形与固定面相接触的一点 P 的速度都为零，这接触点 P 就是该瞬时的速度瞬心，如图4－12所示。

如果已知平面图形内任意两点 A,B 在某瞬时的速度 $\boldsymbol{v}_A$,$\boldsymbol{v}_B$。且 $\boldsymbol{v}_A$ 不平行于 $\boldsymbol{v}_B$，如图4－13所示。根据速度瞬心必在通过图形上一点并与该点的速度相垂直的直线上，可得，过 A,B 分别作 $\boldsymbol{v}_A$,v_B 的垂线，两垂线的交点 P 即为该瞬时图形的速度瞬心。并可由此求得图形的角速度 ω。

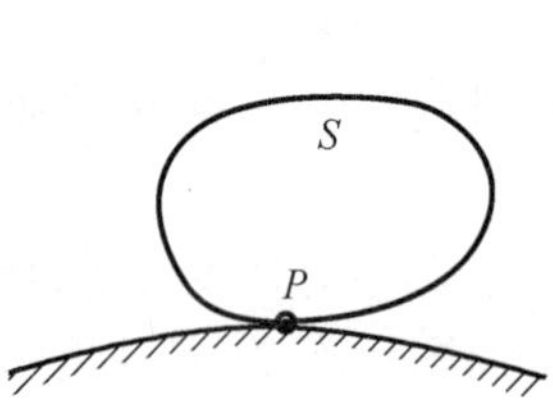

图 4－12 速度瞬心情况图一

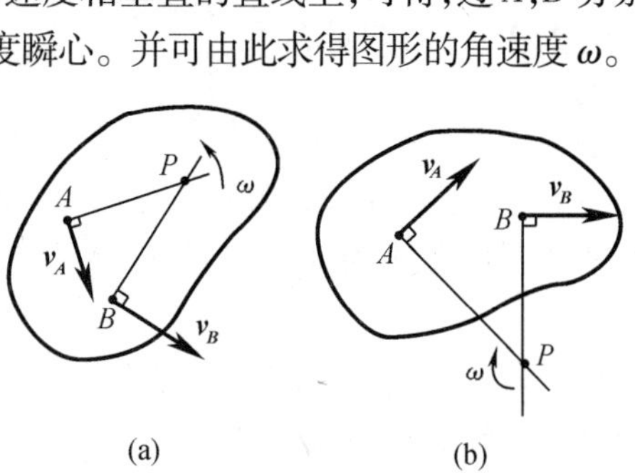

图 4－13 速度瞬心情况图二

若平面图形中 A,B 两点的速度 $\boldsymbol{v}_A$,$\boldsymbol{v}_B$ 平行，且与这两点的连线垂直，但大小不等，如图 4－14所示，瞬心必定在 AB 连线与速度矢量 $\boldsymbol{v}_A$ 和 $\boldsymbol{v}_B$ 端点连线的交点上。该瞬时图形的角速度 ω 满足：

$$\omega=\frac{v_A}{AP}=\frac{v_B}{BP} \tag{4-6}$$

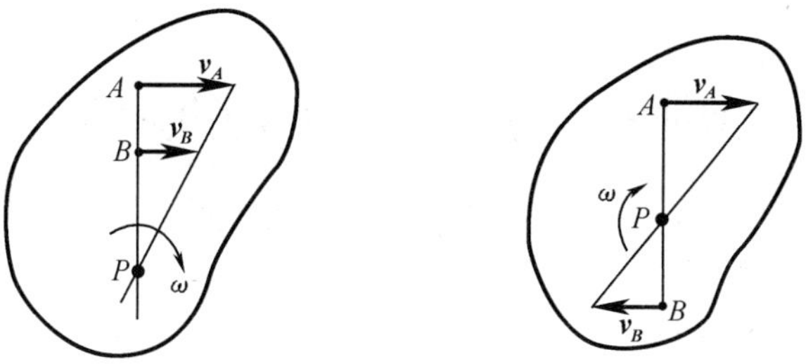

图 4－14　速度瞬心情况图三

如果某瞬时平面图形上 A,B 两点的速度同向且平行,且 $\boldsymbol{v}_A$ 不垂直于 AB 连线,此时 AP 和 BP 变成无穷大,显然瞬心在无穷远处。因此由速度投影定理知,图形内各点的速度相等,其分布情况如同刚体做平动时一样,这种运动情况称为瞬时平动,在该瞬时图形的角速度等于零,如图 4－15 示。但图形上各点的加速度一般说来是不相等的。瞬时平动不同于刚体平动的情况。

在图 4－14 中,如果 $\boldsymbol{v}_A$,$\boldsymbol{v}_B$ 同向且相等。该瞬时的图形也是做瞬时平动。角速度为零,瞬心在无穷远处(也可以说速度瞬心不存在)。

瞬时平动是刚体平面运动的一种特殊情况,该瞬时图形角速度为零,但角加速度通常不为零,使得图形下一瞬时能够转动,而刚体平动时,角速度和角加速度都始终是零。瞬时平动的图形上各点速度相等,但加速度一般是不相等的,而平动刚体上各点的速度相等,加速度也相等。

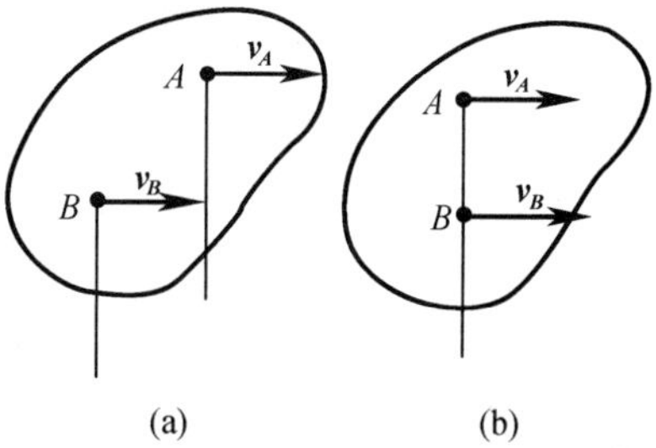

图 4－15　速度瞬心情况图四

上面列举了一些运动情况下速度瞬心的求法。这里需要注意的是某一瞬时平面图形的速度瞬心只是表明该瞬时它的速度为零,而它的加速度一般是不为零的,才能保证它下一瞬时有速度而不成为速度始终为零的定点。因此,速度瞬心是瞬时性的,是随时间变化的,不同瞬时,速度瞬心在平面图形上的位置也不同,它不是平面图形上的固定点。因此,刚体的平面运动可以看成是绕不同速度瞬心的瞬时转动。

应用速度瞬心法分析刚体的平面运动有时可大大简化计算量。

例 4－4　外啮合行星齿轮机构如图 4－16 所示。已知固定齿轮 Ⅰ 的半径为 r_1,动齿轮 Ⅱ 的半径为 r_2,曲柄 OA 的角速度为 ω_0。试求齿轮 Ⅱ 轮缘上 M,N 两点的速度(点 M 在 OA 延长线上,点 N 在垂直于 OA 的半径上)。

解:机构中的曲柄 OA 作定轴转动,动齿轮 Ⅱ 做平面运动。现用瞬心法求 M,N 点的速度。

动齿轮 Ⅱ 的节圆沿固定齿轮 Ⅰ 的节圆滚动而不滑动,轮 Ⅱ 的瞬心在二节圆的接触点 C 处,轮 Ⅱ 上 A 点的速度可通过杆 OA 的转动求得

$$v_A=\overrightarrow{OA}\omega_0=(r_1+r_2)\omega_0$$

其方向如图 4－16 所示。

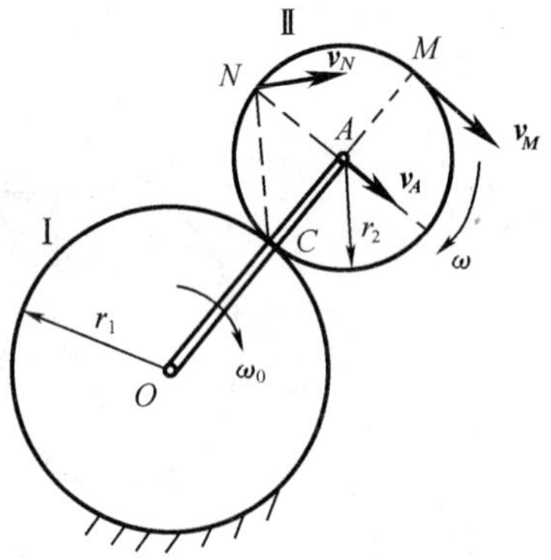

图 4－16 例 4－4 图

根据瞬心法公式，轮Ⅱ的角速度 ω 等于

$$\omega=\frac{v_A}{\overline{AC}}=\frac{r_1+r_2}{r_2}\omega_0$$

由 $\boldsymbol{v}_A$ 的方向和 C 点的位置可判定 ω 是顺时针转动。再利用瞬心法可分别求出 M 和 N 点的速度

$$v_M=\overline{MC}\cdot\omega=2(r_1+r_2)\omega_0$$

$$v_N=\overline{NC}\cdot\omega=\sqrt{2}(r_1+r_2)\omega_0$$

$\boldsymbol{v}_M$ 和 $\boldsymbol{v}_N$ 的方向如图所示。

例 4－5　曲柄滑块机构如图 4－17 所示。曲柄 OA 长度为 r，以匀角速度 ω 转动。连杆 AB 长为 l。求曲柄与水平线成 φ 角时连杆的角速度 ω_{AB} 和滑块的速度 $\boldsymbol{v}_B$。

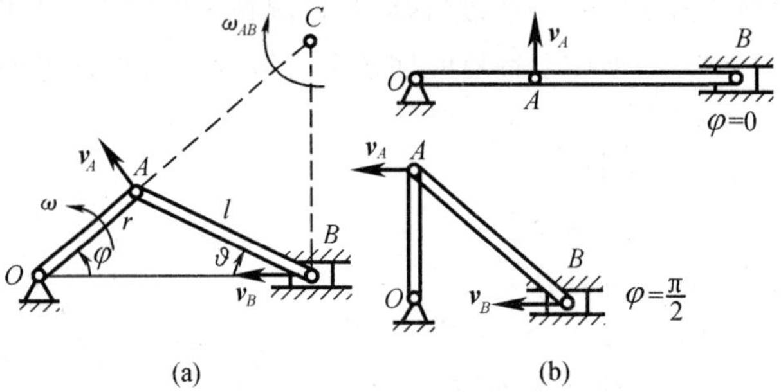

图 4－17 例 4－5 图

解：用速度瞬心法。因为连杆 A，B 两点的速度方向已知，可过 A，B 两点分别作 $\boldsymbol{v}_A$，$\boldsymbol{v}_B$ 的垂直线，其交点 C 即为连杆的速度瞬心，如图所示。注意到 $v_A=r\omega$，可得连杆角速度

$$\omega_{AB}=\frac{v_A}{\overline{AC}}=\frac{r\omega}{\overline{AC}} \tag{1}$$

B 点速度为

$$v_B=\overline{BC}\cdot\omega_{AB}=r\omega\frac{\overline{BC}}{\overline{AC}} \tag{2}$$

至于长度 $\overline{AC}$，$\overline{BC}$，可对 $\triangle ABC$ 应用正弦定理求得：

$$\frac{\overline{BC}}{\sin(\varphi+\theta)}=\frac{\overline{AC}}{\sin(90^\circ-\theta)}=\frac{\overline{AB}}{\sin(90^\circ-\varphi)}$$

所以

$$\overline{AC}=\overline{AB}\frac{\cos\theta}{\cos\varphi}=l\frac{\cos\theta}{\cos\varphi} \tag{3}$$

$$\frac{\overline{BC}}{\overline{AC}}=\frac{\sin(\varphi+\theta)}{\cos\theta} \tag{4}$$

将(3)、(4)两式分别代入(1)、(2)两式，于是可得：

$$\omega_{AB}=\frac{v_{BA}}{l}=\omega\frac{r\cos\varphi}{l\cos\theta}$$

$$v_B=v_A\frac{\sin(\varphi+\theta)}{\sin(90^\circ-\theta)}=r\omega\frac{\sin(\varphi+\theta)}{\cos\theta}$$

当 $\varphi=0$ 时，O,A,B 共线，瞬心在点 B（图(b)上），$\omega_{AB}=\frac{r\omega}{l}$。

当 $\varphi=\frac{\pi}{2}$ 时，OA 垂直于 OB，$\boldsymbol{v}_A$ 和 $\boldsymbol{v}_B$ 同向平行（图(b)下），此时 $\omega_{AB}=0$，刚体作瞬时平动，瞬心在无穷远处，$\boldsymbol{v}_B=\boldsymbol{v}_A$。

例 4-6　在图 4-18 所示的机构中，曲柄 OA 长为 r，以角速度 ω_0 逆时针转动。短杆 DE 两端分别与连杆 AB 的中点和摆杆 EF 的端点铰接，EF 长等于 $4r$。试求在图示位置的瞬时，摆杆 EF 的角速度 ω_{EF}。

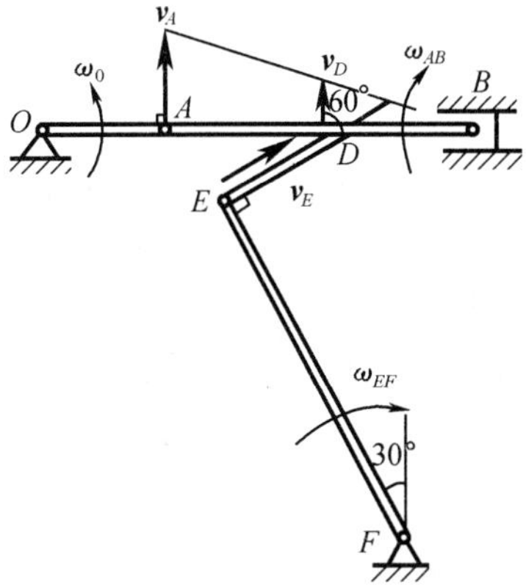

图 4-18　例 4-6 图

解：机构由四个构件组成，其中曲柄 OA 和摆杆 EF 作定轴转动，连杆 AB 和短杆 DE 作平面运动。A 点速度为

$$v_A=r\omega_0$$

方向如图所示。B 点在水平轨道内作直线运动，其速度只可能是水平方向。由 A 点和 B 点速度的方向，可确定该瞬时连杆 AB 的瞬心正好在 B 处。AB 的角速度和 D 点的速度为

$$\omega_{AB}=\frac{v_A}{\overline{AB}}$$

$$v_D=\overline{BD}\cdot\omega_{AB}=\frac{1}{2}\overline{AB}\cdot\omega_{AB}=\frac{1}{2}r\omega_0$$

ω_{AB} 的转向和 $\boldsymbol{v}_D$ 的方向如图所示。再研究 DE 杆，E 点速度 $\boldsymbol{v}_E$ 垂直 EF，利用速度投影定理，有

$$v_D\cos60^\circ=v_E$$

解得

$$v_E=\frac{1}{4}r\omega_0$$

最后求得摆杆 EF 的角速度为

$$\omega_{EF}=\frac{v_E}{\overline{EF}}=\frac{1}{16}\omega_0$$

4.3 平面图形内各点的加速度

前面我们分析了用基点法求平面图形上各点的速度，这一节我们讨论如何用基点法求平面图形上各点的加速度，其基本定理就是动系平动时的加速度合成定理。

设已知某瞬时平面图形平面运动的角速度为 ω，角加速度为 α，图形上某点 A 的加速度为 $\boldsymbol{a}_A$，求图形上任意一点 B 的加速度 $\boldsymbol{a}_B$，如图 4－19 所示。

A 点加速度已知，所以选取 A 点为基点意味着以 A 为原点建立了一个随同基点 A 一起运动的平动坐标系，则平面图形在其所在平面内的绝对运动可以看成随同基点 A 的平动和绕基点 A 的转动的合成。把图形上的 B 点选为动点，因为以 A 点为原点的坐标系平动，所以根据动系平动时加速度合成定理可知，B 点的绝对加速度 $\boldsymbol{a}_B$ 等于牵连加速度 $\boldsymbol{a}_{Be}$ 与相对加速度 $\boldsymbol{a}_{Br}$ 的矢量和，即

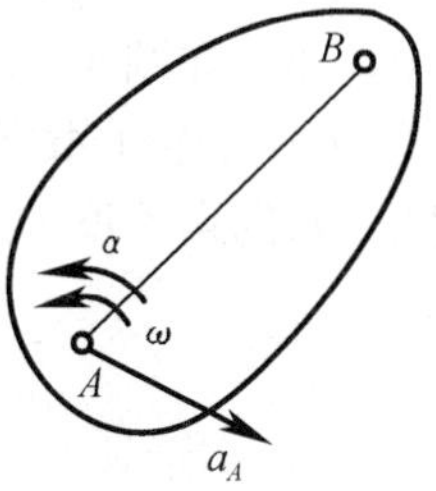

图 4－19 加速度确定示意图

$$\boldsymbol{a}_B = \boldsymbol{a}_{Be} + \boldsymbol{a}_{Br} \tag{4-7}$$

（4－7）式中牵连加速度 $\boldsymbol{a}_{Be} = \boldsymbol{a}_A$，因为动系平动，其上各点加速度都相等，可以用基点加速度 $\boldsymbol{a}_A$ 来代表动系上各点，包括动点的牵连点的加速度，即 B 点的牵连加速度等于基点 A 的加速度 $\boldsymbol{a}_A$。（4－7）式中相对加速度 $\boldsymbol{a}_{Br} = \boldsymbol{a}_{BA}$，$B$ 点的相对运动是绕基点 A 的转动，且轨迹为以 A 为原点，以 BA 为半径的圆周运动，因此 $\boldsymbol{a}_{Br} = \boldsymbol{a}_{BA}$，且 $\boldsymbol{a}_{BA}$ 有两个分量。一个分量是切向加速度 $\boldsymbol{a}_{BA}^{\tau}$，一个分量是法向加速度 $\boldsymbol{a}_{BA}^{n}$，即

$$\boldsymbol{a}_{BA} = \boldsymbol{a}_{BA}^{\tau} + \boldsymbol{a}_{BA}^{n} \tag{4-8}$$

（4－8）式中切向加速度 $\boldsymbol{a}_{BA}^{\tau}$ 的大小 $a_{BA}^{\tau} = \alpha\,\overline{AB}$ 方向垂直于 $\overline{AB}$ 连线，且与 α 的转向一致，（4－8）式中法向加速度 $\boldsymbol{a}_{BA}^{n}$ 的大小 $a_{BA}^{n} = \omega^2 \cdot AB$，方向沿 AB 连线由 B 点指向基点 A，即与矢径 $\boldsymbol{r}_{AB}$ 反向，如图 4－20 所示。

综合起来，B 点的绝对加速度

$$\boldsymbol{a}_B = \boldsymbol{a}_A + \boldsymbol{a}_{BA}^{\tau} + \boldsymbol{a}_{BA}^{n} \tag{4-9}$$

即平面图形内任一点的加速度等于基点的加速度与该点随图形绕基点转动时的切向加速度和法向加速度的矢量和。

因基点是可以任意选择的，所以（4－9）式表明了平面图形内任意两点的加速度之间的关系，此矢量式中有四个加速度，共有八个要素，因 $\boldsymbol{a}_{BA}^{\tau}$ 和 $\boldsymbol{a}_{BA}^{n}$ 的方向总是已知的，所以只要知道其余六个要素中的任意四个要素，便可以求解其余的两个未知要素。

例 4－7　如图 4－21 所示半径为 R 的圆轮在直线轨道上作纯滚动，某瞬时轮心 O 的速度为 $\boldsymbol{v}_O$，加速度为 $\boldsymbol{a}_O$，求此瞬时轮缘一点的加速度。

解：圆轮作平面运动，轮心 O 的运动已知，选 O 为基点，则轮缘上一点 M 的加速度为

$$\boldsymbol{a}_M = \boldsymbol{a}_O + \boldsymbol{a}_{MO}^{t} + \boldsymbol{a}_{MO}^{n} = \boldsymbol{a}_O + \boldsymbol{a}_r^{\tau} + \boldsymbol{a}_r^{n} \qquad a_r^{t} = R\alpha, a_r^{n} = R\omega^2 \tag{a}$$

由于 $\boldsymbol{a}_M$ 的大小及方向均为未知，必须求解 $\boldsymbol{a}_{MO}^{t}$，$\boldsymbol{a}_{MO}^{n}$ 的全部信息，即必须求出圆轮的 ω，α。此时圆轮作纯滚动，点 C 为瞬时速度中心，因而有

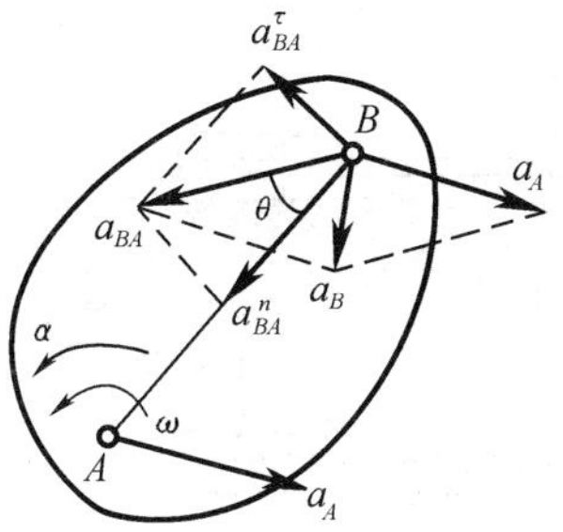

图 4－20　加速度基点法示意图

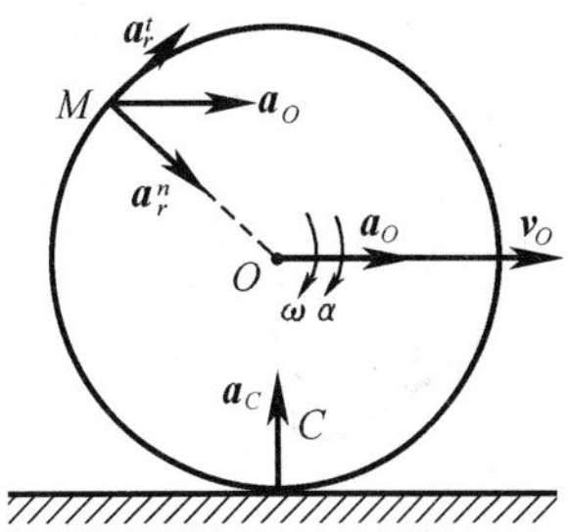

图 4－21　例 4－7 图

$$\omega = \frac{v_O}{R} \tag{b}$$

注意，ω 与 v_O 的关系式不仅在图示瞬时成立，在任一瞬时均成立，即我们有

$$\omega(t) = \frac{v_O(t)}{R}$$

将此式对时间求导得

$$\alpha(t) = \frac{a_O(t)}{R}$$

在所讨论的瞬时有

$$\alpha = \frac{a_O}{R} \tag{c}$$

虽然题目所给的 v_O，a_O 是瞬时值，不能对时间求导，但通过上面的讨论，仍能求得该瞬时的角加速度，这是处理轮系运动学时通常采用的办法。

求得 $\boldsymbol{a}_r^t$，$\boldsymbol{a}_r^n$ 后，代入式(a)即得 $\boldsymbol{a}_M$，它是 3 个矢量的合成。

对圆轮与轨道的接触点 C，$\boldsymbol{a}_r^t$ 与 $\boldsymbol{a}_O$ 的大小相等，方向相反，因而 $a_O = a_r^n$，即点 C 加速度垂直于轨道方向，这反映了只滚不滑的特征。此结论很容易推广：相对作滚动的两物体在接触点的相对加速度垂直于接触点的公切线。还需指出，点 C 是圆轮的瞬时速度中心，$v_C = 0$，但其加速度显然不为零。

例 4－8　曲柄与滑块机构如图 4－22 所示。曲柄 OA 长为 r，它以等角速度 ω_0 绕点 O 转动，连杆 AB 长为 l。试求曲柄转角 $\varphi = \varphi_0$（如图(a)，$OA \perp AB$）与 $\varphi = 0°$（如图 b、图 c，$OA /\!/ AB$）两种情形下，滑块 B 的加速度 $\boldsymbol{a}_B$ 与连杆 AB 的角加速度 a_{AB}。

解：当 $\varphi = \varphi_0$ 时，连杆 AB 作平面运动，先用速度瞬心法分析速度。点 A 的速度 $\boldsymbol{v}_A$ 垂直于 OA，$v_A = r\omega_0$，点 B 的速度方向沿滑道，数值未知。根据例 4－5 可知连杆 AB 的瞬心 C^*，则连杆的角速度

$$\omega_{AB} = \frac{v_A}{AC^*} = \frac{r\omega_0}{l^2/r} = \frac{r^2}{l^2}\omega_0\text{（顺时针）} \tag{a}$$

用基点法求点 B 的加速度。以 A 点为基点，点 B 的加速度为

$$\boldsymbol{a}_B = \boldsymbol{a}_A + \boldsymbol{a}_{BA}^{\tau} + \boldsymbol{a}_{BA}^{n} \tag{b}$$

式中，基点 A 的加速度 $a_A = r\omega_0^2$。

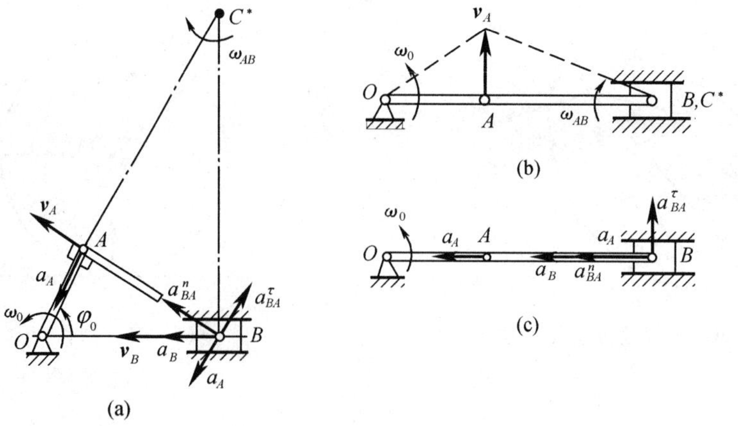

图 4-22 例 4-8 图

点 B 的相对切向加速度 $a_{BA}^{\tau}=\alpha_{AB}l$,点 B 的相对法向加速度 $a_{BA}^{n}=AB\cdot\omega_{AB}^{2}=\frac{r^{4}}{l^{3}}\omega_{0}^{2}$。将式(b)中各项向 AB 线段上投影,得

$$a_B\sin\varphi_0=a_{BA}^{n}=\frac{r^4}{l^3}\omega_0^2 \tag{c}$$

$$a_B=\frac{r^4\omega_0^2}{l^3\sin\varphi_0} \tag{d}$$

a_B 的方向如图中所示。

再将式(b)中各项向 AB 线段的垂线(图中未标出)上投影,有

$$a_B\cos\varphi_0=a_A-a_{BA}^{\tau} \tag{e}$$

$$a_{BA}^{\tau}=\alpha_{AB}\cdot l=r\omega_0^2-\frac{r^4}{l^3}\omega_0^2\cot\varphi_0$$

于是,AB 杆的角加速度

$$\alpha_{AB}=\frac{l}{r}\omega_0^2\left(1-\frac{r^3}{l^3}\cot\varphi_0\right)\text{(逆时针)} \tag{f}$$

当 $\varphi=0°$时,点 B 就是速度瞬心。连杆 AB 的角速度

$$\omega_{AB}=\frac{v_A}{l}=\frac{r\omega_0}{l}\text{(顺时针)}$$

这种情形下,$\boldsymbol{a}_A$ 的表达式与 $\varphi=\varphi_0$ 时相同,但 $a_{BA}^{n}=AB\cdot\omega_{AB}^{2}=\frac{r^2}{l}\omega_0^2$,方向如图。

将式(b)中各项向线段 AB 上投影,得

$$a_B=a_A+a_{BA}^{n}=r\omega_0{}^2+\frac{r^2}{l}\omega_0{}^2=r\omega_0{}^2\left(1+\frac{r}{l}\right)$$

在 AB 的垂线方向上只有 a_{BA}^{τ}一个量,所以有

$$a_{BA}^{\tau}=0,\alpha_{AB}=0$$

注意到,此情形下,点 B 是速度瞬心,$v_B=0$,但速度瞬心的加速度并不为零。这说明在下一瞬时,点 B 将不再是速度瞬心,速度瞬心是瞬时的。

例 4-9 如图 4-23(a)所示平面机构,AB 长为 l,滑块 A 可沿摇杆 OC 的长槽滑动。

摇杆 OC 以匀角速度 ω 绕轴 O 转动，滑块 B 以匀速 $v=l\omega$ 沿水平导轨滑动。图示瞬时 OC 铅直，AB 与水平线 OB 夹角为30°。求此瞬时 AB 杆的角速度及角加速度。

解：杆 AB 作平面运动，点 A 又在摇杆 OC 内有相对运动，这是一种运用平面运动和合成运动理论联合求解的问题。

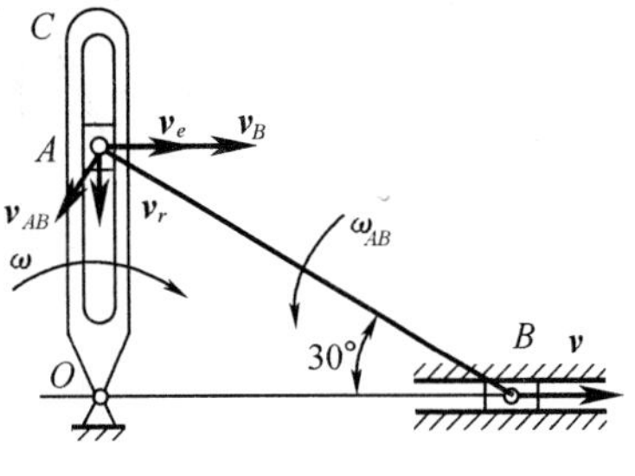

图 4-23(a)　例 4-9 图

先求 AB 杆的角速度。杆 AB 作平面运动，以 B 为基点，有

$$\boldsymbol{v}_A=\boldsymbol{v}_B+\boldsymbol{v}_{AB} \tag{a}$$

点 A 在杆 OC 内滑动，因此需用点的合成运动方法。取 A 为动点，动系固接在 OC 上，有

$$\boldsymbol{v}_a=\boldsymbol{v}_e+\boldsymbol{v}_r \tag{b}$$

其中绝对速度 $\boldsymbol{v}_a=\boldsymbol{v}_A$，而牵连速度 $v_e=OA\cdot\omega=\dfrac{l\omega}{2}$，相对速度 v_r 大小未知，各速度矢量方向如图所示。

由式(a)和(b)得

$$\boldsymbol{v}_B+\boldsymbol{v}_{AB}=\boldsymbol{v}_e+\boldsymbol{v}_r \tag{c}$$

其中 $v_B=v$ 为已知，v_e 已求得，且 $\boldsymbol{v}_{AB}$和 $\boldsymbol{v}_r$ 方向已知，仅有 v_{AB}及 v_r 两个大小未知，故可解。将此矢量方程沿 $\boldsymbol{v}_B$ 方向投影，得

$$v_B-v_{AB}\sin 30^\circ=v_e$$

$$v_{AB}=2(v_B-v_e)=l\omega$$

故 AB 杆的角速度方向如图，大小为

$$\omega_{AB}=\frac{v_{AB}}{AB}=\omega$$

将式(c)沿 $\boldsymbol{v}_r$ 方向投影，得

$$v_{AB}\cos 30^\circ=v_r$$

故

$$v_r=\frac{\sqrt{3}}{2}l\omega$$

下面再求 AB 杆的角加速度。以 B 为基点，则点 A 的加速度为

$$\boldsymbol{a}_A=\boldsymbol{a}_B+\boldsymbol{a}_{AB}^{\tau}+\boldsymbol{a}_{AB}^{n} \tag{d}$$

由于 v_B 为常量，所以 $a_B=0$，而

$$a_{AB}^{n}=\omega_{AB}^{2}\cdot AB=l\omega^2$$

仍以点 A 为动点，动系固接在 OC 上，则有

$$\boldsymbol{a}_a=\boldsymbol{a}_e^{n}+\boldsymbol{a}_e^{\tau}+\boldsymbol{a}_r+\boldsymbol{a}_c \tag{e}$$

式中

$$\boldsymbol{a}_a=\boldsymbol{a}_A$$

$$a_e^{\tau}=0,a_e^{n}=\omega^2\cdot OA=\frac{l\omega^2}{2},a_C=2\omega v_r=\sqrt{3}l\omega^2$$

由(d)、(e)两式，得

$$\boldsymbol{a}_{AB}^{\tau}+\boldsymbol{a}_{AB}^{n}=\boldsymbol{a}_e^{n}+\boldsymbol{a}_r+\boldsymbol{a}_c \tag{f}$$

其中各矢量方向已知，如图 4-23(b)所示。

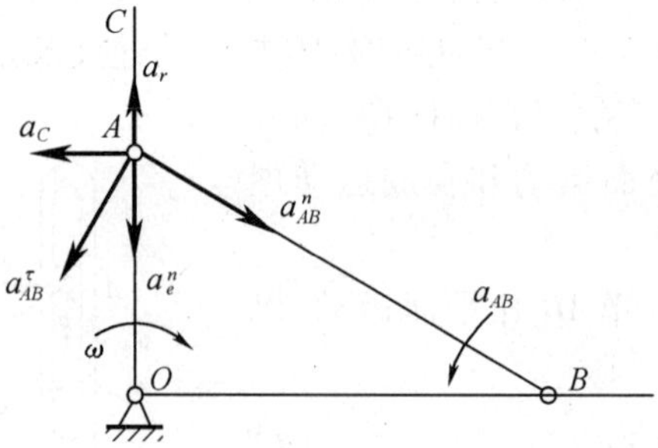

图 4-23(b) 加速度分析示意图

仅有两未知量 $\boldsymbol{a}_r$ 及 $\boldsymbol{a}_{AB}^\tau$的大小待求。取投影轴垂直于 $\boldsymbol{a}_r$,沿 $\boldsymbol{a}_c$ 方向,将矢量方程式(f)在此轴上投影,得

$$a_{AB}^\tau \sin 30^\circ - a_{AB}^n \cos 30^\circ = a_C$$

因此

$$a_{AB}^\tau = 3\sqrt{3}\,l\omega^2$$

由此得 AB 杆的角加速度为

$$\alpha_{AB} = \frac{a_{AB}^\tau}{AB} = 3\sqrt{3}\,\omega^2$$

方向如图所示。

思 考 题

一、判断题

1. 刚体平行移动一定是刚体平面运动的一个特例。( )

2. 刚体作平面运动时,其上任一截面都在其自身平面内运动。( )

3. 每一瞬时,平面图形对于固定参考系的角速度和角加速度与平面图形绕任选基点的角速度和角加速度相同。( )

4. 如图所示平面图形上,B 点速度为 $\boldsymbol{v}_B$,若以 A 为基点,则 B 点相对于 A 点的速度 $v_{BA} = v_B \sin\varphi$( )

5. 平面运动刚体的速度瞬心为 P 点(如图所示),该瞬时刚体的角速度为 ω,角加速度为零,则 $a_A = PA \cdot \omega^2$。( )

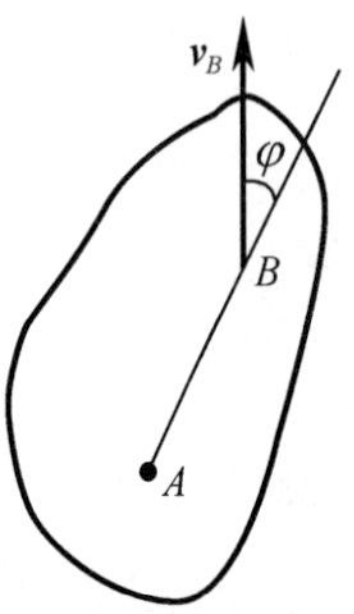

第 4 题图

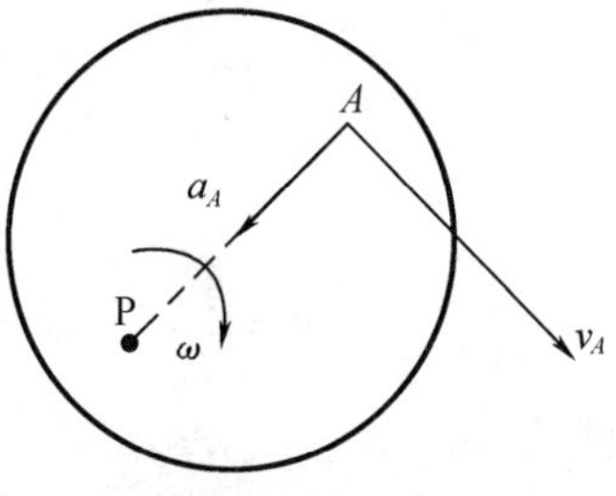

第 5 题图

二、选择题

1. 某瞬时平面图形上任意两点 A,B 的速度分别为 $\boldsymbol{v}_A$ 和 $\boldsymbol{v}_B$。则此时该两点连线中点 C 的速度为(　　)。

A. $\boldsymbol{v}_C=\boldsymbol{v}_A+\boldsymbol{v}_B$　　B. $\boldsymbol{v}_C=\frac{1}{2}(\boldsymbol{v}_A+\boldsymbol{v}_B)$　　C. $\boldsymbol{v}_C=\frac{1}{2}(\boldsymbol{v}_A-\boldsymbol{v}_B)$　　D. $\boldsymbol{v}_C=\frac{1}{2}(\boldsymbol{v}_B-\boldsymbol{v}_A)$

2. 一正方形平面图形在其自身平面内运动,若其顶点 A,B,C,D 的速度方向如图(a)、图(b)所示,则图(a)的运动是(　　)的,图(b)的运动是(　　)的。

A. 可能　　B. 不可能　　C. 不确定

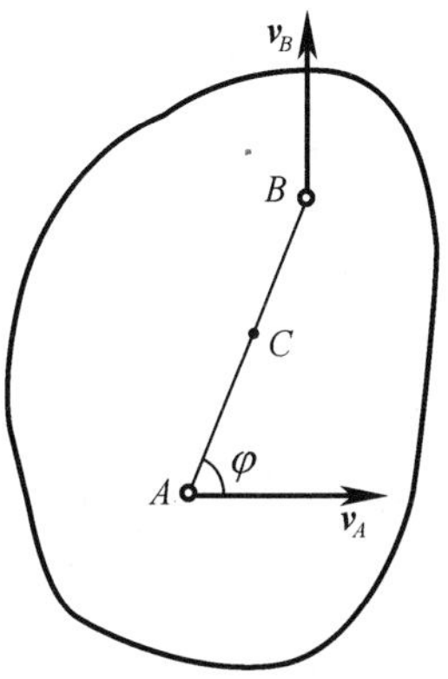

第 1 题图

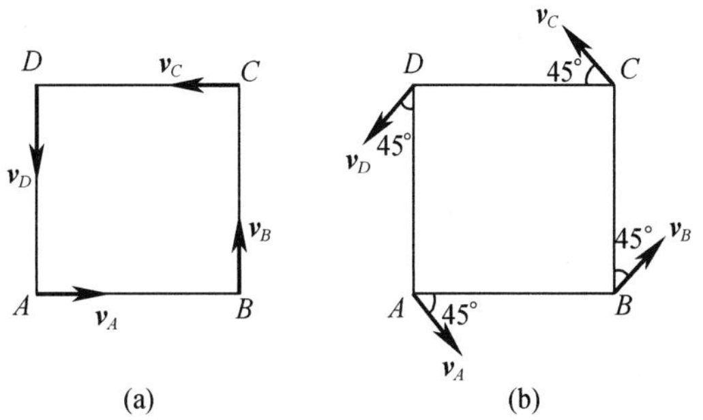

第 2 题图

3. 图示机构中,$O_1A=O_2B$。若以ω_1、ε_1与ω_2、ε_2分别表示 O_1A 杆与 O_2B 杆的角速度和角加速度的大小,则当 $O_1A /\!/ O_2B$ 时,有(　　)。

A. $\omega_1=\omega_2,\varepsilon_1=\varepsilon_2$

B. $\omega_1\neq\omega_2,\varepsilon_1=\varepsilon_2$

C. $\omega_1=\omega_2,\varepsilon_1\neq\varepsilon_2$

D. $\omega_1\neq\omega_2,\varepsilon_1\neq\varepsilon_2$

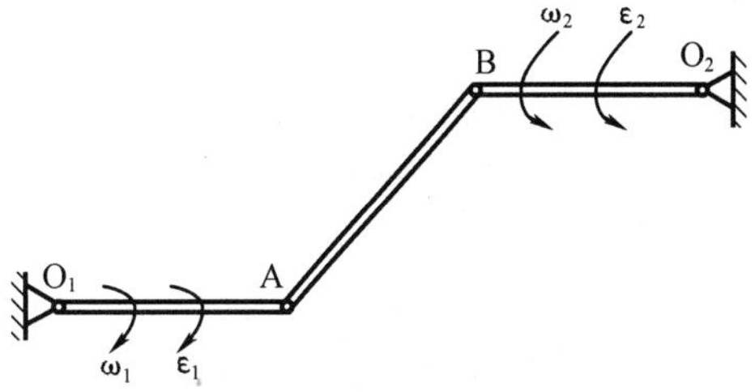

第 3 题图

4. 平面图形上各点的加速度的方向都指向同一点,则此瞬时平面图形的(　　)等于零。

A. 角速度　　B. 角加速度　　C. 角速度和角加速度。

5. 刚体平动时刚体上任一点的轨迹(　　)空间曲线,刚体平面运动时刚体上任一点的轨迹(　　)平面曲线。

A. 一定是　　B. 可能是　　C. 不可能是

三、填空题

1. 指出图示机构中各构件做何种运动,轮 A(只滚不滑)做________;杆 BC 做________;杆 CD 做________;杆 DE 做________。并在图上画出做平面运动的构件、在图示瞬时的速度瞬心。

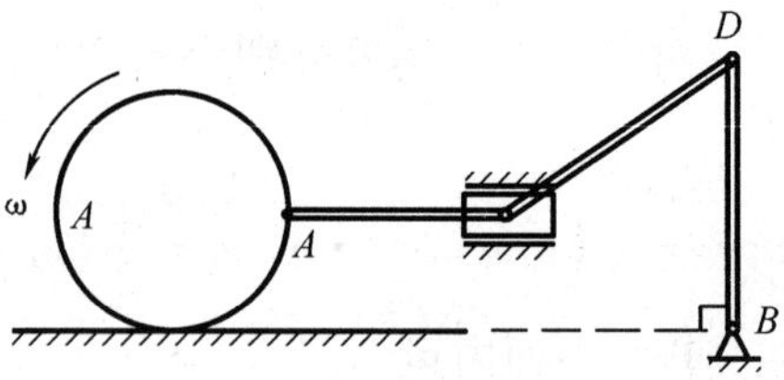

第 1 题图

2. 试画出图示三种情况下，杆 BC 中点 M 的速度方向。

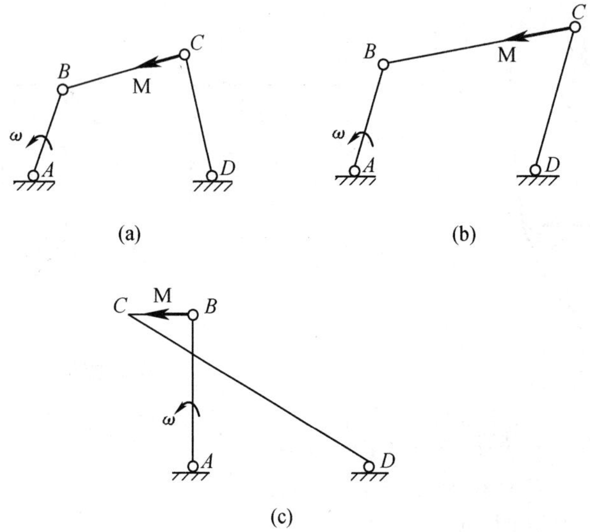

第 2 题图

3. 已知$\omega=$常量，$OA=r$，$v_A=\omega r=$常量，在图示瞬时，$v_A=v_B$，即 $v_B=\omega r$，所以$\alpha_B=\mathrm{d}(v_B)/\mathrm{d}t=0$，以上运算是否正确？________理由是________。

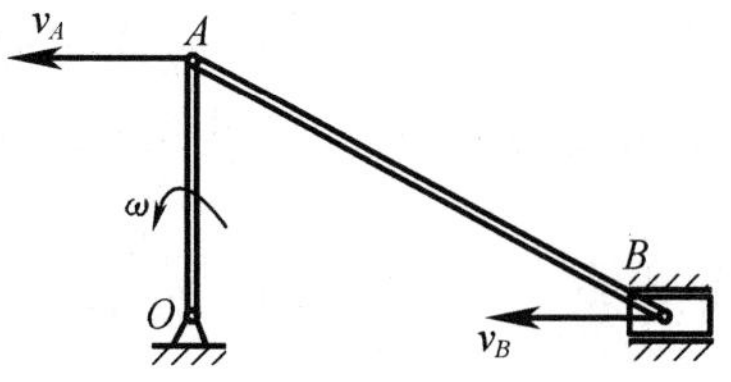

第 3 题图

4. 已知滑套 A 以 10 m/s 的匀速率沿半径为 $R=2$ m 的固定曲杆 CD 向左滑动，滑块 B 可在水平槽内滑动。则当滑套 A 运动到图示位置时，AB 杆的角速度 $\omega_{AB}=$ ________。

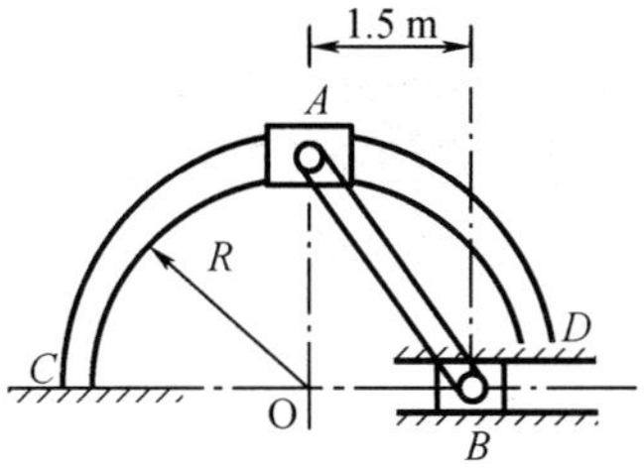

第 4 题图

5. 二直杆长度均为 1 m，在 C 处用铰链连接、并在图示平面内运动。当二杆夹角 $\alpha=90°$ 时，$\boldsymbol{v}_A\perp AC$，$\boldsymbol{v}_B\perp BC$。若 $\omega_{BC}=1.2$ rad/s，则 $v_B=$ ________。

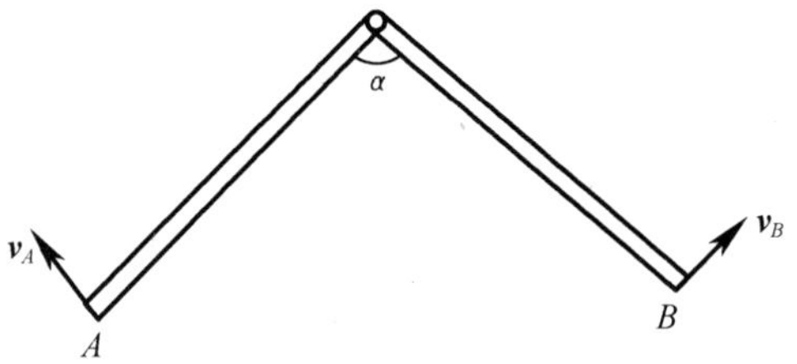

第 5 题

习　　题

4－1　椭圆规尺 AB 由曲柄 OC 带动，曲柄以匀角速度 ω_0 绕 O 轴匀速转动。如 $OC=BC=AC=r$，并取 C 点为基点，求椭圆规尺 AB 的平面运动方程。

答案：$x_c=r\cos\omega_0 t$，$y_c=r\sin\omega_0 t$，$\varphi=-\omega_0 t$。

4－2　曲柄 OA 以匀角加速度 α 绕 O 轴转动，带动半径为 r 的齿轮Ⅰ沿半径为 R 的固定齿轮Ⅱ滚动。如运动初始时，角速度 $\omega_0=0$，位置角 $\varphi_0=0$，求动齿轮以中心 A 为基点的平面运动方程。

答案：$x_A=(R+r)\cos\dfrac{\alpha t^2}{2}$，$y_A=(R+r)\sin\dfrac{\alpha t^2}{2}$，$\varphi_A=\dfrac{R+r}{2r}\alpha t^2$。

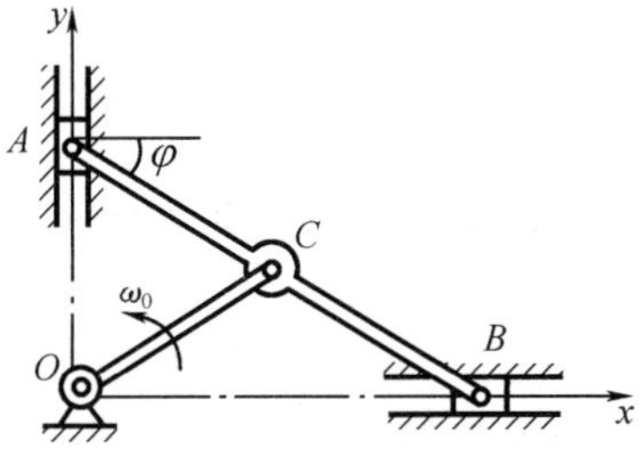

题 4－1 图

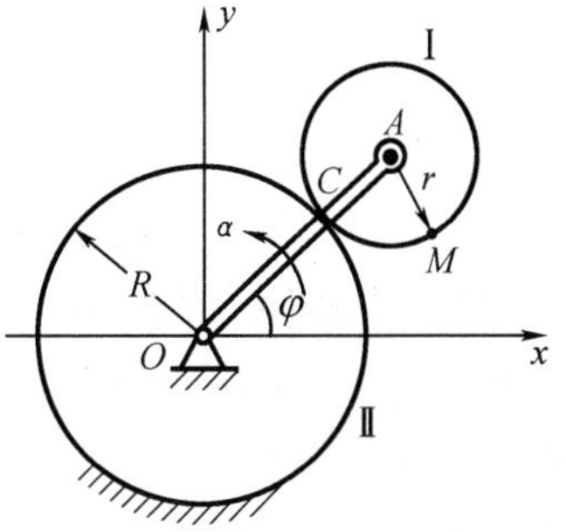

题 4－2 图

4－3 小车的车轮 A 与滚柱 B 的半径都是 r。设 A,B 与地面之间和 B 与车板之间都没有滑动，问小车前进时，车轮 A 和滚柱 B 的角速度是否相等？

答案：略。

4－4 图示机构中，曲柄 OA 长 300 mm，杆 BC 长 600 mm，曲柄 OA 以匀角速度 $\omega=4$ rad/s 绕 O 轴顺时针转动。试求图示瞬时 B 点的速度和杆 BC 的角速度。

答案：$\boldsymbol{v}_B=1.04$ m/s，$\omega_{BC}=1.73$ rad/s（顺时针）。

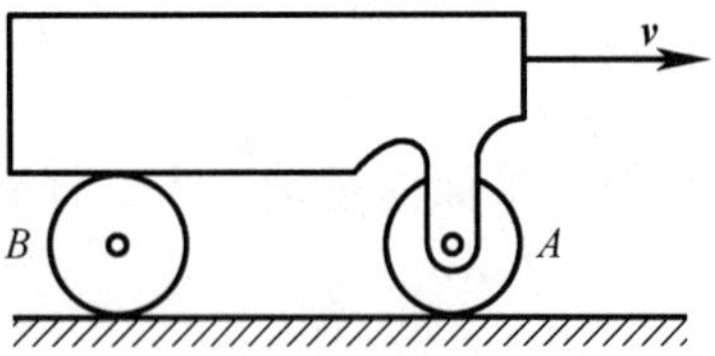

题 4－3 图

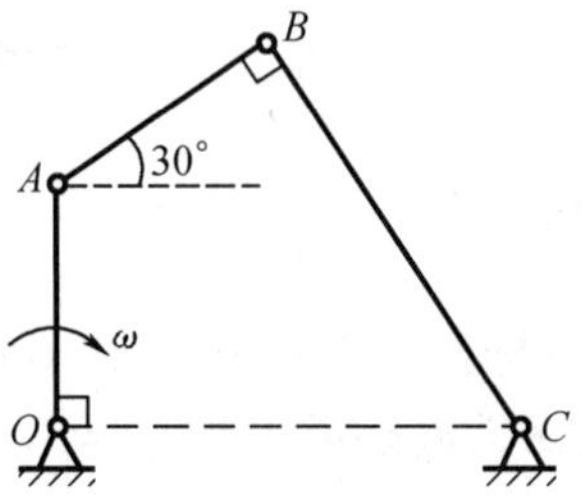

题 4－4 图

4－5 半径为 r 的齿轮由曲柄 OA 带动，沿半径为 R 的固定齿轮滚动。如曲柄 OA 以匀角加速度 α 绕 O 轴转动，且当运动开始时，角速度 $\omega_0=0$，转角 $\varphi=0$，求动齿轮以中心 A 为基点的平面运动方程。

答案：$x_A=(R+r)\cos\dfrac{\alpha t^2}{2}$，$y_A=(R+r)\sin\dfrac{\alpha t^2}{2}$，$\varphi_A=\dfrac{1}{2r}(R+r)\alpha t^2$。

4－6 两齿条以速度 $\boldsymbol{v}_1$ 和 $\boldsymbol{v}_2$ 作同向直线运动，两齿条间夹一半径为 r 的齿轮；求齿轮的角速度及其中心 O 的速度。

答案：$\omega=\dfrac{\boldsymbol{v}_1-\boldsymbol{v}_2}{2r}$，$\boldsymbol{v}_o=\dfrac{\boldsymbol{v}_1+\boldsymbol{v}_2}{2}$。

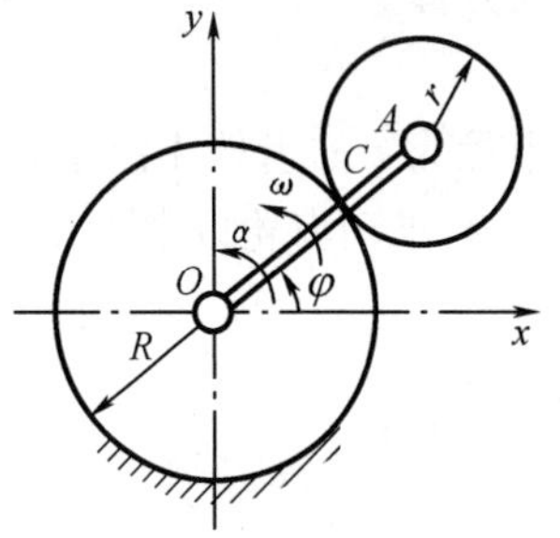

题 4－5 图

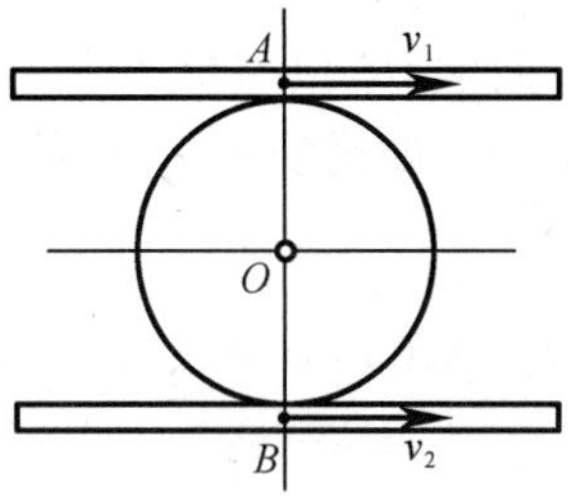

题 4－6 图

4－7 图示为挖泥机上的挖斗。挖斗的开或关是通过一端固定于铰 C，并穿过块体 O 的绳索控制的。设块体上的铰 O 是固定的。图示瞬时，绳索以速度 $\boldsymbol{v}=0.5$ m/s 上升，挖斗正被关闭，$\theta=45^\circ$。试求挖斗在此瞬时的角速度 ω。

答案：$\omega=0.722$ rad/s。

4－8 鼓轮 A 转动时，通过绳索使管子 ED 上升。已知鼓轮的转速为 $n=10$ r/min，$R=150$ mm，$r=50$ mm。设管子与绳索间没有滑动，求管子中心的速度。

答案:52.36 mm/s。

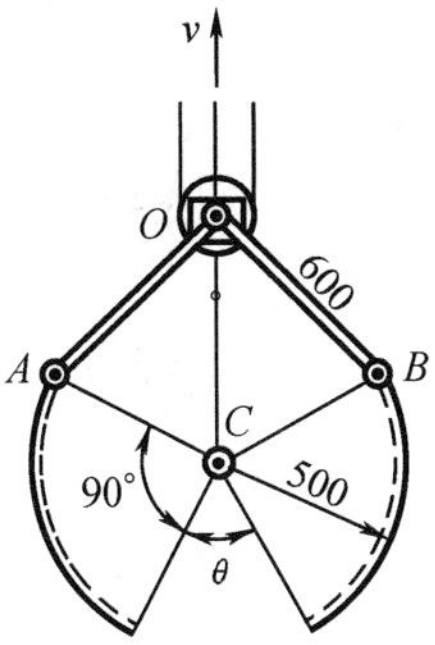

题4-7图

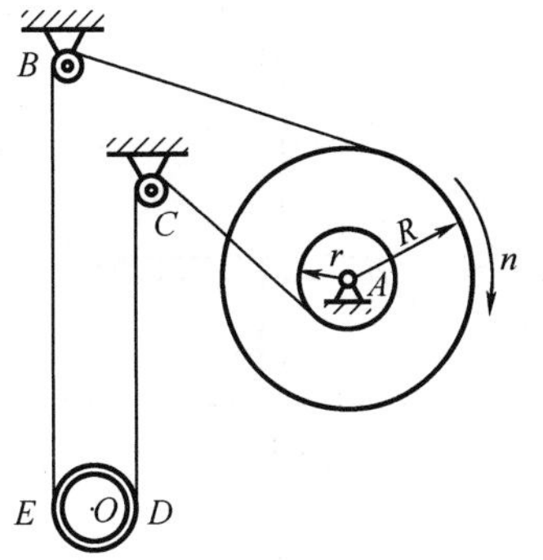

题4-8图

4-9　图示行星齿轮的臂杆 AC 绕固定轴 A 逆时针转动,从而带动半径为 r 的小齿轮 C 在固定大齿轮上滚动。已知:$AC=R=150$ mm, $r=50$ mm,当 $\varphi=45°$时,杆 AC 的角速度 $\omega=6$ rad/s。求此瞬时小齿轮的角速度及其上 D 点的速度($CD\perp AC$)。

答案:$\omega=18$ rad/s(顺时针),$v_D=1.27$ m/s(→)。

4-10　两刚体 M,N 用铰 C 连结,作平面平行运动。已知 $AC=BC=600$ mm,在图示位置 $\boldsymbol{v}_A=200$ mm/s,$\boldsymbol{v}_B=100$ mm/s,方向如图所示。试求 C 点的速度。

答案:$\boldsymbol{v}_c=200$ mm/s。

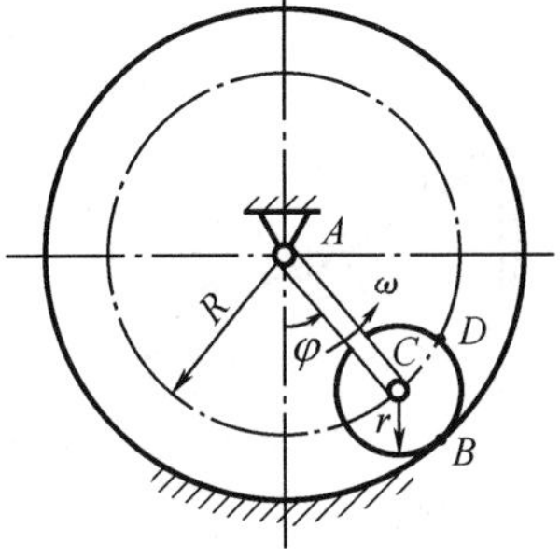

题4-9图

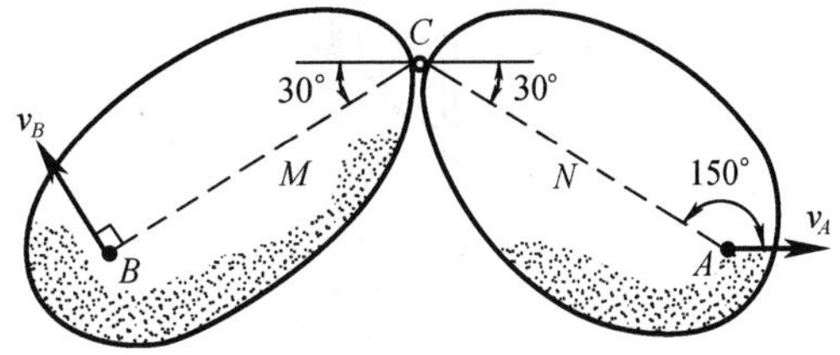

题4-10图

4-11　矩形板的运动由两根交叉的连杆控制,$\overline{AO}=0.6$ m,$\overline{BD}=0.5$ m。图示瞬时,两杆相互垂直,板的角速度为 $\omega_P=2$ rad/s,求两杆的角速度。

答案:$\omega_{AO}=1.33$ rad/s(逆时针),$\omega_{BD}=1.20$ rad/s(逆时针)。

4-12　图示配气机构中,曲柄以匀角速度 $\omega=20$ rad/s 绕 O 轴转动,$OA=40$ cm,$AC=CB=20\sqrt{37}$ cm。当曲柄在两铅垂位置和两水平位置时,求气阀推杆 DE 的速度。

答案:当 $\varphi=0$ 和 $\varphi=180°$时,$v_{DE}=400$ cm/s;当 $\varphi=90°$和 $\varphi=270°$时,$v_{DE}=0$。

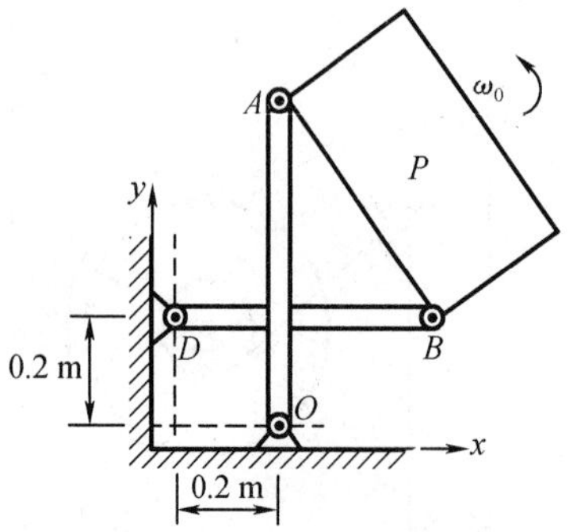

题 4－11 图

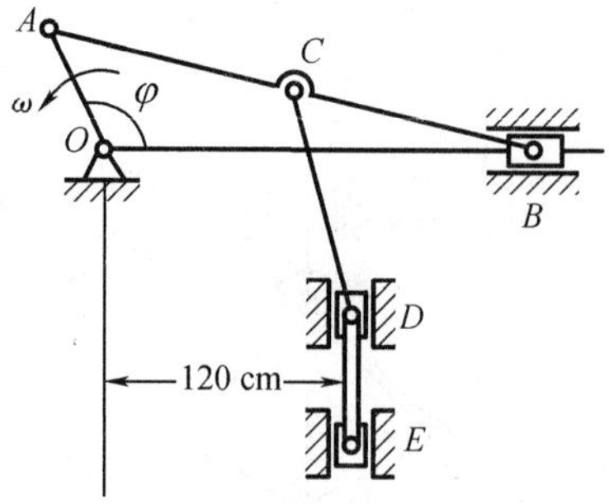

题 4－12 图

4－13　图中 AB 杆与三个半径均为 r 的齿轮在轮心铰接，其中齿轮Ⅰ固定不动。已知杆 AB 的角速度为 ω_{AB}，试求齿轮Ⅱ和Ⅲ的角速度。

答案：$\omega_{\text{Ⅱ}}=2\omega_{AB}$（逆时针），$\omega_{\text{Ⅲ}}=0$。

4－14　图示一曲柄机构，曲柄 OA 可绕 O 轴转动，带动杆 AC 在套管 B 内滑动，套管 B 及与其刚连的 BD 杆又可绕通过 B 铰而与图示平面垂直的水平轴转动。已知：$OA=BD=300$ mm，$OB=400$ mm，当 OA 转至铅直位置时，其角速度 $\omega_0=2$ rad/s，试求 D 点的速度。

答案：$v_D=216$ mm/s。

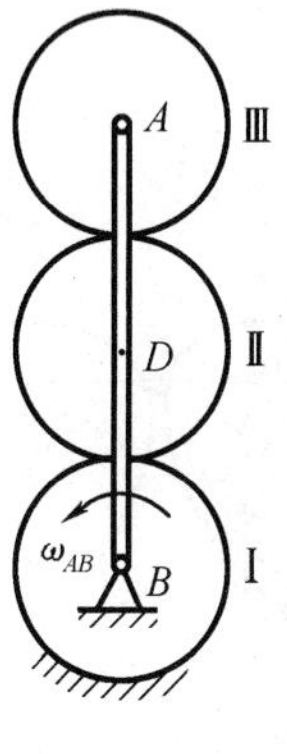

题 4－13 图

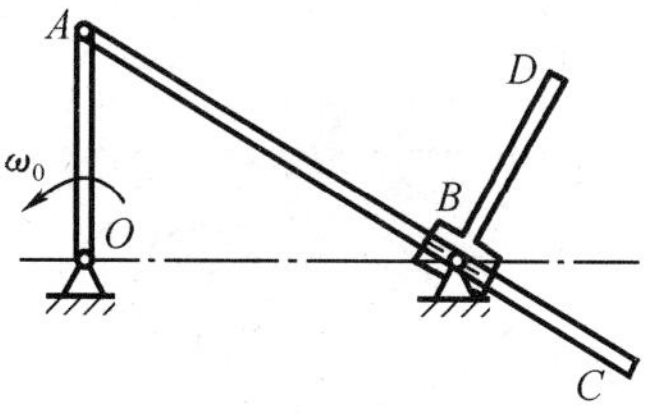

题 4－14 图

4－15　圆轮在水平轨道上只滚不滑，图示瞬时，点 O 在铰 C 的正下方，连杆 OA 的速度 $v=1.5$ m/s，$\theta=30°$，求带有滑槽的连杆 CD 的角速度。

答案：$\omega_{CD}=18.22$ rad/s（逆时针）。

4－16　一轮 O 在水平面内滚动而不滑动，轮缘上固定销钉 B，此销钉在摇杆 O_1A 的槽内滑动，并带动摇杆绕 O_1 轴摆动。已知轮的半径 $R=50$ cm，在图示位置时 AO_1 是轮的切线，轮心的速度 $v_O=20$ cm/s，摇杆与水平面的交角 $\theta=60°$。求摇杆的角速度。

答案：$\omega_{O_1A}=0.2$ rad/s。

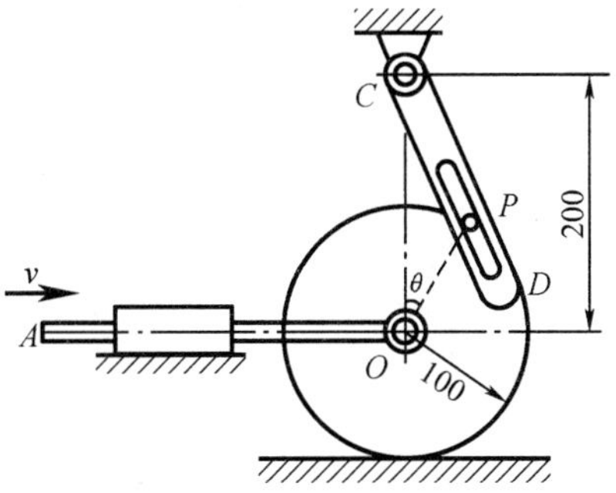

题4－15图

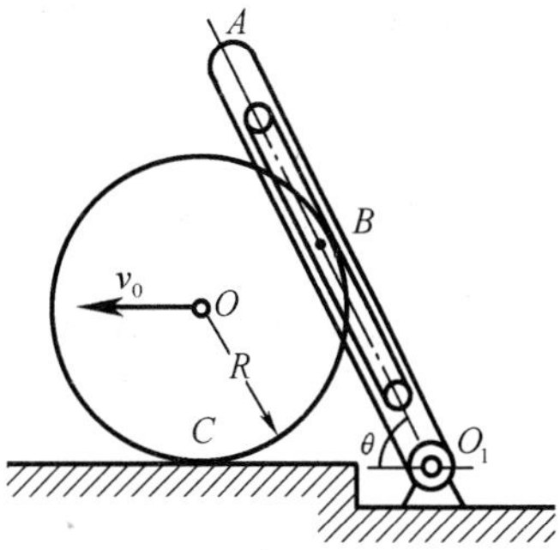

题4－16图

4－17　图示机构中曲柄 OA 绕 O 轴顺时针转动，通过连杆 AB 带动杆 BD 绕 C 轴转动，再通过套在杆 BD 上的滑块 E 带动杆 O_1E 绕 O_1 轴摆动。已知 $OA = BC = O_1E = 200$ mm，C 点和 O_1 点在同一铅直线上。在图示瞬时，曲柄 OA 的角速度 $\omega = 5$ rad/s，AB 和 O_1E 都恰成水平位置，OA 和 BD 分别与水平线成角 $\varphi_1 = 30°$ 和 $\varphi_2 = 60°$。试求该瞬时杆 BD 和 O_1E 的角速度。

答案：2.887 rad/s，11.547 rad/s。

4－18　小型精压机的机构如图所示。$OA = O_1B = r = 100$ mm，$EB = BD = AD = l = 400$ mm。在图示位置 $OA \perp AD$，$O_1B \perp ED$，O_1 点和 D 点在同一水平线上，O 点和 D 点在同一铅直线上。若曲柄 OA 的转速为 $n = 120$ r/min，试求在此瞬时压头 F 的速度。

答案：1.295 m/s。

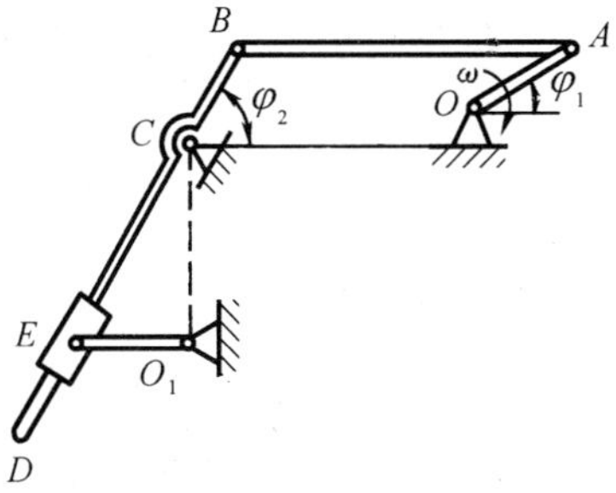

图4－17图

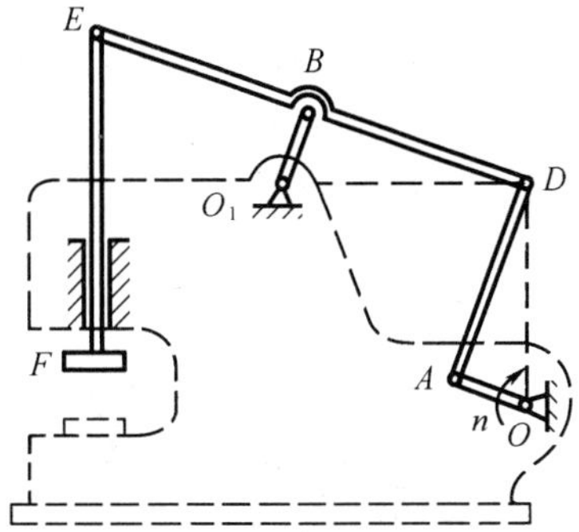

题4－18图

4－19　在图示机构中，杆 OC 可绕 O 转动。套筒 AB 可沿杆 OC 滑动。与套筒 AB 的 A 端相铰连的滑块可在水平直槽内滑动。已知 $\omega = 2$ rad/s，$b = 200$ mm，套筒长 $AB = 200$ mm，求 $\varphi = 30°$ 时套筒 B 端的速度。

答案：$v_B = 902$ mm/s。

4－20　图示两种情形均为半径为 r 的小圆柱在半径为 R 的圆弧槽内作无滑动滚动，且有 $\theta = \theta(t)$。试以 $\theta, \dot{\theta}$ 及 $\ddot{\theta}$ 表示小圆柱的角速度、角加速度及圆柱上与圆弧相接触的点 C 的加速度。

答案：(a)$\omega=\frac{\dot{\theta}(R-r)}{r}$，$a=\frac{\ddot{\theta}(R-r)}{r}$，$a_c=\frac{\dot{\theta}^2(R-r)R}{r}$

(b)$\omega=\frac{\dot{\theta}(R+r)}{r}$，$a=\frac{\ddot{\theta}(R+r)}{r}$，$a_c=\frac{\dot{\theta}^2(R+r)R}{r}$

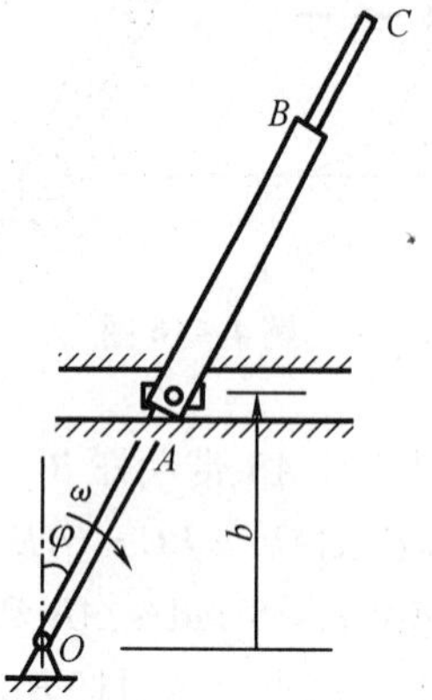

题 4－19 图

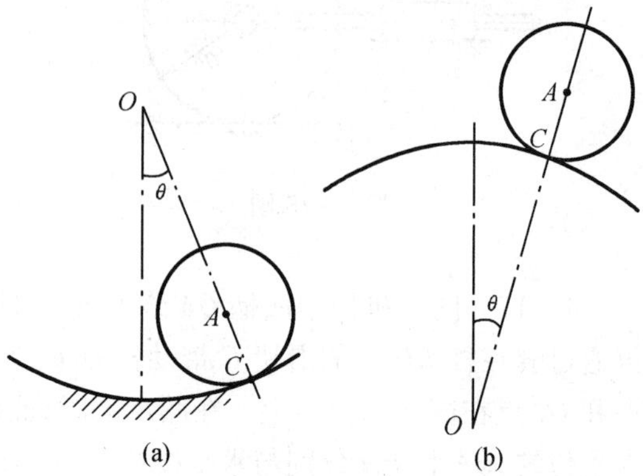

题 4－20 图

4－21　图示行星齿轮中，齿轮Ⅰ可绕 O_1 轴作定轴转动，内齿轮Ⅲ固定不动，Ⅱ为行星齿轮。齿轮Ⅰ与曲柄 O_1O_2 可分别独立地绕 O_1 轴转动。已知曲柄 O_1O_2 的角速度为 ω_4，试求齿轮Ⅰ和Ⅱ的角速度 ω_1 和 ω_2。

答案：$\omega_1=\frac{r_1+r_3}{r_1}\omega_4$（顺时针），$\omega_2=\frac{r_3+r_1}{r_3-r_1}\omega_4$（逆时针）。

4－22　图示曲柄 OA 以 $n=30$ r/min 的转速绕固定齿轮（齿数 $z_0=60$）的轴 O 转动，齿数 $z_1=40$ 和 $z_2=50$ 的同心塔形齿轮的轴在曲柄上，求齿数 $z_3=25$ 的行星小齿轮每分钟的转数。

答案：$n_3=60$ r/min（顺时针）。

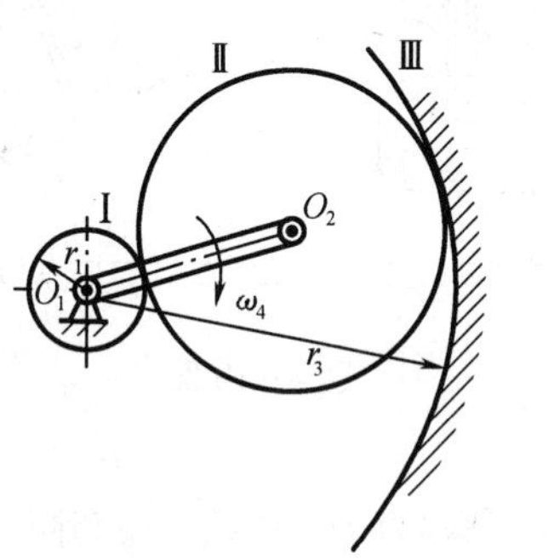

题 4－21 图

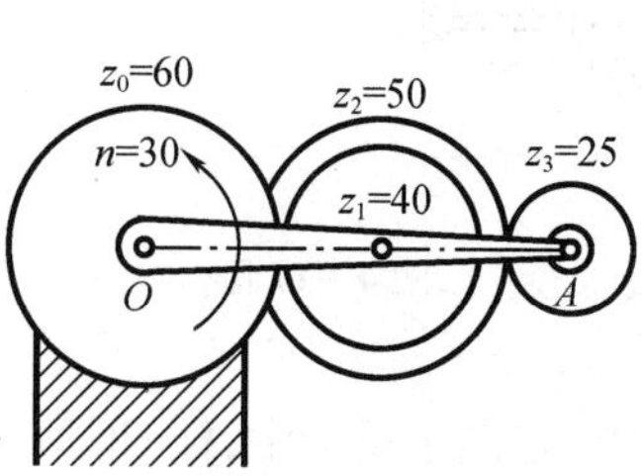

题 4－22 图

4－23　滚压机构的滚子沿水平面滚动而不滑动。已知曲柄 OA 长 $r=10$ cm，以匀转速 $n=30$ rpm 转动。连杆 AB 长 $l=17.3$ cm，滚子半径 $R=10$ cm，求在图示位置时滚子的角速度及角加速度。

答案：$\omega_B=3.62$ rad/s，$\alpha_B=2.2$ rad/s^2。

4-24 图示机构，杆 OA 长 $2r$，杆 AB 长 $4r$，小轮在固定不动的大轮上作纯滚动，小轮半径为 r，大轮半径 $R=2r$。图示瞬时，O,A,B 三点位于同一水平线上，B,O_1 两点连线处于铅垂位置，杆 OA 的角速度为 ω，角加速度为0。试求该瞬时杆 AB 的角加速度及轮 B 的角速度和角加速度。

答案：$\omega_B=0$，$a_B=3\omega^2$，$a_{AB}=0$。

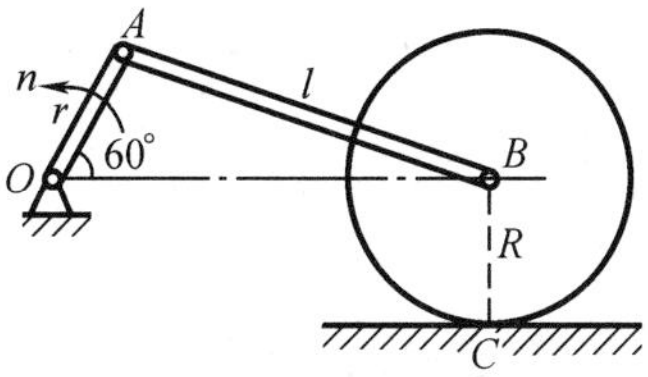

题4-23图

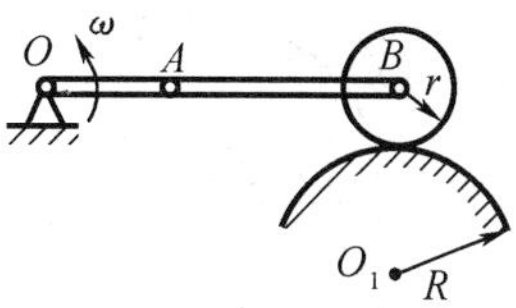

题4-24图

4-25 测试火车车轮和铁轨间磨损的机构如图所示，其中飞轮 A 以等角速度 $\omega_A=20\pi$ rad/s逆时针转向运动，车轮和铁轨间没有滑动。试求图示位置时车轮的角速度 ω_D 和角加速度 α_D。

答案：$\omega_D=0$，$\alpha_D=1\ 409$ rad/s^2。

4-26 图示的容器为卸料斗，斗上的小轮 B 可在固定的水平槽内滑动。斗上的点 A 与液压操纵杆铰接。当液压杆按图示方向运动时，卸料斗产生倾斜，从而将斗内物料卸下。设初瞬时料斗处于图示位置，杆的速度为零，加速度为0.5 m/s^2。试求该瞬时料斗的角加速度。

答案：$\alpha=0.177$ rad/s^2。

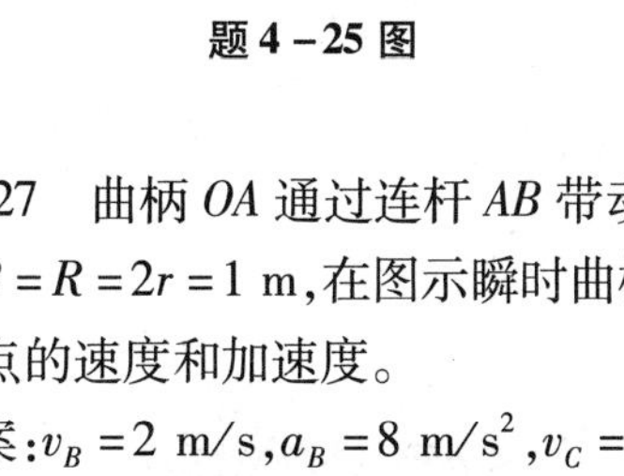

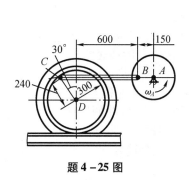

题4-25图

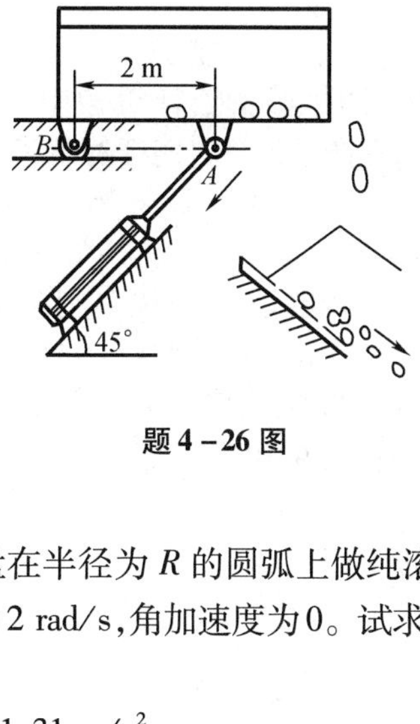

题4-26图

4-27 曲柄 OA 通过连杆 AB 带动半径为 r 的圆盘在半径为 R 的圆弧上做纯滚动，已知 $OA=AB=R=2r=1$ m，在图示瞬时曲柄 OA 的角速度为2 rad/s，角加速度为0。试求圆盘上 B 点和 C 点的速度和加速度。

答案：$v_B=2$ m/s，$a_B=8$ m/s^2，$v_C=2.828$ m/s，$a_C=11.31$ m/s^2。

4-28 为使货车减速，在轨道上装有液压减速顶，如图所示。半径为 R 的车轮滚过时将压下减速顶的顶帽 AB 而消耗能量，降低速度。已知在图示位置时，轮心的速度为 v，加速度为 a，试求此时顶帽 AB 的速度和加速度（车轮与轨道无相对滑动）。

答案：$v_{AB}=v\tan\theta$，$a_{AB}=a\tan\theta+\dfrac{v^2}{R\cos\theta}\left(1+\tan\theta\tan\dfrac{\theta}{2}\right)^2$。

4 - 29　机构于图示位置时，曲柄 OA 的角速度为 ω_0，角加速度为零；连杆 DE 的速度 $v_{DE}=l\omega_0$，加速度 $a_{DE}=0$；且知 $\overline{OA}=l$。试求此时杆 AB 的角速度及角加速度。

答案：$\omega_{AB}=0$，$\alpha_{AB}=0.5\omega_0^{\,2}$（顺时针）。

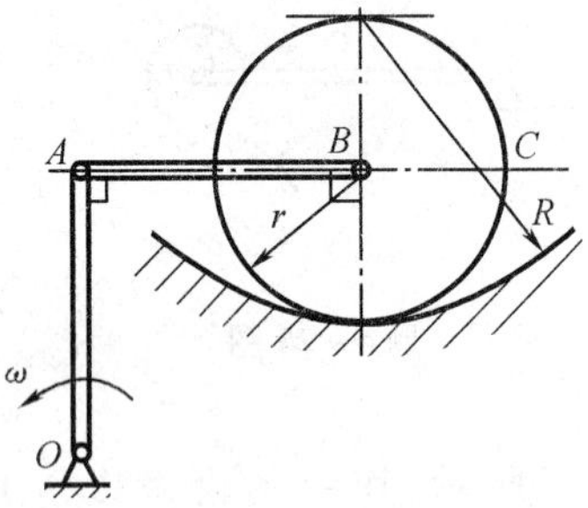

题 4 - 27 图

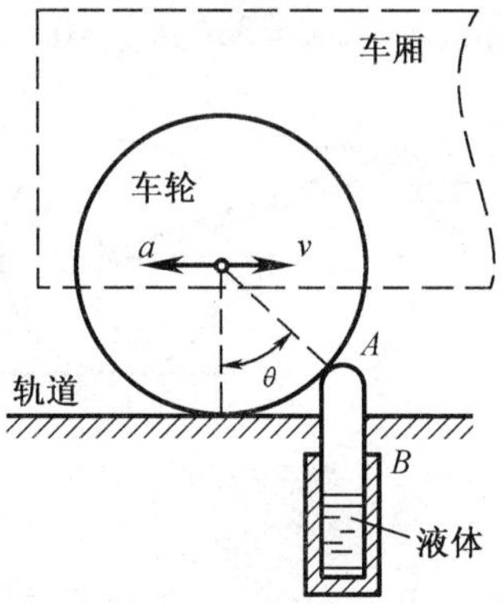

题 4 - 28 图

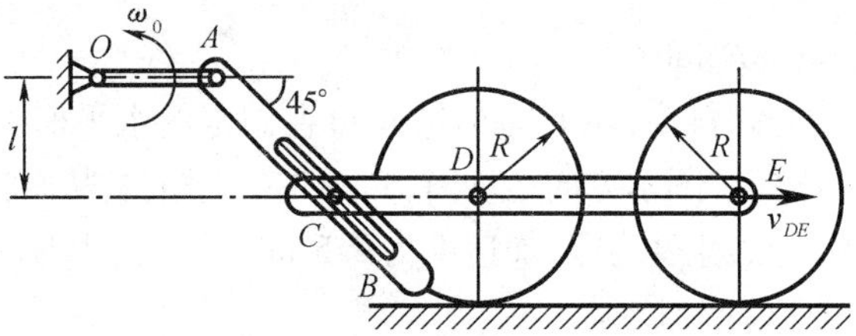

题 4 - 29 图

4 - 30　图示曲柄连杆机构中，曲柄长 20 cm，以匀角速度 $\omega_0=10$ rad/s 转动，连杆长 100 cm。求在图示位置时连杆的角速度与角加速度以及滑块 B 的加速度。

答案：$\omega_{AB}=2$ rad/s，$\alpha_{AB}=16$ rad/s^2；$a_B=565$ cm/s^2。

4 - 31　图示曲柄连杆机构带动摇杆 O_1C 绕 O_1 轴摆动。在连杆 AB 上装有两个滑块，滑块 B 在水平槽内滑动，而滑块 D 则在摇杆 O_1C 的槽内滑动。已知：曲柄长 $OA=50$ mm，绕 O 轴转动的匀角速度 $\omega=10$ rad/s。在图示位置时，曲柄与水平线间成 90°角，$\angle OAB=60°$，摇杆与水平线间成 60°角，距离 $O_1D=70$ mm。求摇杆的角速度和角加速度。

答案：$\omega_{O_1C}=6.186$ rad/s，$\alpha_{O_1C}=78.17$ rad/s^2。

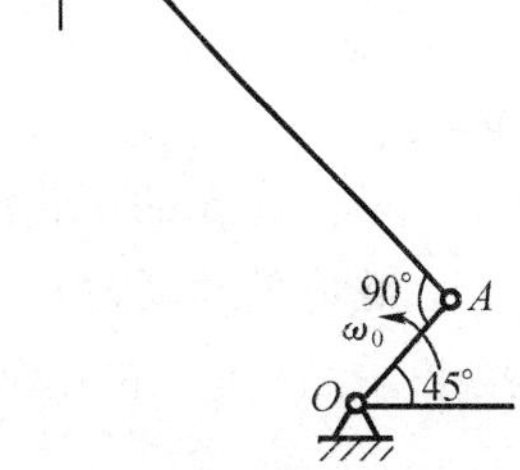

题 4 - 30 图

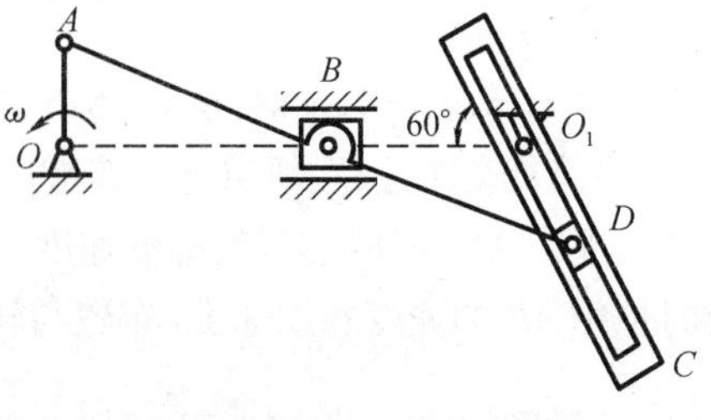

题 4 - 31 图

4－32　两相同的圆柱在中心与杆 AB 的两端相铰接，两圆柱分别沿水平和铅直的固定面作无滑动的滚动。已知 $AB=500$ mm，圆柱半径 $r=100$ mm。在图示位置，圆柱 A 有角速度 $\omega_1=4$ rad/s，角加速度 $\alpha_1=2$ rad/s^2，图中尺寸单位为 mm。试求该瞬时直杆 AB 和圆柱 B 的角速度和角加速度。

答案：$w_{AB}=1$ rad/s，$w_B=3$ rad/s，$\alpha_{AB}=0.25$ rad/s^2，$\alpha_B=4.750$ rad/s^2。

4－33　已知机构在图示位置的瞬时，物块 D 的速度为 $\boldsymbol{v}$，加速度为 $\boldsymbol{a}$，方向如图所示。轮 O 在水平轨道上作纯滚动，轮的半径为 R，杆 BC 长 l，试求此瞬时滑块 C 的速度和加速度。

答案：$v_C=0$，$a_C=\dfrac{v^2}{4R}+\dfrac{\sqrt{2}v^2}{2l}$。

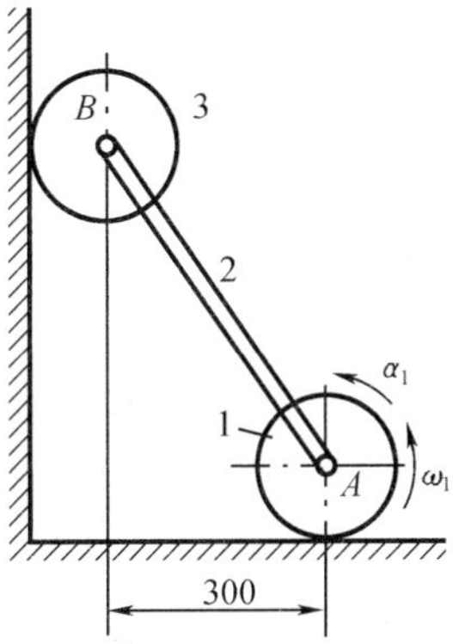

题 4－32 图

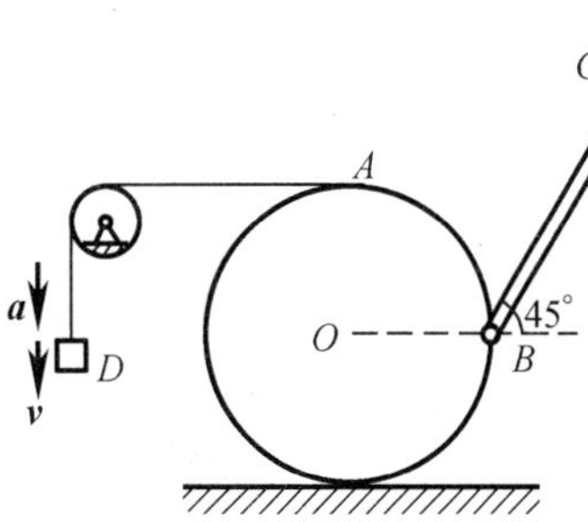

题 4－33 图

4－34　图示机构，已知 $\boldsymbol{v}_A=$ 常矢量，圆盘在水平地面上作纯滚动，试求图示瞬时点 O 的速度和加速度。

答案：$v_O=\dfrac{v_A}{2}$，$a_O=\dfrac{\sqrt{3}v_A^{\,2}}{24R}$。

4－35　平面机构的曲柄 OA 长为 $2l$，以匀角速度 ω_0 绕 O 轴转动，在图示位置时 $AB=BO$，并且 $\angle OAD=90°$。求此时套筒 D 相对于杆 BC 的速度和加速度。

答案：$v_{DB}=1.155\ l\omega_0$，$a_{DB}=2.222\ l\omega_0^2$。

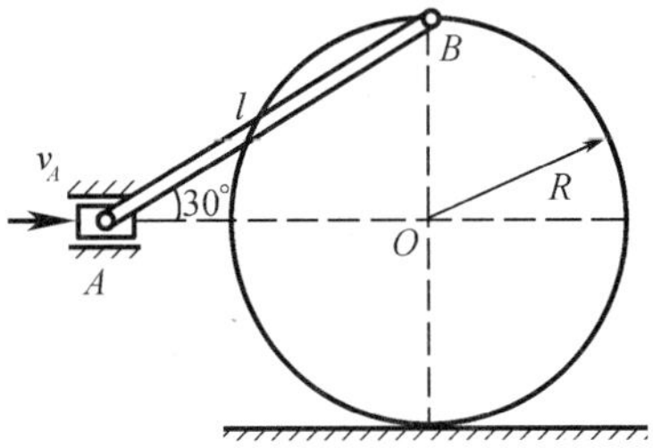

题 4－34 图

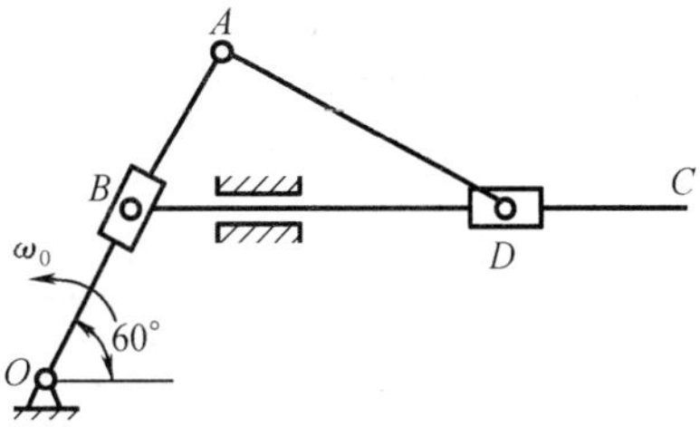

题 4－35 图

4－36　在图时曲柄连杆机构中，曲柄 OA 绕 O 轴转动，其角速度为 ω_0，角加速度为 α_0。通过连杆 AB 带动滑块 B 在圆槽内滑动。在某瞬时曲柄与水平线间成 60°角，连杆 AB 与曲柄

OA 垂直，圆槽半径 O_1B 与连杆 AB 成 30°角，若 $OA = a$，$AB = 2\sqrt{3}a$，$O_1B = 2a$，试求该瞬时滑块 B 的切向和法向加速度。

答案：$a_B^n = 2a\omega_0^2$，$a_B^\tau = a(2a_0 - \sqrt{3}\omega_0^2)$。

4－37　轻型杠杆式推钢机，曲柄 OA 借连杆 AB 带动摇杆 O_1B 绕 O_1 轴摆动，杆 EC 以铰链与滑块 C 相连，滑块 C 可沿杆 O_1B 滑动；摇杆摆动时带动杆 EC 推动钢材，如图所示。已知 $OA = r$，$AB = \sqrt{3}r$，$O_1B = \frac{2}{3}l$（$r = 0.2$ m，$l = 1$m），$\omega_{OA} = \frac{1}{2}$ rad/s，$\alpha_{OA} = 0$。在图示位置时，$BC = \frac{4}{3}l$。求：

（1）滑块 C 的绝对速度和相对于摇杆 O_1B 的速度；

（2）滑块 C 的绝对加速度和相对于摇杆 O_1B 的加速度。

答案：（1）$v_C = 0.4$ m/s，$v_r = 0.2$ m/s。

（2）$a_C = 0.159$ m/s²，$a_r = 0.139$ m/s²。

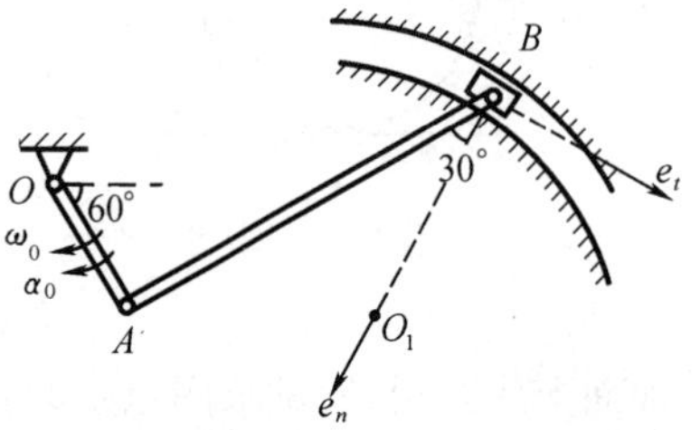

题 4－36 图

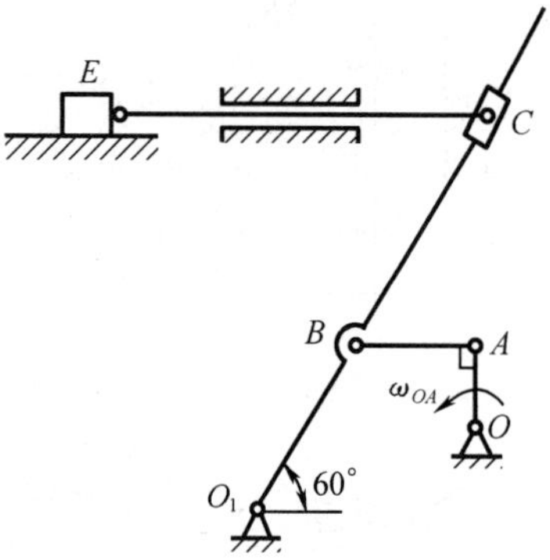

题 4－37 图

4－38　图示行星齿轮传动机构中，曲柄 OA 以匀角速度 ω_0 绕 O 轴转动，使与齿轮 A 固接在一起的杆 BD 运动，杆 BE 与 BD 在点 B 铰接，并且杆 BE 在运动时始终通过固定铰支的套筒 C。如定齿轮的半径为 $2r$，动齿轮的半径为 r，且 $AB = \sqrt{5}r$。图示瞬时，曲柄 OA 在铅直位置，BDA 在水平位置，杆 BE 与水平线间成角 $\varphi = 45°$。求此时杆 BE 上与 C 相重合一点的速度和加速度。

答案：$v_C' = 6.865r\omega_0$，$a_C' = 16.14r\omega_0^2$。

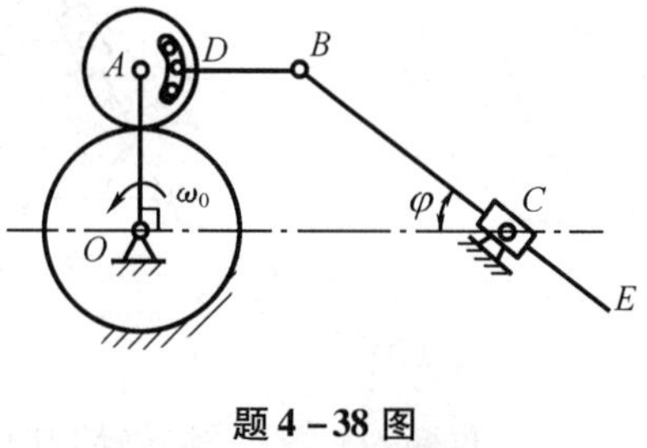

题 4－38 图

4－39　图示四种刨床机构,已知曲柄 $O_1A=r$,以匀角速度 ω 转动,$b=4r$。求在图示位置时,滑枕 CD 平移的速度。

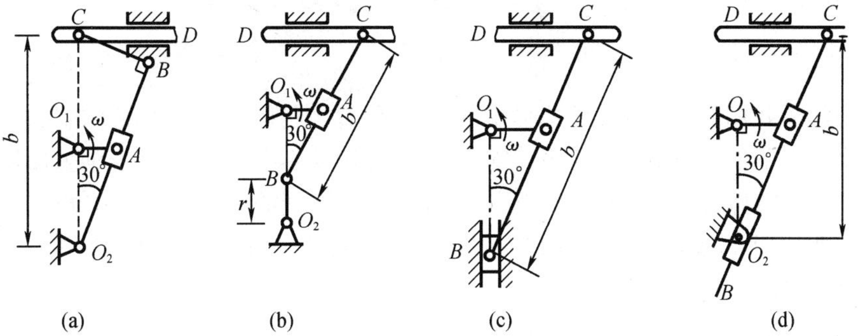

题 4－39 图

答案:(a) $v_C=r\omega$, (b) $v_C=\frac{\sqrt{3}}{3}r\omega$, (c) $v_C=\sqrt{3}r\omega$, (d) $v_C=\frac{4}{3}r\omega$。

4－40　求上题各图中滑枕 CD 平移的加速度。

答案:(a) $a_C=\frac{5\sqrt{3}}{12}r\omega^2$, (b) $a_C=\left(1+\frac{2\sqrt{3}}{9}\right)r\omega^2$ (c) $a_C=4r\omega^2$, (d) $a_C=\frac{4\sqrt{3}}{9}r\omega^2$

第 5 章　质点动力学

在静力学中我们讨论了作用于物体上的力，并研究了物体在力系作用下的平衡问题，但是没有研究物体在不平衡力系的作用下将如何运动；在运动学中，我们仅从几何方面研究物体的运动，而没有研究物体运动的变化和作用在物体上的力之间的关系。在动力学里，我们要研究物体运动的变化和作用在物体上的力之间的关系。与静力学和运动学相比，动力学所研究的是物体机械运动的更一般的规律。

在动力学中经常用到的两种力学模型是质点和质点系。所谓质点是指具有一定质量，而几何形状和尺寸大小可以忽略不计的物体。具体说，什么情况下才能把物体抽象，简化成一个质点呢？当物体的形状、尺寸不重要时，平动刚体可以看成是一个质点，该质点集中了刚体的全部质量，且位于该刚体的质心。有时物体运动的转动部分也可以忽略，此时物体也是质点。例如研究地球绕太阳的公转时，可以把地球看成是质点。所谓质点系是由有限个或无限多个互相联系着的质点所组成的系统。一个物体，如果不能当成一个质点来研究，就必须把它当成质点系来考虑。质点系的概念是十分普遍的，它包括刚体、变形体，以及由很多质点或物体组成的系统。

动力学可以分为质点动力学和质点系动力学（包括刚体动力学）。

本章研究质点动力学，也就是研究质点所受的力和它的运动之间的关系。质点动力学是动力学其他理论的基础，是建立在动力学三个基本定律——牛顿三定律基础之上的，本章着重讲述应用动力学基本方程解决质点动力学两类问题的方法。

5.1　动力学基本定律

5.1.1　牛顿三定律

牛顿第一定律（惯性定律）：如果质点不受力或所受合力为零，则质点对惯性参考系保持静止或做匀速直线运动。物体力图保持其原有运动状态不变的特性称为惯性，因此，这个定律也叫惯性定律。自然界不存在不受力作用的物体，所以应当把“不受力”理解为物体受平衡力系的作用，也就是在平衡力系的作用下，物体若原来是静止的将继续保持静止，若原来是在运动的则将保持它原来的速度大小和方向不变而做匀速直线运动，且物体的静止或匀速直线运动是相对于惯性坐标系而言的，对一般的工程问题，可取地球为惯性参考系。牛顿第一定律说明了力是改变物体运动状态（即获得加速度）的外部原因。

牛顿第二定律：质点受到力作用时所获得的加速度的大小与合力的大小成正比，与质点的质量成反比；加速度的方向与合力的方向相同。即

$$\boldsymbol{F}=m\boldsymbol{a} \tag{5-1}$$

上式是解决动力学问题的基本依据，称为动力学基本方程。这个定律给出了质点运动的变化和作用在质点上的力之间的关系。（5－1）式中的 $\boldsymbol{F}$ 指的是质点上所受的所有力的合力，而且合力 $\boldsymbol{F}$ 与加速度 $\boldsymbol{a}$ 的关系是瞬时性的，即只要某瞬时有力作用在质点上，则在该瞬时，质

点必具有确定的加速度,反之亦然。

同样的力作用在不同质量的质点上,则质量小的质点所获得的加速度大,质量大的质点获得的加速度小,即质量越大,它的运动状态越不容易被改变,也就是说质量越大,惯性越大。因此质量是质点惯性的度量。在地球表面上,质点受重力 $\boldsymbol{P}$,加速度为重力加速度 $\boldsymbol{g}$,根据(5-1)式,有

$$\boldsymbol{P}=m\boldsymbol{g}$$

所以 $m=\frac{\mathrm{p}}{\mathrm{g}}$,在地球表面的不同地区,同一质点重力的大小不同,重力不同,重力加速度不同,但质点的质量保持不变。这说明重力和质量是两个完全不同的概念,重力是地球对物体引力的大小,而质量是物体的固有属性,物体中所含物质的多少。二者不能混为一谈。即使脱离了地球的引力场,在重力不存在的情况下,质量仍旧存在。

需要特别强调的是动力学基本方程并非在任何坐标系中都适用,凡动力学基本方程适用的坐标系称为惯性坐标系。在一般工程问题中,将固连于地球的坐标系或相对于地球作匀速直线运动的坐标系取为惯性坐标系。今后,无特别说明时,我们都选取和地球固连的坐标系。

当质点受平衡力系作用时,(5-1)式中 $\boldsymbol{F}=\boldsymbol{0}$,从而加速度 $\boldsymbol{a}=\boldsymbol{0}$,于是质点的速度 $\boldsymbol{v}$ 为一个常矢量,即质点做惯性运动。可见牛顿第一定律是牛顿第二定律的一个特例。

牛顿第三定律:(作用和反作用定律) 两个物体间的作用力和反作用力,总是大小相等,方向相反,并沿同一作用线分别作用在这两个物体上。这个定律也叫作作用与反作用定律。我们已经在静力学中熟悉了,它同样也适用于动力学。它给出了两个物体的相互作用力之间的关系。

需要注意的是动力学基本方程中的前两个定律只在惯性坐标系下适用。而牛顿第三定律与坐标系的选取无关,它适用于一切坐标系。

动力学基本方程有其适用的范围,以基本定律为基础的所谓古典力学或牛顿力学认为质量是不变的量,空间和时间是“绝对的”,与物体的运动无关。而近代物理证明,质量、时间和空间都与物体运动的速度有关。但当物体的运动速度远小于光速时,物体的运动对于质量、时间和空间的影响都是微不足道的,在一般工程技术中,物体运动速度都远小于光速,应用上述基本方程得到的结果都是十分精确的。所以对于宏观低速运动的物体,动力学基本方程仍有其重要的价值。

5.1.2　力学单位制

在力学中,通常使用国际单位制(SI)。在国际单位制中,所有单位分为三类:基本单位、导出单位和辅助单位。质量、长度和时间的单位是基本单位,分别取为千克(kg),米(m)和秒(s)。力的单位是导出单位,称为牛顿(N)。1 牛顿力使 1 千克质量的物体产生 1 米/秒^2 的加速度,即

$$1(\mathrm{N})=1(\mathrm{kg})\times 1(\mathrm{m/s^2})=1(\mathrm{kg\cdot m/s^2})$$

弧度是辅助单位,可用于构成导出单位,如角速度和角加速度的单位等。

在工程中,常采用工程单位制。在工程单位制中,力、长度和时间的单位是基本单位,分别取为千克力(kgf),米(m)和秒(s)。质量的单位是导出单位,1 千克力使物体产生 1 米/秒^2 的加速度时,这一物体的质量是一工程单位质量,即

$$1[\text{工程单位质量}]=\frac{1\mathrm{kgf}}{1(\mathrm{m/s^2})}=1\left(\frac{\mathrm{kgf\cdot s^2}}{\mathrm{m}}\right)$$

1 千克力(kgf)就是在纬度 45°的海平面上质量为 1 千克的物体所受的重力。所以

1 千克力(kgf) =1 千克质量(kg) ×9. 806 65(m/s^2) =9. 806 65 牛顿(N) ≈9. 8 牛顿(N)

又因为 1 千克力即 9. 806 65 牛顿的力产生 1(m/s^2)加速度时的质量应为 9. 806 65 千克,故

1 工程质量单位的质量 =9. 806 65 千克≈9. 8 千克

5.2 质点的运动微分方程

牛顿第二定律建立了质点所受的力和运动之间的关系,在应用式(5 -1)解决问题时,根据不同的问题,可以采用不同的表达式。

5.2.1 矢量形式

当质点作任意的空间曲线运动时,质点的位置由从任意空间固定点 O 引出的矢径 $\boldsymbol{r}(t)$ 来表示,如图 5 -1 所示。

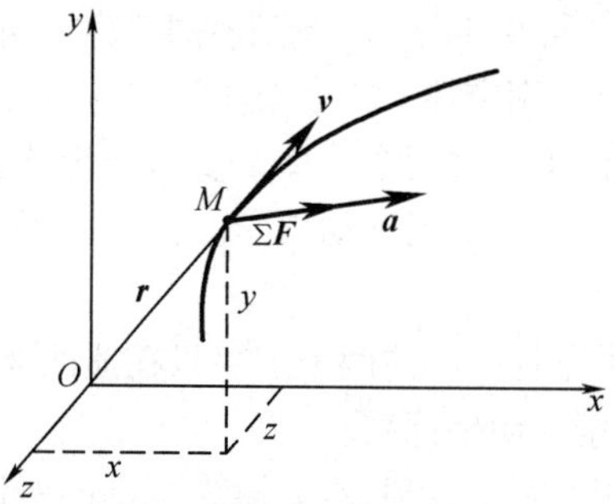

图 5 -1 质点的动力学示意图

质点的加速度等于矢径 $\boldsymbol{r}$ 对时间的二阶导数。即 $\boldsymbol{a}=\dfrac{\mathrm{d}^2\boldsymbol{r}}{\mathrm{d}t^2}$,代入质点动力学基本方程式(5 -1)则有

$$m\boldsymbol{a}=m\cdot\frac{\mathrm{d}^2\boldsymbol{r}}{\mathrm{d}t^2}$$

$$m\ddot{\boldsymbol{r}}=\boldsymbol{F}=\sum_{i=1}^{n}\boldsymbol{F}_i \tag{5-2}$$

(5 -2)式称为质点运动微分方程的矢量形式。这种矢量形式的运动微分方程表达起来比较简练,适合用于各种理论推导。

5.2.2 直角坐标形式

质点的运动微分方程在应用到具体的力或运动速度、运动加速度的计算时,常采用投影到坐标轴上的形式。过矢径的起点固定点 O 建立直角坐标系 $Oxyz$(如图 5 -1 所示),在任意瞬时 t,将质点运动微分方程的矢量式(5 -2)向该坐标系的三个轴投影得:

$$m\cdot\frac{\mathrm{d}^2x}{\mathrm{d}t^2}=m\ddot{x}=ma_x=\sum_{i=1}^{n}F_{ix}=\sum_{i=1}^{n}X_i$$

$$m \cdot \frac{d^2y}{dt^2} = m\ddot{y} = ma_y = \sum_{i=1}^{n} F_{iy} = \sum_{i=1}^{n} Y_i$$

$$m \cdot \frac{d^2z}{dt^2} = m\ddot{z} = ma_z = \sum_{i=1}^{n} F_{iz} = \sum_{i=1}^{n} Z_i$$

上式通常记为

$$\begin{aligned} m\ddot{x} &= \sum_{i=1}^{n} X_i \\ m\ddot{y} &= \sum_{i=1}^{n} Y_i \\ m\ddot{z} &= \sum_{i=1}^{n} Z_i \end{aligned} \tag{5-3}$$

(5-3)式中 X_i, Y_i, Z_i 分别表示作用在质点上的力在 Ox 轴,Oy 轴和 Oz 轴上的投影。(5-3)式称为质点运动微分方程的直角坐标形式。它的物理意义是:质点的质量与质点的加速度在某坐标轴上的投影的乘积,等于质点所受的力在该轴上的投影的代数和。

5.2.3 自然坐标形式

在运动学中,我们曾用自然法来描述质点的运动。在动力学中我们把质点的运动微分方程的矢量式向自然轴投影,就会得到质点运动微分方程的自然坐标形式。

质点作任意空间曲线运动时,其加速度恒在轨迹的密切平面内,即

$$\boldsymbol{a} = a_\tau \boldsymbol{\tau} + a_n \boldsymbol{n} = \frac{dv}{dt}\boldsymbol{\tau} + \frac{v^2}{\rho}\boldsymbol{n}$$

而加速度永远没有副法线方向的分量。

把质点运动微分方程的矢量式(5-2)向空间曲线上任一点的自然坐标系三个轴 $\boldsymbol{\tau}, \boldsymbol{n}, \boldsymbol{b}$ 投影得

$$\begin{cases} m \cdot \dfrac{dv}{dt} = ma_\tau = \sum\limits_{i=1}^{n} F_i^\tau \\ m \cdot \dfrac{v^2}{\rho} = ma_n = \sum\limits_{i=1}^{n} F_i^n \\ 0 = \sum\limits_{i=1}^{n} F_i^b \end{cases} \tag{5-4}$$

其中 F_i^τ, F_i^n, F_i^b 是质点所受力 $\boldsymbol{F}_i$ 在 $\boldsymbol{\tau}, \boldsymbol{n}, \boldsymbol{b}$ 三个轴上的投影。(5-4)式就是质点运动微分方程的自然坐标形式。

5.3 质点动力学的两类基本问题

质点动力学主要包括两类基本问题。

第一类基本问题:已知质点的运动,求作用于质点上的力。也就是已知质点的运动方程,通过其对时间微分两次得到质点的加速度,代入质点运动微分方程,就可得到作用在质点上的力,解这一类基本问题会用到求导数的知识,相对而言比较简单。

第二类基本问题:已知作用在质点上的力,求质点的运动情况(如求质点的速度、轨迹、运动方程等)。在质点的运动微分方程中,已知质点的受力,则得到了质点运动的加速度,由加速度求质点的速度、轨迹、运动方程等是积分运算的问题。有些问题进行积分时,运算相当困难,甚至找不到解析表达式,得不到有限形式的解。这时只能用数值方法,得到其近似解。本书讲

解了几种简单的、有有限解的例子。

下面通过例题说明如何用质点的运动微分方程解决质点动力学的两类基本问题。

例 5－1　如图 5－2 所示，重为 P 的质点 M，在有阻尼的介质中铅垂降落，其运动方程为 $x=\frac{g}{k}t-\frac{g}{k^2}(1-e^{-kt})$(cm)，$k$＝常数。求介质对质点 M 的阻力，并表示为速度的函数。

图 5－2　例 5－1 图

解：首先选取质点 M 为研究对象，质点 M 作铅垂直线运动，选轨迹直线为直角坐标轴 Ox，并规定向下为正。再将质点 M 放在运动的一般位置上画出其受力图。质点在此位置上所受的力有重力 $\boldsymbol{P}$ 和介质阻力 R。

则质点 M 直角坐标形式的运动微分方程为

$$\frac{P\mathrm{d}^2x}{g\mathrm{d}t^2}=P_x+R_x$$

式中 P_x 和 R_x 分别为 $\boldsymbol{P},\boldsymbol{R}$ 在 Ox 轴上的投影。由图有

$$P_x=P, R_x=-R$$

于是运动微分方程可写为

$$\frac{P\mathrm{d}^2x}{g\mathrm{d}t^2}=P-R$$

由已知质点运动方程得

$$v=\frac{\mathrm{d}x}{\mathrm{d}t}=\frac{g}{k}(1-e^{-kt})$$

$$\frac{\mathrm{d}^2x}{\mathrm{d}t^2}=ge^{-kt}$$

于是有

$$R=P-\frac{P}{g}\cdot ge^{-kt}=P(1-e^{-kt})=\frac{Pkv}{g}$$

例 5－2　如图 5－3，已知单摆长为 l，重为 G，做小幅角摆动的规律为 $\varphi=\varphi_0\sin\sqrt{\frac{g}{l}}t$(rad)，其中 φ_0 为常量。求摆经过最高位置和最低位置时绳中的拉力。

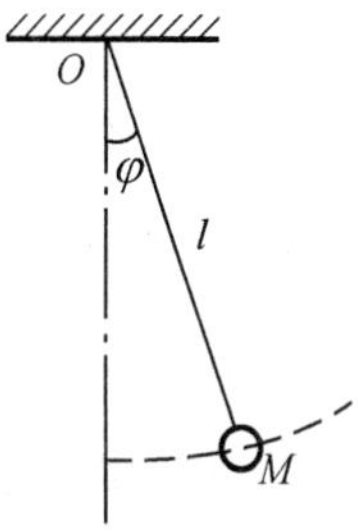

图 5－3(a)　例 5－2 图

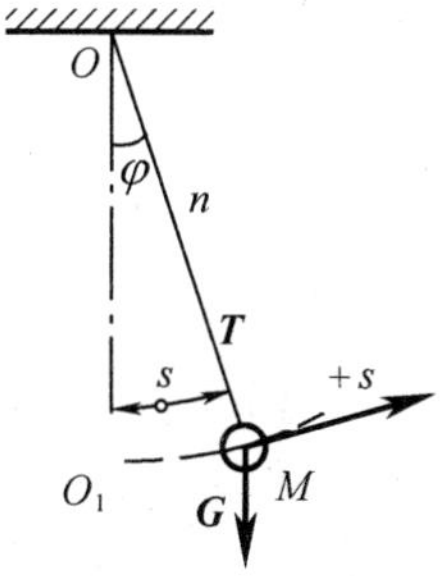

图 5－3(b)　例 5－2 图

解：选质点 M 为研究对象，并将其放在运动的一般位置上画出受力图。作用于 M 上的力有重力 $\boldsymbol{G}$ 和绳的拉力 $\boldsymbol{T}$。由于质点 M 的轨迹为一圆弧，可应用自然形式的运动微分方程求解，为此选定弧坐标及自然轴系。

质点 M 的自然形式的运动微分方程为

$$\begin{cases}\dfrac{G}{g}\dfrac{\mathrm{d}^2 s}{\mathrm{d}t^2}=G_\tau+T_\tau\\[2ex]\dfrac{G}{g}\dfrac{v^2}{\rho}=G_n+T_n\end{cases}$$

考虑到 $s=l\varphi$,因此有

$$\frac{\mathrm{d}s}{\mathrm{d}t}=v=l\frac{\mathrm{d}\varphi}{\mathrm{d}t},\frac{\mathrm{d}^2 s}{\mathrm{d}t^2}=l\frac{\mathrm{d}^2\varphi}{\mathrm{d}t^2}。$$

$$G_\tau=-G\sin\varphi,T_\tau=0$$

$$G_n=-G\cos\varphi,T_n=T$$

代入运动微分方程,得

$$\begin{cases}\dfrac{G}{g}l\dfrac{\mathrm{d}^2\varphi}{\mathrm{d}t^2}=-G\sin\varphi\\[2ex]\dfrac{G}{g}l\left(\dfrac{\mathrm{d}\varphi}{\mathrm{d}t}\right)^2=-G\cos\varphi+T\end{cases}$$

上述方程的第一个用于求单摆的运动规律,由于运动已经给出,因此无需要再进行研究。第二个方程可用于求绳中的拉力 T,由此方程得

$$T=G\cos\varphi+\frac{G}{g}l\left(\frac{\mathrm{d}\varphi}{\mathrm{d}t}\right)^2$$

当单摆处于最高位置时,$\varphi=\varphi_0$, $\dfrac{\mathrm{d}\varphi}{\mathrm{d}t}=0$,于是有

$$T_{最高}=G\cos\varphi_0$$

当单摆处于最低位置时,$\varphi=0$,此时的$\dfrac{\mathrm{d}\varphi}{\mathrm{d}t}$可按下述方法求出

$$\frac{\mathrm{d}\varphi}{\mathrm{d}t}=\varphi_0\sqrt{\frac{g}{l}}\cos\sqrt{\frac{g}{l}}t$$

$$\left(\frac{\mathrm{d}\varphi}{\mathrm{d}t}\right)^2=\varphi_0{}^2\frac{g}{l}\cos^2\sqrt{\frac{g}{l}}t=\varphi_0{}^2\frac{g}{l}\left(1-\sin^2\sqrt{\frac{g}{l}}t\right)=\varphi_0{}^2\frac{g}{l}-\frac{g}{l}\varphi^2$$

当 $\varphi=0$ 时(最低位置)

$$\left(\frac{\mathrm{d}\varphi}{\mathrm{d}t}\right)^2=\varphi_0{}^2\frac{g}{l}$$

于是有

$$T_{最低}=G\cos0^\circ+\frac{G}{g}l\cdot\varphi_0^2\frac{g}{l}=G(1+\varphi_0^2)$$

例 5 - 3　质量为 m 的质点在水平力 $F=\begin{cases}\dfrac{F_0}{t_0}&(0\leqslant t\leqslant t_0)\\0&(t>t_0)\end{cases}$ 的作用下沿水平直线从静止开始运动,求质点的运动方程。

解:本题是已知力求运动,力是时间的不连续函数。

以质点为研究对象,点作直线运动,沿运动方向列方程。

当 $0\leqslant t\leqslant t_0$ 时,

$$m\ddot{x}=\frac{F_0}{t_0}t,\text{即}\ \ddot{x}=\frac{F_0}{mt_0}t,$$

从而得到
$$x=\frac{F_0}{6mt_0}t^3+C_1t+C_2$$

由初始条件：$t=0$ 时，$x_0=0$，$v_0=\dot{x}_0=0$，可得 $C_1=C_2=0$

因此质点的运动方程
$$x=\frac{F_0}{6mt_0}t^3(0\leqslant t\leqslant t_0)。$$

当 $t=t_0$ 时，质点速度 $\dot{x}=\frac{F_0t_0}{2m}$，质点位置 $x=\frac{F_0}{6m}{t_0}^2$ 这两点是 $t>t_0$ 时的初始条件。

当 $t>t_0$ 时，$m\ddot{x}=0$，所以，$x=C_3t+C_4$

由 $t>t_0$ 时的初始条件可得 $C_3=\frac{F_0t_0}{2m}$，$C_4=-\frac{F_0}{3m}{t_0}^2$，

从而
$$x=\frac{F_0t_0}{2m}t-\frac{F_0}{3m}{t_0}^2。$$

本题力是时间的不连续函数，因此分析时要注意分段，同时注意每一段的初始条件。

例 5－4　由地面垂直向上发射火箭，质量为 m，不计空气阻力。已知地球对火箭的引力与火箭到地心距离的平方成反比，求火箭飞出地球引力场作星际飞行所需的最小初速度 v_0。（地球半径 $R=6\ 370$ km，地球表面重力加速度 $g=9.8\ \mathrm{m/s^2}$）

解：研究对象：火箭。

受力分析：万有引力，$F=k\frac{mM}{r^2}$（M 为地球质量）。

运动分析：沿地球半径向上做直线运动。

以地心 O 为原点，建立 Ox 坐标轴，向上为正，则有 $F=k\frac{mM}{x^2}$。

当 $x=R$ 时，$F=mg$，即 $k\frac{mM}{R^2}=mg$，从而 $kM=R^2g$。

建立运动微分方程：$m\ddot{x}=-F=-k\frac{mM}{x^2}$，即 $\ddot{x}=-\frac{R^2g}{x^2}$，注意到 $\ddot{x}=\frac{\mathrm{d}\dot{x}}{\mathrm{d}t}=\frac{\mathrm{d}\dot{x}}{\mathrm{d}x}\frac{\mathrm{d}x}{\mathrm{d}t}=\dot{x}\frac{\mathrm{d}\dot{x}}{\mathrm{d}x}=\frac{1}{2}\frac{\mathrm{d}\dot{x}^2}{\mathrm{d}x}$ 代入运动微分方程，得到 $\frac{1}{2}\frac{\mathrm{d}\dot{x}^2}{\mathrm{d}x}=-\frac{R^2g}{x^2}$，分离变量并积分，可得 $\frac{1}{2}\dot{x}^2=\frac{R^2g}{x^2}+C$。考虑初始条件：$t=0$ 时，$x=R$，$\dot{x}=v_0$，解得 $C=\frac{1}{2}{v_0}^2-Rg$ 所以，$\dot{x}^2-{v_0}^2=2gR^2(\frac{1}{x}-\frac{1}{R})$。

为了使火箭摆脱地球引力，在不考虑其他星球的引力的情况下必须保证当 $x\to\infty$ 时，有 $\dot{x}>0$，所以，$\dot{x}^2=2gR^2(\frac{1}{x}-\frac{1}{R})+{v_0}^2>0$，

当 $x\to\infty$ 时，$-2gR+{v_0}^2>0$，就得到

$$v_0>\sqrt{2gR}=11.174\ \mathrm{km/s}\approx 11.2\ \mathrm{km/s}$$

这就是所谓第二宇宙速度，即火箭摆脱地球引力飞向太空所需的最小初速度。

例 5－5　一个物体重 9.81 N，在不均匀介质中作直线运动，阻力按规律 $F=-\frac{2v^2}{3+s}$ 变化，其中 v 为速度，单位是 m/s，s 为路程，单位是 m。设物体的初速度 $v_0=5$ m/s，试求物体

的运动方程。

解:以物体为研究对象,以物体的初始位置为原点,沿物体运动方向建立坐标系。

运动分析:直线运动。

受力分析:阻力 $F=-\dfrac{2\dot{x}^2}{3+x}$。

建立运动微分方程:$m\ddot{x}=F=-\dfrac{2\dot{x}^2}{3+x}$,利用 $\ddot{x}=\dot{x}\dfrac{\mathrm{d}\dot{x}}{\mathrm{d}x}=\dfrac{1}{2}\dfrac{\mathrm{d}\dot{x}^2}{\mathrm{d}x}$

得到
$$\frac{\mathrm{d}\dot{x}^2}{\dot{x}^2}=-\frac{4}{m}\frac{\mathrm{d}x}{3+x}$$

由 $m=1$ kg,可得　$\ln\dot{x}^2=-4\ln(3+x)+C$,即 $\dot{x}^2=C_1\ (3+x)^{-4}$

所以
$$\dot{x}=C_2\ (3+x)^{-2}$$

由 $t=0$ 时,$x=0$,$\dot{x}=v_0=5$,可得 $C_2=45$,从而 $\dot{x}=45\ (3+x)^{-2}$

再积分一次,得到
$$\frac{1}{3}(x+3)^3=45t+C_3$$

考虑到 $t=0$ 时,$x=0$,得到 $C_3=9$

所以
$$\frac{1}{3}(x+3)^3=9(5t+1)$$

因而解出
$$x=3[\sqrt[3]{5t+1}-1]$$

思　考　题

一、判断题

1. 只要知道作用在质点上的力,那么质点在任一瞬间的运动状态就完全确定了。(　　)
2. 质量是质点惯性的度量,质点的质量越大,惯性越大。(　　)
3. 质点的运动方向,就是质点上所受合力的方向。(　　)
4. 质量相同的两个质点,在相同的力的作用下运动,则这两个质点的加速度相同。(　　)
5. 质量为 m 的质点沿方向不变的力 $\boldsymbol{F}$ 方向作直线运动。当 $\boldsymbol{F}$ 力的大小逐渐减小时,则质点的运动越来越慢。(　　)

二、选择题

1. 在图示圆锥摆中,球 M 的质量为 m,绳长为 l,若 α 角保持不变,则小球的法向加速度为(　　)。

A. $g\sin\alpha$　　B. $g\cos\alpha$

C. $\tan\alpha$　　D. $g\cot\alpha$

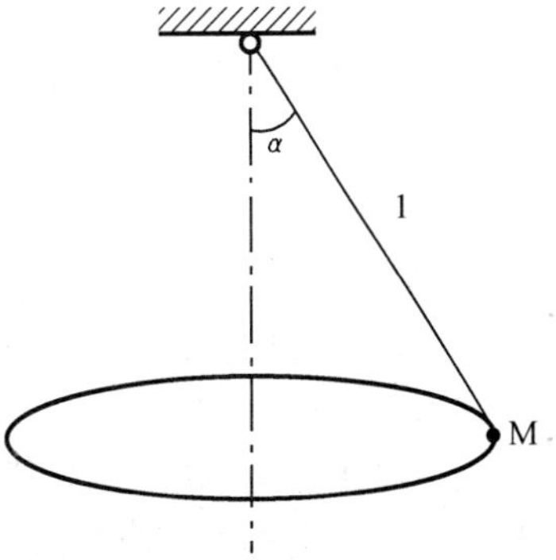

第 1 题图

2. 三个质量相同的质点,在相同的力 F 作用下。若初始位置都在坐标原点 O(如图示),但初始速度不同,则三个质点的运动微分方程(　　),三个质点的运动方程(　　)。

A. 相同　　B. 不同　　C. b、c 相同　　D. a、b 相同

E. a、c 相同　　F. 无法确定

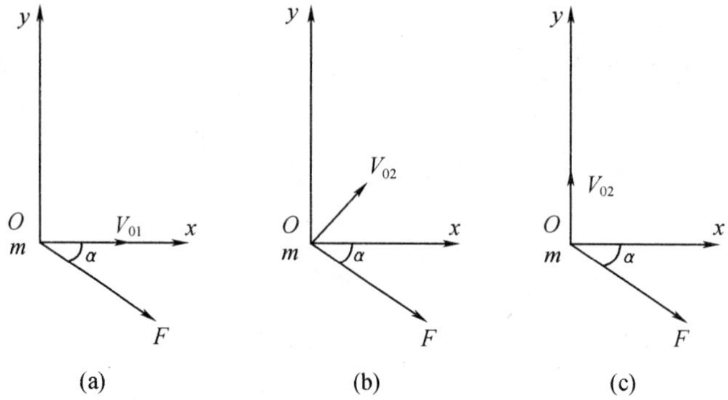

第 2 题图

3. 距地面 H 的质点 M，具有水平初速度 $\boldsymbol{v}_0$，则该质点落地时的水平距离 l 与(　　)成正比。

A. H　　B. $H^{\frac{1}{2}}$　　C. H^2　　D. H^3

4. 一人静止站在磅秤上，秤上的指针在某数值上，当人突然下蹲的瞬时，磅秤上的读数(　　)。

A. 增大　　B. 减小　　C. 不变。

5. 如图所示，自同一地点，以相同大小的初速度 v_0，斜抛两质量相同的小球。对选定的坐标系 Oxy，两小球的运动微方程(　　)，运动初始条件(　　)，落地的速度大小(　　)，落地速度的方向(　　)。

A. 相同　　B. 不相同

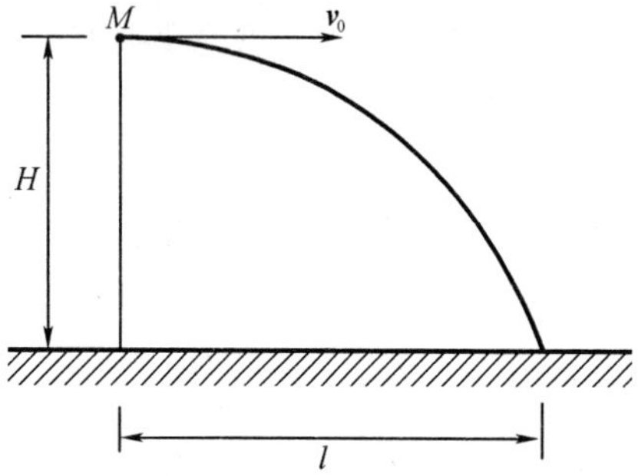

第 3 题图

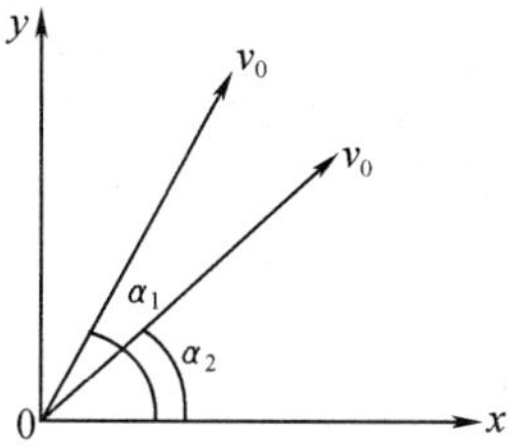

第 5 题图

三、填空题

1. 质点运动方向________与质点所受合力方向相同，某瞬时速度大，则该瞬时质点所受的作用力________大。

2. 正在做加速运动的物体，其惯性是仍然存在还是已经消失了？________。

3. 质点受到力的作用时，加速度的大小与________的大小成正比，与________成反比，________的方向与力的方向相同。

4. 自然界中根本不存在不受力的物体，所谓不受力的作用，实际上是它受到________的作用。

5. 牛顿第二定律 $F=ma$ 中的 a 是________加速度。(绝对、牵连、相对)

习　　题

5－1　一质量为 700 kg 的载货小车以 $v=1.6$ m/s 的速度沿缆车轨道下降，轨道的倾角 $\theta=15^\circ$ 运动总阻力系数 $f=0.015$；求小车匀速下降时缆索的拉力。又设小车的制动时间为 $t=4$ s，在制动时小车作匀减速运动，求此时缆绳的拉力。

答案：$F_1=1.68$ kN，$F_2=1.96$ kN。

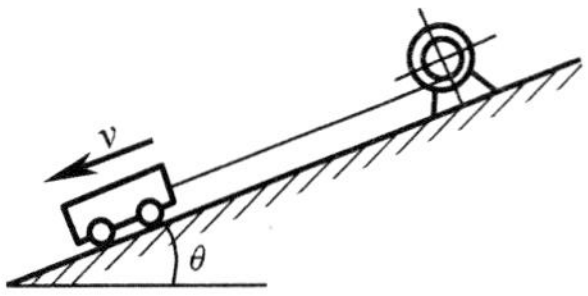

题 5－1 图

5－2　汽车的质量是 1 500 kg，以速度 $v=10$ m/s 驶过拱桥，桥在中点处的曲率半径为 $\rho=50$ m。试求汽车经过拱桥中点时对桥面的压力。

答案：$F_N=11.72$ kN。

5－3　物块 A 和 B 彼此用弹簧连接，其质量分别为 20 kg 和 40 kg，如图所示。已知物块 A 在铅锤方向作自由振动，其振幅 $A=10$ mm，周期 $T=0.25$ s。试求此系统对支承面 CD 的最大和最小压力。

答案：$F_{N\max}=714.44$ N，$F_{N\min}=461.78$ N。

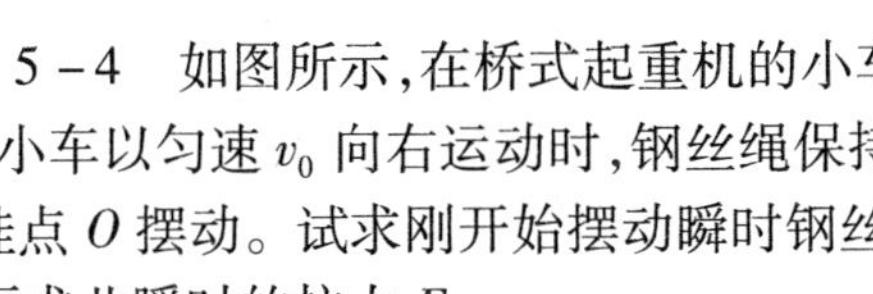

题 5－2 图

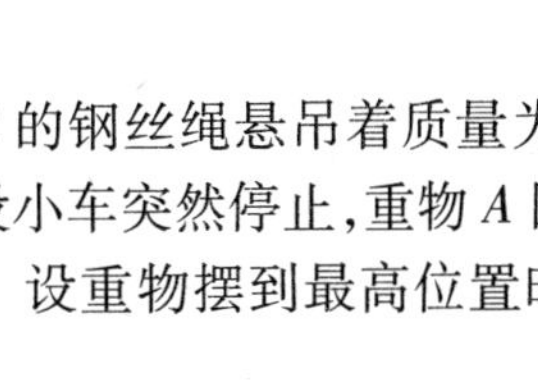

题 5－3 图

5－4　如图所示，在桥式起重机的小车上用长度为 l 的钢丝绳悬吊着质量为 m 的重物 A。小车以匀速 v_0 向右运动时，钢丝绳保持铅直方向。设小车突然停止，重物 A 因惯性而绕悬挂点 O 摆动。试求刚开始摆动瞬时钢丝绳的拉力 F_1。设重物摆到最高位置时的偏角为 φ，再求此瞬时的拉力 F_2。

答案：$mg\left(1+\dfrac{v_0^2}{gl}\right)$，$mg\cos\varphi$。

5－5　倾角为 30° 的楔形斜面以 $a=4$ m/s² 的加速度向右运动，质量为 $m=5$ kg 的小球 A 用软绳维系置于斜面上，试求绳子的拉力及斜面的压力，并求当斜面的加速度达到多大时绳子的拉力为零？

答案：$F_T=7.18$ N，$F_N=52.43$ N，$a=5.66$ m/s^2。

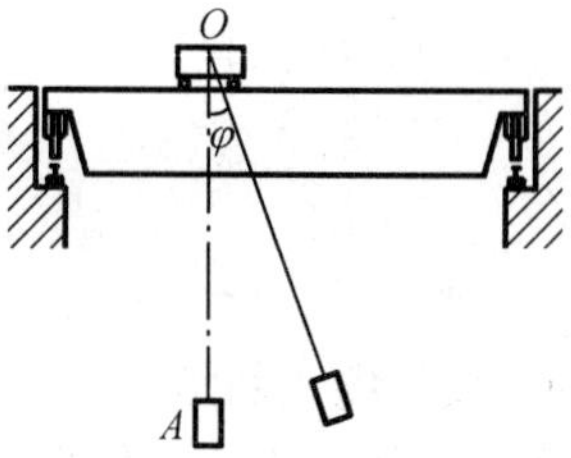

题 5-4 图

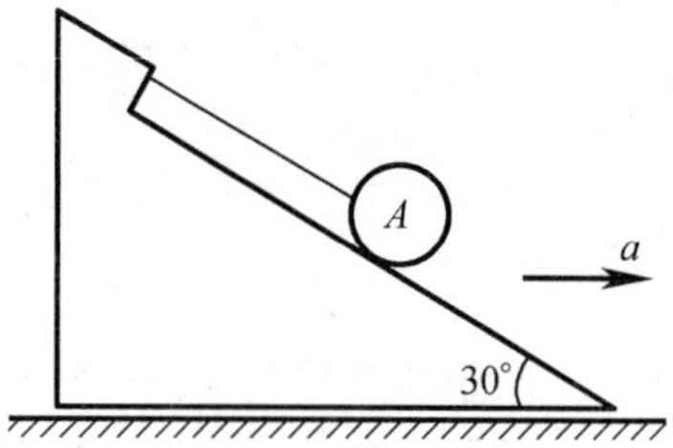

题 5-5 图

5-6 在曲柄滑道机构中，滑杆与活塞的质量为 50 kg，曲柄长 30 cm，绕 O 轴匀速转动，转速为 $n=120$ rpm。求当曲柄 OA 运动至水平向右及铅垂向上两位置时，作用在活塞上的气体压力。曲柄质量不计。

答案：$F_1=-2.37$ kN，$F_2=0$。

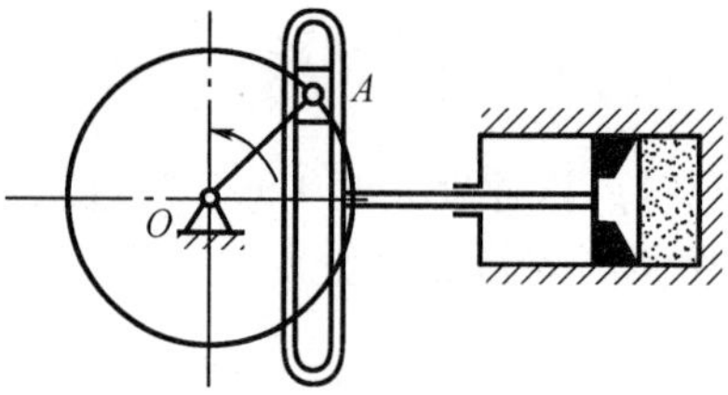

题 5-6 图

5-7 图示排水量为 $m=5\times10^6$ kg 的海船浮在水面时截水面积 $A=150$ m^2，海水密度 $\rho=1.03\times10^3$ kg/m^3，试通过建立系统的运动微分方程，求船在水面上作铅垂振动时的周期。

答案：$T=4.12$ s。

5-8 质量为 200 kg 的加料小车沿倾角为 75°的轨道被提升。小车速度随时间而变化的规律如图示。不计车轮和轨道间的摩擦。试求 t 在 0~3 s、3~15 s、15~20 s 这三个时间段内钢丝绳的拉力。

答案：2.001 kN，1.895 kN，1.831 kN。

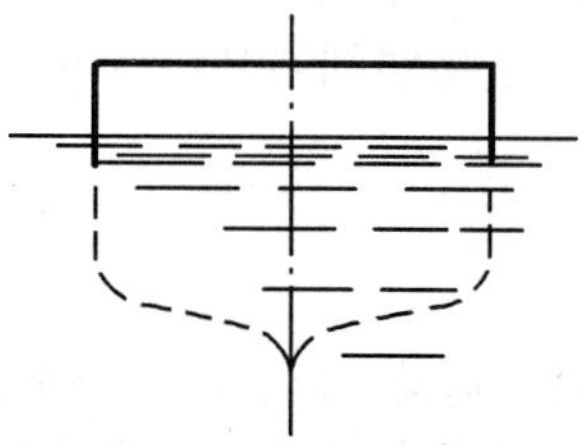

题 5-7 图

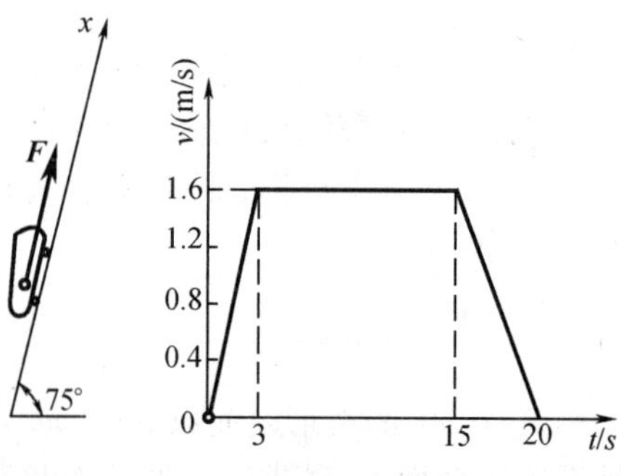

题 5-8 图

5－9　胶带运输机卸料时，物料以初速度 v_0 脱离胶带。设 v_0 与水平线的夹角为 θ，试求物料脱离胶带后在重力作用下的运动方程。

答案：$x = v_0 t\cos\theta, y = v_0 t\sin\theta + \frac{1}{2}gt^2$。

5－10　若一个 5 kg 质量的质点沿着平面轨道运动，轨道方程为 $r = (2t + 10)\,m$ 和 $\theta = (1.5t^2 - 6t)\,\mathrm{rad}$，$t$ 的单位为秒，求 $t = 2$ s 时，作用在质点上的不平衡力的大小。

答案：210 N。

5－11　小球重 W，以两绳悬挂。若将绳 AB 突然剪断，求：(1)小球开始运动瞬时 AC 绳中的拉力。(2)小球 A 运动到铅直位置时，AC 绳中的拉力为多少？

答案：(1) $F_T = W\cos\theta$；(2) $F_T = W(3 - 2\cos\theta)$。

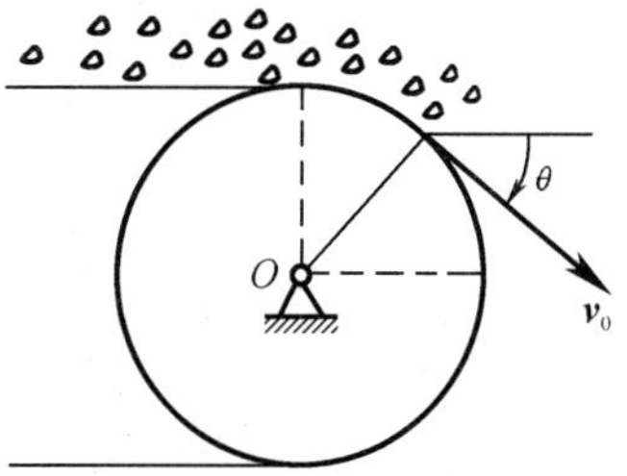

题 5－9 图

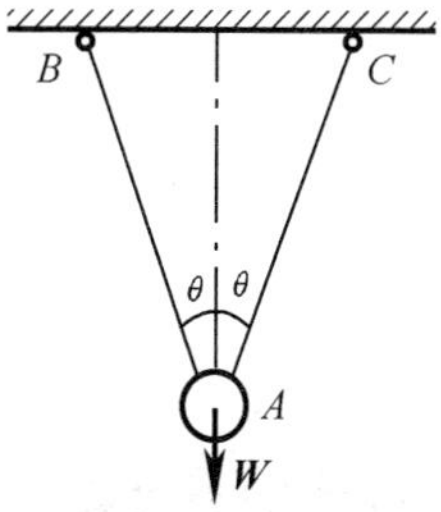

题 5－11 图

5－12　两物体各重 P_1 和 P_2，用长为 l 的绳连接，此绳跨过一半径为 r 的滑轮，如开始时两物体的高差为 h，且 $P_2 > P_1$，不计滑轮与绳的质量；求由静止释放后，两物体达到相同高度时所需的时间。

答案：$t = \sqrt{\frac{h}{g}\frac{P_2 + P_1}{P_2 - P_1}}$。

5－13　图示套管 A 的质量为 m，受绳子牵引沿铅直杆向上滑动，绳子的另一端绕过离杆距离为 l 的滑车 B 而缠在鼓轮上。当鼓轮转动时，其边缘上各点的速度大小为 v_0。求绳子拉力与距离 x 之间的关系。

答案：$F = m\left(g + \frac{l^2 v_0^2}{x^3}\right)\sqrt{1 + \left(\frac{l}{x}\right)^2}$。

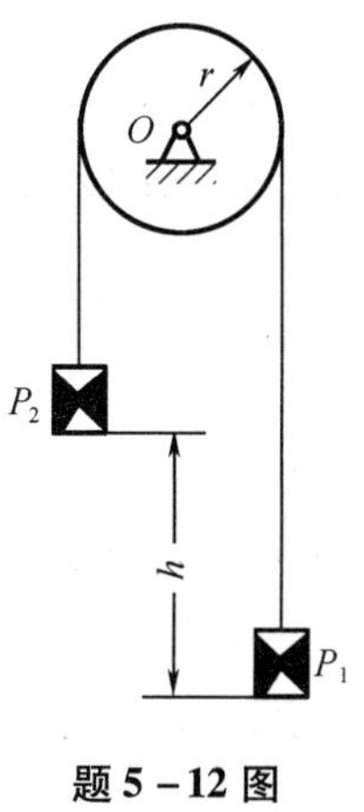

题 5－12 图

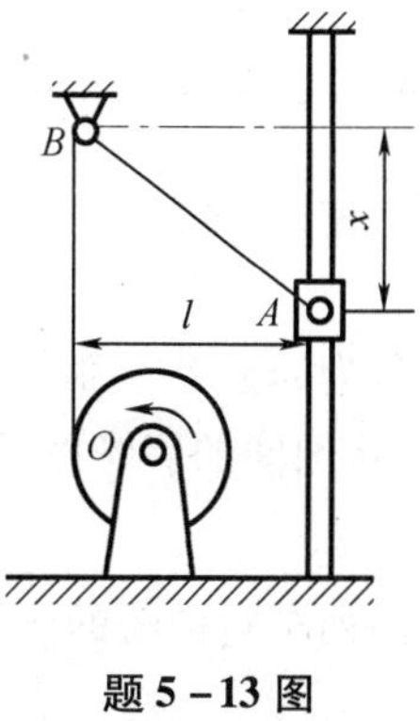

题 5－13 图

5－14 赛车受到空气阻力 $F_r' = \left(\frac{1}{2}\gamma\rho A\right)v^2$，式中 γ 是无量纲阻力系数，ρ 是空气密度，v 是车速，$A = 2.79\ \mathrm{m^2}$ 是赛车的迎风投影面积。赛车受到的非空气阻力 F_r 为常数，$F_r = 0.89$ kN。若赛车外形的板金属很好，则 $\gamma = 0.3$，相应的最高车速 $v = 321.8$ km/h，若前端受到不甚重要的碰撞，则 $\gamma' = 0.4$，试问此时相应的最高车速 v' 是多少？

答案：$v' = 294.3$ km/h。

5－15 图示两根细杆的两端用光滑铰链分别与铅直轴和小球 C 相铰接，$AB = 2b$。整个系统以匀角速度 ω 绕铅直轴转动。设细杆长度均为 l，质量可以不计。小球质量为 m。试求两杆所受的力。

答案：$ml(b\omega^2 + g)/2b$，$ml(b\omega^2 - g)/2b$。

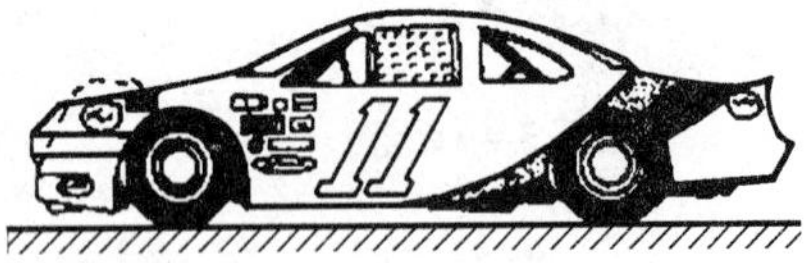

题 5－14 图

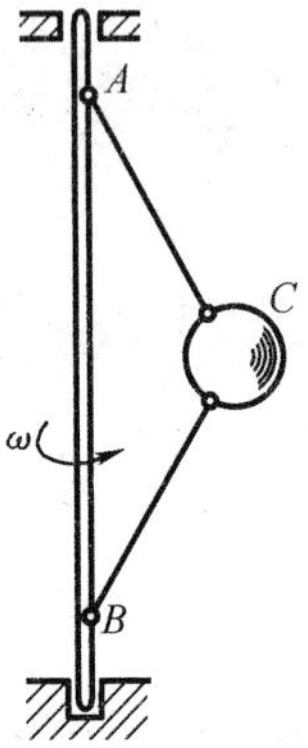

题 5－15 图

5－16 小球 A 从光滑半圆柱的顶点无初速地下滑，求小球脱离半圆柱时的位置角 φ。

答案：$\varphi = 48.2°$。

5－17 质量为 20 kg 的炮弹由地面射出的速度分量为 $v_x = 100$ m/s，$v_y = 49$ m/s。空气阻力 $F_r = -cv$，c 为黏阻系数，是常数。若炮弹的射程是 600 m，试求 c。

答案：$c = 0.021\ 7$。

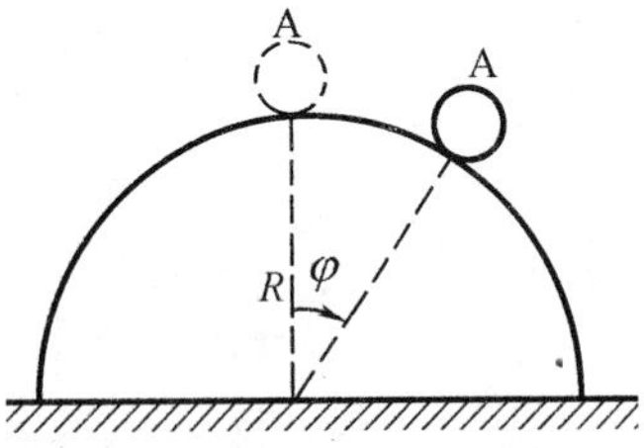

题 5－16 图

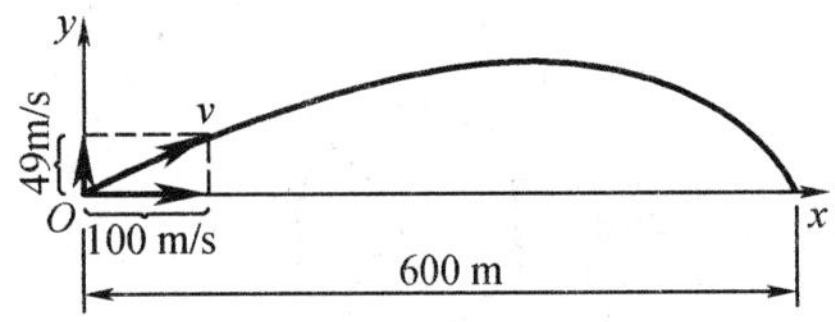

题 5－17 图

5－18 质量为 m 的物块放在匀角速转动的水平转台上，物块与转轴的距离为 r，如图所示。如物块与台面间的静摩擦系数为 f_s，试求物块不致因转台旋转而滑出的最大线速度。

答案：$\sqrt{f_s g r}$。

5－19 为使列车对铁轨的压力垂直于路基，在铁路的弯道部分，外轨要比内轨稍微提高。若弯道的曲率半径为 $\rho=300$ m 列车的速度为 12 m/s，内外轨道间的距离 $b=1.6$ m，求外轨应高于内轨的高度 h。

答案：78.4 mm。

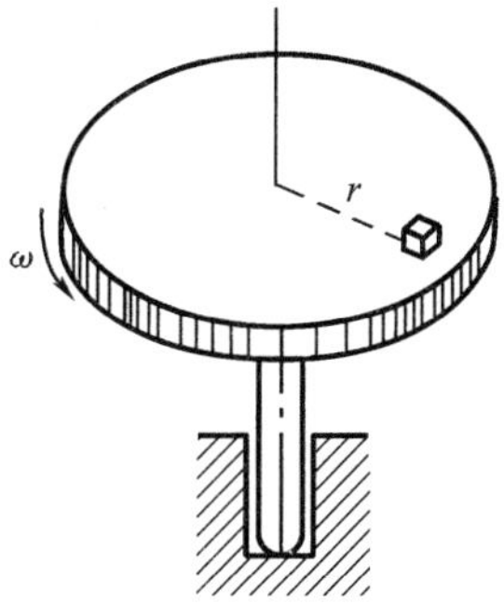

题 5－18 图

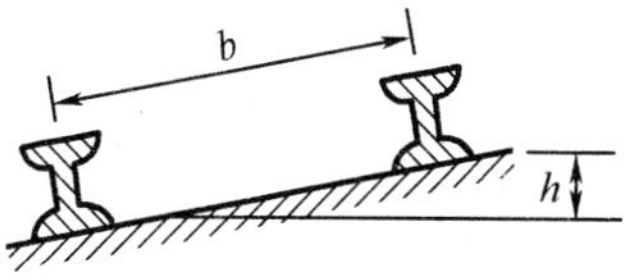

题 5－19 图

5－20　图示质量为 m 的小球从光滑斜面上的 A 点以平行于 CD 方向的初速度开始运动。已知 $v_0=5$ m/s，斜面的倾角为 30°，试求小球运动到 CD 边上的 B 点所需要的时间 t 和距离 d。

答案：0.686 3 s；3.431 m。

5－21　质量为 $m=2$ kg 的质点 M 在图示水平面 Oxy 内运动，质点在某瞬时 t 的位置可由方程 $r=t^2-\dfrac{t^2}{3}$ 及 $\theta=2t^2$ 确定。其中 r 以 m 记，t 以 s 计，θ 以 rad 计，当(1)$t=0$ 及(2)$t=1s$ 时，分别求质点 M 上所受的径向分力和横向分力。

答案：(1)$F_r=4$ N；$F_\theta=0$；(2)$F_r=-21.3$ kN；$F_\theta=21.3$ N。

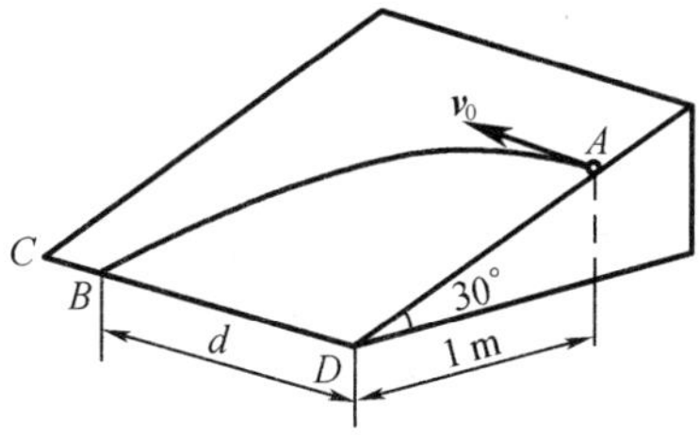

题 5－20 图

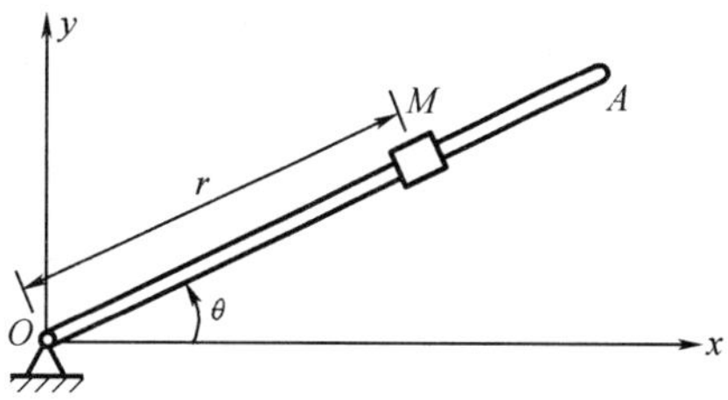

题 5－21 图

5－22　潜水器的质量为 m，受到重力与浮力的向下合力 F 而下沉。设水的阻力 F_1 与速度的一次方成正比，$F_1=kSv$，式中 S 为潜水器的水平投影面积；v 为下沉的瞬时速度；k 为比例常数。若 $t=0$ 时，$v_0=0$，试求潜水器下沉速度和距离随时间而变化的规律。

答案：$v=F(1-e^{-\frac{ks}{m}t})/kS$；$x=F[t-m(1-e^{-\frac{ks}{m}t})/kS]/kS$。

5－23　在选矿机械中，两种不同矿物沿斜面滑下，在离开斜面 B 点时的速度分别为 $v_1=1$ m/s 和 $v_2=2$ m/s；已知 $h=1$ m，$\theta=30^\circ$，求两种不同矿物在 CD 所隔的距离 s。

答案：$s=0.28$ m。

5－24　质量为 m 的小球以初速度 v_0 从地面铅直上抛。设重力不变；空气阻力 F 与速度的平方成正比，$F=kmv^2$，其中 k 为比例常数。试求小球落回到地面时的速度 v_1。

答案：$\sqrt{g/(g+kv_0^{\ 2})}$。

5－25　一质点带有负电荷 e，其质量为 m，以初速度 v_0 进入强度为 H 的均匀磁场中，该速度方向与磁场方向垂直。设已知作用于质点的力为 $F=-e(v\times H)$，求质点的运动轨迹。

提示：解题时宜采用在自然轴上投影的运动微分方程。

答案：圆，半径为$\frac{mv_0}{eH}$。

5－26　图示一倾斜式摆动筛，筛面可近似地认为沿 x 轴作往复运动。曲柄的转速为 n（对应的角速度为 ω）。如曲柄长度远小于连杆时，筛面的运动方程可近似地视为 $x=r\sin\omega t$（r 为曲柄的长度）。已知颗粒料与筛面间的摩擦角为 φ_m，筛面的倾斜角为 α，且 $\alpha<\varphi_m$。求不能通过筛孔的颗粒能自动沿筛面下滑时曲柄的转速 n。

答案：$\frac{30}{\pi}\left[\frac{g\sin(\varphi-a)}{r\cos\varphi}\right]^{1/2}<n<\frac{30}{\pi}\left[\frac{g\sin(\varphi+a)}{r\cos\varphi}\right]^{\frac{1}{2}}$。

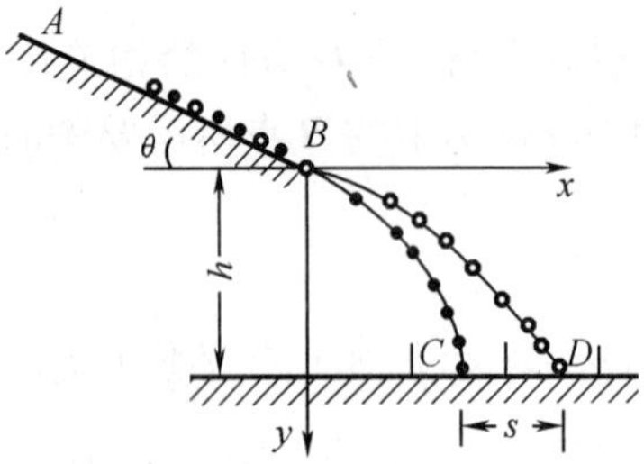

题 5－23 图

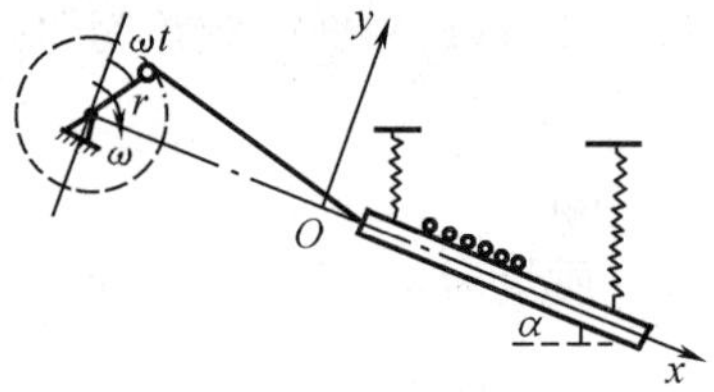

题 5－26 图

第6章　动量定理

由牛顿第二定律可以推导出描述质点的运动与所受力之间的关系的其他表达形式，有时应用起来更方便。在实际问题中，并不是所有的物体都可以抽象为单个的质点，更多遇到的是由许多质点所组成的质点系。对于一个由 n 个质点所组成的质点系来说，如果我们对每一个质点都列出方程 $m_i\boldsymbol{a}_i=\boldsymbol{F}_i$，然后再去求解，这样很麻烦，有时甚至是不可能的，另外也没有这个必要。因为，我们往往只要知道它的整体运动的某些特征量，就足以确定整个质点系的运动情况，而动力学基本定理，则反映了某些描述质点系整体运动的特征量(如动量，动量矩等)与力系对质点系的作用量(如冲量，力矩，力系的主矢等)之间的关系。因此为了迅速有效地解决质点系的动力学问题，我们有必要研究质点系动力学基本定理。

从这一章起，我们研究动力学的两个基本定理：动量定理和动量矩定理。它们和牛顿定律一样，只适用于惯性坐标系。

动量定理和动量矩定理都可以从动力学基本方程 $\boldsymbol{F}=m\boldsymbol{a}$ 推导出来。但应该说明的是，这些定理是力学现象普遍规律的反映，最初都是各自独立地被人们发现的。

6.1　质点及质点系的动量

6.1.1　质点的动量

首先引入动量这个概念，物体的运动之间可以相互传递，在传递机械运动的过程中产生力的大小是与速度和质量都有关系的。如：射击时，子弹质量很小，而速度很大，因此射击冲力很大，足以穿透钢板；轮船停靠码头时，速度虽小，但由于它的质量很大，故具有很大的撞击力。为了度量物体机械运动的强弱，我们定义：

质点的质量 m 与其速度 $\boldsymbol{v}$ 的乘积，称为该质点的动量，记为 $m\boldsymbol{v}$。质点的动量是矢量，它的方向与质点速度的方向一致，动量的国际单位是 kg · m/s，用 $\boldsymbol{p}$ 表示

即
$$\boldsymbol{p}=m\boldsymbol{v} \tag{6-1}$$

动量在应用时常采用投影的形式，动量在空间直角坐标系中的投影为

$$p_x=mv_x,p_y=mv_y,p_z=mv_z \tag{6-2}$$

这三个投影都是代数量，它们之间的关系如下：

$$m\boldsymbol{v}=mv_x\boldsymbol{i}+mv_y\boldsymbol{j}+mv_z\boldsymbol{k} \tag{6-3}$$

6.1.2　质点系的动量

下面研究由多个质点组成的质点系。设一质点系有 n 个质点，各质点的质量分别是 $m_1,m_2,\cdots,m_n$，某一瞬时各质点的速度分别是 $\boldsymbol{v}_1,\boldsymbol{v}_2,\cdots\boldsymbol{v}_n$。我们把质点系中各质点动量的矢量和称为质点系的动量，用 $\boldsymbol{P}$ 来表示，那么

$$\boldsymbol{P}=\sum_{i=1}^{n}m_i\boldsymbol{v}_i \tag{6-4}$$

质点系的动量 $\boldsymbol{P}$ 和它在三个直角坐标轴上的投影 P_x, P_y, P_z 之间的关系是：

$$\boldsymbol{P} = P_x\boldsymbol{i} + P_y\boldsymbol{j} + P_z\boldsymbol{k} = \sum_{i=1}^{n} m_i v_{ix}\boldsymbol{i} + \sum_{i=1}^{n} m_i v_{iy}\boldsymbol{j} + \sum_{i=1}^{n} m_i v_{iz}\boldsymbol{k} \tag{6-5}$$

在很多情况下，质点系的动量不必用(6-5)式，而可以通过质点系的质心速度得到。

在静力学中，如果以 $\boldsymbol{r}_c$ 表示系统质心的矢径，$\boldsymbol{r}_1 \cdots \boldsymbol{r}_i \cdots \boldsymbol{r}_n$ 表示各质点的矢径，M 表示系统的总质量，$m_1, m_2, \cdots\cdots m_n$ 表示各质点的质量。根据质心表达式，可以得到：

$$\boldsymbol{r}_c = \frac{\sum_{i=1}^{n} m_i \boldsymbol{r}_i}{\sum_{i=1}^{n} m_i} = \frac{\sum_{i=1}^{n} m_i \boldsymbol{r}_i}{M}$$

将上式两边同时对时间求导数得

$$\frac{\mathrm{d}\boldsymbol{r}_c}{\mathrm{d}t} = M \cdot \frac{\mathrm{d}\left(\sum_{i=1}^{n} m_i \boldsymbol{r}_i\right)}{\mathrm{d}t} = \frac{1}{M} \cdot \sum_{i=1}^{n} \frac{\mathrm{d}(m_i \boldsymbol{r}_i)}{\mathrm{d}t}$$

所以

$$M \cdot \frac{\mathrm{d}\boldsymbol{r}_c}{\mathrm{d}t} = \sum_{i=1}^{n} m_i \frac{\mathrm{d}\boldsymbol{r}_i}{\mathrm{d}t}$$

其中$\frac{\mathrm{d}\boldsymbol{r}_c}{\mathrm{d}t} = \boldsymbol{v}_c$，即质心的速度，$\frac{\mathrm{d}\boldsymbol{r}_i}{\mathrm{d}t} = \boldsymbol{v}_i$ 为第 i 个质点的速度。

因此

$$M\boldsymbol{v}_c = \sum_{i=1}^{n} m_i \boldsymbol{v}_i \tag{6-6}$$

比较(6-4)和(6-6)可得：

$$\boldsymbol{P} = M\boldsymbol{v}_c \tag{6-7}$$

(6-7)式表明：质点系的动量等于整个质点系的质量与质心速度的乘积，动量的方向与质心速度的方向相同。这是计算质点系动量的一个常用的方法。

质点系动量在直角坐标系 $Oxyz$ 下的投影表达式为：

$$P_x = M\nu_{cx}$$
$$P_y = M\nu_{cy}$$
$$P_z = M\nu_{cz} \tag{6-8}$$

例 6-1 均质圆轮半径为 R，质量为 M，沿水平直线轨道以角速度 ω 滚动而不滑动(如图 6-1 所示)。求圆轮的动量。

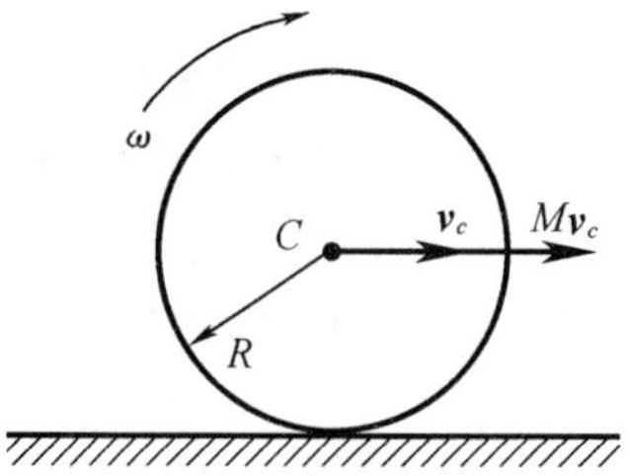

图 6-1 例 6-1 图

解：当圆轮纯滚动时，轮与地面的切点为瞬心，则轮的质心即轮心速度为

$$v_c = \omega R$$

轮的动量为

$$P = Mv_c = M\omega R$$

总之,不论质点系的运动多复杂,其动量总是等于质点系的质量与其质心速度的乘积,也就是说,等于该质点系随同质心一起平动时的动量。因此,可以说,质点系的动量是表示质点系随同质心一起平动时的运动的物理量,而与质点系相对于质心的运动毫无关系。当质点系的质心静止不动时,质点系的动量为零。

例6-2　已知轮 A 重 W,匀质杆 AB 重 P,杆长 l,图6-2所示位置时轮心 A 的速度为 $\boldsymbol{v}$,AB 倾角为45°。求此瞬时系统的动量。

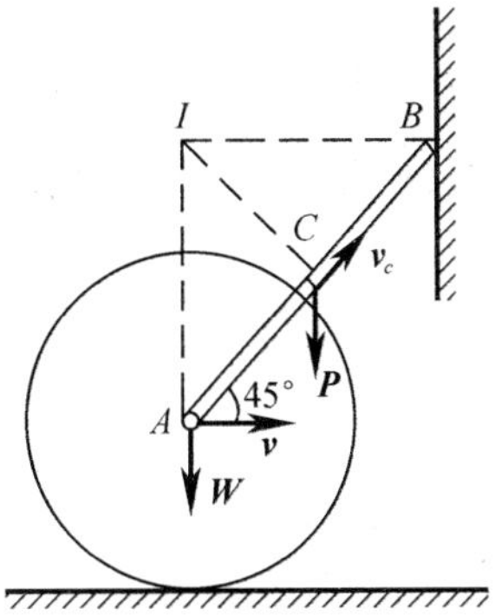

图6-2　例6-2图

解:I 点为 AB 杆的瞬心,则 AB 杆的角速度为

$$\omega_{AB}=\frac{v}{AI}=\frac{\sqrt{2}v}{l}$$

AB 杆质心的速度
$$v_C=IC\cdot\omega_{AB}=\frac{l}{2}\cdot\frac{\sqrt{2}v}{l}=\frac{\sqrt{2}}{2}v$$

AB 杆的水平方向动量
$$P_x=\frac{W}{g}v+\frac{P}{g}v_C\cos 45^\circ=\frac{2W+P}{2g}v$$

AB 杆的竖直方向动量
$$P_y=\frac{P}{g}v_C\sin 45^\circ=\frac{P}{2g}v$$

AB 杆的总动量
$$\boldsymbol{P}=\frac{2W+P}{2g}v\boldsymbol{i}+\frac{P}{2g}v\boldsymbol{j}$$

6.2　力的冲量

6.2.1　力的冲量

物体在力的作用下引起运动变化时,不仅与力的大小和方向有关,而且还与力的作用时间的长短有关,一般说来,力作用的时间越长,运动的变化就越大。因此将作用在物体上的作用力与其作用时间的乘积,称为力的冲量。冲量是矢量,用 $\boldsymbol{I}$ 表示,其方向和力的方向一致,它是力在一段时间间隔内对物体机械作用的强度度量。冲量的国际单位是N·s(牛顿· 秒)不难看出,冲量的单位和动量的单位是一致的,即

$$\mathrm{N}\cdot\mathrm{s}=\mathrm{kg}\cdot\frac{\mathrm{m}}{\mathrm{s}^2}\cdot\mathrm{s}=\mathrm{kg}\cdot\frac{\mathrm{m}}{\mathrm{s}}$$

6.2.2 关于力的冲量的具体计算包括下面几种

若作用力为常力，经历时间 $0\to t$ 后，常力的冲量为

$$\boldsymbol{I}=\boldsymbol{F}\cdot t \tag{6-9}$$

若作用力为变力，则力 $\boldsymbol{F}$ 在微小时间间隔 $\mathrm{d}t$ 内的冲量，称为力的元冲量，用 $\mathrm{d}\boldsymbol{I}$ 表示，即 d

$$\boldsymbol{I}=\boldsymbol{F}\cdot \mathrm{d}t$$

则力 $\boldsymbol{F}$ 在有限时间间隔 t_2-t_1 内的冲量为

$$\boldsymbol{I}=\int_{t_1}^{t_2}\mathrm{d}\boldsymbol{I}=\int_{t_1}^{t_2}\boldsymbol{F}\cdot \mathrm{d}t \tag{6-10}$$

设力 $\boldsymbol{F}$ 在直角坐标系下的解析投影式 $\boldsymbol{F}=F_x\boldsymbol{i}+F_y\boldsymbol{j}+F_z\boldsymbol{k}$，则(6-10)式在 x,y,z 三个轴上的投影式分别为

$$I_x=\int_{t_1}^{t_2}F_x\cdot \mathrm{d}t$$

$$I_y=\int_{t_1}^{t_2}F_y\cdot \mathrm{d}t$$

$$I_z=\int_{t_1}^{t_2}F_z\cdot \mathrm{d}t \tag{6-11}$$

其中 I_x,I_y,I_z 分别代表力的冲量 $\boldsymbol{I}$ 在 x,y,z 三个轴上的投影。

如果有 $\boldsymbol{F}_1,\boldsymbol{F}_2\cdots\cdots\boldsymbol{F}_n$ 这 n 个力组成的共点力系作用在物体上，合力为 $\boldsymbol{R}$，则共点力系的合力 $\boldsymbol{R}$ 在时间间隔 t_2-t_1 内的冲量为

$$\begin{aligned}\boldsymbol{I}&=\int_{t_1}^{t_2}\boldsymbol{R}\cdot \mathrm{d}t=\int_{t_1}^{t_2}\sum_{i=1}^{n}\boldsymbol{F}_i\cdot \mathrm{d}t=\int_{t_1}^{t_2}\boldsymbol{F}_1\cdot \mathrm{d}t+\int_{t_1}^{t_2}\boldsymbol{F}_2\cdot \mathrm{d}t+\cdots+\int_{t_1}^{t_2}\boldsymbol{F}_n\cdot \mathrm{d}t\\&=\sum_{i=1}^{n}\int_{t_1}^{t_2}\boldsymbol{F}_i\cdot \mathrm{d}t=\sum_{i=1}^{n}\boldsymbol{I}_i\end{aligned} \tag{6-12}$$

即共点力系的合力的冲量等于力系中各分力的冲量的矢量和。

具体应用时同样可以采用解析投影的形式。

6.3 动量定理

6.3.1 质点和质点系的动量定理

采用动量这一概念来描述质点的运动，则质点动力学基本方程 $\boldsymbol{F}=m\boldsymbol{a}$ 可以表示为另一种形式。

因为

$$\boldsymbol{a}=\frac{\mathrm{d}\boldsymbol{v}}{\mathrm{d}t}$$

所以

$$\boldsymbol{F}=m\cdot\frac{\mathrm{d}\boldsymbol{v}}{\mathrm{d}t}=\frac{\mathrm{d}(m\boldsymbol{v})}{\mathrm{d}t}=\frac{\mathrm{d}\boldsymbol{P}}{\mathrm{d}t}$$

即

$$\mathrm{d}\boldsymbol{P}=\boldsymbol{F}\cdot \mathrm{d}t=\sum_{i=1}^{n}\boldsymbol{F}_i\cdot \mathrm{d}t \tag{6-13}$$

(6-13)式表明：质点的动量的微分等于所有作用于质点上的力的元冲量的矢量和，此式称为质点的微分形式动量定理。

在有限的时间间隔 t_2-t_1 内积分(6-13)式，可得

$$\boldsymbol{P}_2-\boldsymbol{P}_1=\sum_{i=1}^{n}\boldsymbol{I}_i \tag{6-14}$$

即质点的动量在有限时间间隔内的改变等于作用在质点上的所有力在这段时间间隔内的冲量的矢量和,这就是质点的积分形式的动量定理。

对于由质量分别为 $m_1,m_2,\cdots\cdots m_n$,速度分别为 $\boldsymbol{v}_1,\boldsymbol{v}_2,\cdots\boldsymbol{v}_n$ 的 n 个质点组成的质点系中的任一质点 i 来说,其所受力 $\boldsymbol{F}_i$ 可以分成两部分:质点系内其余质点对该质点施加的力 $\boldsymbol{F}_i^{(i)}$,称为内力,质点系以外的物体对该质点施加的力 $\boldsymbol{F}_i^{(e)}$,称为外力。

则质点系中第 i 个质点的动量定理的表达式可写为

$$\frac{\mathrm{d}\boldsymbol{P}_i}{\mathrm{d}t}=\frac{\mathrm{d}(m_i\boldsymbol{v}_i)}{\mathrm{d}t}=\boldsymbol{F}_i^{(e)}+\boldsymbol{F}_i^{(i)}\ (i=1,2\cdots n)$$

将这 n 个式子相加,则有

$$\sum_{i=1}^{n}\frac{\mathrm{d}(m_i\boldsymbol{v}_i)}{\mathrm{d}t}=\sum_{i=1}^{n}\boldsymbol{F}_i^{(e)}+\sum_{i=1}^{n}\boldsymbol{F}_i^{(i)} \tag{6-15}$$

(6－15)式中右边第二项 $\sum_{i=1}^{n}\boldsymbol{F}_i^{(i)}$ 是质点系内力和,表示质点系中 n 个质点之间的相互作用力的矢量和。因为内力总是成对出现的,且每对力大小相等,方向相反,所以 $\sum_{i=1}^{n}\boldsymbol{F}_i^{(i)}=\boldsymbol{0}$。(6－15)式中右边第一项 $\sum_{i=1}^{n}\boldsymbol{F}_i^{(e)}$ 表示作用在该质点系上的所有外力的矢量和。式中左边项 $\sum_{i=1}^{n}\frac{\mathrm{d}(m_i\boldsymbol{v}_i)}{\mathrm{d}t}=\frac{\mathrm{d}}{\mathrm{d}t}(\sum_{i=1}^{n}m_i\boldsymbol{v}_i)=\frac{\mathrm{d}}{\mathrm{d}t}(M\boldsymbol{v}_c)=\frac{\mathrm{d}\boldsymbol{P}}{\mathrm{d}t}$。

那么(6－15)式变为

$$\frac{\mathrm{d}\boldsymbol{P}}{\mathrm{d}t}=\frac{\mathrm{d}}{\mathrm{d}t}(M\boldsymbol{v}_c)=\sum_{i=1}^{n}\boldsymbol{F}_i^{e} \tag{6-16}$$

这就是质点系动量定理的微分形式:质点系的动量对时间的一阶导数等于作用在该质点系上的所有外力的矢量和。

将(6－16)式向直角坐标系 $Oxyz$ 投影可得

$$\begin{aligned}\frac{\mathrm{d}P_x}{\mathrm{d}t}&=\sum_{i=1}^{n}F_{ix}^{e}\\ \frac{\mathrm{d}P_y}{\mathrm{d}t}&=\sum_{i=1}^{n}F_{iy}^{e}\\ \frac{\mathrm{d}P_z}{\mathrm{d}t}&=\sum_{i=1}^{n}F_{iz}^{e}\end{aligned} \tag{6-17}$$

式(6－17)表明质点系的动量在某坐标轴上的投影对时间的一阶导数,等于作用在该质点系上的所有外力在该轴上的投影的代数和。

把(6－16)式两边同乘以 dt,然后在时间间隔 $[t_1,t_2]$ 内对时间积分,设 t_1,t_2 这两个瞬时,质点系的动量分别为 $\boldsymbol{P}_1,\boldsymbol{P}_2$,则有

$$\boldsymbol{P}_2-\boldsymbol{P}_1=\sum_{i=1}^{n}\int_{t_1}^{t_2}\boldsymbol{F}_i^{e}\cdot\mathrm{d}t=\sum_{i=1}^{n}\boldsymbol{I}_i^{e} \tag{6-18}$$

这就是质点系动量定理的积分形式:在某一段时间间隔内,质点系动量的改变,等于在这段时间间隔内作用于质点系上的所有外力的冲量的矢量和。

将上式(6－18)投影到直角坐标轴上得

$$P_{2x}-P_{1x}=\sum_{i=1}^{n}I_{ix}^{e}$$

$$P_{2y} - P_{1y} = \sum_{i=1}^{n} I_{iy}^{e}$$

$$P_{2z} - P_{1z} = \sum_{i=1}^{n} I_{iz}^{e} \tag{6-19}$$

动量定理的投影形式表明:在某一段时间间隔内质点系的动量在某一轴上的投影的增量等于作用于质点系上的所有外力在同一时间间隔内的冲量在同一坐标轴上投影的代数和。

通过质点系动量定理可以看出:质点系的内力可以改变质点系中各质点的动量,但不能改变质点系的总动量,只有外力才能改变质点系的总动量。因此在应用动量定理时,只分析系统所受的外力而不必分析内力。

既然只有外力的矢量和才能改变质点系的动量,那么当作用于质点系上的外力的矢量和恒为零时,质点系的动量将不改变而恒保持为一个常量,这就是动量守恒定律。

从(6-16)式得

若$\sum \boldsymbol{F}_i^e = \boldsymbol{0}$,则$\dfrac{\mathrm{d}\boldsymbol{P}}{\mathrm{d}t} = \boldsymbol{0}$

从而

$$\boldsymbol{P}_2 = \boldsymbol{P}_1 = M\boldsymbol{v}_c \tag{6-20}$$

此时 $\boldsymbol{v}_c \equiv \boldsymbol{C}$,即质点系的质心作惯性运动。

若外力的矢量和并不等于零,但作用于质点系上的所有外力在某轴上的投影的代数和恒等于零,则质点系的动量在该轴上的投影为一常量,这就是动量投影守恒定律。

即若有 $\sum_{i=1}^{n} F_{ix}^{e} = 0$,

则

$$P_{2x} = P_{1x} = C \tag{6-21}$$

又因为

$$P_x = MV_{cx}$$

所以

$$V_{cx} = 常量。$$

即质点系的质心在 x 轴方向作匀速运动或静止。

下面举例来说明质点系的动量定理。

大炮发射炮弹时,炮弹和炮身可以看成一个质点系,若不计地面给炮身的水平约束反力,则系统在水平方向所受的外力为零,当火药爆炸时,产生的气体压力是内力,它不能改变整个系统的总动量,但是气体压力(内力)可以使炮弹以极高的速度飞出去,从而获得一个向前的动量,因系统在爆炸前后,总动量在水平方向的投影应当守恒,因此,气体压力应同时使炮身获得一个大小相等,方向相反的动量,即炮身向后运动。这就是反冲作用。

例 6-3 在水平面上有物体 A 与 B,m_A 为 2 kg,m_B 为 1 kg。设 A 以某一速度运动并撞击原来静止的 B,如图 6-3 所示。撞击后 A 与 B 合并为一体向前运动,历时 2 s 停止。设 A,B 与平面间的动摩擦系数 $f = 1/4$。试求撞击前 A 的速度,以及撞击至 A,B 静止过程中,A,B 相互作用的冲量。

解:以 A,B 组成的系统为研究对象列写沿水平方向的动量定理:

$$0 - m_A v_A = -\int_0^2 (F_A + F_B)\,\mathrm{d}t$$

因为摩擦力 $F_i = fN_i = fm_i g\,(i = A, B)$ 为常值,由上式直接解得

$$v_A = \frac{(m_A + m_B)}{m_A} fgt = 7.35 \text{ m/s}$$

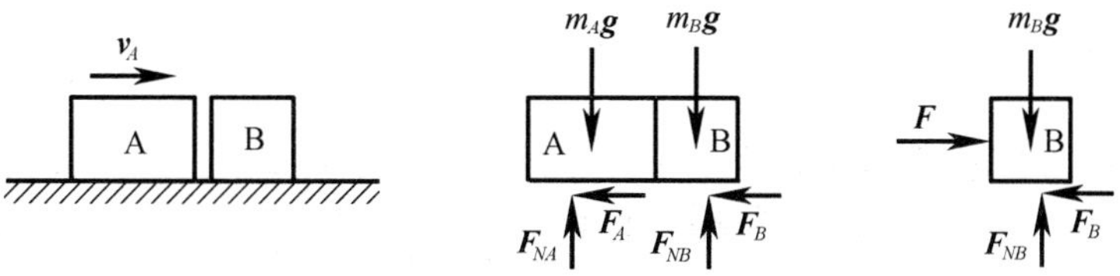

图6-3　例6-3图

以 B 为研究对象，则 A 对 B 的撞击力转化为外力 $\boldsymbol{F}$，列写沿水平方向的动量定理：

$$0 = \int_0^2 (F_x - F_B)\mathrm{d}t$$

沿水平方向的撞击冲量为

$$I_x = \int_0^2 F_x \mathrm{d}t = fm_B gt = 4.9\ \mathrm{kg \cdot m/s}$$

例6-4　如图6-4所示，大炮的炮身重 $P_1 = 8$ kN，炮弹重 $P_2 = 40$ N，炮筒的倾角为30°，炮弹从击发至离开炮筒所需时间 $t = 0.05$ s，炮弹出口速度 $v = 500$ m/s，不计摩擦。求炮身的后坐速度及地面对炮身的平均法向约束力。

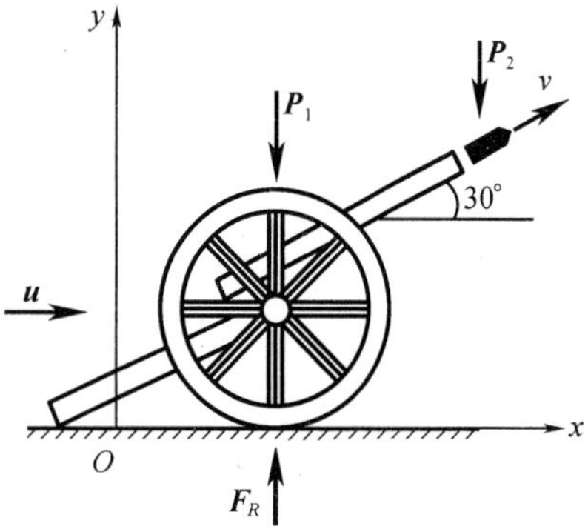

图6-4　例6-4图

解：以炮身和炮弹为系统。作用于此质点系上的外力有重力 $\boldsymbol{P}_1$，$\boldsymbol{P}_2$ 和地面的法向约束力 $\boldsymbol{F}_R$；在水平方向无外力作用。由此可知，在发射炮弹的过程中，系统的动量在水平方向保持不变。发射前，系统静止，其动量为零，因此，发射后系统的动量在水平方向上仍应为零。现以 $\boldsymbol{u}$ 表示发射炮弹后炮身在水平方向的后坐速度（先假设沿 x 轴正向），则有

$$\frac{P_1}{g}u + \frac{P_2}{g}v\cos 30^\circ = 0$$

由此可求得

$$u = -\frac{P_2}{P_1}v\cos 30^\circ = -\frac{0.04}{8} \times 500 \times \frac{\sqrt{3}}{2}\mathrm{m/s} = -2.17\ \mathrm{m/s}$$

此处的负号表示炮身的后坐速度与所设方向相反，即发射炮弹时炮身向后退。

另外

$$\frac{P_2}{g}v\sin 30^\circ - 0 = (F_R - P_1 - P_2)t$$

求得

$$F_R = P_1 + P_2 + \frac{P_2 v\sin 30^\circ}{g \quad t} = 8 + 0.04 + \frac{0.04}{9.81} \times \frac{500 \times 0.5}{0.05} = 28.4\ \mathrm{kN}$$

显然这里求得的 $\boldsymbol{F}_R$ 是射击过程中地面对炮身的“平均”法向力，因为在计算中是把 $\boldsymbol{F}_R$ 作为常力对待的，而实际上这个力在射击过程中其大小是变化的。

6.4 质心运动定理

针对质点系动量定理,我们作进一步推导,根据(6-16)式

$$\frac{\mathrm{d}\boldsymbol{P}}{\mathrm{d}t}=\frac{\mathrm{d}(M\boldsymbol{v}_c)}{\mathrm{d}t}=\sum_{i=1}^{n}\boldsymbol{F}_i^e$$

质点系质量是常数,则有

$$M\cdot\frac{\mathrm{d}\boldsymbol{V}_c}{\mathrm{d}t}=\sum_{i=1}^{n}\boldsymbol{F}_i^e$$

所以

$$M\cdot\boldsymbol{a}_c=\sum_{i=1}^{n}\boldsymbol{F}_i^e \tag{6-22}$$

(6-22)式表明:质点系的质量和其质心加速度的乘积,等于作用于质点系的所有外力的矢量和,这就是质心运动定理。(6-22)式与质点动力学基本方程形式完全相同,因此,在研究质点系质心的运动时,相当于研究质量和外力都集中在质心上的质点的运动。

将这个定理的(6-22)式向直角坐标系 $Oxyz$ 投影,可得

$$\begin{aligned}Ma_{cx}&=\sum F_{ix}^e\\ Ma_{cy}&=\sum F_{iy}^e\\ Ma_{cz}&=\sum F_{iz}^e\end{aligned} \tag{6-23}$$

这就是质心运动定理的直角坐标投影形式:质点系的质量和质心加速度在某轴上的投影的乘积等于作用在质点系上的所有外力在同一轴上投影的代数和。

由质心运动定理的推导过程可以看出质心运动定理是动量定理在用于质量是常数的质点系的变形形式,它们在本质上是一个定理,应用质心运动定理也可以解决动力学的两类基本问题。

若(6-22)式中 $\sum\boldsymbol{F}_i^e=\boldsymbol{0}$,即质点系所受的所有外力的矢量和为零,则 $\boldsymbol{a}_c=\boldsymbol{0}$。也就是 $\boldsymbol{v}_c=\boldsymbol{C}$,即作用在质点系上的所有外力的矢量和若恒等于零,则质心作匀速直线运动或静止,如果初瞬时质心静止,则无论质点系怎样运动,质心始终保持不动。

若(6-23)中作用在质点系上的外力在某一轴上的投影的代数和为零(以 x 轴为例),$\sum F_{ix}^e=0$,则 $a_{cx}=0$ 也就是 $v_{cx}=C$,即质心沿 x 轴的运动是匀速的或质心的 x 方向坐标不变。

以上两点都称为质点系质心运动守恒。

可以看出,要改变质点系质心的运动,必须有外力作用,质点系内部各质点之间相互作用的内力不能改变质心的运动。

根据质心运动定理,某些质点系动力学问题可以直接用质点动力学理论来解答。例如,刚体平动时,知道了质心的运动也就知道了整个刚体的运动,所以刚体平动的问题,完全可以作为质点运动问题来求解。

下面举例说明质心运动定理的应用。

汽车开动时,发动机汽缸内的燃气压力对汽车整体来说是内力,不能使车子前进,只有当燃气推动活塞,通过传动机构带动主动轮转动,地面对主动轮作用了向前的摩擦力,汽车才能前进。

在静止于静水中的小船上,人向前走,船往后退也是因为人与小船的质心要保持静止的缘故。

例6-5　设有一电机用螺栓固定在水平基础上,电动机外壳及其定子重 P_1,质心 O_1 在转子的轴线上,转子重 P_2,质心 O_2 由于制造上的偏差而与其轴线相距为 r,转子以匀角速 ω 转动,如图6-5所示。求螺栓和基础对电动机的反力。

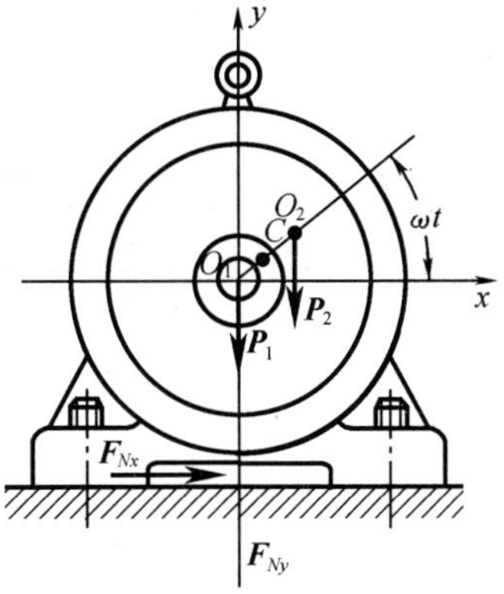

图6-5　例6-5图

解:取电机为质点系,作用于质点系的外力有重力 $\boldsymbol{P}_1$,$\boldsymbol{P}_2$ 及约束力 $\boldsymbol{F}_{Nx}$,$\boldsymbol{F}_{Ny}$。选固定坐标系 O_1xy,则外壳与定子的质心 O_1 的坐标为 $x_1=0$,$y_1=0$,而转子的质心 O_2 的坐标为 $x_2=r\cos\omega t$,$y_2=r\sin\omega t$,电机质心 C 的坐标为

$$\left.\begin{aligned}x_C&=\frac{P_1x_1+P_2x_2}{P_1+P_2}=\frac{P_2r\cos\omega t}{P_1+P_2}\\y_C&=\frac{P_1y_1+P_2y_2}{P_1+P_2}=\frac{P_2r\sin\omega t}{P_1+P_2}\end{aligned}\right\}$$

根据质心运动定理,电机质心 C 的运动微分方程为

$$\left.\begin{aligned}\frac{P_1+P_2}{g}\frac{\mathrm{d}^2x_C}{\mathrm{d}t^2}&=-\frac{P_2}{g}r\omega^2\sin\omega t=F_{Nx}\\\frac{P_1+P_2}{g}\frac{\mathrm{d}^2y_C}{\mathrm{d}t^2}&=-\frac{P_2}{g}r\omega^2\cos\omega t=F_{Ny}-P_1-P_2\end{aligned}\right\}$$

解得

$$\left.\begin{aligned}F_{Nx}&=-\frac{P_2}{g}r\omega^2\sin\omega t\\F_{Ny}&=P_1+P_2-\frac{P_2}{g}r\omega^2\cos\omega t\end{aligned}\right\}$$

可见,由于转子偏心而引起的水平和铅垂方向的动反力都是随时间周期性变化的,其中附加反力比静反力一般大得多,会引起基础的振动和机件的损坏,因此在设计安装时常须考虑附加动约束力。

当 $F_{Ny}>0$ 时,F_{Ny}是基础给电机的动反力,而当 $F_{Ny}<0$ 时,则 F_{Ny}是螺栓对于电机的力。

若不计摩擦和螺栓预紧力时,F_{Nx}是螺栓给电机的力。实际上,一般是预先拧紧螺帽,形成足够的预紧力,依靠电机与基础间的摩擦力提供水平约束力 F_{Nx}。

例6-6　物体 A 和 B 的质量分别为 m_1 和 m_2,借一绕过滑轮 C 的不可伸长的绳索相连,这两个物体可沿直角三棱柱的光滑斜面滑动。而三棱柱的底面 DE 放在光滑水平面上,如图 6－6 所示。试求当物体 A 落下高度 $h=10$ cm 时，三棱柱沿水平面的位移。设三棱柱的质量 $m=4m_1=16m_2$，绳索和滑轮的质量都可以忽略不计。初瞬时系统处于静止。

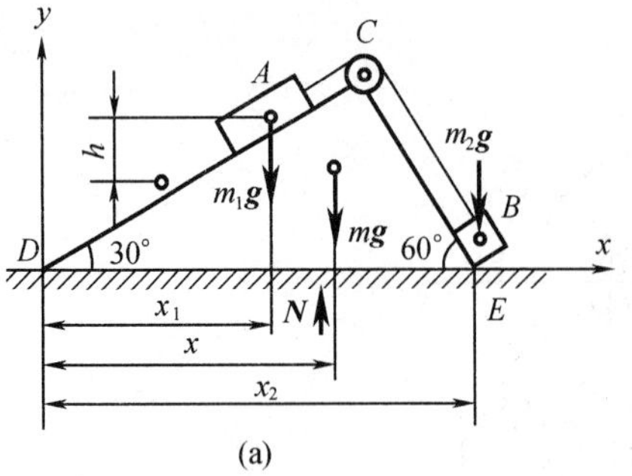

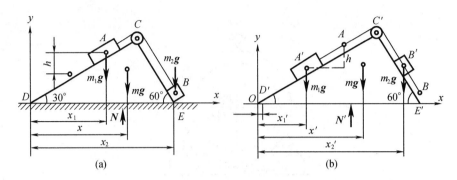

图 6－6 例 6－6 图

解：取整个系统为研究对象。系统的外力只有铅直方向的重力 m_1g，m_2g，mg 和法向反力 N。又因系统在初瞬时处于静止，故整个系统的质心在水平方向 x 的位置守恒，即 $x_C=x_C{}'$。

三棱柱移动前系统质心的横坐标

$$x_C=\frac{\sum mx}{\sum m}=\frac{m_1x_1+m_2x_2+mx}{m_1+m_2+m}$$

设三棱柱沿水平面的位移是 s，则移动后系统质心的横坐标

$$x_C{}'=\frac{\sum mx'}{\sum m}=\frac{m_1(x_1-h\cot 30^\circ+s)+m_2\left(x_2-\dfrac{h}{\sin 30^\circ}\sin 30^\circ+s\right)+m(x+s)}{m_1+m_2+m}$$

由 $x_C=x_C{}'$ 得三棱柱沿水平面向右的位移

$$s=\frac{\sqrt{3}m_1+m_2}{m_1+m_2+m}=\frac{\sqrt{3}\times 4+1}{4+1+16}\times 10=3.77\ \text{cm}$$

例 6－7　如图 6－7 所示，单摆 B 的支点固定在一可沿光滑的水平直线轨道平移的滑块 A 上，设 A，B 的质量分别为 m_A，m_B，运动开始时，$x=x_0$，$\varphi=\varphi_0$，$\dot{x}=0$，$\dot{\varphi}=0$。试求单摆 B 的轨迹方程。

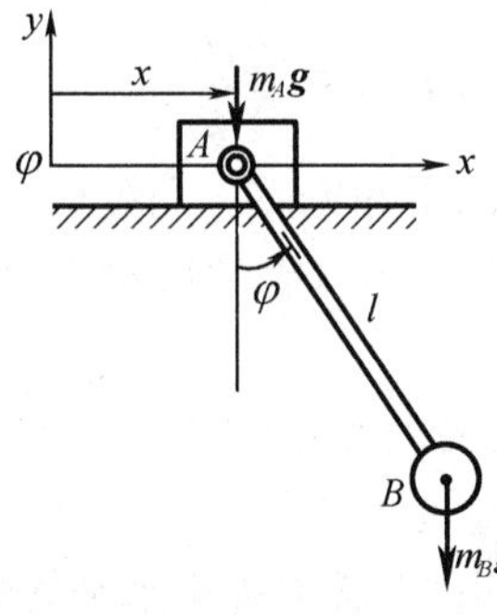

图 6－7 例 6－7 图

解：以系统为对象，其运动可用滑块 A 的坐标 x 和单摆摆动的角度 φ 两个坐标确定。

由于沿 x 方向无外力作用，且初始静止，系统沿 x 轴的动量守恒，质心坐标 x_C 应保持常量 x_{C0}，故有

$$x_C=\frac{m_Ax+m_B(x+l\sin\varphi)}{m_A+m_B}=\frac{m_Ax_0+m_B(x_0+l\sin\varphi_0)}{m_A+m_B}=x_{C0}$$

解出

$$x=x_{C0}-\frac{m_B}{m_A+m_B}l\sin\varphi$$

单摆 B 的坐标为

$$x_B=x+l\sin\varphi=x_{C0}+\frac{m_A}{m_A+m_B}l\sin\varphi$$

$$y_B=-l\cos\varphi$$

消去 φ，即得到单摆 B 的轨迹方程

$$\left(1+\frac{m_B}{m_A}\right)^2(x_B-x_{C0})^2+y_B^2=l^2$$

是以 $x=x_{C0}$，$y=0$ 为中心的椭圆方程，因此悬挂在滑块上的单摆也称为椭圆摆。

通过上面例题表明，质心运动定理和动量定理的解题步骤基本相同，首先选取研究对象，选取坐标系，作受力分析，根据系统所受的外力来判断系统的动量或质心的运动是否守恒，求定理中各物理量，代入表达式求解等等。通常在涉及到速度，力与时间之间的关系问题时，选用动量定理较为方便。对于求质心运动的两类问题和解决某些守恒问题时，则选用质心运动定理较好。由于动量定理，质心运动定理均由牛顿定律导得，故定理中的运动量必须是相对于惯性参考系的。

在计算多刚体系统时，可不必去找系统的质心，而利用每个刚体的质心位置及质心运动情况。如求系统总动量时

$$\boldsymbol{P}=M\boldsymbol{v}_c=\sum_{i=1}^{n}m_i\boldsymbol{v}_{ci}$$

应用质心运动定理时，可用关系式 $M\boldsymbol{a}_c=\sum_{i=1}^{n}m_i\boldsymbol{a}_{ci}$。具体计算时可用矢量式的坐标轴投影形式。其中 m_i，$\boldsymbol{v}_{ci}$，$\boldsymbol{a}_{ci}$ 分别表示多刚体系统中的第 i 个刚体的质量，质心速度和质心加速度。

思　考　题

一、判断题

1. 质点系中各质点都处于静止时，质点系的动量为零。于是可知如果质点系的动量为零，则质点系中各质点必须静止。（　　）

2. 质点系的质心位置守恒的条件是质点系外力系的主矢恒等于零，且质心的初速度也等于零。（　　）

3. 炮弹在空中飞行时，若不计空气阻力，则其质心的轨迹为一抛物线。炮弹在空中爆炸后，其质心的轨迹不改变（　　）；又当部分弹片落地后，其质心轨迹要改变。（　　）

4. 图中所示两等长的均质杆 AC 和 BC 各重 P_1，P_2，用铰链 C 连接。两杆支持在水平光滑地面上，从图示位置静止开始释放。在 $P_1=P_2$，$P_1=2P_2$；两种情况下，C 点的运动轨迹一样。（　　）

5. 用无重刚杆连接质量同为 m 的小球。某瞬时绕 O 点转动的角速度为 ω。该系统的动量 $|\boldsymbol{P}|=2m\times\frac{3}{2}l\omega$，作用线位置如图所示。(　　)

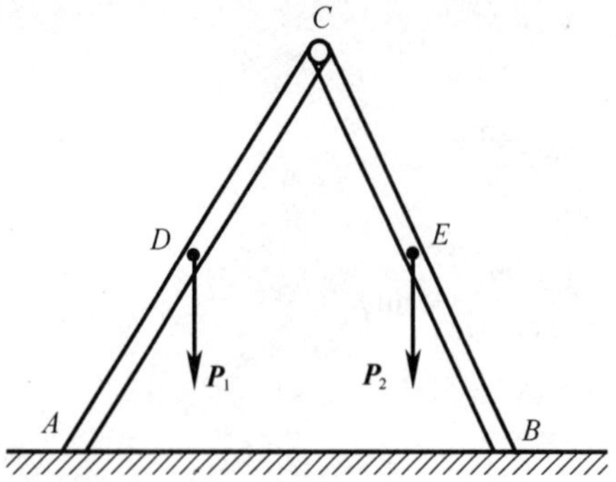

第 4 题图

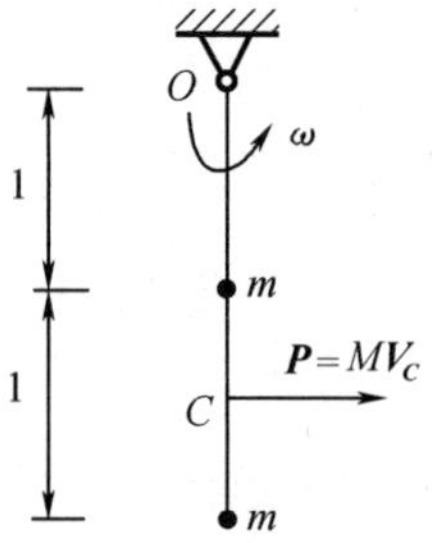

第 5 题图

二、选择题

1. 质点系动量守恒的条件是(　　)。

A. 作用于质点系的主动力的矢量和恒为零　B. 作用于质点系的内力的矢量和恒为零

C. 作用于质点系的约束力的矢量和恒为零　D. 作用于质点的外力的矢量和恒为零。

2. 动量 $m\boldsymbol{v}$ 中的 $\boldsymbol{v}$ 是(　　)。

A. 绝对速度　B. 相对速度　C. 牵连速度。

3. 图示平面四连杆机构中，曲柄 O_1A、O_2B 和连杆 AB 皆可视为质量为 m、长为 $2r$ 的均质细杆。图示瞬时，曲柄 O_1A 逆钟向转动的角速度为 ω，则该瞬时此系统的动量为(　　)。

A. $2mr\omega\boldsymbol{i}$　B. $3mr\omega\boldsymbol{i}$　C. $4mr\omega\boldsymbol{i}$　D. $6mr\omega\boldsymbol{i}$

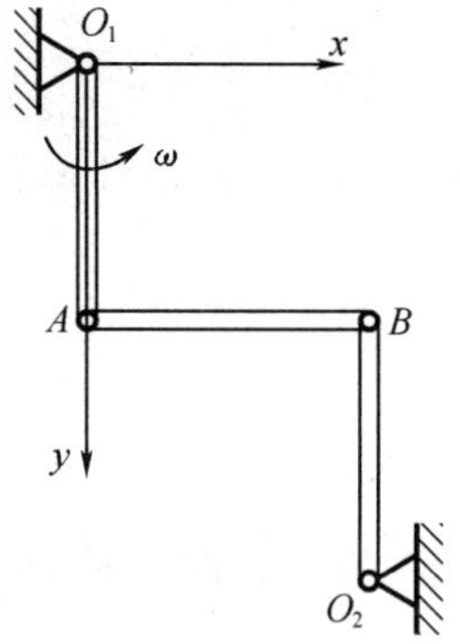

第 3 题图

4. 杆 AB 在光滑的水平面上竖直位置无初速的倒下，其质心的轨迹为(　　)。

A. 圆　B. 椭圆　C. 抛物线　D. 竖直线

5. 设 A，B 两质点的质量分别为 m_A，m_B，它们在某瞬时的速度大小分别为 v_A，v_B，则(　　)。

A. 当 $v_A=v_B$，且 $m_A=m_B$ 时，该两质点的动量必定相等

B. 当 $v_A = v_B$，且 $m_A \neq m_B$ 时，该两质点的动量也可能相等

C. 当 $v_A \neq v_B$，且 $m_A \neq m_B$ 时，该两质点的动量有可能相等

D. 当 $v_A \neq v_B$，且 $m_A \neq m_B$ 时，该两质点的动量必不相等

三、填空题

1. 质点系的________力不影响质心的运动，只有________力才能改变质心的运动。

2. 小球 M 重 Q，固定在一根长为 L 重为 P 的匀质细杆上，杆的另一端铰接在以 $\boldsymbol{v}$ 运动的小车的顶板上，杆 OM 以角速度 ω 绕 O 轴逆时针转动，则图示瞬间杆的动量的大小为________，小球动量的大小为________。

3. 质量均为 m 的匀质细杆 AB，BC 和匀质圆盘 CD 用铰链连接在一起并支撑如图。已知 $AB = BC = CD = 2R$，图示瞬时 A、B、C 处在一水平直线位置上而 CD 铅直，且 AB 杆以角速度 ω 转动，则该瞬时系统的动量的大小为________（在图中画出该动量）。

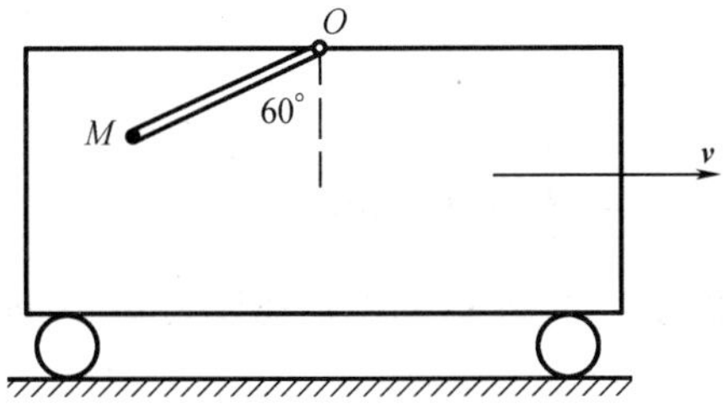

第 2 题图

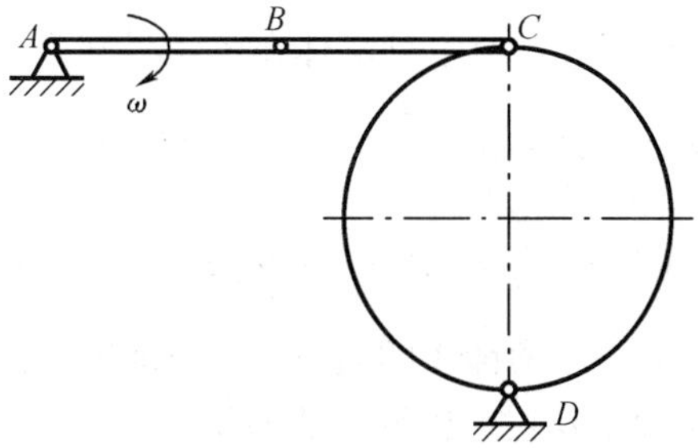

第 3 题图

4. 图示曲柄连杆机构中，曲柄和连杆皆可视为均质杆。其中曲柄的质量为 m_1、长为 r，连杆的质量为 m_2，长为 l，滑块的质量为 m_3。图示瞬时，曲柄逆钟向转动的角速度为 ω，则机构在该瞬时的动量等于________。

5. 图所示质量为 m_1 的小车，以速度 $\boldsymbol{V}_1$ 在水平路面上缓慢行驶，若在车上将一货物以相对于小车的速度 $\boldsymbol{V}_2$ 水平抛出，若货物质量为 m_2，不计地面阻力，则此时小车速度为________。

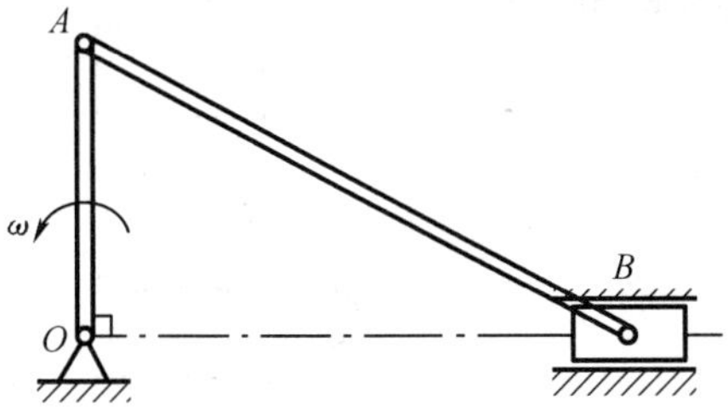

第 4 题图

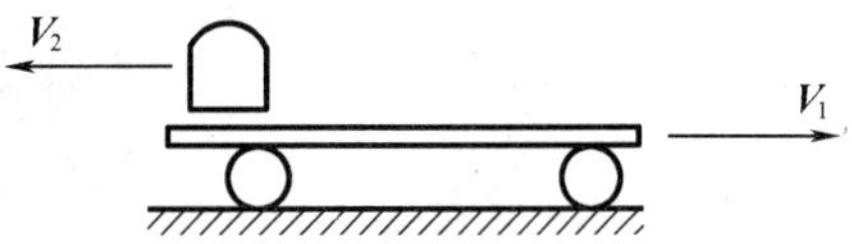

第 5 题图

习　　题

6-1　计算下列图示情况下系统的动量。

(1) 质量为 m 的均质圆盘，圆心具有速度 v_0，沿水平面作纯滚动。

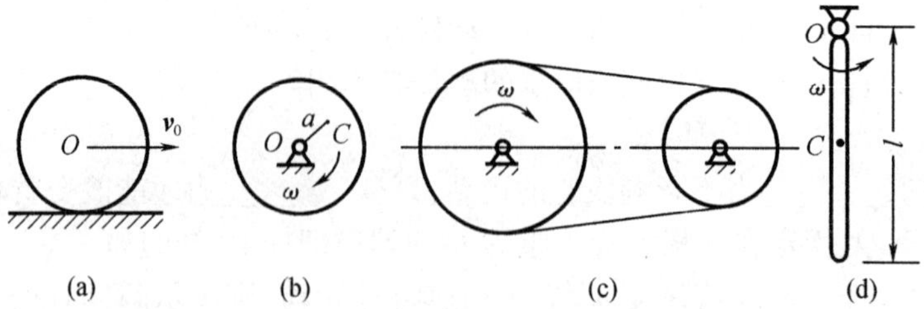

题6-1图

(2)非匀质圆盘以角速度 ω 绕轴 O 转动，圆盘质量为 m，质心为 C，$OC=a$。

(3)胶带与胶带轮组成的系统中，设胶带及胶带轮的质量都是均匀的。

(4)质量为 m 的匀质杆，长度为 l，角速度为 ω。

6-2 计算下列刚体在图示已知条件下的动量。

答案：(a) $\boldsymbol{p}=\dfrac{P}{g}\boldsymbol{v}_0$，$\boldsymbol{p}$ 与 v_0 同向；(b) $p=\dfrac{P}{g}\omega a$，$p\perp OC$；

(c) $\boldsymbol{p}=\dfrac{2}{3}Ma\omega\boldsymbol{i}+\dfrac{1}{b}Ma\omega\boldsymbol{j}$；(d) $\boldsymbol{p}=m(R-r)\dot{\theta}\cos\theta\boldsymbol{i}-m(R-r)\dot{\theta}\sin\theta\boldsymbol{j}$。

6-3 锻锤 A 的质量为 $m=300$ kg，其打击速度为 $v=8$ m/s，而回跳速度为 $u=2$ m/s。试求锻件 B 对锻锤反力的冲量。

答案：$I=3$ kN · s。

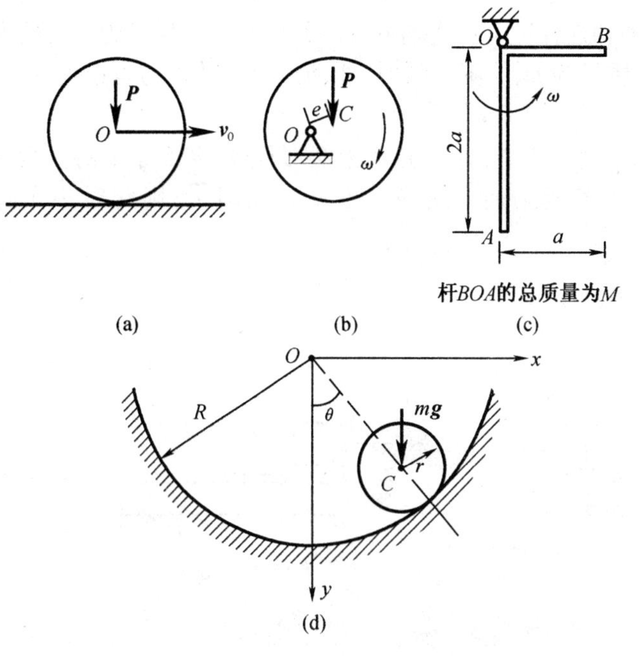

题6-2图

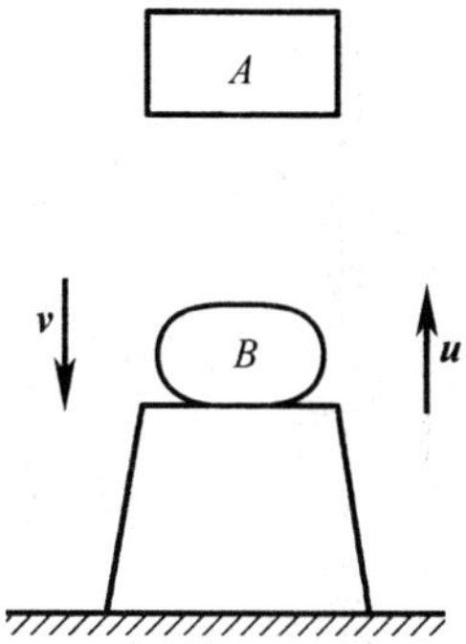

题6-3图

6-4 质量为250 kg的锻锤 A，从高度 $H=2$ m 处无初速地自由落下，锻击工件 B，如图所示。设锻击时间为 1/40 s，锻锤没有反跳，锻击时间内重力的冲量不计。试求平均锻击力。

答案:62.63 kN。

6－5　一个质量为10 kg的炮弹以出口速度为200 m/s垂直向上发射。利用冲量和动量定理,问需要多少时间达到最大高度,即速度降至零。

答案:20.4 s。

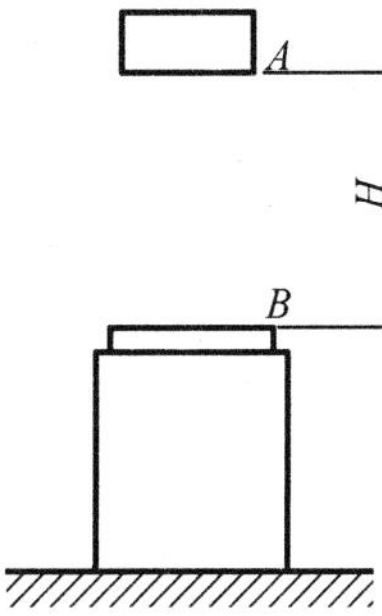

题6－4图

题6－6图

6－6　船A,B的重量分别为2.4 kN及1.3 kN,两船原处于静止间距6 m。设船B上有一人,重500 N,用力拉动船A,使两船靠拢。若不计水的阻力,求当船靠拢在一起时,船B移动的距离。

答案:$x=3.43$ m(向左)。

6－7　汽车以36 km/h的速度在水平直道上行驶。设车轮在制动后立即停止转动。问车轮对地面的动滑动摩擦系数f应为多大方能使汽车在制动后6 s停止。

答案:$f=0.17$。

6－8　如图所示,质量$m=1$ kg的小球,以速度$v_1=4$ m/s与水平固定面相撞,方向与铅直线成$\alpha=30°$角(入射角)。设小球弹跳的速度$v_2=2$ m/s,方向与铅直线成$\beta=60°$角(反射角)。试求作用于小球的冲量。

答案:4.472 kg·m/s,与铅直线夹角3°26′。

6－9　质量为m的驳船静止于水面上,船的中间载有质量为m_1的汽车和质量为m_2的拖车。若汽车和拖车向船头移动了距离b,试求驳船移动的距离。不计水的阻力。

答案:$\Delta x=\dfrac{-(m_1+m_2)b}{m_1+m_2+m}$。

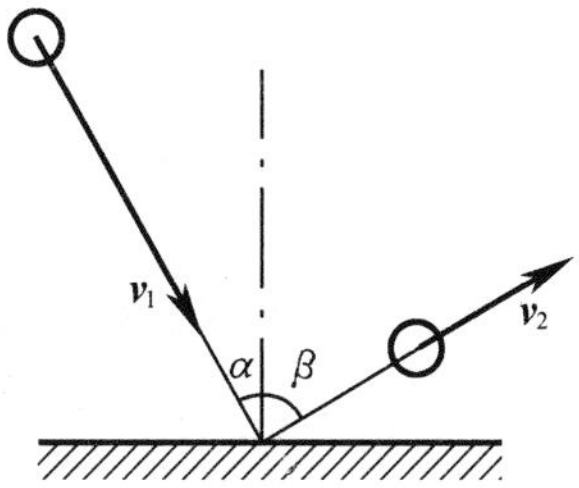

题6－8图

题6－9图

6－10　图示水泵的固定外壳 D 和基础 E 的质量为 m_1，曲柄 $OA=d$，质量为 m_2，滑道 B 和活塞 C 的质量为 m_3。若曲柄 OA 以角速度 ω 作匀角速转动，试求水泵在唧水时给地面的动压力（曲柄可视为匀质杆）。

答案：$F_N=(m_1+m_2+m_3)g+\frac{1}{2}(m_2+2m_3)d\omega^2\cos\omega t$。

6－11　施工中浇柱混凝土用的喷枪如图所示。喷枪口的直径 $D=80$ mm，喷射速度 $v_1=50$ m/s，混凝土密度 $\rho=2.2$ t/m^3。试求喷浆由于其动量变化而作用于铅直壁面的压力。

答案：27.65 kN。

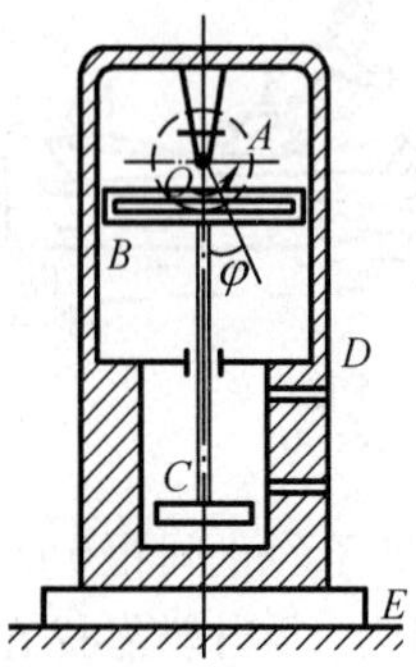

题 6－10 图

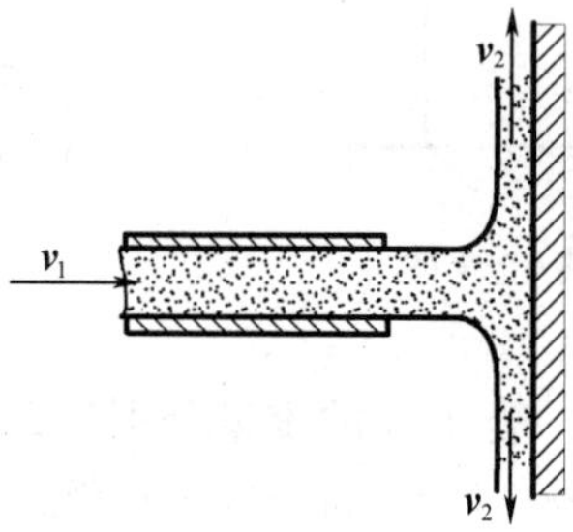

题 6－11 图

6－12　大直角锲块 A 重 P，水平边长为 a，放置在光滑水平面上；小锲块 B 重 Q，水平边长为 b（a 大于 b），如图放置在 A 上，当小锲块 B 完全下滑至图中虚线位置时，求大锲块的位移。假设初始时系统静止。

答案：$x=\frac{W(a-b)}{P+W}$（向左）。

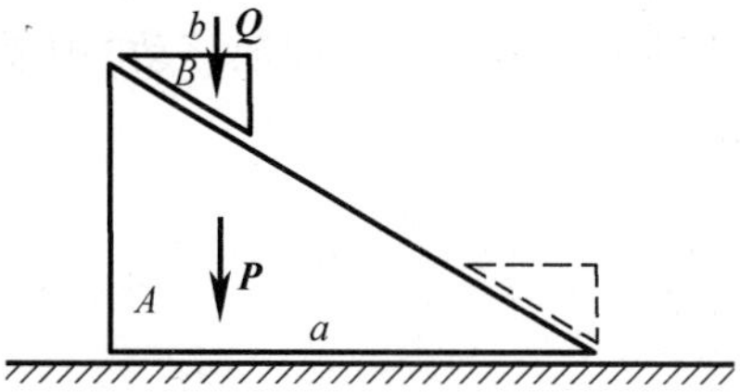

题 6－12 图

6－13　一支步枪质量为 2.3 kg。若枪握得不紧，有一颗 1.4 g 的子弹以 1 300 m/s 的出口速度射出，求刚好射出后步枪的回弹速度。

答案：0.791 m/s←。

6－14　凸轮机构如图所示。凸轮为一匀质圆轮，重力为 G，半径为 r，偏心距为 $OC=e$。凸轮以匀角速度 ω 绕 O 轴转动。水平滑杆重量为 W，由于右端弹簧的弹力作用而紧靠在凸轮上。当凸轮转动时，滑杆作水平往复运动。试求在任意瞬时 t 机座所受附加动反力的主矢。

答案：$-[(W+G)\cos\omega t\boldsymbol{i}+G\sin\omega t\boldsymbol{j}]e\omega^2/g$。

6－15　两质量都等于 M 的小车停在光滑的水平直轨道上，一质量为 m 的人，自一车跳到另一车，并立刻自第二车跳回第一车。求两车最后速度大小之比。

答案：$\dfrac{v_1}{v_2}=\dfrac{M}{M+m}$。

6－16　质量为 m、长为 $2l$ 的均质杆 OA 绕定轴 O 转动，设在图示瞬时的角速度为 ω，角加速度为 α，求此时轴 O 对杆的约束力。

答案：$F_{O_x}=m(l\omega^2\cos\varphi+l\alpha\sin\varphi)$，$F_{O_y}=mg+m(l\omega^2\sin\varphi-l\alpha\cos\varphi)$。

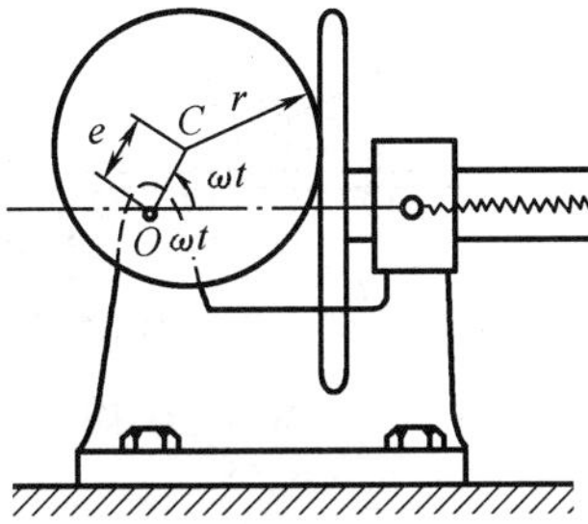

题 6－14 图

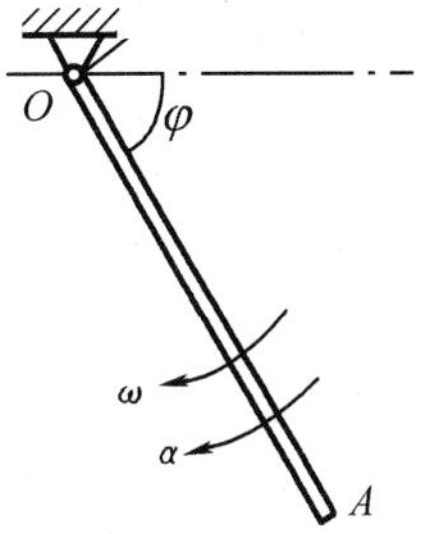

题 6－16 图

6－17　如图所示，质量为 m 的滑块 A，可以在水平光滑槽中运动，具有刚度系数为 k 的弹簧一端与滑块相连接，另一端固定。杆 AB 长度为 l，质量忽略不计，A 端与滑块 A 铰接，B 端装有质量 m_1，在铅直平面内可绕点 A 旋转。设在力偶 M 作用下转动角速度 ω 为常数。求滑块 A 的运动微分方程。

答案：$\ddot{x}+\dfrac{k}{m+m_1}x=\dfrac{m_1l\omega^2}{m+m_1}\sin\varphi$。

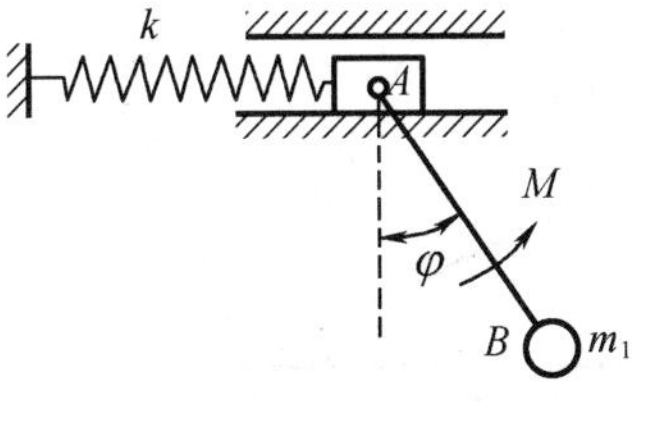

题 6－17 图

6－18　在图示曲柄滑杆机构中，曲柄以等角速度 ω 绕 O 轴转动。开始时，曲柄 OA 水平向右。已知：曲柄的质量为 m_1，滑块 A 的质量为 m_2，滑杆的质量为 m_3，曲柄的质心在 OA 的中点，$OA=l$；滑杆的质心在点 C。求：(1)机构质量中心的运动方程；(2)作用在轴 O 的最大水平约束力。

答案：$x_C=\dfrac{m_3l}{2(m_1+m_2+m_3)}+\dfrac{m_1+2m_2+2m_3}{2(m_1+m_2+m_3)}l\cos\omega t$；

$$y_C = \frac{m_1 + 2m_2}{2(m_1 + m_2 + m_3)} l\sin\omega t;$$

$$F_{x\max} = \frac{1}{2}(m_1 + 2m_2 + 2m_3) l\omega^2。$$

6 - 19 自动传送带如图所示,其运煤量恒为 20 kg/s,传送带速度为 1.5 m/s。试求匀速传送时传送带作用于煤块的水平推力。

答案:$F_{Rx} = 30$ N。

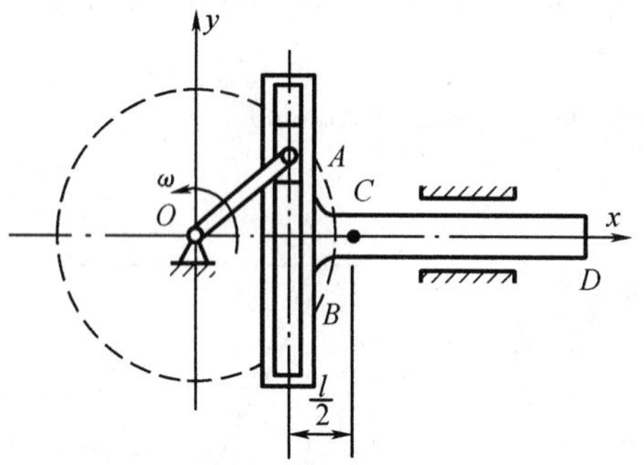

题 6 - 18 图

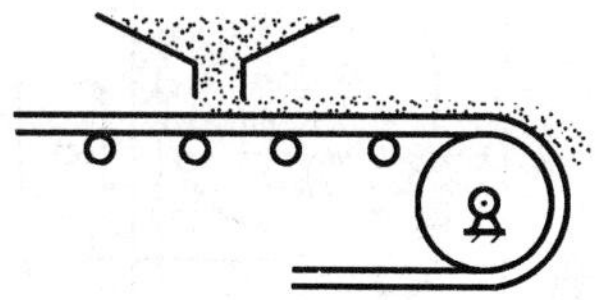

题 6 - 19 图

6 - 20 如图所示,长方体形箱子 $ABDE$ 搁置在光滑水平面上,AE 边与水平地面的夹角为 φ。$AB = DE = b$,$BD = AE = e$。试问 φ 取何值时,可使箱子倒下后。

(1)A 点的滑移距离最大,并求出此距离;

(2)A 点恰好滑移已知距离 d(d 小于最大滑移距离)。

答案:(1)$\varphi = \pi/2 - \arctan(b/e)$ 时,$d_{\max} = e/2$;

(2)$\varphi = \arccos[(e - 2d)/\sqrt{b^2 + e^2}] - \arctan(b/e)$。

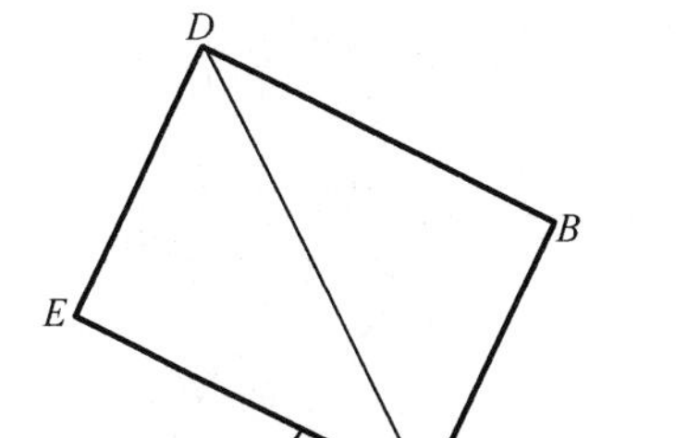

题 6 - 20 图

6 - 21 质量等于 10 g 的物体以速度 $v_0 = 10$ cm/s 运动,忽然受一打击,使它的速度变为 $v_1 = 20$ cm/s,并改变运动方向 45°,求打击冲量的大小和方向。

答案:$I = 147.4$ gcm/s,其方向与初速度 v_0 的夹角为 $\theta = 73°40'30''$。

6 - 22 火箭 A 和 B 组成二级火箭,自地面铅垂向上发射,每一级的总质量为 500 kg,其中燃料质量为 450 kg,燃料消耗量为 10 kg/s,燃气喷出的相对速度为 2 100 m/s;当火箭 A 喷完燃料,它的壳体就脱开,火箭 B 立即点火启动。求 A 脱开时的速度及 B 所能获得的最大速度。

答案:814 m/s,5 210 m/s。

6-23 图示移动式胶带输送机,每小时输送 109 m^3 的砂子,砂子的密度为 1 400 kg/m^3,输送带速度为 1.6 m/s。设砂子在入口处的速度为 v_1。方向垂直向下,在出口处的速度为 v_2,方向水平向右。如输送机不动,试问此时地面沿水平方向总的约束力有多大?

答案:$F_x = 67.82$ N。

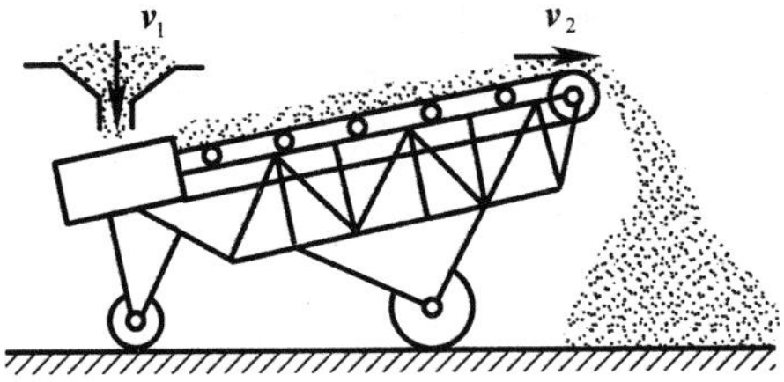

题 6-23 图

6-24 已知水的流量为 Q,密度为 ρ。水打在叶片上的速度 $\boldsymbol{v}_1$ 是水平的,水流出口速度 $\boldsymbol{v}_2$ 与水平成 θ 角。求水柱对涡轮固定叶片的动压力的水平分力。

答案:$F_x = \dfrac{W}{g}v(v_2\cos\theta + v_1)$。

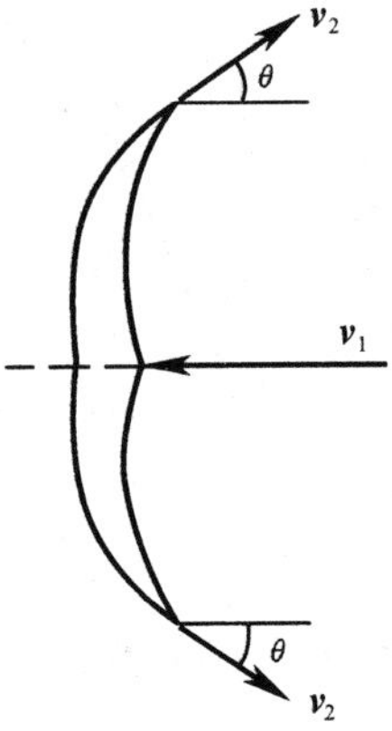

题 6-24 图

第7章　动量矩定理

前一章中讲的动量定理并不能完全描述出质点系的运动状态，例如一对称的圆轮绕不动的质心转动时，无论圆轮转动的快慢如何，无论转动状态有什么变化，它的动量恒等于零。

因此，我们必须有新的概念来描述类似的运动。

动量矩定理正是描述质点系相对于某一定点（或定轴）或质心的运动状态的理论

7.1　质点及质点系的动量矩

7.1.1　质点的动量矩

在静力学中，我们讲过力 $\boldsymbol{F}$ 对空间固定点 O 的矩 $\boldsymbol{m}_O(\boldsymbol{F})=\boldsymbol{r}\times\boldsymbol{F}$，这里我们用同样的方法来定义质点的动量对空间某一固定点的矩，又称为动量矩。设某瞬时，质量为 m 的质点 A 在力 $\boldsymbol{F}$ 的作用下运动，它对某空间固定点 O 的矢径为 $\boldsymbol{r}$，其速度为 $\boldsymbol{v}$，如图 7-1 所示，

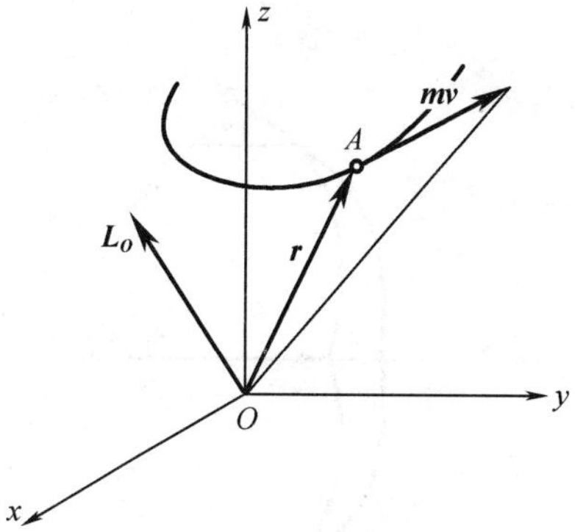

图 7-1　质点动量矩示意图

则该瞬时 A 点的动量为 $m\boldsymbol{v}$。我们把矢径 $\boldsymbol{r}$ 与动量 $m\boldsymbol{v}$ 的矢量积 $\boldsymbol{r}\times m\boldsymbol{v}$ 定义为质点 A 的动量对于固定点 O 的矩，通常即称为质点对 O 点的动量矩。用 $\boldsymbol{L}_O$ 表示质点对 O 点的动量矩，则有

$$\boldsymbol{L}_O=\boldsymbol{r}\times m\boldsymbol{v} \tag{7-1}$$

以固定点 O 为原点建立直角坐标系 $Oxyz$，质点 A 的坐标为 (x,y,z)，则有矢径 $\boldsymbol{r}$ 和质点速度 $\boldsymbol{v}$ 的解析投影式

$$\boldsymbol{r}=x\boldsymbol{i}+y\boldsymbol{j}+z\boldsymbol{k}$$

$$\boldsymbol{v}=v_x\boldsymbol{i}+v_y\boldsymbol{j}+v_z\boldsymbol{k}=\dot{x}\boldsymbol{i}+\dot{y}\boldsymbol{j}+\dot{z}\boldsymbol{k}$$

那么(7-1)式可写为行列式形式

$$\boldsymbol{L}_O=\boldsymbol{r}\times m\boldsymbol{v}=\begin{vmatrix}\boldsymbol{i}&\boldsymbol{j}&\boldsymbol{k}\\x&y&z\\m\dot{x}&m\dot{y}&m\dot{z}\end{vmatrix}\tag{7-2}$$

(7-2)式表明质点对某一固定点的动量矩是一个矢量，其方向垂直于由矢径 $\boldsymbol{r}$ 和速度 $\boldsymbol{v}$ 所确定的平面，其大小等于由矢径 $\boldsymbol{r}$ 和动量 $m\boldsymbol{v}$ 所构成的平行四边形的面积，指向由右手螺旋法则确定，且质点对某定点的动量矩是一个定位矢量，应当画在矩心 O 上。

把(7-2)式投影到直角坐标轴上，根据矢量对点的矩和对通过该点的轴的矩之间的关系可知，质点的动量对通过 O 点的各坐标轴的矩分别为：

$$\begin{aligned}L_{Ox}&=\boldsymbol{L}_O\cdot\boldsymbol{i}=m(y\dot{z}-z\dot{y})\\L_{Oy}&=\boldsymbol{L}_O\cdot\boldsymbol{j}=m(z\dot{x}-x\dot{z})\\L_{Oz}&=\boldsymbol{L}_O\cdot\boldsymbol{k}=m(x\dot{y}-y\dot{x})\end{aligned}\tag{7-3}$$

即

$$\boldsymbol{L}_O=L_{Ox}\boldsymbol{i}+L_{Oy}\boldsymbol{j}+L_{Oz}\boldsymbol{k}$$

即动量对某一固定点的矩在经过该点的任一轴上的投影就等于动量对于该轴的动量矩。因此可以借助动量对定轴的矩而求得动量对定点的矩。

动量对轴的矩是一代数量，其符号的规定与力对轴的矩的符号的规定相同，在规定了轴的正向之后，可由右手螺旋法则来确定其正方向。

动量矩在国际单位制中的单位是 $\mathrm{kg\cdot m^2/s}$ 或 $\mathrm{N\cdot m\cdot s}$。

7.1.2　质点系的动量矩

设有一质点系，由 n 个质点组成。质点系中所有各质点的动量对某固定点 O 的矩的矢量和称为该质点系对 O 点的动量矩，用$\boldsymbol{L}_O$表示，即

$$\boldsymbol{L}_O=\sum_{i=1}^{n}\boldsymbol{m}_O(m_i\boldsymbol{v}_i)=\sum_{i=1}^{n}\boldsymbol{L}_{Oi}=\sum_{i=1}^{n}\boldsymbol{r}_i\times m_i\boldsymbol{v}_i\tag{7-4}$$

(7-4)式中$\boldsymbol{L}_{Oi}=\boldsymbol{r}_i\times m_i\boldsymbol{v}_i$表示质点系中第 i 个质点对于 O 点的动量矩。质点系中所有各质点的动量对于任一轴的矩的代数和，称为质点系对该轴的动量矩，相似于质点动量对轴的矩的计算，把质点系对 O 点的动量矩向通过 O 点的直角坐标系 $Oxyz$ 的各轴投影，就得到质点系对过 O 点的轴的动量矩为：

$$\begin{aligned}L_x&=\boldsymbol{L}_O\cdot\boldsymbol{i}=\sum m_i(y_i\dot{z}_i-z_i\dot{y}_i)\\L_y&=\boldsymbol{L}_O\cdot\boldsymbol{j}=\sum m_i(z_i\dot{x}_i-x_i\dot{z}_i)\\L_z&=\boldsymbol{L}_O\cdot\boldsymbol{k}=\sum m_i(x_i\dot{y}_i-y_i\dot{x}_i)\end{aligned}\tag{7-5}$$

且有

$$\boldsymbol{L}_O=L_x\boldsymbol{i}+L_y\boldsymbol{j}+L_z\boldsymbol{k}$$

7.1.3　几种刚体的动量矩的计算

如果质点系是作某种特殊形式的运动刚体，我们可以具体地计算出该刚体的动量矩。

1. 平动刚体对某固定点的动量矩

设 O 点是空间一固定点，一质量为 M 的刚体在空间平动，刚体的质心为 C，质心 C 的矢径为$\boldsymbol{r}_C$，质心速度为$\boldsymbol{v}_C$，刚体内第 i 个质点的质量为 m_i，矢径为$\boldsymbol{r}_i$，速度为$\boldsymbol{v}_i$。则平动刚体对

固定点 O 的动量矩为

$$\boldsymbol{L}_O = \sum \boldsymbol{r}_i \times m_i \boldsymbol{v}_i = \sum \boldsymbol{r}_i \times m_i \boldsymbol{v}_C = \sum m_i \boldsymbol{r}_i \times \boldsymbol{v}_C = (M\boldsymbol{r}_C) \times \boldsymbol{v}_C = \boldsymbol{r}_C \times M\boldsymbol{v}_C \tag{7-6}$$

可见,平动刚体的动量矩的计算与质点动量矩的计算公式相似,即平动刚体在计算动量矩时,可以看成是一个质点,这个质点集中了平动刚体的全部质量,位于刚体的质心,且与刚体的质心一起运动。

2. 绕固定轴转动的刚体对转动轴的动量矩

设刚体绕固定轴 z 以角速度 ω 转动,刚体上第 i 个质点的质量为 m_i,该质点到 z 轴的距离为 d_i,其速度为 $v_i = \omega \cdot d_i$,方向如图 7-2 所示。

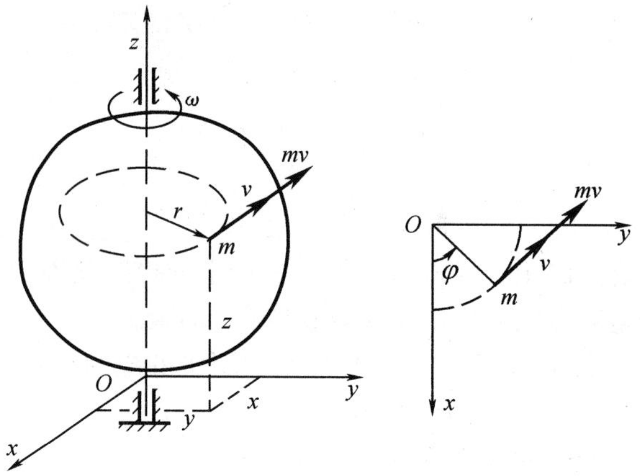

图 7-2　定轴转动刚体动量矩示意图

该质点对 z 轴的动量矩为

$$L_{zi} = m_i v_i d_i = m_i d_i^2 \omega$$

从而整个刚体对 z 轴的动量矩为

$$L_z = \sum_{i=1}^{n} L_{zi} = \sum_{i=1}^{n} m_i d_i^2 \omega = \omega \cdot \sum m_i d_i^2 \tag{7-7}$$

这里 $\sum m_i d_i^2$ 是刚体内每一质点的质量与它到 z 轴的距离平方的乘积的总和,称为刚体对 z 轴的转动惯量,以 J_z 表示,即

$$J_z = \sum_{i=1}^{n} m_i d_i^2$$

于是(7-7)式可表示为

$$L_z = J_z \omega \tag{7-8}$$

可见绕固定轴转动的刚体对转动轴的动量矩等于刚体的角速度与刚体对该转动轴的转动惯量的乘积。刚体对轴的转动惯量是一个正数,它的概念与计算,我们将在下一节进一步讨论。因而动量矩 L_z 的符号与角速度 ω 的符号一致。

7.2　刚体的转动惯量平行移轴定理

前面我们讲过计算绕固定轴转动的刚体对转轴的动量矩时要先计算刚体对转动轴的转动惯量 J。

7.2.1　刚体对某轴的转动惯量

刚体对某轴 z 的转动惯量等于刚体内各质点的质量与该质点到 z 轴的距离的平方的乘积的算术和，如图 7-3 所示。即

$$J_z = \sum m_i r_i^2 = \sum m_i (x_i^2 + y_i^2) \tag{7-9}$$

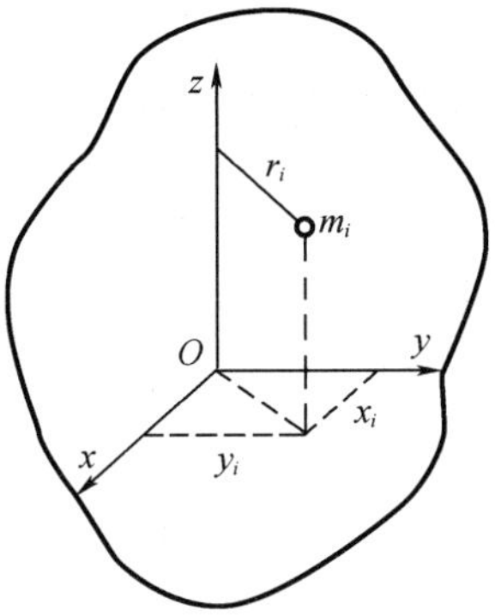

图 7-3　转动惯量示意图

如果刚体的质量是连续分布的，则(7-9)式中的求和就变为求积分的运算，即

$$J_z = \int_M r^2 \mathrm{d}m = \int_M (x^2 + y^2)\mathrm{d}m \tag{7-10}$$

对于均质刚体，上式可进一步写为

$$J_z = \iiint_V \rho (x^2 + y^2)\mathrm{d}V$$

工程上常把转动惯量写成刚体质量 M 与某一当量长度 ρ 的平方的乘积的形式

$$J_z = M\rho^2 \tag{7-11}$$

ρ 称为刚体对 z 轴的惯性半径（或回转半径），它具有长度的量纲，且恒为正，它的物理意义是，设想刚体的质量集中在与 z 轴相距为 ρ 的点上，则此集中质量对 z 轴的转动惯量与原刚体的转动惯量相同。一些工程手册中往往给出零件的质量 M，以及它对某轴（尤其是通过质心的轴）的惯性半径，我们可由公式(7-11)求得零件对轴的转动惯量。

刚体对某轴的转动惯量与刚体的质量有关，也与刚体的质量相对于轴的分布情况有关。同样质量的刚体，质量分布得离轴越远，则转动惯量越大。例如在设计蒸汽机、冲床等机器的飞轮时，为了增大转动惯量，往往把它们的大部分质量分布在轮缘处，而为了提高仪表的灵敏度，则往往要减少齿轮的转动惯量，尽可能地减少轮缘处的金属。转动惯量是刚体对确定的转轴具有的固定值，与刚体的运动状况无关，且转动惯量永远是一个正的标量。在国际单位制中，它的单位是 $\mathrm{kg \cdot m^2}$。

7.2.2　平行移轴定理

在工程手册中往往给出了刚体对于通过质心的轴的转动惯量，但有时往往需要求出刚体关于与质心轴平行的另一轴的转动惯量，平行移轴定理给出了刚体对于这样的两个轴的转动惯量之间的关系。

设一个刚体质量为 M，z_C 为通过刚体质心 C 的一个轴，今有轴 z 与质心轴 z_C 平行，且两

轴之间的距离为 d,则刚体对于这两个轴的转动惯量 J_{zC} 与 J_z 之间有下列关系

$$J_z = J_{zC} + Md^2 \tag{7-12}$$

(7-12)式称为平行移轴定理:刚体对任一轴 z 的转动惯量等于刚体对平行于 z 轴的质心轴的转动惯量加上刚体的质量与该两轴之间的距离的平方的乘积。

因为(7-12)式中 $md^2 \geqslant 0$,所以在一组平行轴中,刚体对通过质心的轴的转动惯量最小。

7.2.3　几种常见的均质物体的转动惯量

质量为 m,长为 l 的均质直杆,如图 7-4 所示。

$$J_{zc} = \frac{1}{12}ml^2$$

$$J_z' = \frac{1}{3}ml^2$$

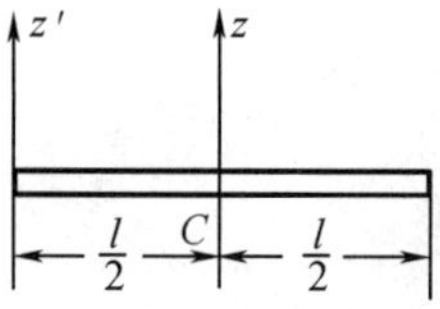

图 7-4　直轩示意图

质量为 m,半径为 R 的均质薄圆盘,如图 7-5 所示。

$$J_x = J_y = \frac{1}{4}mR^2$$

$$J_z = \frac{1}{2}mR^2$$

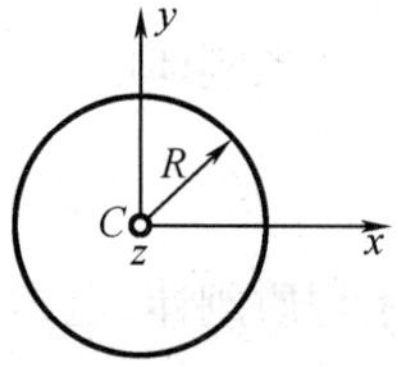

图 7-5 圆盘示意图

质量为 m 的均质矩形板,如图 7-6 所示。

$$J_x = \frac{1}{12}mb^2$$

$$J_y = \frac{1}{12}ma^2$$

$$J_z = \frac{m}{12}(a^2 + b^2)$$

质量为 m 的均质细圆环,如图 7-7 所示。

当 $R \gg t$ 时

$$J_x = J_y = \frac{1}{2}mR^2$$

$$J_z = mR^2$$

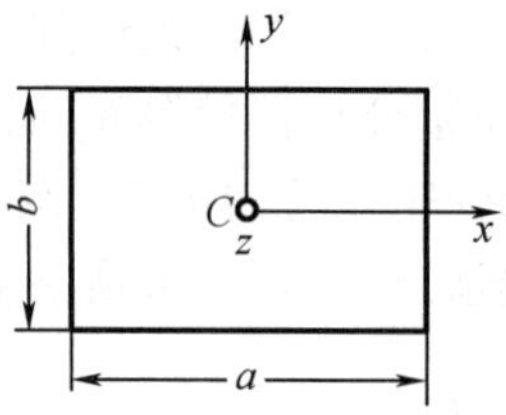

图 7-6　矩形板示意图

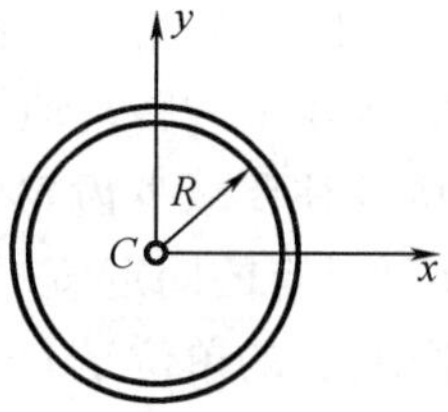

图 7-7　圆环示意图

7.3　动量矩定理

前面,我们研究了质点及质点系的动量矩的概念及计算,一般说来,质点或质点系的动量矩是随时间及其所受力而变化的。为了得到质点或质点系的动量矩与其所受力之间的关系,下面我们推导动量矩定理。

7.3.1　质点的动量矩定理

如图7-8所示运动的质点 M,其动量为 $m\boldsymbol{v}$,所受力的合力为 $\boldsymbol{F}$,从空间固定点 O 到质点 M 的矢径为 $\boldsymbol{r}$

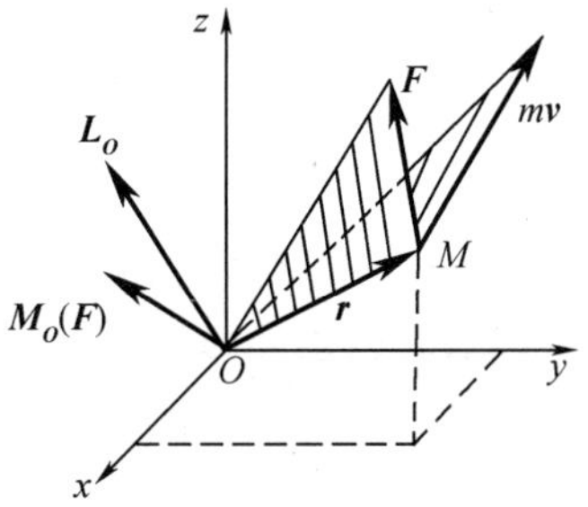

图7-8 动量矩示意图

(7-1)式给出了质点对空间固定点 O 的动量矩:$\boldsymbol{L}_O=\boldsymbol{r}\times m\boldsymbol{v}$,将此式两边对时间 t 求导数,得:

$$\frac{\mathrm{d}\boldsymbol{L}_o}{\mathrm{d}t}=\frac{\mathrm{d}}{\mathrm{d}t}(\boldsymbol{r}\times m\boldsymbol{v})=\frac{\mathrm{d}\boldsymbol{r}}{\mathrm{d}t}\times m\boldsymbol{v}+\boldsymbol{r}\times\frac{\mathrm{d}(m\boldsymbol{v})}{\mathrm{d}t}$$

因为

$$\frac{\mathrm{d}\boldsymbol{r}}{\mathrm{d}t}=\boldsymbol{v}\text{ 及 }\boldsymbol{v}\times m\boldsymbol{v}=0$$

所以

$$\frac{\mathrm{d}\boldsymbol{L}_O}{\mathrm{d}t}=\boldsymbol{v}\times m\boldsymbol{v}+\boldsymbol{r}\times\frac{\mathrm{d}(m\boldsymbol{v})}{\mathrm{d}t}=\boldsymbol{r}\times\frac{\mathrm{d}(m\boldsymbol{v})}{\mathrm{d}t}$$

根据质点的动量定理

$$\frac{\mathrm{d}(m\boldsymbol{v})}{\mathrm{d}t}=\boldsymbol{F}$$

所以

$$\frac{\mathrm{d}\boldsymbol{L}_o}{\mathrm{d}t}=\boldsymbol{r}\times\boldsymbol{F}=\boldsymbol{M}_o(\boldsymbol{F})\tag{7-13}$$

其中,$\boldsymbol{M}_O(\boldsymbol{F})$ 表示力 $\boldsymbol{F}$ 对固定点 O 的矩。

即质点对某固定点的动量矩对时间的一阶导数,等于作用于该质点上的力的合力对于同一点的矩,这就是质点的动量矩定理。

把式(7-13)投影到以矩心 O 为原点的直角坐标轴上,并注意到动量及力对点的矩在某一轴上的投影,就等于动量及力对该轴的矩,可得:

$$\frac{\mathrm{d}L_x}{\mathrm{d}t}=M_x,\ \frac{\mathrm{d}L_y}{\mathrm{d}t}=M_y,\ \frac{\mathrm{d}L_z}{\mathrm{d}t}=M_z\tag{7-14}$$

即质点对于任一固定轴的动量矩对时间的一阶导数，等于作用于该点的力的合力对同一轴的矩。

在质点的动量矩定理中，取为矩心的点和所选的投影轴都是惯性坐标系下的固定点和固定轴。质点在运动过程中，若其所受力的合力 $\boldsymbol{F}$ 对固定点 O 的矩恒等于零，则该质点对固定点 O 的动量矩保持为常量，称为质点对点的动量矩守恒。即

若 $\boldsymbol{M}_O(\boldsymbol{F})=\boldsymbol{r}\times\boldsymbol{F}=0$

则有
$$\frac{\mathrm{d}\boldsymbol{L}_O}{\mathrm{d}t}=0$$
$$\boldsymbol{L}_O=\boldsymbol{C}$$

若质点所受力的合力 $\boldsymbol{F}$ 对固定点 O 的矩不等于零，但力 $\boldsymbol{F}$ 对过 O 点的某固定轴（如 x 轴）的矩恒等于零，则该质点对该轴的动量矩保持为常量，称为质点对轴的动量矩守恒。

即若
$$m_x(\boldsymbol{F})=0$$

则有
$$\frac{\mathrm{d}L_x}{\mathrm{d}t}=0\quad L_x=C$$

例 7－1 如图 7－9 所示，一质量为 m 的光滑小球，放在半径为 R 的固定圆形管内。给小球以初始小扰动，试求小球微小运动的运动规律。

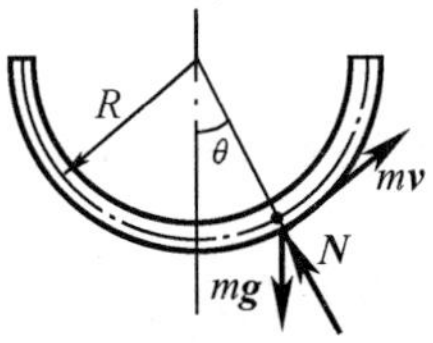

图 7－9 例 7－1 图

解：小球的运动规律可通过小球与圆形管中心 O 的连线的摆动来描述。它可归为转动类型的动力学问题，适合于应用动量矩定理求解。

首先选小球为研究对象。将小球置于运动的一般位置，其上作用有重力 mg 和管的约束反力 $\boldsymbol{N}$，$\boldsymbol{N}$ 的方向指向中心 O。

应用对 O 点（即对通过 O 点而垂直于圆形管平面的轴）的动量矩定理，有
$$\frac{\mathrm{d}}{\mathrm{d}t}m_0(mv)=m_0(F)$$

或
$$\frac{\mathrm{d}}{\mathrm{d}t}(mv\cdot R)=-mg\sin\theta\cdot R$$

考虑到
$$v=R\omega=R\frac{\mathrm{d}\theta}{\mathrm{d}t}$$

代入上式得
$$mR^2\frac{\mathrm{d}^2\theta}{\mathrm{d}t^2}=-mg\sin\theta\cdot R$$

或

$$\frac{d^2\theta}{dt^2}+\frac{g}{R}\sin\theta=0$$

这就是小球的运动微分方程。小球的运动规律通过变量 θ 来描述。考虑到微小运动时 θ 很小,所以 $\sin\theta\approx\theta$,于是方程可化为

$$\frac{d^2\theta}{dt^2}+\frac{g}{R}\theta=0$$

此微分方程的解为

$$\theta=\theta_0\sin(\sqrt{\frac{g}{R}}t+\alpha)$$

可见小球作简谐运动。式中任意常数 θ_0,α 可通过运动的初始条件来确定。

例7-2　如图7-10所示,小球 A 的质量是 m。系在细线的一端,而细线的另一端穿过水平面上的光滑小孔 O。小球原来在光滑水平面上作半径是 r 的圆周运动,其速度是 v_0。现在把细线的另一端往下拉,一直到小球的运动轨迹缩小成半径等于0.5r 的圆为止。试求这时小球的速度及细线的拉力 F 的大小。

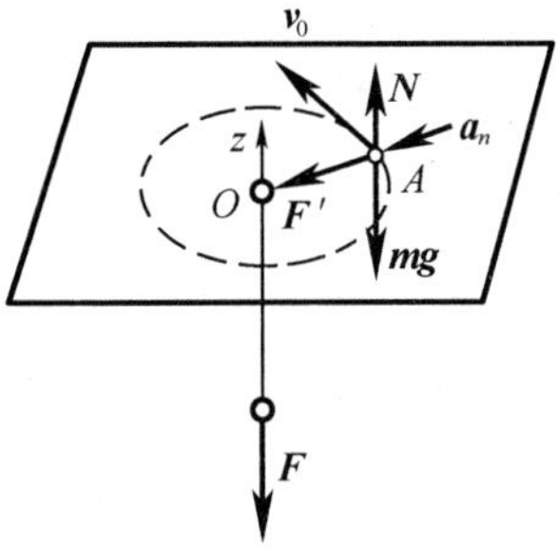

图7-10　例7-2图

解:取小球 A 为研究对象,受力如图所示。因为 $\sum m_z(F)=0$,故小球对轴 z 的动量矩 L_Z 守恒,即

$$mv_0r=mv\frac{r}{2}$$

故

$$v=2v_0$$

应用质点动力学方程,得细线拉力的大小

$$F=ma_n=m\frac{v^2}{0.5r}=m\frac{4v_0^2}{0.5r}=8m\frac{v_0^2}{r}$$

7.3.2　质点系的动量矩定理

设有 n 个质点所组成的质点系,其中第 i 个质点的质量为 m_i,所受外力的合力为$\boldsymbol{F}_i^e$,内力的合力为$\boldsymbol{F}_i^i$,该质点对空间某一固定点 O 的矢径为$\boldsymbol{r}_i$,对该固定点 O 的动量矩为 $\boldsymbol{L}_{oi}$。根据质点的动量矩定理得

$$\frac{d\boldsymbol{L}_{Oi}}{dt}=\boldsymbol{m}_O(\boldsymbol{F}_i^e)+\boldsymbol{m}_O(\boldsymbol{F}_i^i)\quad i=1,2,\cdots,n$$

对于整个质点系,共可写出 n 个这样的方程,把这 n 个方程相加,得:

$$\sum_{i=1}^{n}\frac{\mathrm{d}\boldsymbol{L}_{Oi}}{\mathrm{d}t}=\sum\boldsymbol{m}_O(\mathrm{F}_i^e)+\sum\boldsymbol{m}_O(\boldsymbol{F}_i^i) \tag{7-15}$$

式(7－15)中左边项$\sum\frac{\mathrm{d}\boldsymbol{L}_{oi}}{\mathrm{d}t}=\frac{\mathrm{d}}{\mathrm{d}t}\sum\boldsymbol{L}_{oi}=\frac{\mathrm{d}\boldsymbol{L}_o}{\mathrm{d}t}$，是质点系对于 O 点的动量矩；右边第一项 $\sum\boldsymbol{m}_O(\boldsymbol{F}_i^e)$表示作用在质点系上的所有外力对于 O 点的矩的矢量和，可写成 $\boldsymbol{M}_o^e$；右边第二项$\sum\boldsymbol{m}_O(\boldsymbol{F}_i^i)$表示质点系的内力对于 O 点的矩的矢量和，因为内力总是成对出现的，每对内力大小相等，方向相反，对于任一点的矩的矢量和都为零，所以质点系的内力对于 O 点的矩的矢量和必为零。于是式(7－15)可写为：

$$\frac{\mathrm{d}\boldsymbol{L}_O}{\mathrm{d}t}=\boldsymbol{M}_O^e \tag{7-16}$$

即质点系对任一固定点的动量矩对时间的一阶导数等于质点系所受外力对同一点的矩的矢量和。这就是质点系的动量矩定理。

将(7－16)式投影到以 O 为原点的直角坐标系的各轴上，并注意到矢量对定点的矩在通过该点的定轴上的投影等于矢量对该轴的矩，可得

$$\frac{\mathrm{d}L_x}{\mathrm{d}t}=M_x^e,\frac{\mathrm{d}L_y}{\mathrm{d}t}=M_y^e,\frac{\mathrm{d}L_z}{\mathrm{d}t}=M_z^e \tag{7-17}$$

即质点系对任一固定轴的动量矩对时间的一阶导数，等于作用在质点系上的外力对同一轴的矩的代数和。这就是质点系动量矩定理的投影形式。

由式(7－16)和式(7－17)可知，若质点系所受外力对固定点 O 的矩的矢量和为零或外力对某固定轴(如 x 轴)的矩的代数和为零，则质点系对 O 点的动量矩守恒或质点系对该固定轴的动量矩守恒。

即若$\boldsymbol{M}_O^e=\boldsymbol{O}$，则$\boldsymbol{L}_O=\boldsymbol{C}$。

若 $M_x^e=0$，则 $L_x=C$ 这个结论称为动量矩守恒定律。

在实际生活中，我们可以举出很多例子，是遵循动量矩守恒定律的。例如：芭蕾舞演员和花样滑冰运动员，在旋转时，都只受铅垂方向的力(摩擦力不计)，他们的旋转可以认为是绕定轴的转动。在旋转开始时，他们把手、腿伸开，这时角速度较小，然后突然收拢手、腿，这样角速度就突然增加，其原因就是绕铅垂轴的动量矩守恒。即 $L_z=J_z\omega=C$。当他把手腿伸开时，ω 较小，J_z 较大，突然收拢身体时，J_z 变小，ω 就增大了。

应用动量矩定理时，只分析质点系所受外力，而不用分析质点系内力。也就是质点系的各质点间相互作用的内力不能改变质点系的动量矩，只有作用于质点系的外力才能改变质点系的动量矩。另外，动量矩定理只适用于惯性坐标系，即计算动量矩所用的速度必须是绝对速度，取矩的点，和轴一定是惯性坐标系中的固定点和固定轴。

例 7－3　如图 7－11 所示，半径为 r，质量不计的滑轮可绕定轴 O 转动，滑轮上绕有一细绳，其两端各系重物 A 和 B，且 $P_A>P_B$。求重物 A 和 B 的加速度及滑轮的角加速度。设绳与轮之间无滑动。

解：取滑轮及两重物为考察对象。设两重物的速度大小为 $v_A=v_B=v$，则系统对转轴 z(图中点 O)的动量矩为

$$L_z=\frac{P_A}{g}v\cdot r+\frac{P_B}{g}v\cdot r=\frac{P_A+P_B}{g}vr$$

作用于质点系上的外力有重力 $\boldsymbol{P}_A$，$\boldsymbol{P}_B$ 和轴承约束力 $\boldsymbol{F}_{xO}$，$\boldsymbol{F}_{yO}$，于是外力对转轴 z 的力矩

为

$$M_z = P_A r - P_B r = (P_A - P_B) r$$

根据质点系动量矩定理有

$$\frac{(P_A + P_B) r}{g} \frac{dv}{dt} = (P_A - P_B) r$$

由此求得重物 A,B 的加速度为

$$a = \frac{P_A - P_B}{P_A + P_B} g$$

而滑轮的角加速度为

$$\alpha = \frac{a}{r} = \frac{P_A - P_B}{r(P_A + P_B)} g$$

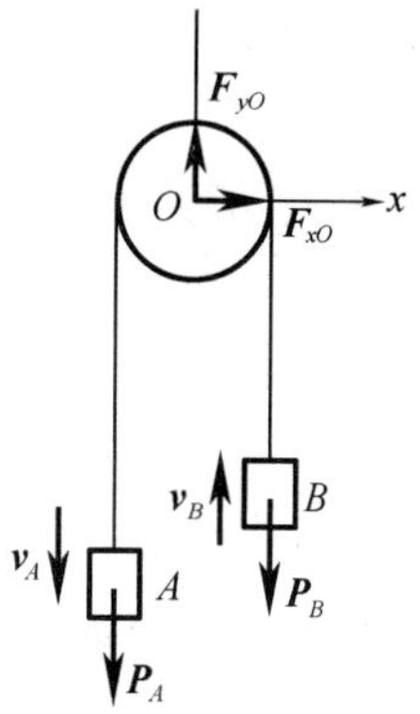

图 7－11　例 7－3 图

例 7－4　重为 P，半径为 R 的水平均质圆盘，绕通过其中心 C 的铅垂固定轴 Cz 以角速度 ω_0 转动。重为 Q 的质点 M 开始时相对圆盘静止，然后沿 AB 弦运动，当 M 运动到弦的中点 D 时，相对盘的速度为 u，如图 7－12 所示，求这时圆盘的角速度。圆盘对 Cz 轴的转动惯量 $J_z = \frac{1}{2}\frac{P}{g}R^2$。圆盘中心 C 到 D 点的距离为 a。

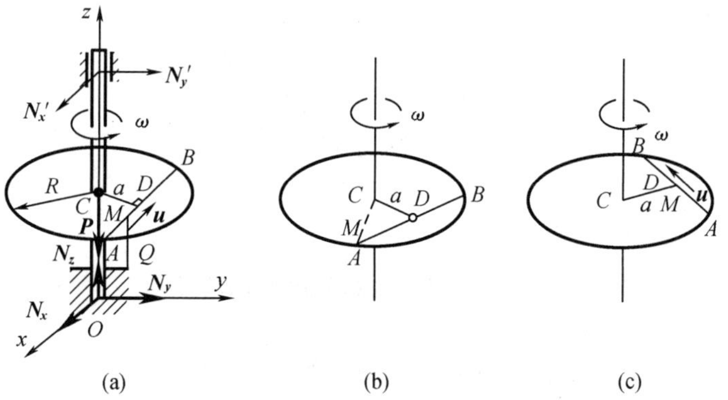

图 7－12　例 7－4 图

解：取圆盘连同转轴及质点 M 组成的系统为研究对象，画出 M 在任意位置时系统的外力受力图。由受力图可知，在运动过程中所有外力对转轴 Cz 之矩恒等于零，即 $\sum m_z(F(e)) \equiv 0$，因此可应用对 Cz 轴的动量矩守恒定理，即

$$L_{Z0} = L_{ZD}$$

其中 L_{Z0} 是初始时系统对轴 Cz 的动量矩，L_{ZD} 是 M 点到达 D 点时系统对轴 Cz 的动量矩。由图可知

$$L_{Z0} = J_Z\omega_0 + \frac{Q}{g}R\omega_0 \cdot R = \frac{1}{2}\frac{P}{g}R^2\omega_0 + \frac{Q}{g}R^2\omega_0 = (P + 2Q)\frac{R^2}{2g}\omega_0$$

$$L_{ZD} = J_Z\omega + \frac{Q}{g}(a\omega + u) \cdot a = \frac{1}{2}\frac{P}{g}R^2\omega + \frac{Q}{g}(a\omega + u)a = (PR^2 + 2Qa^2)\frac{\omega}{2g} + \frac{Qau}{g}$$

将所得的 L_{Z0} 和 H_{zD} 代入动量矩守恒定理得

$$(P+2Q)\frac{R^2}{2g}\omega_0=(PR^2+2Qa^2)\frac{\omega}{2g}+\frac{Qau}{g}$$

解得

$$\omega=\frac{(P+2Q)R^2\omega_0-2Qau}{PR^2+2Qa^2}$$

7.4 刚体绕定轴转动微分方程

作为动量矩定理的一种应用，我们研究刚体绕固定轴转动的情况。设一刚体绕固定轴 z 转动，转角方程 $\varphi=\varphi(t)$，在 O_1、O_2 处用轴承支承，转动角速度为 $\omega=\omega(t)=\dot{\varphi}(t)$，转动角加速度为 $\alpha=\dot{\omega}(t)=\ddot{\varphi}(t)$，如图 7－13 所示。刚体对 z 轴的转动惯量 J_z，刚体受空间任意力系$\{\boldsymbol{F}_1,\boldsymbol{F}_2,\cdots,\boldsymbol{F}_n\}$的作用。

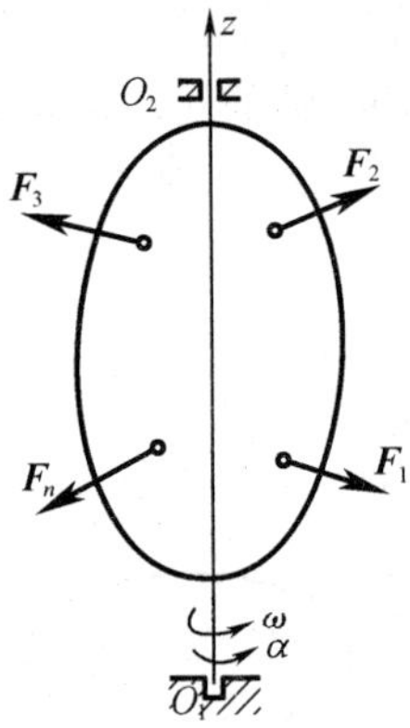

图 7－13 刚体绕固定轴转动示意图

由前面知识，我们知道绕定轴转动刚体对转轴的动量矩为：$L_z=J_z\omega$，代入动量矩定理(7－17)式得

$$\frac{\mathrm{d}L_z}{\mathrm{d}t}=\frac{\mathrm{d}(J_z\omega)}{\mathrm{d}t}=M_z^e$$

因为 J_z 是不随时间变化的常量，而

$$\frac{\mathrm{d}\omega}{\mathrm{d}t}=\alpha=\ddot{\varphi}$$

所以上式变为

$$J_z\ddot{\varphi}=M_z^e$$

或

$$J_z\alpha=M_z^e \tag{7－18}$$

这就是刚体绕固定轴转动的微分方程。

式(7－18)中 M_z^e 是作用在刚体上的所有外力(包括$\{\boldsymbol{F}_1,\boldsymbol{F}_2,\cdots,\boldsymbol{F}_n\}$主动力系及转轴对刚体的约束反力系)对 z 轴的矩的代数和。外力矩 M_z^e，转角 φ，角速度 ω，角加速度 α 的正负号的规定必须一致。当外力矩 M_z^e 恒等于一常量时，角加速度 α 也是一常量，刚体作匀角加

速度的定轴转动；当 M_z^e 恒等于零时，角加速度等于零，角速度等于一常量，刚体作匀角速度的定轴转动。

对于不同的刚体，如果作用于它们的外力对转轴的矩相同，则转动惯量 J 越大的刚体，角加速度 α 越小，即越不容易改变其运动状态。因此 J 是刚体绕定轴转动时的惯性的度量，称为转动惯量，正如质量是刚体平动时的惯性的度量一样。

例 7－5　如图 7－14(a)所示为斜面提升机构的简图。卷筒重 P_O，半径为 r，对于转轴 O 的转动惯量为 J_O，斜面的倾角为 θ，被提升的物体 A 其重力为 P，重物与斜面间的摩擦系数为 f，钢丝绳的质量不计。若作用在卷筒上的力偶矩为 M，求重物的加速度。

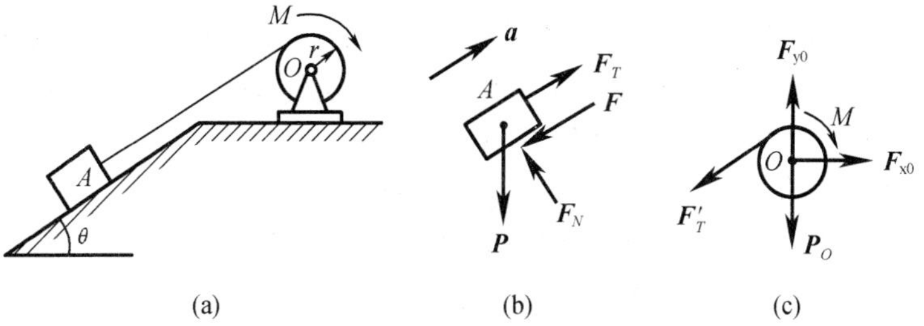

图 7－14　例 7－5 图

解：先考察重物 A，其受力图如图 7－14(b)所示。重物在斜面上作移动，由质心运动定理有

$$\frac{P}{g}a = F_T - P\sin\theta - fP\cos\theta \tag{1}$$

再考虑卷筒，其受力图如图 7－14(c)。卷筒作定轴转动，其转动微分方程为

$$J_O\alpha = M - F_T{}'r \tag{2}$$

注意到

$$a = r\alpha, F_T = F_T{}'$$

由式(1)、(2)可解得

$$a = \frac{M - Pr(\sin\theta + f\cos\theta)}{Pr^2 + J_O g}rg$$

例 7－6　如图 7－15 所示，已知滑轮半径为 R，转动惯量为 J，带动滑轮的胶带拉力为 F_1 和 F_2。求滑轮的角加速度 α。

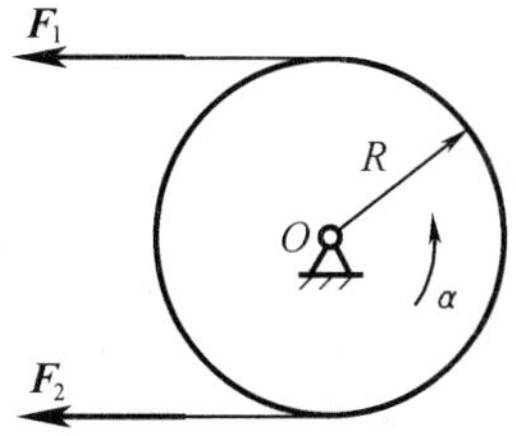

图 7－15　例 7－6 图

解：根据刚体绕定轴转动微分方程有

$$J\alpha = (F_1 - F_2)R$$

于是得

$$\alpha = \frac{(F_1 - F_2)R}{J}$$

由上式可见，只有当滑轮为匀速转动（包括静止）或虽非匀速转动，但可忽略滑轮的转动惯量时，跨过定滑轮的胶带拉力才是相等的。

7.5 质点系相对质心的动量矩定理

前面讲的动量矩定理都特别强调了“相对于惯性参考系中的固定点或固定轴”，那么当矩心运动时，应当怎样来应用动量矩定理呢？进一步的研究表明，在一定条件下，动量矩定理的形式保持不变。其中最重要的一种情况就是：在随同质心一起运动的平动坐标系中，取质心为矩心，则动量矩定理的形式保持不变。

设 $Oxyz$ 是空间固定坐标系，一质点系在此空间中运动，C 为质点系质心，以质心 C 为原点建立一个随同质心 C 一起运动的平动坐标系 $Cx'y'z'$，称之为质心坐标系，如图 7－16 所示。

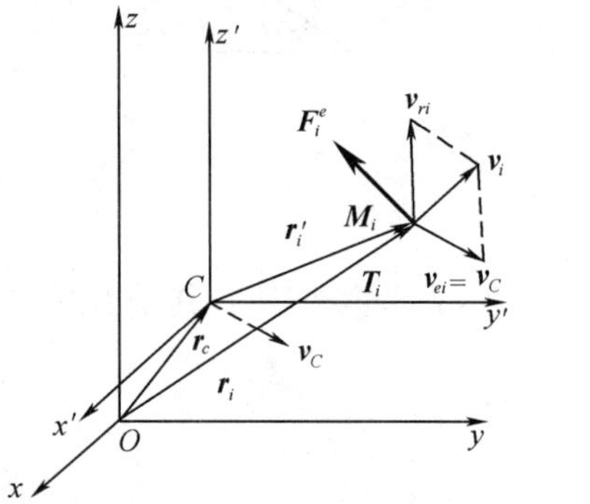

图 7－16 相对质心示意图

设第 i 个质点 M_i 在定坐标系 $Oxyz$ 中的矢径为 $\boldsymbol{r}_i$，速度为 $\boldsymbol{v}_i$，在质心坐标系 $Cx'y'z'$ 中的矢径为 $\boldsymbol{r}_i'$，相对速度为 $\boldsymbol{v}_{ri}$，质心 C 在定系中的矢径为 $\boldsymbol{r}_C$，速度为 $\boldsymbol{v}_C$，作用在质点 M_i 上的外力为 $\boldsymbol{F}_i^e$，质点 M_i 的质量为 m_i，质点系的运动可以分解为随同质心 C 的平动和相对于质心 C 的运动。质点系的牵连运动是随质心的平动，所以质点 M_i 的牵连速度 $\boldsymbol{v}_{ei}$ 就是质心 C 的速度 $\boldsymbol{v}_C$。根据速度合成定理，质点 M_i 的绝对速度 $\boldsymbol{v}_i$ 为

$$\boldsymbol{v}_i = \boldsymbol{v}_C + \boldsymbol{v}_{ri} \tag{7-19}$$

M_i 的动量为

$$m_i\boldsymbol{v}_i = m_i(\boldsymbol{v}_C + \boldsymbol{v}_{ri})$$

M_i 对定坐标系原点 O 的动量矩为

$$\boldsymbol{L}_{oi} = \boldsymbol{r}_i \times m_i\boldsymbol{v}_i = (\boldsymbol{r}_c + \boldsymbol{r}_i') \times m_i\boldsymbol{v}_i$$

整个质点系对于 O 点的动量矩为

$$\boldsymbol{L}_O = \sum \boldsymbol{L}_{Oi} = \sum(\boldsymbol{r}_C + r_i') \times m_i\boldsymbol{v}_i = \sum \boldsymbol{r}_C \times m_i\boldsymbol{v}_i + \boldsymbol{r}_i' \times m_i\boldsymbol{v}_i = \boldsymbol{r}_C \times (\sum m_i\boldsymbol{v}_i) + \sum \boldsymbol{r}_i' \times m_i\boldsymbol{v}_i$$

所以

$$\boldsymbol{L}_O = \boldsymbol{r}_C \times m\boldsymbol{v}_C + \sum \boldsymbol{r}_i' \times m_i\boldsymbol{v}_i \tag{7-20}$$

式(7－20)中 $m = \sum m_i$ 是质点系的总质量，$\sum r_i' \times m_i\boldsymbol{v}_i$ 是质点系对于质心的绝对运动动量矩。把式(7－19)代入(7－20)式可得

$$\begin{aligned} \boldsymbol{L}_O &= \sum(\boldsymbol{r}_C + \boldsymbol{r}_i') \times m_i\boldsymbol{v}_i = \boldsymbol{r}_C \times m\boldsymbol{v}_C + \sum \boldsymbol{r}_i' \times m_i(\boldsymbol{v}_C + \boldsymbol{v}_{ri}) \\ &= \boldsymbol{r}_c \times m\boldsymbol{v}_c + (\sum m_i\boldsymbol{r}_i') \times \boldsymbol{v}_c + \sum \boldsymbol{r}_i' \times m_i\boldsymbol{v}_{ri} \\ &= \boldsymbol{r}_c \times m\boldsymbol{v}_c + m\boldsymbol{r}_c' \times \boldsymbol{v}_c + \sum \boldsymbol{r}_i' \times m_i\boldsymbol{v}_{ri} \end{aligned}$$

$\boldsymbol{r}_c'$ 表示在动坐标系中质心的矢径，所以有 $\boldsymbol{r}_c' = \boldsymbol{0}$，所以

$$\boldsymbol{L}_O = \boldsymbol{r}_C \times m\boldsymbol{v}_C + \sum \boldsymbol{r}_i' \times m_i\boldsymbol{v}_{ri} \tag{7-21}$$

式(7－21)中$\sum \boldsymbol{r}_i' \times m_i \boldsymbol{v}_{ri}$是质点系对于质心的相对运动动量矩，记为$\boldsymbol{L}_C$。

即

$$\boldsymbol{L}_c = \sum \boldsymbol{r}_i' \times m_i \boldsymbol{v}_{ri}$$

则(7－21)式变为

$$\boldsymbol{L}_O = \boldsymbol{r}_C \times m\boldsymbol{v}_C + \boldsymbol{L}_C \tag{7-22}$$

比较(7－20)和(7－21)式，得到

$$\sum \boldsymbol{r}_i' \times m_i \boldsymbol{v}_i = \sum \boldsymbol{r}_i' \times m_i \boldsymbol{v}_{ri}$$

这就是说，质点系对于质心的绝对运动动量矩等于质点系对于质心的相对运动动量矩。这个结论对质心本身的运动未加任何限制，不论质心如何运动，上述关系都成立，但相对运动是针对作平动的质心坐标系来说的。

下面推导相对于质心的动量矩定理。

将(7－22)式代入质点系的动量矩定理得

$$\frac{\mathrm{d}\boldsymbol{L}_O}{\mathrm{d}t} = \frac{\mathrm{d}(\boldsymbol{r}_C \times m\boldsymbol{v}_C + \boldsymbol{L}_C)}{\mathrm{d}t} = \sum \boldsymbol{r}_i \times \boldsymbol{F}_i^e$$

即

$$\frac{\mathrm{d}(\boldsymbol{r}_C \times m\boldsymbol{v}_C)}{\mathrm{d}t} + \frac{\mathrm{d}\boldsymbol{L}_C}{\mathrm{d}t} = \sum (\boldsymbol{r}_C + \boldsymbol{r}_i') \times \boldsymbol{F}_i^e \tag{7-23}$$

将(7－23)展开左边得

$$\frac{\mathrm{d}\boldsymbol{r}_c}{\mathrm{d}t} \times m\boldsymbol{v}_c + \boldsymbol{r}_c \times \frac{\mathrm{d}(m\boldsymbol{v}_c)}{\mathrm{d}t} + \frac{\mathrm{d}\boldsymbol{L}_c}{\mathrm{d}t} = \boldsymbol{v}_c \times m\boldsymbol{v}_c + \boldsymbol{r}_c \times \frac{\mathrm{d}(m\boldsymbol{v}_c)}{\mathrm{d}t} + \frac{\mathrm{d}\boldsymbol{L}_c}{\mathrm{d}t}$$

因为 $\boldsymbol{v}_C \times m\boldsymbol{v}_C = 0$，根据质心运动定理$\dfrac{\mathrm{d}(m\boldsymbol{v}_C)}{\mathrm{d}t} = m\boldsymbol{a}_C = \sum \boldsymbol{F}_i^e$

其左边项化简为　$\sum \boldsymbol{r}_C \times \boldsymbol{F}_i^e + \dfrac{\mathrm{d}\boldsymbol{L}_C}{\mathrm{d}t}$

将(7－23)式右边项展开为　$\sum \boldsymbol{r}_c \times \boldsymbol{F}_i^e + \sum \boldsymbol{r}_i' \times \boldsymbol{F}_i^e$

因此(7－23)式变为

$$\frac{\mathrm{d}\boldsymbol{L}_C}{\mathrm{d}t} = \sum \boldsymbol{r}_i' \times \boldsymbol{F}_i^e$$

其中$\sum \boldsymbol{r}_i' \times \boldsymbol{F}_i^e$ 是所有质点系上的外力对质心 C 的矩的矢量和，以 $\boldsymbol{M}_C^e$ 表示，则得

$$\frac{\mathrm{d}\boldsymbol{L}_C}{\mathrm{d}t} = \boldsymbol{M}_C^e \tag{7-24}$$

即质点系相对于质心的相对运动动量矩对时间的一阶导数，等于作用在质点系上的外力对质心的矩的矢量和。这就是质点系相对于质心的动量矩定理。

注意定理中质心坐标系是随质心一起运动的平动坐标系。在具体应用时常采用向坐标轴投影的形式。对质心的动量矩定理具有和对定点的动量矩定理相同的形式。如果 $\boldsymbol{M}_C^e$ 为零（或 $m_x^e = 0$），则质点系对于质心（或通过质心的轴）的动量矩守恒，这也说明质点系对于质心的动量矩的改变只与质点系的外力有关，而与内力无关，也就是内力不能改变质点系对质心的动量矩。例如，跳水运动员跳离跳板后，受到的外力只有重力，而重力对质心的矩为零，因此运动员对其质心的动量矩保持不变。运动员起跳时伸展身体，使身体对质心的转动惯量较大，在空中蜷曲身体，以减小转动惯量，从而获得较大的角速度。

7.6 刚体平面运动的微分方程

设有一作平面运动的刚体,假定刚体具有一质量对称面,则刚体的质心必位于此质量对称面内。刚体所受外力 $\boldsymbol{F}_1,\boldsymbol{F}_2,\cdots,\boldsymbol{F}_n$ 可简化为作用在质量对称面内的平面力系,则刚体上各点的初速度均平行于质量对称面,包括初始静止的情况。这样,刚体将作平行于质量对称面的平面运动。我们只须讨论质量对称面截刚体所得的平面图形在与质量对称面重合的固定平面中的运动就可以了。取刚体质心 C 为基点,则刚体的平面运动可以分解为随同质心的平动和绕质心的转动。这样一来就可以用质心运动定理和相对于质心的动量矩定理来研究刚体的平面运动了。

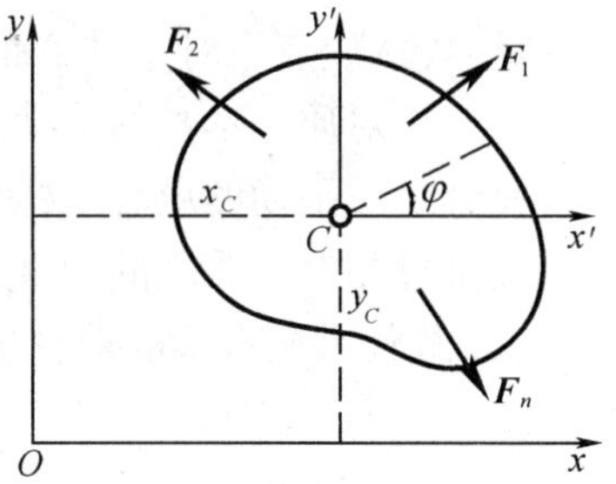

图 7-17 平面运动示意图

建立固定坐标系 Oxy 与固定平面固接,以刚体的质心 C 为原点,建立随质心 C 一起运动的平动坐标系 $Cx'y'$,如图 7-17 所示。

由质心运动定理和相对于质心的动量矩定理可知

$$\left.\begin{aligned} M\boldsymbol{a}_C &= \boldsymbol{F}_i^e \\ \frac{\mathrm{d}\boldsymbol{L}_C}{\mathrm{d}t} &= \boldsymbol{M}_C^e \end{aligned}\right\} \tag{7-25}$$

这就是刚体平面运动微分方程的矢量式。将上述方程中的质心运动定理向 x、y 轴投影,将相对于质心的动量矩定理向过质心且垂直于 $Cx'y'$平面的轴投影,可得:

$$\begin{cases} Ma_{Cx} = M\ddot{x}_C = \sum F_{ix}^e \\ Ma_{Cy} = M\ddot{y}_C = \sum F_{iy}^e \\ \dfrac{\mathrm{d}L_C}{\mathrm{d}t} = M_C^e \end{cases} \tag{7-26}$$

因刚体相对于动坐标系的相对运动是绕 c 轴的"定轴转动",角速度为 ω,与计算定轴转动的刚体对转动轴的动量矩相似,可以得到刚体对 c 轴的动量矩等于 $L_C = J_C\omega$,代入(7-26)式中的第三个式子,可得

$$\begin{cases} Ma_{Cx} = M\ddot{x}_C = \sum F_{ix}^e \\ Ma_{Cy} = M\ddot{y}_C = \sum F_{iy}^e \\ J_C\alpha = M_C^e \end{cases} \tag{7-27}$$

这就是刚体平面运动的微分方程式在直角坐标轴上的投影式,用它可以解决动力学的两类基本问题。

(7-27)式中,如果 $M_C^e = 0$,则 $\alpha = 0$,$\omega = C$,这时刚体绕质心轴做匀角速度转动。(7-25)式在本章是用来研究刚体平面运动的。实际上,该方程对于刚体以及任意质点系的任何运动都适用。质点系的运动可以看作随同质心的运动与相对于质心的运动的合成,可以用质心运动定理和相对于质心的动量矩定理来研究。知道了质心的运动及相对于质

心的运动，也就知道了整个系统的运动。

例7-7 均质圆轮重 P，半径为 R，沿倾角为 θ 的斜面滚下，如图7-18所示。设轮与斜面间的摩擦系数为 f，试求轮心 C 的加速度及斜面对于轮子的约束力。

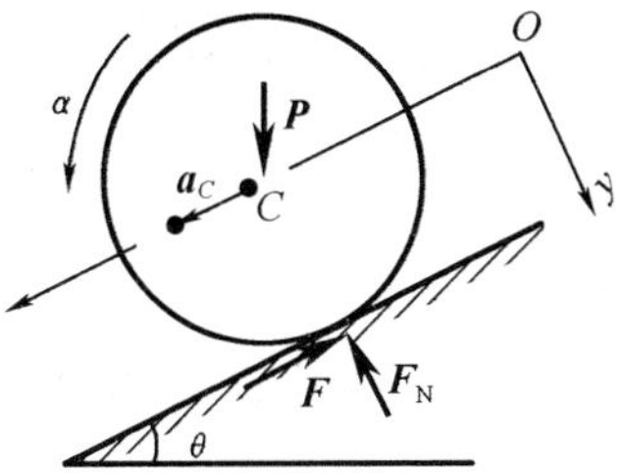

图7-18 例7-7图

解：取坐标如图所示，并作受力图。考虑到 $\ddot{x}_C=a_C$，$\ddot{y}_C=0$，故轮子的运动微分方程为

$$\frac{P}{g}a_C=P\sin\theta-F \tag{a}$$

$$0=P\cos\theta-F_N \tag{b}$$

$$J_C\alpha=FR \tag{c}$$

由方程(b)可得

$$F_N=P\cos\theta \tag{d}$$

而在其余两个方程(a)及(c)中，包含三个未知量 a_C，α 及 F，所以必须有一附加条件才能求解。下面分两种情况来讨论。

(1)假定轮子与斜面间无滑动，这时 F 是静摩擦力，大小、方向都未知，但考虑到 $a_C=R\alpha$，于是，解式(a)、(c)，并以 $J_0=\dfrac{PR^2}{2g}$ 代入，得

$$a_C=\frac{2}{3}g\sin\theta,\alpha=\frac{2g}{3R}\sin\theta,F=\frac{1}{3}P\sin\theta \tag{e}$$

F 为正值，表明其方向如图所设。

(2)假定轮子与斜面间有滑动，这时 F 是动摩擦力。因轮子与斜面接触点向下滑动，故 F 向上，应力 $F=fF_N$，于是解式(a)、(c)，得

$$a_C=(\sin\theta-f\cos\theta)g,\alpha=\frac{2fg\cos\theta}{R},F=fP\cos\theta \tag{f}$$

轮子有无滑动，须视摩擦力 F 之值是否达到极限值最大静摩擦力 $F_{\max}$。因为当轮子只滚不滑时，必须 $F<fF_N$，由式(e)得

$$\frac{1}{3}P\sin\theta<fP\cos\theta,\text{即}\frac{1}{3}\tan\theta<f \tag{g}$$

所以，若 $\dfrac{1}{3}\tan\theta<f$ 表示摩擦力未达极限值，轮子只滚不滑，则解答式(e)适用；若 $\dfrac{1}{3}\tan\theta\geqslant f$，表示轮子既滚且滑，则解答式(f)适用。

例7-8 如图7-19所示机构中，已知：均质杆 AB 长为 l，质量为 m，$\theta=30°$，$\beta=60°$。试求当绳子 OB 突然断了瞬时滑槽的约束力（滑块 A 的质量不计）及杆 AB 的角加速度。

解：在绳 OB 剪断瞬时，杆的角速度为零，但角加速度不为零，该瞬时 AB 受力如图所示。

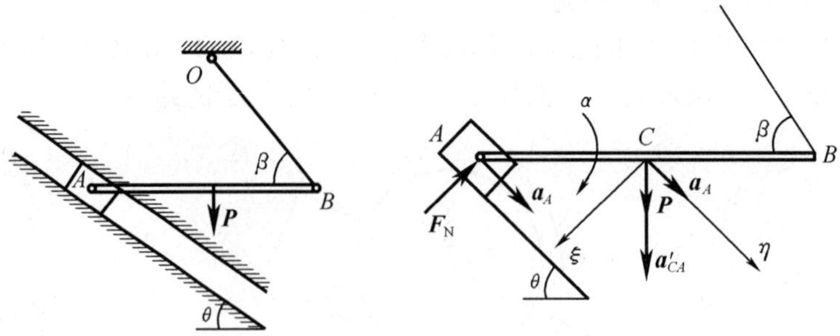

图 7－19　例 7－8 图

取 ξ 轴垂直于斜面,η 轴平行于斜面,由刚体平面运动微分方程,有

$$ma_{C\xi} = mg\cos\theta - F_N$$

$$ma_{C\eta} = mg\sin\theta$$

$$J_C\alpha = F_N\cos\theta\,\frac{l}{2}$$

其中 $J_C = \frac{1}{12}ml^2$,由运动学知,$a_C = a_A + a_{CA}^{\tau}$,($a_{CA}^{n} = 0$),注意到点 A 只能沿斜面运动,因此 a_A 方向平行于斜面,又 $a_{CA}^{\tau} = \alpha\,\frac{l}{2}$,将 a_C 投影到 ξ、η 轴上,有

$$a_{C\xi} = \alpha\,\frac{l}{2}\cos\theta$$

$$a_{C\eta} = a_A + \alpha\,\frac{l}{2}\sin\theta$$

从而解得

$$\alpha = \frac{6g\cos^2\theta}{l(1+3\cos^2\theta)} = \frac{18g}{13l}$$

$$F_N = \frac{mg\cos\theta}{1+3\cos^2\theta} = \frac{2\sqrt{3}}{13}mg$$

例 7－9　一质量为 m_A 的圆球 A,沿表面粗糙的质量为 m_B 的斜面 B 向下作纯滚动,如图 7－20 所示。忽略斜面与光滑水平面之间的摩擦力,以 x 和 s 为确定斜面和圆球位置的坐标,试建立系统的运动微分方程组。

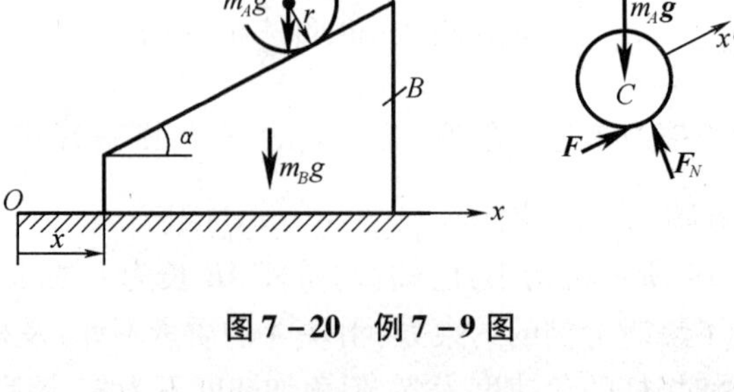

图 7－20　例 7－9 图

解:要唯一确定系统中圆球和斜面的位置,需列出两个运动微分方程。圆球 A 在斜面 B 上作纯滚动时,设圆球半径为 r,则滚动角速度 $\omega=\dot{s}/r$。以斜面为动系,计算圆球球心 C 的速度和加速度,得到

$$\boldsymbol{v}_c=\boldsymbol{v}_r+\boldsymbol{v}_e,\boldsymbol{a}_c=\boldsymbol{a}_r+\boldsymbol{a}_e$$

其中,$v_r=\dot{s}$,$v_e=\dot{x}$,$a_r=\ddot{s}$,$a_e=\ddot{x}$。将上二式分别向 x 轴和 x' 轴投影,得到

$$v_{Cx}=\dot{x}-\dot{s}\cos\alpha$$

$$a_{Cx'}=-\ddot{s}+\ddot{x}\cos\alpha$$

系统沿 x 轴无外力作用,以系统为对象,列写动量定理对 x 轴的投影式

$$\frac{\mathrm{d}}{\mathrm{d}t}[m_A(\dot{x}-\dot{s}\cos\alpha)+m_B\dot{x}]=0$$

展开后为

$$(m_A+m_B)\ddot{x}-m_A\ddot{s}\cos\alpha=0 \tag{a}$$

以圆球 A 为对象,列写质心运动定理沿 x' 轴的投影式:

$$m_A(-\ddot{s}+\ddot{x}\cos\alpha)=F-m_Ag\sin\alpha$$

以及对质心的动量矩定理

$$J_{Cz}\frac{\mathrm{d}\omega}{\mathrm{d}t}=Fr$$

从以上二式中消去摩擦力 F 并展开,将 $J_{Cz}=2m_Ar^2/5$,$\omega=\dot{s}/r$ 代入,得到

$$\frac{7}{5}\ddot{s}-\ddot{x}\cos\alpha=g\sin\alpha \tag{b}$$

式(a)和(b)即为系统的运动微分方程。

思　考　题

一、判断题

1. 刚体对某轴的回转半径等于其质心到该轴的距离。(　　)

2. 两个完全相同的圆盘,等速反向在光滑水平面上平动。当两圆盘相切时,由于摩擦,使两圆盘产生同方向转动(如图所示),此时系统动量矩守恒。(　　)

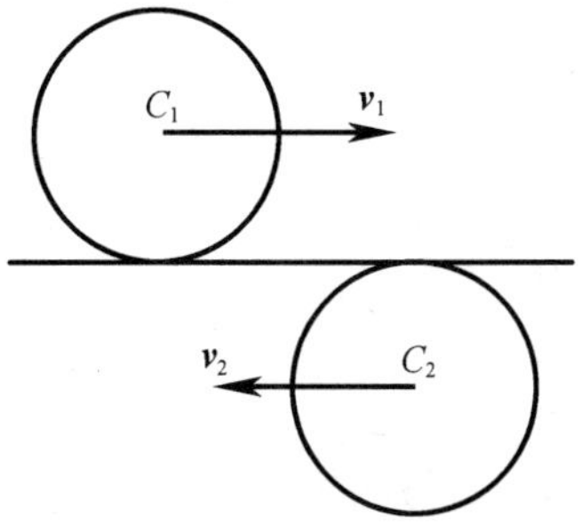

第 2 题图

3. 若平面运动刚体所受外力系的主矢为零,则刚体只能作绕质心轴转动。(　　)

4. 质点系对质心的相对运动动量矩等于其绝对运动动量矩。(　　)

5. 圆轮作纯滚动时,接触处的滑动摩擦力为最大值(　　),摩擦力的方向可任意假设。(　　)

二、选择题

1. 已知刚体质心 C 到相互平行的 z',z 轴的距离分别为 a,b,刚体的质量为 m,对 z 轴的转动惯量为 J_z,则 J_z'的计算公式为(　　)。

A. $J_z' = J_z + m(a+b)^2$　　B. $J_z' = J_z + m(a^2 - b^2)$　　C. $J_z' = J_z - m(a^2 - b^2)$

2. 两匀质圆盘 A,B,质量相等,半径相同,放在光滑水平面上,分别受到 F 和 F'的作用,由静止开始运动,若 $F = F'$,则任一瞬间两圆盘的动量相比较是(　　)。

A. $p_A > p_B$　　B. $p_A < p_B$　　C. $p_A = p_B$

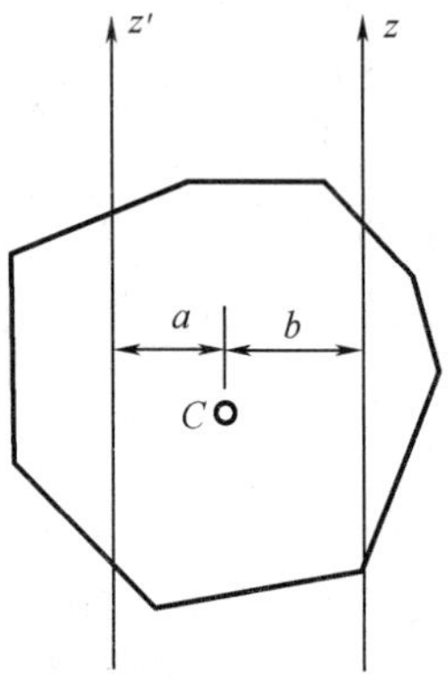

第 1 题图

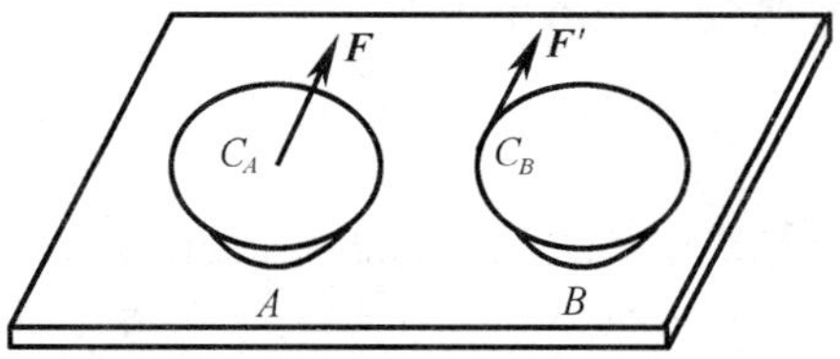

第 2 题图

3. 质量分别为 $m_1 = m_2 = 2m$ 的两个小球 M_1,M_2 用长为 L 而质量不计的刚杆相连。现将 M_1 置于光滑水平面上,且 M_1M_2 与水平面成60°角,则当无初速释放,M_2 球落地时,M_1 球移动的水平距离为(　　)。

A. $L/3$　　B. $L/4$　　C. $L/6$　　D. 0

4. 小球 A 在重力作用下沿粗糙斜面下滚,角加速度为(　　);当小球离开斜面后,角加速度为(　　)。

A. 等于零　　B. 不等于零　　C. 不能确定

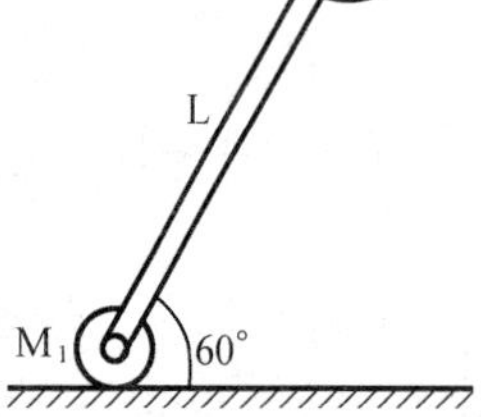

第 3 题图

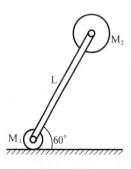

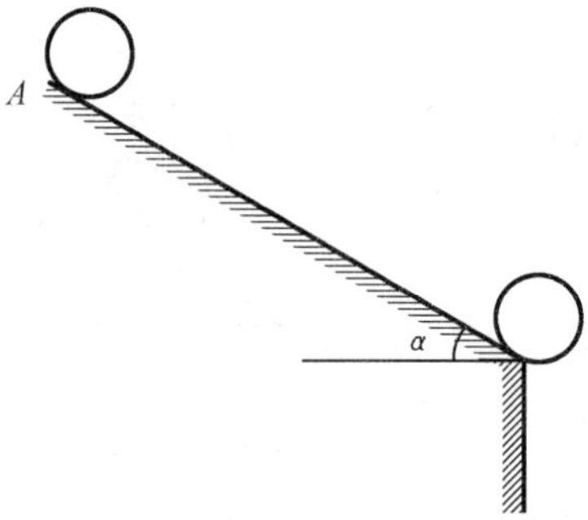

第 4 题图

5. OA 杆重 P,对 O 轴的转动惯量为 J,弹簧的弹性系数为 k,当杆处于铅直位置时弹簧无变形,取位置角 φ 及其正向如图所示,则 OA 杆在铅直位置附近作微振动的运动微分方程为(　　)。

A. $J\ddot{\varphi} = -ka^2\varphi - Pb\varphi$

B. $J\ddot{\varphi} = ka^2\varphi + Pb\varphi$;

C. $-J\ddot{\varphi} = -ka^2\varphi + Pb\varphi$

D. $-J\ddot{\varphi} = ka^2\varphi - Pb\varphi$。

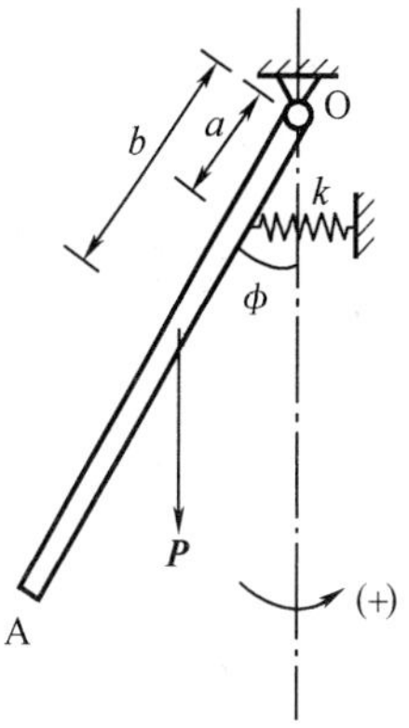

第5题图

三、填空题

1. 图中所示均质杆 OA 长 l,重 P,圆盘重 Q 半径为 r,二者焊接在一起以 ω 在铅垂面内绕 O 轴转动,则系统对 O 轴的动量矩 $H_O =$ ________。

2. 十字杆由两根均质细杆固连而成,OA 长 $2l$,质量为 $2m$;BD 长 l,质量为 m。则系统对 O_z 轴的转动惯量为________。

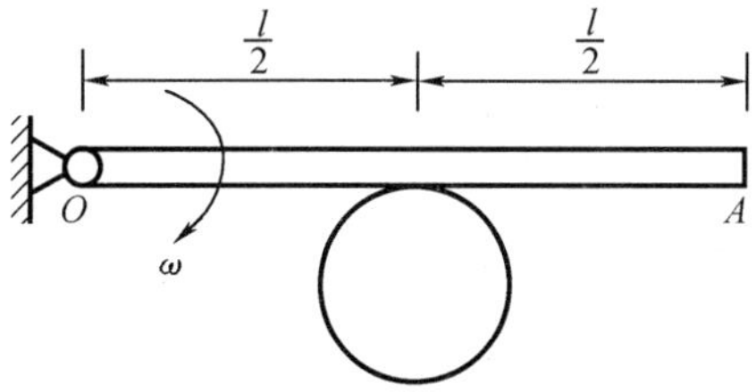

第1题图

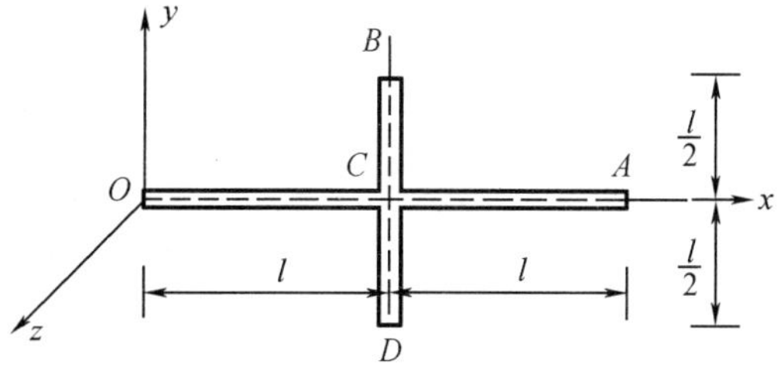

第2题图

3. 图中所示均质圆轮质量为 m,沿斜面无滑动地滚动,质心速度为 $\boldsymbol{v}_C$。则圆轮对 O 点的动量矩 $L_O =$ ________。

4. 半径为 r 质量为 m 的均质轮子,在常力偶 M 的作用下,沿粗糙面只滚不滑,则轮子与接触与接触面间的摩擦力 $F =$ ________。

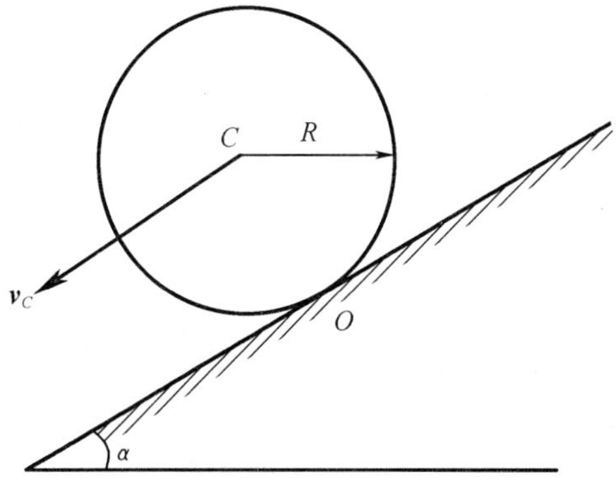

第3题图

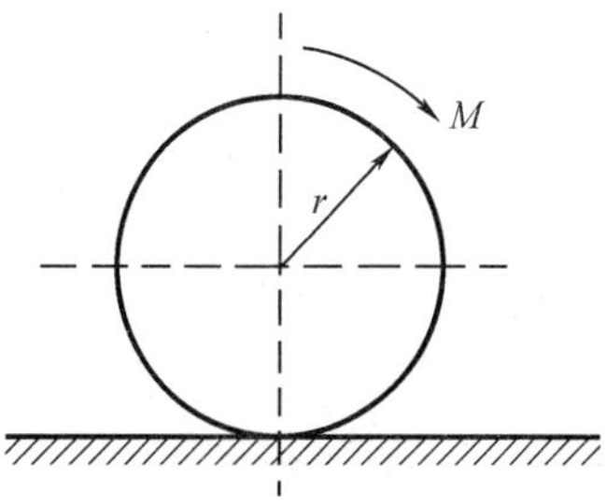

第4题图

5. 图(a)所示均质圆盘沿水平地面作直线平动,图(b)所示均质圆盘沿水平直线作纯滚动。设两盘质量皆为 m,半径皆为 r,轮心 C 的速度皆为 v,则图示瞬时,它们各自对轮心 C 和对与地面接触点 D 的动量矩分别为(1) $L_C=$________,$L_D=$________(2) $L_C=$________,$L_D=$________。

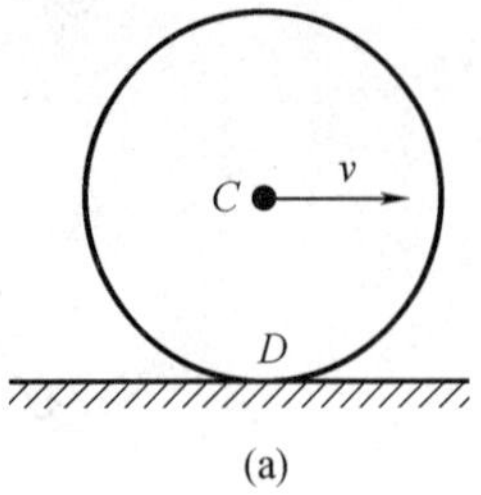

第 5 题图

习　　题

7－1　计算下列情况下物体对转轴 O 的动量矩:(1)均质圆盘半径为 r、质量为 m,以角速度 ω 转动;(2)均质杆长 l、质量为 m,以角速度 ω 转动;(3)均质偏心圆盘半径为 r、偏心距为 e,质量为 m,以角速度 ω 转动。

答案:略。

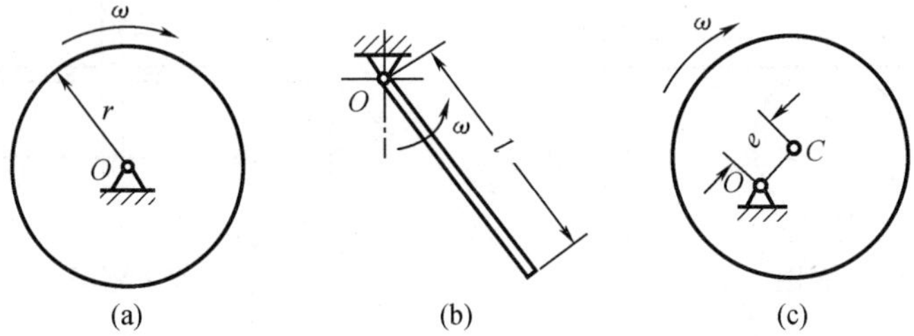

题 7－1 图

7－2　无重杆 OA 以角速度 ω_0 绕轴 O 转动,质量 $m=25$ kg、半径 $R=200$ mm 的均质圆盘以三种方式安装于杆 OA 的点 A,如图所示。在图(a)中,圆盘与杆 OA 焊接在一起;在图(b)中,圆盘与杆 OA 在点 A 铰接,且相对杆 OA 以角速度 ω_r 逆时针向转动;在图(c)中,圆盘相对杆 OA 以角速度 ω_r 顺时针向转动。已知 $\omega_0=\omega_r=4$ rad/s,计算在此三种情况下,圆盘对轴 O 的动量矩。

答案:(a) $L_O=18\ \text{kg}\cdot\text{m}^2/\text{s}$;(b) $L_O=20\ \text{kg}\cdot\text{m}^2/\text{s}$;(c) $L_O=16\ \text{kg}\cdot\text{m}^2/\text{s}$。

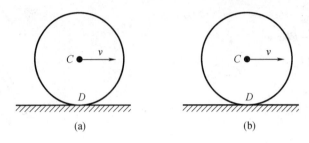

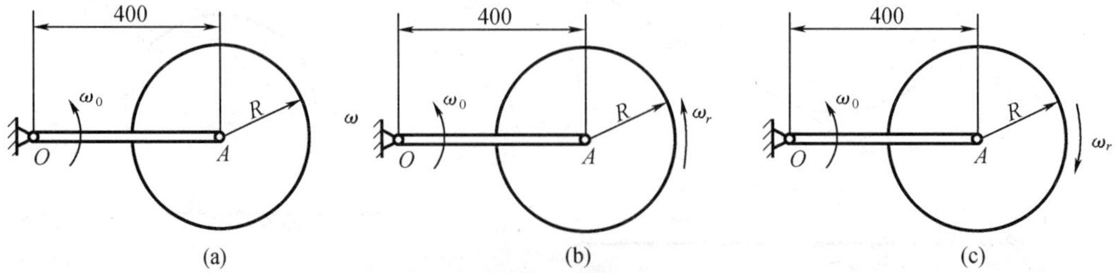

题 7－2 图

7-3　半径为 R、重为 W 的均质圆盘固接在长 l、重为 P 的均质水平直杆 AB 的 B 端，绕铅垂轴 Oz 以角速度 ω 旋转，求系统对转轴的动量矩。

答案：$L_z=(\frac{P+3W}{3g}l^2+\frac{W}{4g}R^2)\omega$。

7-4　均质直杆 AB 长为 l，质量为 m，A，B 两端分别沿水平和铅直垂轨道滑动。求该杆对质心 C 和对固定点 O 的动量矩 L_C 和 L_0（表示为 φ 和 $\dot{\varphi}$ 的函数）。

答案：$L_C=\frac{1}{12}ml^2\dot{\varphi}$，$L_O=\frac{1}{6}ml^2\dot{\varphi}$。

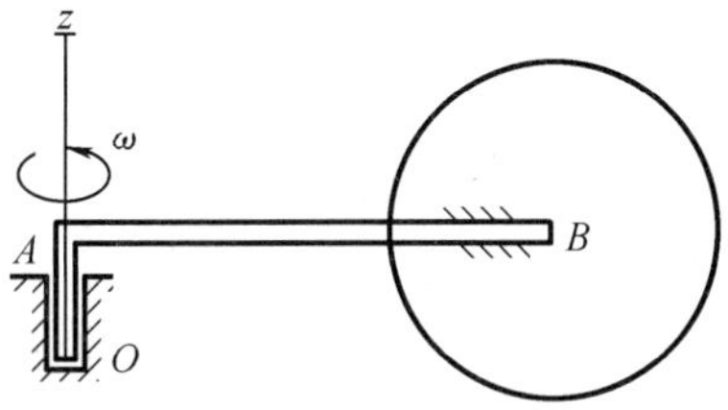

题7-3图

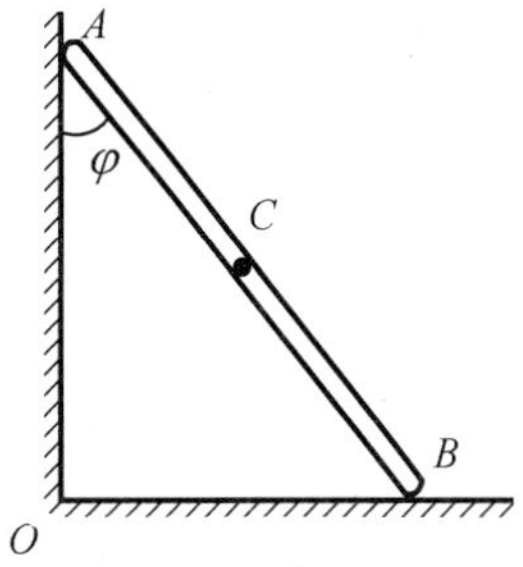

题7-4图

7-5　质量为 m 的小球系于细绳的一端，绳的另一端穿过光滑水平面上的小孔 O，令小球在此水平面上沿半径为 r 的圆周作匀速运动，其速度为 v_0。如将绳下拉，使圆周半径缩小为 $\frac{r}{2}$，问此时小球的速度 v_1 和绳的拉力各为多少？

答案：$v_1=2v_0F=8\frac{mv_0^2}{r}$。

7-6　图示 A 为离合器，开始时轮2静止，轮1具有角速度 ω_0。当离合器结合后，依靠摩擦使轮2启动。已知轮1和2的转动惯量分别为 J_1 和 J_2。求：(1) 当离合器接合后，两轮共同转动的角速度；(2) 若经过 t 秒两轮的转速相同，求离合器应有多大的摩擦力矩。

答案：(1) $\omega=\frac{J_1\omega_0}{J_1+J_2}$；(2) $M_f=\frac{J_1J_2\omega_0}{(J_1+J_2)t}$。

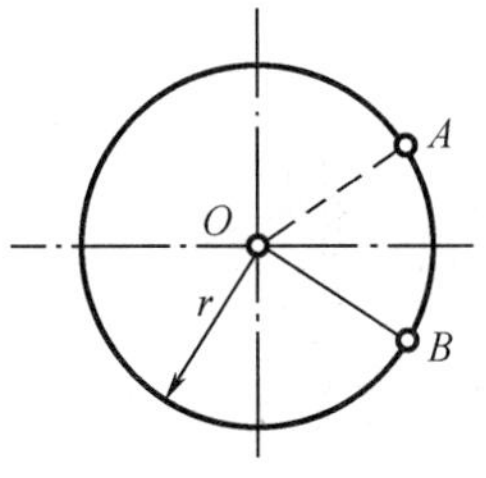

题7-5图

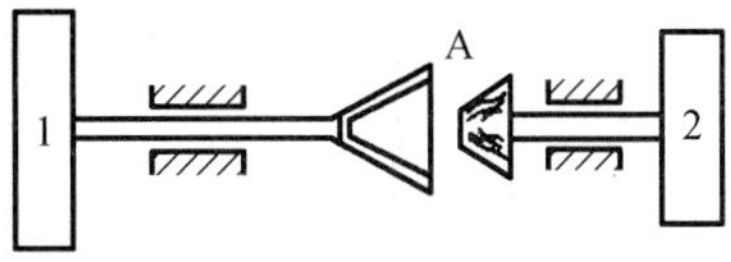

题7-6图

7-7　为了确定传送带的紧边和松边拉力，将传动部分安装在滚轴上，并在固定端 C 和传动轴之间连以测力计 D。如测力计读数为 S，传动鼓轮直径为 d，电动机功率为 P，传动鼓轮转速为 n，试求两边的拉力。

答案：紧边拉力 $F_{T1}=\frac{1}{2}(S+\frac{60P}{\pi dn})$；松边拉力 $F_{T2}=\frac{1}{2}(S-\frac{60P}{\pi dn})$。

7－8　飞轮的质量为 75 kg，对其转轴的回转半径为 0.50 m，受到扭矩 $M=10(1-e^{-t})$ N·m 的作用，t 的单位为秒。若飞轮从静止开始运动，试求 $t=3$ s 后的角速度 ω。

答案：1.09 rad/s。

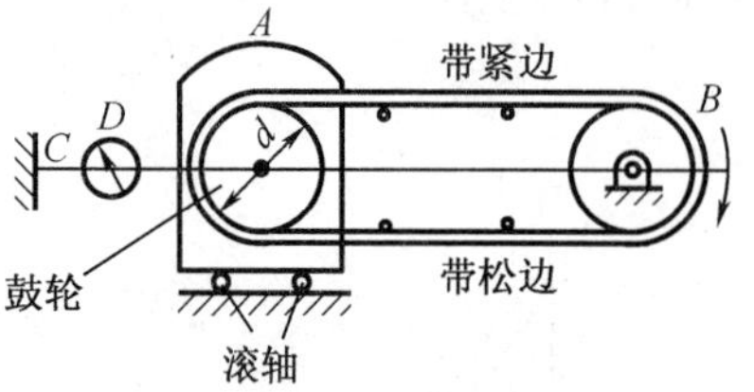

题 7－7 图

题 7－8 图

7－9　滑轮重 W、半径为 R，对转轴 O 的回转半径为 ρ；一绳绕在滑轮上，另端系一重为 P 的物体 A；滑轮上作用一不变转矩 M，忽略绳的质量，求重物 A 上升的加速度和绳的拉力。

答案：$a=\frac{M-PR}{PR^2+W\rho^2}Rg$；$F=P\frac{MR+W\rho^2}{PR+W\rho^2}$。

7－10　图示双刹块式制动器，滚筒转动惯量为 J，外加转矩 M，提升重物质量为 m，刹车时速度为 v_0，其他尺寸如图所示。闸块与滚筒间的动滑动摩擦系数为 f。试求：

(1) 设 F 为一定值，求重物的加速度。

(2) F 至少为多大，可以刹住滚筒。

(3) 制动时间要求小于 t_1，问 F 需多大？

答案：(1) $a_m=\dfrac{M-mgr-\dfrac{2l_1l_2l_3Rf}{d_1d_2d_3}F}{J+mr^2}$；

(2) $F=\dfrac{d_1d_2d_3}{l_1l_2l_3}\cdot\dfrac{M-mgr}{2fR}$；

(3) $F>\dfrac{d_1d_2d_3}{l_1l_2l_3}\cdot\dfrac{M-mgr+\dfrac{v_0}{rt_1}(J+mr^2)}{2fR}$。

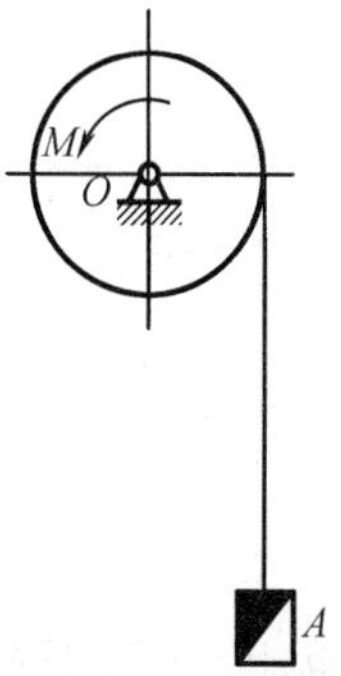

题 7－9 图

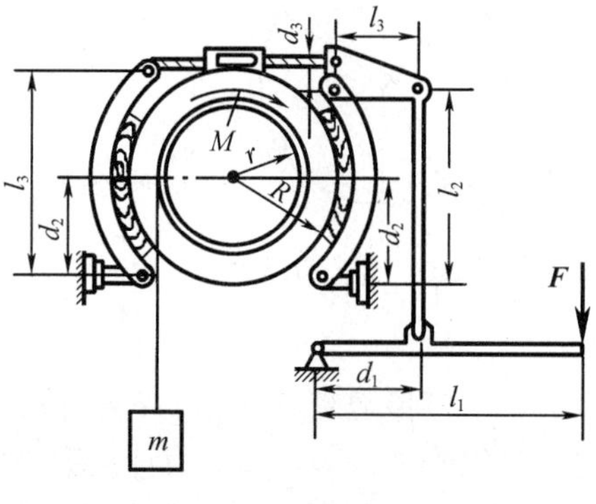

题 7－10 图

7－11　图示匀质钢圆盘直径为500 mm,厚度为50 mm,其上除直径为150 mm的中心孔外,还有三个均匀分布的直径为150 mm的孔。钢的密度为 $\rho = 7.85\ t/m^3$,试计算圆盘对 $c-c$ 轴线的转动惯量。

答案:$1.942\ kg \cdot m^2$。

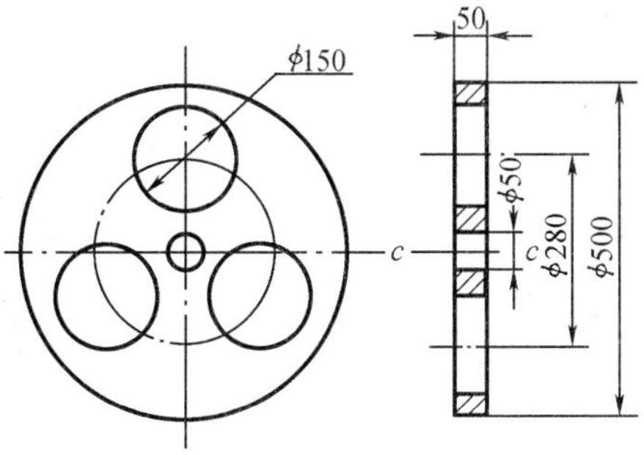

题7－11图

7－12　为了求得连杆的转动惯量,用一细圆杆穿过十字头销 A 处的衬套管,并使连杆绕这细杆的水平轴线摆动,如图(a)、(b)所示。摆动100次半周期 T 所用的时间为 $100\ t = 100\ s$。另外,如图(c)所示,为了求得连杆重心到悬挂轴的距离 $AC = d$,将连杆水平放置,在点 A 处用杆悬挂,点 B 放置于台秤上,台秤读数 $F = 490\ N$。已知连杆质量为80 kg,A 与 B 间的距离 $l = 1\ m$,十字头销的半径 $r = 40\ mm$。试求连杆对于通过重心 C 并垂直于图面的轴的转动惯量 J_C。

答案:$J_C = 17.44\ kg \cdot m^2$。

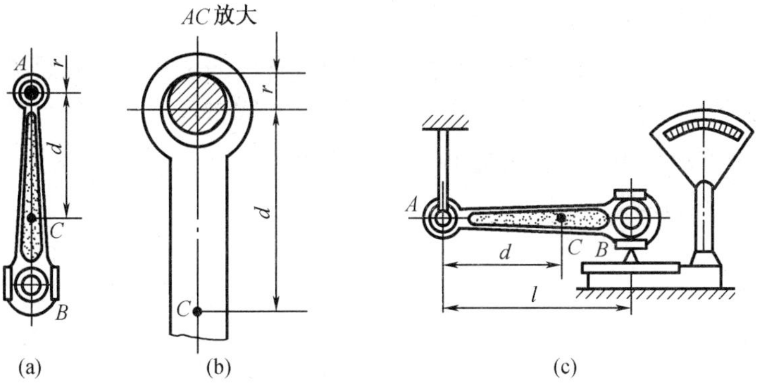

题7－12图

7－13　一半径为 r,重为 P_1 的均质水平圆形转台,可绕通过中心 O 并垂直于台面的铅直轴转动。重为 P_2 的人 A 沿圆台边缘以规律 $s = \frac{1}{2}at^2$ 走动,开始时,人与圆台静止,求圆台在任一瞬时的角速度与角加速度。

答案:$\omega = \frac{2aP_2t}{(P_1 + 2P_2)r}$;$\alpha = \frac{2aP_2}{(P_1 + 2P_2)r}$。

7－14 电动绞车提升一重为 P 的物体，在其主动轴上作用有不变转矩 M，主动轴和从动轴部件对各自转轴的转动惯量分别为 J_1 和 J_2，传动比 $\frac{z_2}{z_1}=k$，鼓轮半径为 R；不计轴承摩擦及吊索质量，求重物的加速度。

答案：$a=R\dfrac{Mk-PR}{J_1k^2+J_2+\dfrac{PR^2}{g}}$。

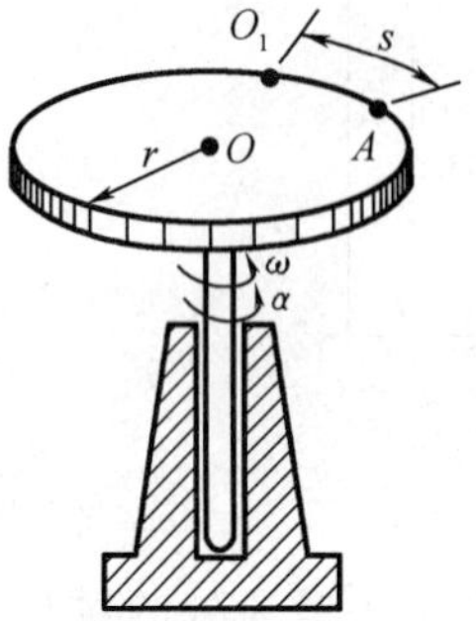

题 7－13 图

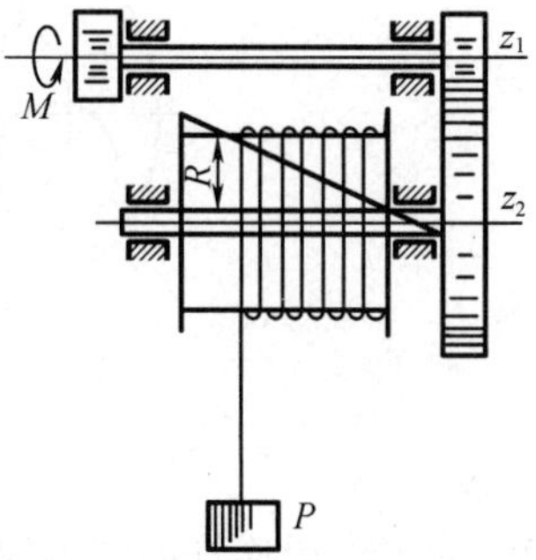

题 7－14 图

7－15 图示重物 A 的质量为 m，当其下降时，借无重且不可伸长的绳使滚子 C 沿水平轨道滚动而不滑动。绳子跨过定滑轮 D 并绕在滑轮 B 上。滑轮 B 与滚子 C 固接为一体。已知滑轮 B 的半径为 R，滚子 C 的半径为 r，二者总质量为 m'，其对于图面垂直的轴 O 的回转半径为 ρ。试求重物 A 的加速度。

答案：$a_A=\dfrac{m(R-r)^2}{m'(\rho^2+r^2)+m(R-r)^2}g$，方向向下。

7－16 电动机对中心轴线 O 的转动惯量为 J_O，它由四个相同的弹簧支承。弹簧左右各有两个，对称分布。每一侧的两个弹簧一前一后成并联布置。已知每个弹簧的弹簧刚度系数为 k，左右两侧弹簧相距 $2l$。试求电动机绕 O 轴作微小振动的频率。

答案：$(l/\pi)\times\sqrt{k/J_O}$。

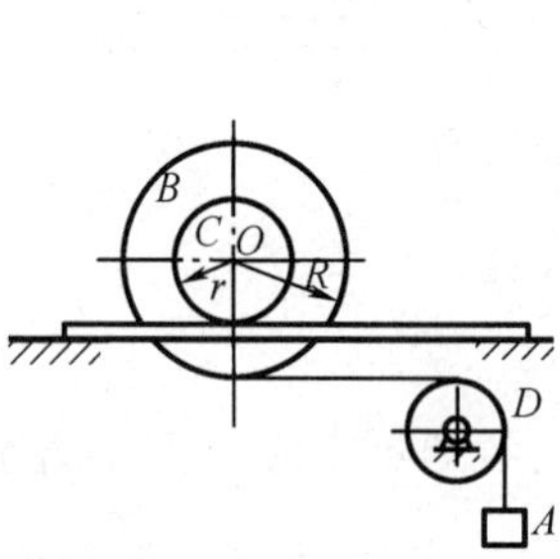

题 7－15 图

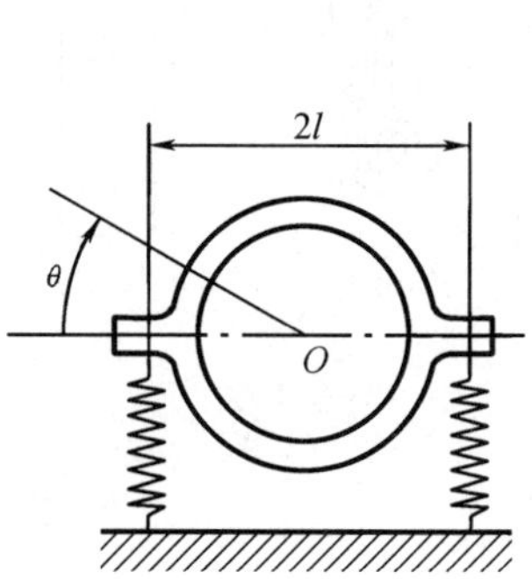

题 7－16 图

7－17 均质直杆 AB 重 W、长 l，在 A，B 处分别受到铰链支座、绳索的约束。若绳索突然被切断，求：(1)在图示瞬时位置时，支座 A 的反力；(2)当杆 AB 转到铅垂位置时，支座 A 的反力。

答案：(1) $F_{Ax}=0, F_{Ay}=\frac{W}{4}$；(2) $F_{Ax}=0, F_{Ay}=\frac{5}{2}W$。

7－18　为求半径 $R=50$ cm 的飞轮 A 对于通过其质心轴的转动惯量，在飞轮上绕以细绳，绳的末端系一质量 $m_1=8$ kg 的重锤，重锤自高度 $h=2$ m 处落下，测得落下的时间 $t_1=16$ s。为消去轴承摩擦的影响，再用质量 $m_2=4$ kg 的重锤作第二次实验，此重锤自同一高度处落下的时间为 $t_2=25$ s。假定摩擦力矩为一常数，且与重锤质量无关，求飞轮的转动惯量。

答案：$J=R^2\dfrac{\frac{g}{2h}(m_1-m_2)-(\frac{m_1}{T_1^2}-\frac{m_2}{T_2^2})}{\frac{1}{T_1^2}-\frac{1}{T_2^2}}=1\ 060\ \text{kg}\cdot\text{m}^2$。

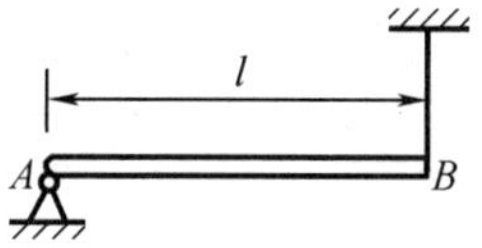

题 7－17 图

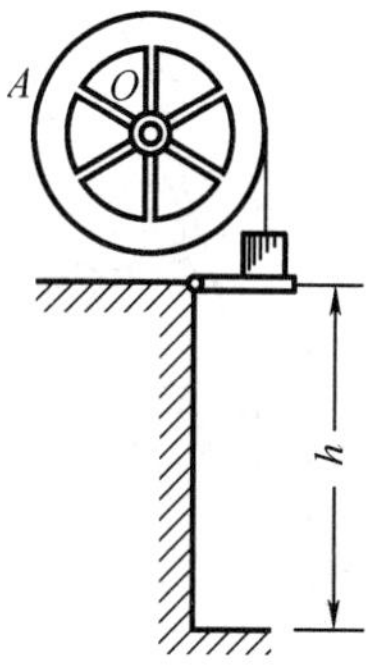

题 7－18 图

7－19　图示两小球 A 和 B，质量分别为 $m_A=2$ kg，$m_B=1$ kg，用 $AB=l=0.6$ m 的杆连接。在初瞬时，杆在水平位置，B 不动，而 A 的速度 $v_A=0.6\ \pi$m/s，方向铅直向上，如图所示。杆的质量和小球的尺寸忽略不计。求(1)两小球在重力作用下的运动；(2)在 $t=2$ s 时，两小球相对于定坐标系 Axy 的位置；(3) $t=2$ s 时杆轴线方向的内力。

答案：(1) $x_C=0, y_C=0.4\pi t-\frac{1}{2}gt^2, \varphi=\pi t$；

(2) $t=2$ s，$\varphi=\pi t=2\pi$rad，杆在水平位置，$y_A=y_B=y_C=-17.1$ m；

(3) $F_T=3.95$ N。

7－20　图示匀质长方形放置在光滑水平面上，若点 B 的支撑面突然移开，试求此瞬时点 A 的加速度。

答案：$a_A=\dfrac{3d_1d_2}{4d_1^2+d_2^2}g$，方向向左。

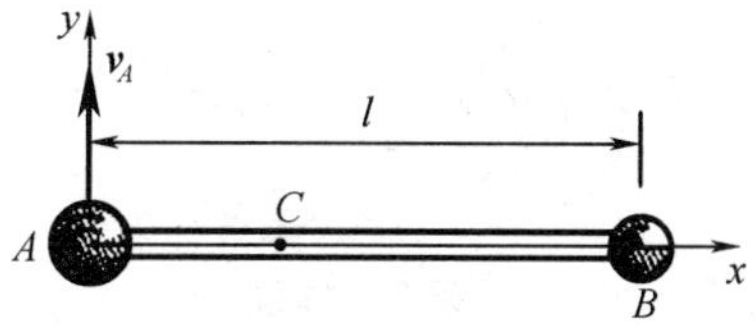

题 7－19 图

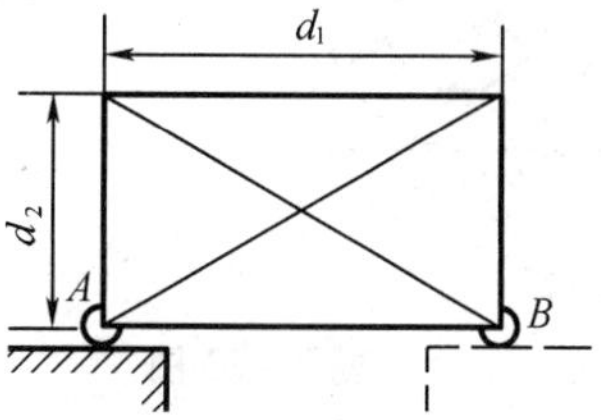

题 7－20 图

7－21 质量为 m 的小球 A 固定在无质量轴 OO_1 的突出短臂上。小球到轴线 OO_1 的距离为 l，如图所示。轴线 OO_1 与铅直线成 θ 角。试求系统在重力作用下绕 OO_1 轴线作微小振动的周期。

答案：$(2\pi)\sqrt{l/(g\sin\theta)}$。

7－22 均质鼓轮由绕于其上的细绳拉动。已知轴的半径 $r=40$ mm，轮的半径 $R=80$ mm，轮重 $P=9.8$ N，对过轮心垂直于轮中心平面的轴的惯性半径 $\rho=60$ mm，拉力 $F=5$ N，轮与地面的摩擦因数 $f=0.2$。试分别求在图(a)，(b)两种情况下圆轮的角加速度及轮心的加速度。

答案：(a) $a_c=4.8\ \mathrm{m/s^2}$，$\alpha=60\ \mathrm{rad/s^2}$；(b) $a_c=0.96\ \mathrm{m/s^2}$，$\alpha=34.2\ \mathrm{rad/s^2}$。

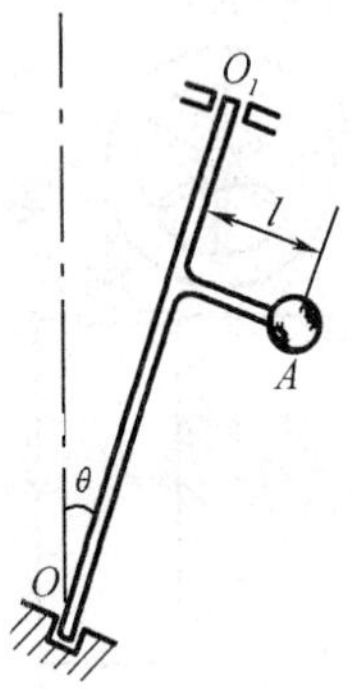

题 7－21 图

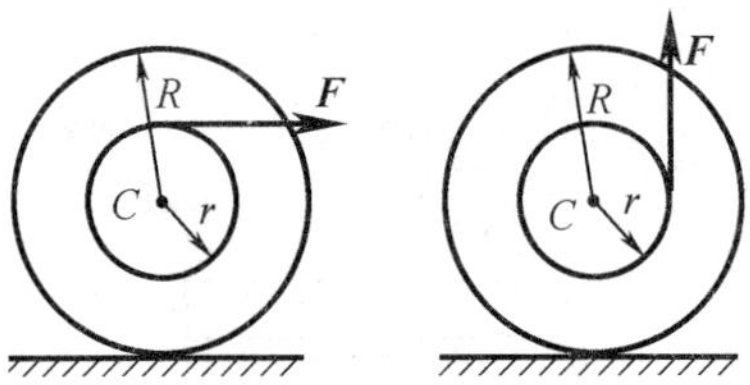

题 7－22 图

7－23 重物 A 的质量为 m_1，系在绳子上，绳子跨过一不计质量的固定滑轮 D，并绕在鼓轮 B 上，如图所示。由于重物下降，带动了轮 C，使它沿水平轨道滚动而不滑动。设鼓轮半径为 r，轮 C 的半径为 R，两者固连在一起，总质量为 m_2，对于其水平轴 O 的回转半径为 ρ。求重物 A 的加速度。

答案：$a_A=\dfrac{m_1 g(r+R)^2}{m_1(r+R)^2+m_2(\rho^2+R^2)}$。

7－24 A，B 两轮质量皆为 m，转动惯量皆为 mr^2，且有 $R=2r$，如图所示。小定滑轮 C 及绕于两轮上的细绳质量不计，轮 B 沿斜面只滚不滑。求 A，B 两轮心的加速度。

答案：$a_A=\dfrac{7}{23}g$；$a_B=\dfrac{21}{46}g$。

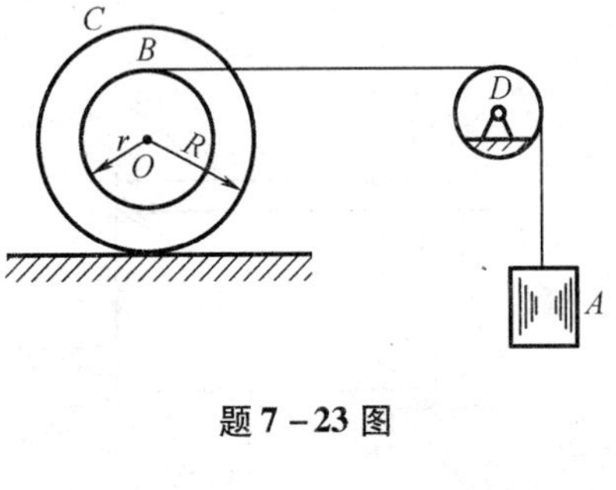

题 7－23 图

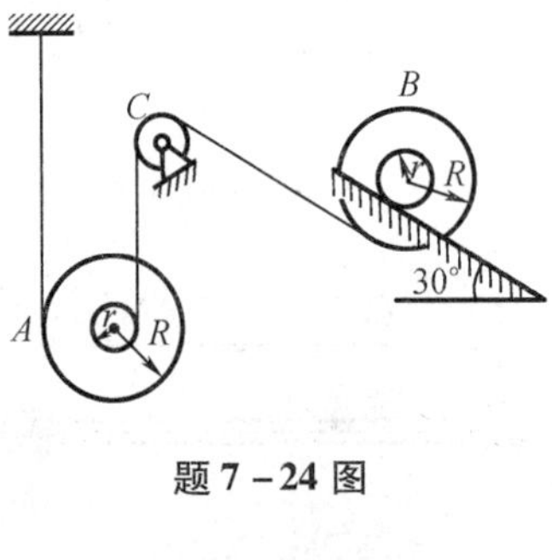

题 7－24 图

7-25　质量为 m_1、长度为 l 的匀质刚性细杆可绕水平轴 O 转动，如图所示。杆的一端固连质量为 m_2 的小球，另一端与弹簧刚度系数为 k 的铅直弹簧相连接。当杆在水平位置时系统处于平衡状态。求此系统绕固定轴 O 作微小振动的频率。

答案：$\sqrt{3k/(7m_1+27m_2)}/(2\pi)$。

7-26　图示机构位于铅垂平面内，曲柄长 $OA=0.4$ m，角速度 $\omega=4.5$ rad/s（常数）。均质杆 AB 长 1 m，质量为 10 kg。在 A，B 端分别用铰链与曲柄，滚子 B 连接。如滚子 B 的质量不计，求在图示瞬时位置时，地面对滚子的反力。

答案：$F_{BN}=36.33$ N。

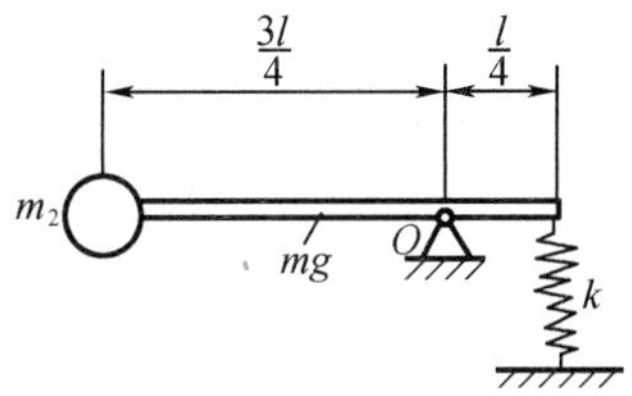

题 7-25 图

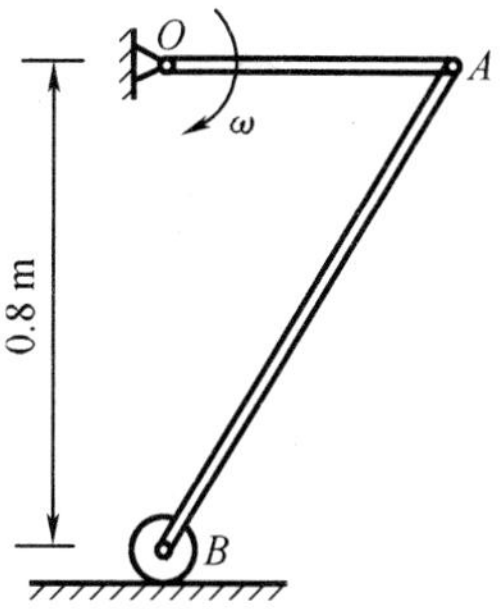

题 7-26 图

7-27　如图所示，板的质量为 m_1，受水平力 F 的作用，沿水平面运动，板与平面间的动摩擦系数为 f。在板上放一质量为 m_2 的均质实心圆柱，此圆柱对板只滚动而不滑动。求板的加速度。

答案：$a=\dfrac{F-f(m_1+m_2)g}{m_1+\dfrac{m_2}{3}}$。

7-28　均质实心圆柱体 A 和薄铁环 B 的质量均为 m，半径都等于 r，两者用杆 AB 铰接，无滑动地沿斜面滚下，斜面与水平面的夹角为 θ，如图所示。如杆的质量忽略不计，求杆 AB 的加速度和杆的内力。

答案：$a=\dfrac{4}{7}g\sin\theta$；$F=-\dfrac{1}{7}mg\sin\theta$。

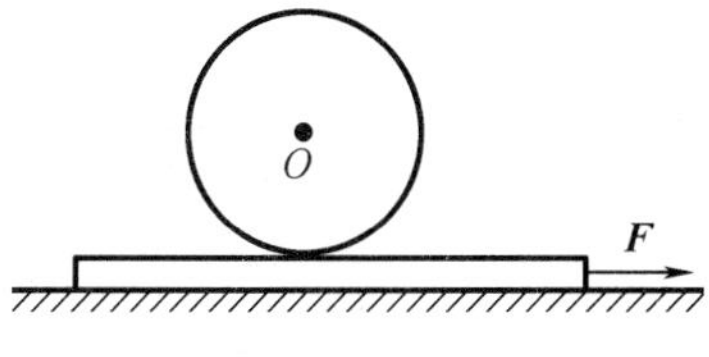

题 7-27 图

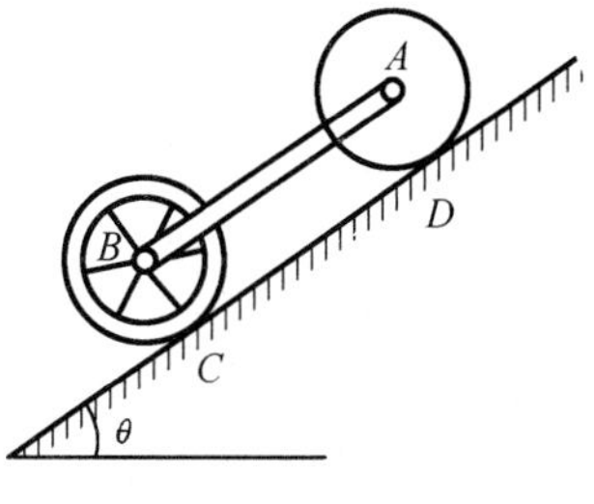

题 7-28 图

7-29　半径为 r 的均质圆柱体的质量为 m，放在粗糙的水平面上，如图所示。设其中心 C 初速度为 v_0，方向水平向右，同时圆柱如图所示方向转动，其初角速度为 ω_0，且有 $\omega_0 r<$

v_0。如圆柱体与水平面的摩擦系数为f,问经过多少时间,圆柱体才能只滚不滑地向前运动,并求该瞬时圆柱体中心的速度。

答案:$t=\dfrac{v_0-r\omega_0}{3fg}$;$v=\dfrac{2v_0+r\omega_0}{3}$。

7-30 图示均质细长杆AB,质量为m,长度为l,在铅垂位置由静止释放,借A端的小滑轮沿倾角为θ的轨道滑下。不计摩擦和小滑轮的质量,求刚释放时点A的加速度。

答案:$a=\dfrac{4\sin\theta}{1+3\sin^2\theta}g$。

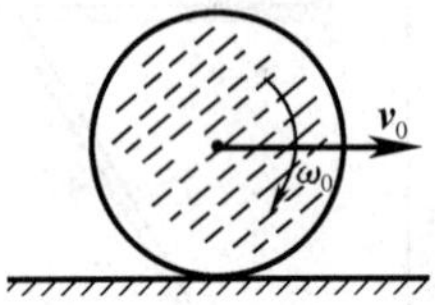

题 7-29 图

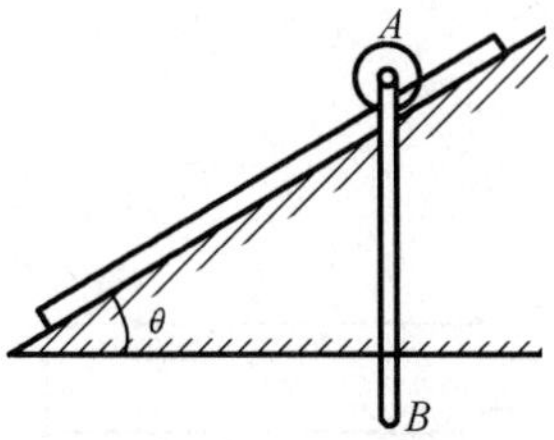

题 7-30 图

第8章　动能定理

自然界有许多种运动形式，这些运动形式本质上相互区别，但又相互依存，相互联系，并在一定条件下相互转化。例如：机械运动可以转化为电、热、声、光、磁等等，反过来，电、热、声、光、磁也可以转化为机械运动。各种运动形式的转化，是通过能量来相互联系的。能量是各种运动形式的度量。物体作机械运动时所具有的能量称为机械能，它包括动能、势能。这一章我们研究动能、势能与力的功之间的联系以及功率，功率方程等内容，有两个重点：动能定理和机械能守恒定律，四个关键：(1)力的功的计算；(2)质点系动能的计算；(3)质点及质点系势能的计算；(4)机械能守恒的条件。

8.1　力　的　功

作用在物体上的力能改变物体的运动状态，这种状态的改变不仅与力的大小、方向有关，而且与力作用的过程有关，这个过程可以用时间来度量，例如力的冲量是描述力(包括力矩)对时间的累积效果的，而力的功，则是表示力对空间的累积效应，也就是力在一段路程上对物体的作用效应。

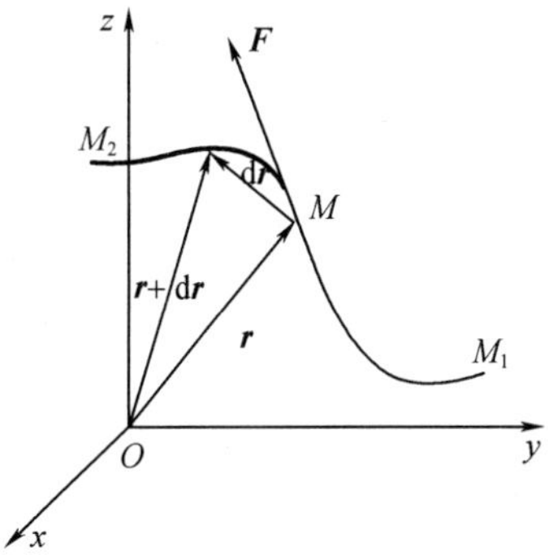

图8-1　力的功示意图

8.1.1　力的元功

如图8-1所示，设质点M在力$\boldsymbol{F}$作用下，做曲线运动，由M_1点运动到M_2点，我们将弧线$\overset{\frown}{M_1M_2}$分成许多的微元弧段。当弧段足够小时$\mathrm{d}s$近似等价于微元弦段$|\mathrm{d}\boldsymbol{r}|$，而此微元弧段上$\boldsymbol{F}$可以近似地认为大小，方向均没有变化。设在定系$Oxyz$中，

$$\boldsymbol{F}=F_x\boldsymbol{i}+F_y\boldsymbol{j}+F_z\boldsymbol{k},\mathrm{d}\boldsymbol{r}=\mathrm{d}x\boldsymbol{i}+\mathrm{d}y\boldsymbol{j}+\mathrm{d}z\boldsymbol{k} \tag{8-1}$$

则定义：力$\boldsymbol{F}$在微元弧段(或小位移$\mathrm{d}\boldsymbol{r}$)上所作的元功为

$$\delta W=\boldsymbol{F}\cdot\mathrm{d}\boldsymbol{r}=F\mathrm{d}s\cdot\cos(\boldsymbol{F},\mathrm{d}\boldsymbol{r})=F_x\mathrm{d}x+F_y\mathrm{d}y+F_z\mathrm{d}z \tag{8-2}$$

$\cos(\boldsymbol{F},\mathrm{d}\boldsymbol{r})<90^\circ$时，$\delta W>0$，力作正功；$\cos(\boldsymbol{F},\mathrm{d}\boldsymbol{r})>90^\circ$时，$\delta W<0$，力作负功；$\cos(\boldsymbol{F},\mathrm{d}\boldsymbol{r})=90^\circ$时，$\delta W=0$，力不作功。

可见：

1. 力的功是一个标量，$\mathrm{d}\boldsymbol{r}$是$\boldsymbol{F}$所作用的质点(或力的作用点)的微小位移；

2. $\delta W=F_x\mathrm{d}x+F_y\mathrm{d}y+F_z\mathrm{d}z$，一般来说，不一定是某个函数的全微分，因此写作$\delta W$而不写作$\mathrm{d}W$；

3. 单位：$[W]=[F][S]$，在SI制中功的单位为J(焦耳)。

8.1.2 力在一段路程上的功

若力 $\boldsymbol{F}$ 的作用点 M 沿曲线由 M_1 点运动到 M_2 点，则在这段路程上 $\boldsymbol{F}$ 所作的功为

$$W_{1,2} = \int_{M_1}^{M_2} \boldsymbol{F} \cdot \mathrm{d}\boldsymbol{r} = \int_{M_1}^{M_2} F\mathrm{d}s \cdot \cos(\boldsymbol{F}, \mathrm{d}\boldsymbol{r}) = \int_{M_1}^{M_2} F_x\mathrm{d}x + F_y\mathrm{d}y + F_z\mathrm{d}z \tag{8-3}$$

因为 $W_{1,2} = \int_{M_1}^{M_2} \boldsymbol{F} \cdot \mathrm{d}\boldsymbol{r} = -\int_{M_2}^{M_1} \boldsymbol{F} \cdot \mathrm{d}\boldsymbol{r} = -W_{2,1}$，所以 $W_{1,2} = -W_{2,1}$

定理：作用于一质点的合力在某一段路程上所作的功等于各分力在同一路程上所作功的代数和。

证明：设 $\boldsymbol{F}_1, \boldsymbol{F}_2, \cdots, \boldsymbol{F}_n$ 作用于一个质点 M 上，其合力为 $\boldsymbol{R} = \sum \boldsymbol{F}_i$ 则合力的元功为

$$\delta W = \boldsymbol{R} \cdot \mathrm{d}\boldsymbol{r} = (\sum \boldsymbol{F}_i) \cdot \mathrm{d}\boldsymbol{r} = \sum(\boldsymbol{F}_i \cdot \mathrm{d}\boldsymbol{r}) = \sum \delta W_i \tag{8-4}$$

合力在 $\overset{\frown}{M_1M_2}$ 上所作的功为

$$W_{1,2} = \int_{M_1}^{M_2} \delta W = \int_{M_1}^{M_2} \boldsymbol{R} \cdot \mathrm{d}\boldsymbol{r} = \int_{M_1}^{M_2} \sum \boldsymbol{F}_i \cdot \mathrm{d}\boldsymbol{r} = \sum \int_{M_1}^{M_2} \boldsymbol{F}_i \cdot \mathrm{d}\boldsymbol{r} \tag{8-5}$$

8.1.3 几种常见的特殊力的功

1. 常力在直线运动中所作的功

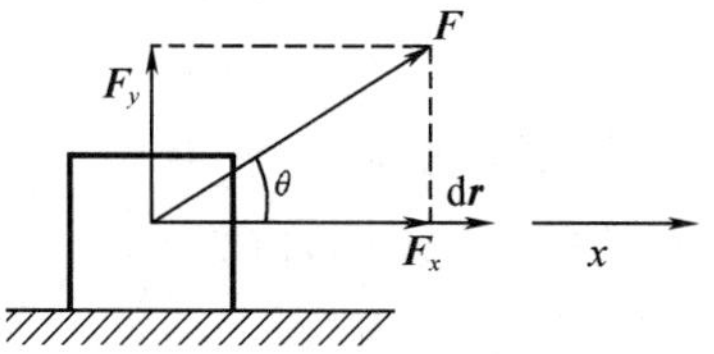

图 8-2 常力的功示意图

$$\delta W = \boldsymbol{F} \cdot \mathrm{d}\boldsymbol{r} = F\cos\theta \cdot \mathrm{d}x = F_x\mathrm{d}x$$

$$W_{1,2} = \int_{x_1}^{x_2} X \cdot \mathrm{d}x = F\cos\theta(x_2 - x_1) \tag{8-6}$$

常力是一种有势力（$\delta W = \boldsymbol{F} \cdot \mathrm{d}\boldsymbol{r} = \mathrm{d}(\boldsymbol{F} \cdot \boldsymbol{r})$ 是某函数 $(\boldsymbol{F} \cdot \boldsymbol{r})$ 的全微分）。

2. 重力的功

（1）对于一个质点：设一个质量为 m 的质点在重力场中沿曲线轨迹由 $M_1(x_1, y_1, z_1)$ 运动到 $M_2(x_2, y_2, z_2)$，作用在质点上的重力为 $\boldsymbol{G} = -mg\boldsymbol{k}$。注意到 $\mathrm{d}\boldsymbol{r} = \mathrm{d}x\boldsymbol{i} + \mathrm{d}y\boldsymbol{j} + \mathrm{d}z\boldsymbol{k}$，

$$\delta W = \boldsymbol{G} \cdot \mathrm{d}\boldsymbol{r} = -mg\mathrm{d}z = \mathrm{d}(-mgz) \tag{8-7}$$

$$W_{1,2} = \int_{M_1}^{M_2} \delta W = \int_{z_1}^{z_2} -mg\mathrm{d}z = mg(z_1 - z_2) \tag{8-8}$$

作功与路径无关，而仅与起始和终了位置有关，当 $z_2 > z_1$ 时，质点位置升高，重力作负功；反之，$z_2 < z_1$ 时质点位置降低，重力作正功。

（2）对于一个质点系：这时作用在质点系上的重力的总功为

$$W_{1,2} = \sum m_i g(z_{i1} - z_{i2}) = g(\sum m_i z_{i1} - \sum m_i z_{i2}) = Mg(z_{c1} - z_{c2})$$

可见，作用在质点系上的重力的功等于质点系的重力与其重心在运动始末位置的高度差的乘积，重心升高时重力作负功，重心降低时重力作正功。

3. 弹性力的功

设有一刚度系数为 k 的弹簧，一端固定在墙上，一端与物体相连，物体放在光滑的水平面上，沿水平直线运动。取弹簧的自然位置 O 为原点，Ox 正向为弹簧伸长的方向，则弹簧变形为 x 时（此时物体坐标为 x），弹簧给与物体的力为：$F=-kx$。
其元功为

$$\delta W=-kx\mathrm{d}x=\mathrm{d}\left(-\frac{1}{2}kx^2\right) \tag{8-9}$$

当物体由位置 $M_1(x_1)$ 运动到 $M_2(x_2)$ 的过程中，弹簧力所作的功为

$$W_{1,2}=\int_{x_1}^{x_2}F\mathrm{d}x=\int_{x_1}^{x_2}-kx\mathrm{d}x=\frac{k}{2}(x_1^2-x_2^2) \tag{8-10}$$

式中 x_1,x_2 为始末位置处弹簧的变形。

可见：

(1) 弹性力在某一段路程上所作的功等于弹簧刚度与其始末位置变形的平方差的乘积的一半；

(2) 弹性力的功与力的作用点的运动路径无关，而只与始末位置有关，它的运动可以写成某个函数的全微分；

(3) 弹簧的变形是指相对于弹簧的自然状态（即弹簧原长）而言的；

(4) 可以证明，当质点作曲线运动时，作用在质点上的弹性力的功同样只与质点的始末位置有关，而与路径无关。

4. 万有引力的功

$\boldsymbol{F}=-k\dfrac{Mm}{r^3}\boldsymbol{r}$ 为作用在质点 m 上的万有引力，$\boldsymbol{r}$ 为质点 m 的矢径。

其元功为 $\delta W=\boldsymbol{F}\cdot\mathrm{d}\boldsymbol{r}=-k\dfrac{Mm}{r^3}\boldsymbol{r}\cdot\mathrm{d}\boldsymbol{r}=-k\dfrac{Mm}{r^2}\mathrm{d}r=\mathrm{d}\left(\dfrac{kMm}{r}\right)$

$$W_{1,2}=\int_{M_1}^{M_2}\mathrm{d}\left(\frac{kMm}{r}\right)=kMm\left(\frac{1}{r_2}-\frac{1}{r_1}\right) \tag{8-11}$$

可见万有引力的功也与路径无关，只与始末位置有关，它的元功是某个函数的全微分。

5. 作用在转动刚体上的力的功

设刚体围绕某固定轴 Oz 作定轴转动，角速度 ω，力 $\boldsymbol{F}$ 作用在刚体上的 M 点处，M 点对 O 点的矢径为 $\boldsymbol{r}$，M 点速度为 $\boldsymbol{v}=\boldsymbol{\omega}\times\boldsymbol{r}$，在 $\mathrm{d}t$ 时间内的位移为 $\mathrm{d}\boldsymbol{r}=(\boldsymbol{\omega}\times\boldsymbol{r})\mathrm{d}t$，从而力在这段微元位移上的元功为

$$\begin{aligned}\delta W&=\boldsymbol{F}\cdot\mathrm{d}\boldsymbol{r}=\boldsymbol{F}\cdot(\boldsymbol{\omega}\times\boldsymbol{r})\mathrm{d}t=\boldsymbol{\omega}\cdot(\boldsymbol{r}\times\boldsymbol{F})\mathrm{d}t\\&=\boldsymbol{\omega}\cdot\boldsymbol{m}_0(\boldsymbol{F})\mathrm{d}t=\omega\cdot|\boldsymbol{m}_0(\boldsymbol{F})|\cdot\cos\theta\mathrm{d}t=m_z(\boldsymbol{F})\mathrm{d}\varphi\end{aligned}$$

所以

$$\delta W=m_z(\boldsymbol{F})\mathrm{d}\varphi,\ W_{1,2}=\int_{\varphi_1}^{\varphi_2}m_z(\boldsymbol{F})\mathrm{d}\varphi \tag{8-12}$$

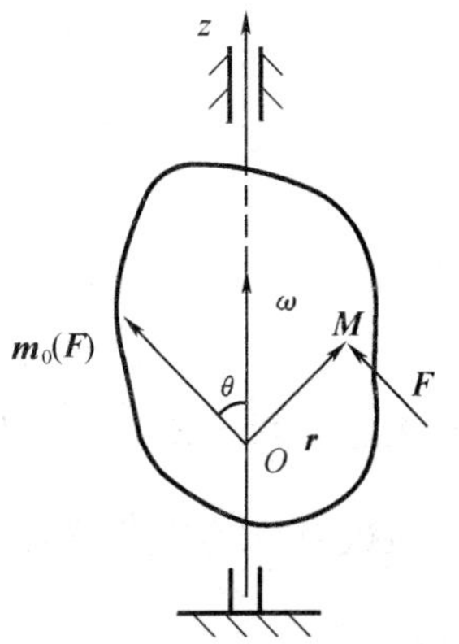

图 8-3　转动刚体上力的功示意图

可见：

(1) 当 $m_z(\boldsymbol{F})$ 与角位移 φ 的方向一致时，$\boldsymbol{F}$ 作正功，反之作负功；

(2)若作用在刚体上的不是力,而是力偶,其力偶矩是 $\boldsymbol{M}$,则该力偶在 $\mathrm{d}\varphi$ 的角位移上所作的元功为 $\delta W = \boldsymbol{M} \cdot \boldsymbol{\omega}\mathrm{d}t = M_z\mathrm{d}\varphi$。

显然,M_z 与 ω 的方向一致时,δW 为正,反之为负。

6. 作用在速度瞬心上的力的功

设一刚体沿某一固定表面做无滑动的滚动,作用在接触点 B 处的滑动摩擦力 $\boldsymbol{F}$ 阻碍着这两个物体之间发生相对滑动,则 $\boldsymbol{F}$ 的元功为 $\delta W = \boldsymbol{F} \cdot \mathrm{d}\boldsymbol{r}_B$,因为 B 点是刚体的速度瞬心,$\boldsymbol{v}_B = 0$,所以 $\mathrm{d}\boldsymbol{r}_B = \boldsymbol{v}_B\mathrm{d}t = 0$。因此 $\delta W = 0$,即刚体沿固定表面作纯滚动时,接触点处摩擦力的功为 0。

一般地说作用在速度瞬心上的力的元功是等于 0 的。

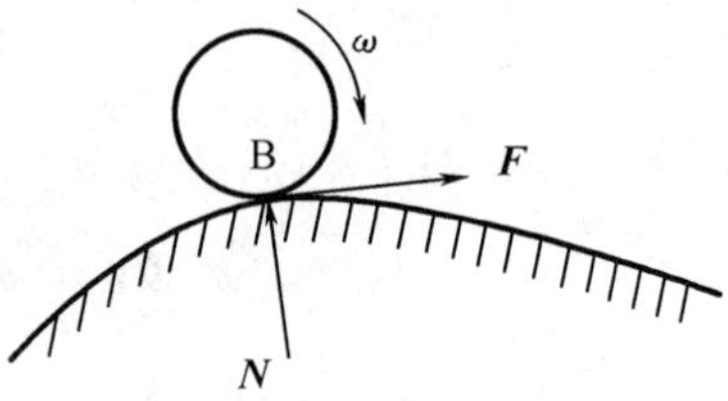

图 8-4 速度瞬心上力的功示意图

8.2 质点动能定理

8.2.1 质点的动能

定义:$T = \dfrac{1}{2}mv^2$ 称为质点的动能,其中 m 为质量,v 为其速度。

由此

1. 质点的动能是描述质点运动的一个物理量,它是一个非负的标量($T \geqslant 0$,只有 $v = 0$ 时,$T = 0$);

2. 动能的单位:$[T] = [m][v]^2$,在 SI 制中 动能的单位为 J(焦耳)。

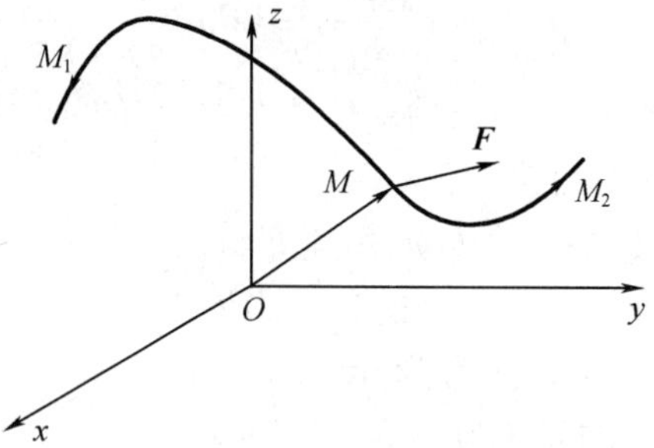

图 8-5 质点动能定理示意图

8.2.2 质点动能定理

设质量为 m 的质点 M 在力 $\boldsymbol{F}$ 的作用下沿曲线运动,由牛顿第二定律知

$$m\frac{\mathrm{d}\boldsymbol{v}}{\mathrm{d}t} = \boldsymbol{F}$$

注意到 $\boldsymbol{v}\mathrm{d}t = \mathrm{d}\boldsymbol{r}$ 两边分别作数量积 $m\dfrac{\mathrm{d}\boldsymbol{v}}{\mathrm{d}t} \cdot \boldsymbol{v}\mathrm{d}t = \boldsymbol{F} \cdot \mathrm{d}\boldsymbol{r}$

$$m \cdot \boldsymbol{v} \mathrm{d} \boldsymbol{v} = \boldsymbol{F} \cdot \mathrm{d} \boldsymbol{r}$$

其中，$m \cdot \boldsymbol{v} \mathrm{d} \boldsymbol{v} = \frac{1}{2} m \mathrm{d}(\boldsymbol{v} \cdot \boldsymbol{v}) = \mathrm{d}(\frac{mv^2}{2})$，$\boldsymbol{F} \cdot \mathrm{d}\boldsymbol{r} = \delta W$，可得

$$\mathrm{d}(\frac{mv^2}{2}) = \delta W \text{ 或 } \mathrm{d}T = \delta W \tag{8-13}$$

这就是质点动能定理的微分形式：质点动能的微分等于作用于质点上的力（合力）的元功。注意此处 $\mathrm{d}T$ 是动能的微分，但力的元功 δW 则不一定是某个函数的全微分。

质点动能定理的积分形式：设质点沿曲线轨迹由 M_1 点运动到 M_2 点，相应地速度的大小由 v_1 变为 v_2，将上式沿 $\overset{\frown}{M_1 M_2}$ 积分，得

$$\int_{v_1}^{v_2} \mathrm{d}(\frac{mv^2}{2}) = \int_{M_1}^{M_2} \delta W$$

$$\frac{1}{2} m v_2^2 - \frac{1}{2} m v_1^2 = W_{1,2} \text{ 或 } T_2 - T_1 = W_{1,2} \tag{8-14}$$

其中：$W_{1,2}$ 表示作用在质点上的力（合力）在由 M_1 点运动到 M_2 点的路径上所作的功。

这就是质点动能定理的积分形式：质点的动能在某一段路程上的增量等于作用于质点上的力（合力）在同一段路程上所作的功。此定理只适用于惯性系，$\boldsymbol{v}$，$\mathrm{d}\boldsymbol{r}$ 是相对于惯性系的速度和位移。

例 8－1　一刚度为 k 的弹簧放在倾角为 α 的斜平面上，弹簧的下端 A 固定，上端 B 与一个质量为 m 的物体 M 连接，物体在重力的作用下，从弹簧的原长位置由静止开始运动，设物块与斜面之间的动滑动摩擦系数为 f，不计空气阻力，$\tan\alpha > f$，求物块沿斜面下滑的最大距离。

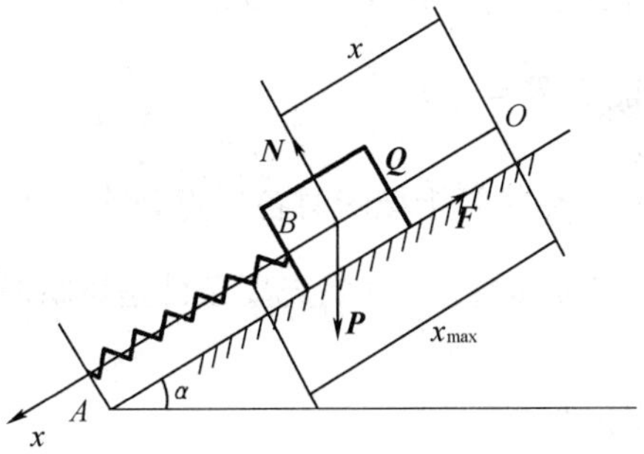

图 8－6　例 8－1 图

解：研究对象：物块；

建立坐标系：以弹簧未变形时，重物的重心位置 O 为原点，建立 Ox 轴；

运动分析：沿斜面向下的直线平动，$v_0 = 0$，$v_1 = 0$，考虑这一段路程；

受力分析：重力 $\boldsymbol{P}$；弹簧力 $\boldsymbol{Q}$，$Q = kx$；约束反力 $\boldsymbol{N}$；摩擦力 $\boldsymbol{F}$，$F = fN$；

在重物开始运动到下滑到最大距离这一过程中 $T_0 = \frac{1}{2} m v_0^2 = 0$，$T_1 = \frac{1}{2} m v_1^2 = 0$，动能增量为 $T_1 - T_0 = 0$。在这段路程上作功为

$$W_N = 0;W_P = mgx_m \sin\alpha;W_Q = \frac{1}{2}k(0 - x_m^2) = -\frac{1}{2}kx_m^2$$

$$W_F = -fNx_m = -fmgx_m\cos\alpha$$

所以 $$W_{0,1} = W_N + W_P + W_Q + W_F = mgx_m(\sin\alpha - f\cos\alpha) - \frac{1}{2}kx_m^2$$

代入动能定理积分形式 $T_1 - T_0 = W_{0,1}$

得

$$mgx_m(\sin\alpha - f\cos\alpha) - \frac{1}{2}kx_m^2 = 0$$

所以 $$x_m = \frac{2mg(\sin\alpha - f\cos\alpha)}{k}$$

若求物体加速度 $\ddot{x}$ 与下降路程关系，则考虑任意瞬时 t，重物下滑距离为 x，这时

$$T = \frac{1}{2}m\dot{x}^2,$$

$$\delta W = [mg(\sin\alpha - f\cos\alpha) - kx]\mathrm{d}x$$

由 $$\mathrm{d}T = \delta W, 得\frac{1}{2}m\dot{x}\ddot{x}\mathrm{d}t = [mg(\sin\alpha - f\cos\alpha) - kx]\mathrm{d}x$$

注意 $\dot{x}\mathrm{d}t = \mathrm{d}x$，得 $\ddot{x} = g(\sin\alpha - f\cos\alpha) - \frac{kx}{m}$。

8.3 质点系动能定理

8.3.1 质点系的动能

设由几个质点组成的质点系，第 i 个质点的质量为 m_i，在 t 瞬时速度为 $\boldsymbol{v}_i(i=1,2,\cdots,n)$，该瞬时第 i 个质点的动能为 $T_i = \frac{1}{2}m_iv_i^2$。

(1)定义：质点系某瞬时的动能等于该瞬时各质点动能的算术和，即 $T = \sum\frac{1}{2}m_iv_i^2$。

显然 $T \geqslant 0$，永远是一个非负标量，$T=0$ 的充要条件是该瞬时所有质点速度 $\boldsymbol{v}_i = 0(i=1,2,\cdots,n)$。

(2)几种常见情况下刚体动能的计算

①平动刚体的动能

刚体平动时，其上所有各点的速度均相等，我们可用质心 C 的速度代替刚体各点的速度，于是刚体的动能为

$$T = \sum\frac{1}{2}m_iv_i^2 = \sum\frac{1}{2}m_iv_c^2 = \frac{1}{2}Mv_c^2 \tag{8-15}$$

可见平动刚体的动能等于刚体的质量与其质心速度的平方的乘积的一半。(这从另一角度说明了平动刚体可看作一个质点)。

②定轴转动刚体的动能

设刚体以角速度 ω 绕某固定轴 Z 转动，质点 m_i 到转轴距离为 r_i，则其速度为 $v_i = r_i\omega$，于是刚体动能为

$$T = \sum\frac{1}{2}m_iv_i^2 = \sum\frac{1}{2}m_ir_i^2\omega^2 = \frac{1}{2}(\sum m_ir_i^2)\omega^2 = \frac{1}{2}J_z\omega^2 \tag{8-16}$$

可见绕固定轴转动刚体的动能等于刚体对转动轴的转动惯量与角速度的平方的乘积的一半。

③克尼希定理

当质点系的运动较为复杂时,我们需要用克尼希定理来计算其动能。为此,以系统质心 C 为原点建立随同质心 C 一起运动的平动坐标系,则由速度合成定理知,质点系内任一质点的速度 $\boldsymbol{v}_i = \boldsymbol{v}_c + \boldsymbol{v}_{ri}$,$\boldsymbol{v}_{ri}$为质点 m_i 相对于质心坐标系的速度(即相对于质心的速度),于是系统动能为

$$T = \sum \frac{1}{2} m_i v_i^2 = \sum \frac{1}{2} m_i (\boldsymbol{v}_i \cdot \boldsymbol{v}_i) = \sum \frac{1}{2} m_i [(\boldsymbol{v}_c + \boldsymbol{v}_{ri}) \cdot (\boldsymbol{v}_c + \boldsymbol{v}_{ri})]$$

$$= \sum \frac{1}{2} m_i (\boldsymbol{v}_c^2 + \boldsymbol{v}_{ri}^2 + 2\boldsymbol{v}_c \cdot \boldsymbol{v}_{ri}) = \frac{1}{2} M v_c^2 + \frac{1}{2} \sum m_i v_{ri}^2 + \boldsymbol{v}_c \sum m_i \boldsymbol{v}_{ri}$$

其中第一项:$\frac{1}{2} M v_c^2$——质点系随质心平动时的动能。

第二项:$T' = \frac{1}{2} \sum m_i v_{ri}^2$——质点系相对于动坐标系(质心坐标系)作相对运动的动能。

第三项:$\boldsymbol{v}_c \cdot \sum m_i \boldsymbol{v}_{ri} \equiv 0$。

设 $\boldsymbol{r'}_i$ 为质点 m_i 相对于质心 C 的矢径,则 $\sum m_i r_i = M\boldsymbol{r'}_c = 0$,$\sum m_i v_i = M v_{rc}$

所以

$$T = \frac{1}{2} M v_c^2 + \sum \frac{1}{2} m_i v_{ri}^2 = \frac{1}{2} M v_c^2 + T' \tag{8-17}$$

定理:质点系的动能等于它随质心平动时的动能与相对于质心运动的动能之和。

<D>平面运动刚体的动能:

作为克尼希定理的具体应用,现在计算平面运动刚体的动能,取质心为基点,建立一个以质心为原点,且随质心一起运动的平动坐标系,刚体相对于质心的运动是定轴转动。设刚体的角速度为 ω,刚体相对于质心的转动惯量为 J_c,于是刚体动能为

$$T = \frac{1}{2} M v_c{}^2 + T' = \frac{1}{2} M v_c{}^2 + \frac{1}{2} J_c \omega^2$$

即平面运动刚体的动能等于随同质心平动的动能和相对于质心转动的动能之和。

例 8-2　半径为 R,质量为 M 的均质圆盘作纯滚动时,质心速度为 V_c,求其动能。

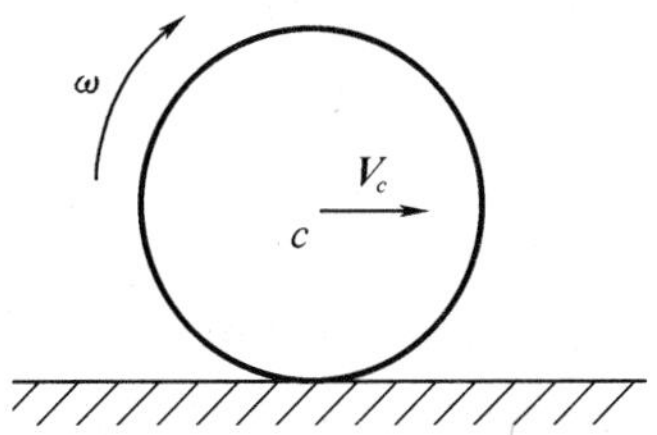

图 8-7　例 8-2 图

$$T = \frac{1}{2} M V_c{}^2 + \frac{1}{2} J_c \omega^2 = \frac{1}{2} M V_c{}^2 + \frac{1}{2} \left(\frac{1}{2} M R^2 \right) \left(\frac{V_c}{R} \right)^2 = \frac{3}{4} M V_c{}^2$$

8.3.2 质点系动能定理

我们把质点动能定理推广到质点系的情况。设有 n 个质点组成的质点系，在瞬时 t 质点 m_k 的速度为$\boldsymbol{V}_k$，作用在质点上外力合力为$\boldsymbol{F}_k{}^{(e)}$，内力合力为$\boldsymbol{F}_k{}^{(i)}$，在$[t+\Delta t]$时间间隔内，质点位移为 $\mathrm{d}\boldsymbol{r}_k$，在这段位移上外力元功为 $\delta W_k^{(e)}=\boldsymbol{F}_k{}^{(e)}\cdot d\boldsymbol{r}_k$，内力元功为 $\delta W_k^{(i)}=\boldsymbol{F}_k{}^{(i)}\cdot \mathrm{d}\boldsymbol{r}_k$。

由质点动能定理知：$\mathrm{d}T_k=\mathrm{d}\left(\frac{1}{2}M_kV_k{}^2\right)=\delta W_k^{(e)}+\delta W_k^{(i)} \quad (k=1,2,\cdots,n)$

将这 n 个式子相加，可得

$$\mathrm{d}T=\sum\delta W_k^{(e)}+\sum\delta W_k^{(i)} \tag{8-18}$$

这就是质点系动能定理的微分形式。

定理：质点系动能的微分等于作用于该质点系的全部外力和内力的元功之和。

将上式积分得

$$T_2-T_1=\sum(W_{1,2}^{(e)})_k+\sum(W_{1,2}^{(i)})_k \tag{8-19}$$

其中 T_1,T_2 为质点系在运动过程开始和终了时的动能。这就是质点系动能定理的积分形式：在某一过程中，质点系动能的改变等于作用在质点系上的全部外力和内力在这一过程所作功的总和。

特别需要指出的是，在一般质点系的情况下，内力功的和不等于0，例如两个质点所组成的质点系，它们之间的相互作用力是$\boldsymbol{F}_{1,2}$和$\boldsymbol{F}_{2,1}$，显然$\boldsymbol{F}_{1,2}+\boldsymbol{F}_{2,1}=0$，当这两个质点相互靠近时，这两个力都作正功，所以 $W_1^{(i)}+W_2^{(i)}\neq 0$。同理，对于弹性体，变形体来说，内力功的和一般不等于0。

但是在某些情况下，内力功的和等于0，常见的有下列两种情况。

①刚体内各质点间的内力功的总和恒为0。

②在由几个刚体通过理想约束互相连结所构成的系统中，内力所作的功的总和恒为0。

这是很明显的，因为每个刚体中的内力功的和都等于0，且连接这些刚体的约束中的约束反力对于系统来说，都是内力，由于是理想约束，所以这些约束反力都不作功，故系统中所有的内力功的总和恒为0。

所谓理想约束(即约束反力不作功，或作功之和等于0的约束)常见的有这样几种，我们在静力学中讲的光滑接触面，光滑铰链，无重不可伸长的柔索都是理想约束。此外，一个刚体在另一个刚体表面作纯滚动时，虽然接触面并不光滑，但因摩擦力和法向反力均不作功，所以也是一个理想约束。

上面的讨论，给我们提供了一个极其重要的方法：如果我们所研究的刚体系统中所有的内部约束都是理想约束，从而全部内力作功之和为0，于是我们分析受力时，可以不必考虑内力，而仅考虑作用在刚体系统上的外力，这时我们把作用在质点系上的外力分为主动力和约束反力两大类，从而动能定理可写作

$$\mathrm{d}T=\delta W_F+\delta W_N \text{ 或 } T_2-T_1=(W_F)_{1,2}+(W_N)_{1,2} \tag{8-20}$$

其物理意义是：对于内部具有理想约束的刚体系统而言，其动能的微分等于作用在该系统上的全部主动力和约束反力的元功之和，或者说：对于内部具有理想约束的刚体系统而言，在某一过程中，其动能的增量等于作用在该系统上的全部主动力和约束反力在这个过程中所作功的总和，这里 W_F 是主动力的功，W_N 是外部约束反力的功。特别是如果刚体

系统所有约束都是理想约束，那么 $\delta W_N \equiv (W_N)_{1,2} \equiv 0$，从而动能定理可写作

$$dT = \delta W_F \text{ 或 } T_2 - T_1 = (W_F)_{1,2} \tag{8-21}$$

这就是说，这时应用动能定理时可以完全不必考虑约束反力。

例 8-3　均质板重 Q，放在两个均质圆柱滚子上，滚子各重 $\frac{Q}{2}$，其半径各为 r，如在板上作用一水平力 P，并设滚子相对于地面和平板均无滑动，求板的加速度。

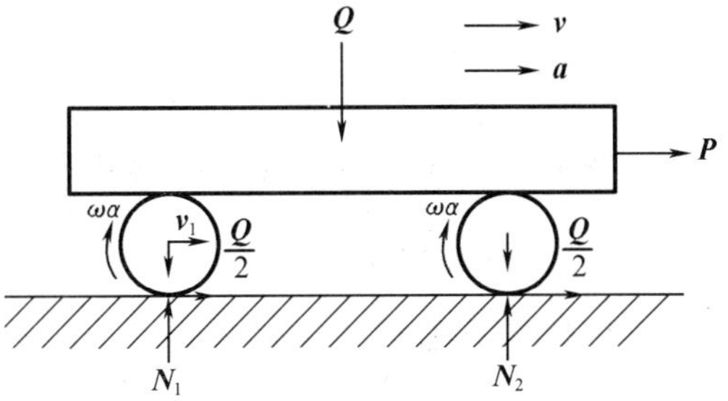

图 8-8　例 8-3 图

解：研究对象：整个系统。

受力分析：$\boldsymbol{Q}, \frac{1}{2}\boldsymbol{Q} \times 2, \boldsymbol{P}, \overrightarrow{N_1}, \boldsymbol{N}_2, \boldsymbol{F}_1, \boldsymbol{F}_2$（只分析外力）。

运动分析：板：直线平动，设任意瞬时 t，其速度为 $\boldsymbol{v}$，加速度为 $\boldsymbol{a}$。

滚子：平面运动，角速度 $\omega = \frac{v}{2r}$，角加速度 $\alpha = \frac{a}{2r}$，轮心速度 $v_1 = \frac{v}{2}$。

系统动能：$T = \frac{1}{2}\frac{Q}{g}v^2 + \left[\frac{1}{2} \times \frac{1}{2}\frac{Q}{g} \cdot v_1^2 + \frac{1}{2} \cdot \frac{1}{2} \times \frac{Q}{2g}r^2\omega^2\right] \times 2 = \frac{11}{16}\frac{Q}{g}v^2$

$$dT = \frac{11}{8}\frac{Q}{g}va\,dt$$

外力元功 $\delta W = P\,ds = Pv\,dt$，由 $dT = \delta W$，得 $\frac{11}{8}\frac{Q}{g}va\,dt = P\,ds$

因为

$$v\,dt = ds$$

两边分别除以 $v\,dt$ 和 ds 得到 $\frac{11}{8}\frac{Q}{g}a = P$，从而 $a = \frac{8p}{11Q}g$。

8.4　势力场、势能、机械能守恒定律

8.4.1　势力场

我们在物理学里学过电场，磁场，力场等等，这里我们介绍一下势力场的概念。

力场：如果质点在某一空间的任何位置都受到一个大小、方向完全确定的力的作用，则这部分空间就称为力场。

例如质点在地球表面附近空间的任何位置都受到一个大小、方向都完全确定的重力的作用，这部分空间就称为重力场，整个太阳系空间也可以看作是一个受太阳引力作用的引

力场。

势力场:如果质点在力场中从一个位置运动到另一位置时,力场对该质点的作用力所作的功与质点所经过的路径无关,而只与其起止的位置有关,则此种力场称为势力场,如重力场,引力场,弹性力场等等。

势力:在势力场中力场对质点的作用力称为有势力,简称势力,特点为作用在质点上的有势力仅是质点坐标的函数,即 $\boldsymbol{F}=\boldsymbol{F}(x,y,z)$ 或 $\boldsymbol{F}=\boldsymbol{F}(\boldsymbol{r})$,且其作功与路径无关(沿闭路积分等于0)。

8.4.2 势函数

设在势力场中,建立一个定坐标系 $Oxyz$,一质点在势力场中所受的有势力为 $\boldsymbol{F}=F_x\boldsymbol{i}+F_y\boldsymbol{j}+F_z\boldsymbol{k}$,它在某段路程 $\boldsymbol{M}_1\boldsymbol{M}_2$ 上所作的功为 $W_{1,2}=\int_{M_1}^{M_2}F_x\mathrm{d}x+F_y\mathrm{d}y+F_z\mathrm{d}z=\int_{M_1}^{M_2}\delta W$,因积分与路径无关,故 $F_x\mathrm{d}x+F_y\mathrm{d}y+F_z\mathrm{d}z$ 是某函数 U 的全微分,于是 $\mathrm{d}U=F_x\mathrm{d}x+F_y\mathrm{d}y+F_z\mathrm{d}z=\delta W$,称 $U=U(x,y,z)$ 为势力场的势函数,显然$\frac{\partial U}{\partial x}=F_x,\frac{\partial U}{\partial y}=F_y,\frac{\partial Z}{\partial z}=F_z$,即势函数对坐标的偏导数等于有势力在坐标轴上的投影,因此又称 U 为力函数,可以得出 $\mathrm{grad}U=\boldsymbol{F}$。

当质点由 M_1 运动到 M_2 时,势力所作的功为 $W_{1,2}=\int_{M_1}^{M_2}\mathrm{d}U=U_2-U_1$,等于势函数的增量。

8.4.3 势能

1. 质点的势能:如果我们规定势力场中某一位置(点、线、面)为零位置,那我们把质点由某一位置 M_1 移动到给定的零位置时,有势力所作的功,定义为质点在位置 M_1 时所具有的势能,记为 V_1,显然,$V_1=W_{1,0}=U_0-U_1$。

可见:

(1)质点在势力场某一位置处的势能是一个标量,它是通过有势力的功来计算的;

(2)质点从某位置 M_1 运动到零位置时,有势力所作的功为 $W_{1,0}=V_1$。可见,在这个过程中,有势力做正功,则该质点势能为正;反之,则为负。

(3)质点的势能是相对的,对于势力场中某一位置来说,选取不同的位置为零位置时,质点在该位置所具有的势能也不同(但它们之间仅相差一个常量)。

(4)质点在选定的0位置的势能为0,因为势力作功为0,可见所谓0位置 ,就是势能为0的位置。

(5)当质点在 M_1,M_2 处的势能分别为 V_1,V_2,则 $V_1=W_{1,0},V_2=W_{2,0}$,于是

$$V_2-V_1=W_{2,0}-W_{1,0}=W_{2,0}+W_{0,1}=W_{2,1}=-W_{1,2}$$

质点从 M_1 运动到 M_2 处时,其势能的增加等于作用在质点上的有势力作功的负值,有势力作负功,质点的势能增加;反之则减少。

2. 质点势能的计算

(1) 质点在重力场中的势能:

取重力场中某一点 O 为零势能位置,以 O 为原点,建立坐标轴 OZ,向上为正,则质量为 m 的质点在坐标 Z 处的势能为 $V_1=W_{1,0}=\int_Z^0-mg\mathrm{d}z=mgZ$

显然,质点在零位置以上时势能为正,在零位置下方时,势能为负。

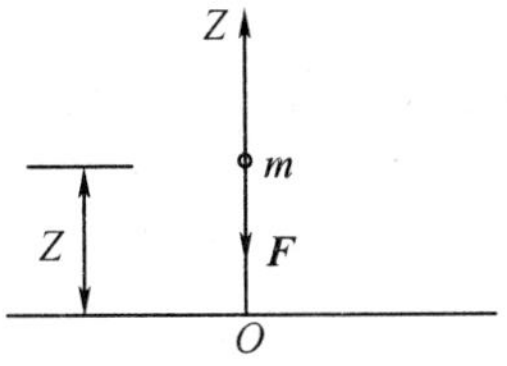

图 8-9　质点在重力场中的势能

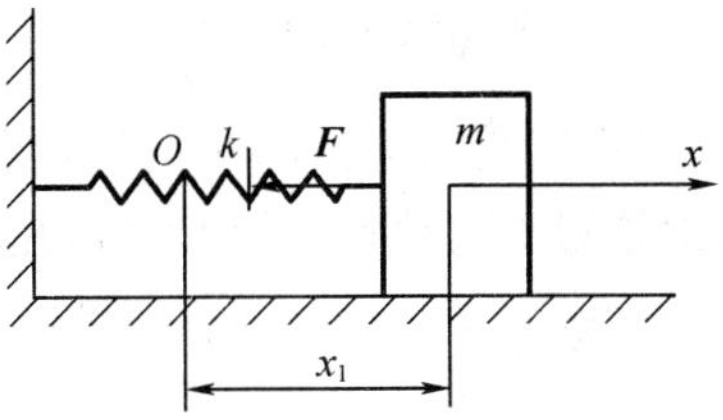

图 8-10　质点在弹性力场中的势能

(2)质点在弹性力场中的势能:

设弹簧刚度为 k,放在水平面上,一端固定在墙上,另一端与质量为 m 的物体相连。若规定弹簧的原长处 O 点为零位置,以 O 为原点建立坐标轴 OX,则物体在坐标为 x_1 处的势能(此时弹簧的变形为 x_1)为 $V_1=W_{1,0}=\frac{1}{2}kx_1^2=\frac{1}{2}k(x_1^2-x_0^2)$(此处 $x_0=0$)。

可见,若取自然状态时重物的弹性势能为0,则在任意位置处物体的弹性势能与弹簧的变形的平方成正比。

(3)质点在引力场的势能:

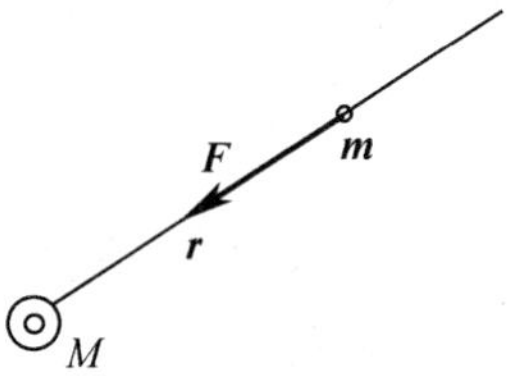

图 8-11　质点在引力场的势能

由 $(W_{1,2})_{引}=kMm\left(\frac{1}{r_2}-\frac{1}{r_1}\right)$

取 $r_0=\infty$处为零位置,于是在 $r=r_1$ 处质量为 m 的质点的势能为

$$V_1=W_{1,0}=kMm\left(\frac{1}{r_0}-\frac{1}{r_1}\right)=-\frac{kmM}{r_1}$$

3. 质点系的势能

设有 n 个质点所组成的质点系在有势力的作用下运动。设各质点的零位置分别为 $M_{10},M_{20},\cdots,M_{n0}$,则质点系各质点从任意位置 $M_{11},M_{21},\cdots,M_{n1}$ 运动到各自的零位置时,作用在质点系上的有势力所作功的总和称为质点系在该位置时所具有的势能,用 V_1 表示,则

$$V_1=\sum V_{K1}=\sum\int_{M_{k1}}^{M_{k0}}\boldsymbol{F}_k\cdot\mathrm{d}\boldsymbol{r}_k=\sum(W_{(1,0)})_k$$

作为这一概念的重要应用,我们讨论质点系(包括刚体)在重力场中的势能,我们建立坐标系 O_{XYZ},Z 轴向上为正,规定质点系各质点的零位置 $M_{10},M_{20},\cdots,M_{n0}$,则质点系从某一任意位置 $M_{11},M_{21},\cdots,M_{n1}$ 运动到零位置时,作用在质点系上的重力所作的功为

$$W_{1,0}=Mg(Z_{C1}-Z_{C0})=V_1$$

可见质点系在势力场中的势能等于其重力与其重心 C 的零位置与任意位置的高度差

的乘积。

8.4.4 机械能守恒定律

设一质点系仅受有势力的作用(即所有外力,内力均为有势力),在这些有势力的作用下,质点系由位置Ⅰ运动到位置Ⅱ,由动能定理知

$$T_{\text{II}} - T_{\text{I}} = W_{\text{I,II}}^{(e)} + W_{\text{I,II}}^{(i)} = (V_{\text{I}}^{(e)} - V_{\text{II}}^{(e)}) + (V_{\text{I}}^{(i)} - V_{\text{II}}^{(i)})$$

$$\text{所以}\ T_{\text{II}} + V_{\text{II}}^{(e)} + V_{\text{II}}^{(i)} = T_{\text{I}} + V_{\text{I}}^{(e)} + V_{\text{I}}^{(i)}$$

这就是机械能守恒定律。称 $E = T + V^{(e)} + V^{(i)}$ 为质点系在某位置的机械能,上式表明

$$E = T + V^{(e)} + V^{(i)} \equiv C$$

定理:势力场中质点系在某位置时的动能与势能(外力势能与内力势能的和)的和保持不变。

因为质点系在有势力场中运动时,仅受有势力作用,其机械能守恒,而不消散,因此又称势力场为保守力场,称势力为保守力。

机械能守恒的条件:

1. 质点系仅受有势力的作用时,机械能守恒。

2. 质点系如果受有非有势力的作用,其机械能一般是不守恒的,但是当作用于质点系上的所有非有势力做功之和为零(或均不做功时)系统的机械能守恒。

例如,具有理想约束的刚体系在有势力场中运动时,因所有的非有势力都不做功,或做功之和为0,这时刚体系的机械能守恒,因此,这样一来,我们在应用机械能守恒定律,分析受力时,要注意哪些是有势力,哪些是非有势力,系统的机械能守恒条件是否满足。

例8-4 地震仪由一个可绕水平轴 O 上下摆动并借铅垂弹簧维持水平稳定平衡位置的物理摆构成。当摆在其平衡位置附近作微小振动时,求振动周期,已知摆的质量为 m,质心 A 到摆轴 O 的距离为 L,摆对 O 轴的回转半径为 ρ,弹簧刚度为 k,弹簧连接点 B 到 O 轴的距离为 b,弹簧质量不计,摩擦不计。

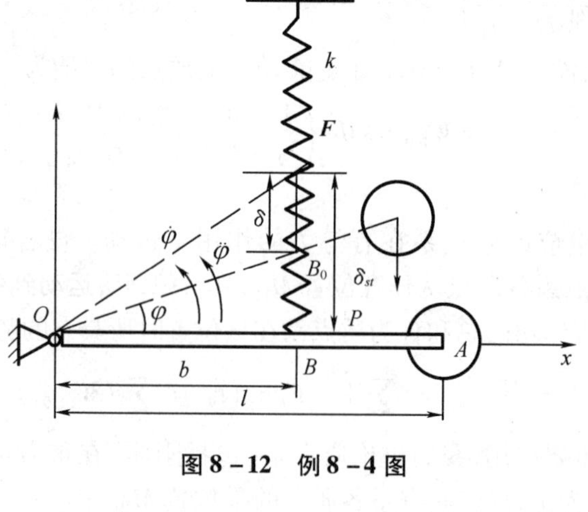

图8-12 例8-4图

解:研究对象:摆

受力分析:重力 P(有势力),弹簧力 $F = k\delta$(有势力),支座反力 $\boldsymbol{N}$ 不做功(非有势力)。系统机械能守恒。

运动分析：摆作定轴转动，角速度 ω。建立坐标系 Oxy，x 轴与摆的水平静平衡位置重合，取系统的静平衡位置的势能为0（重力势能，弹性势能均为0），设摆转动一微小角度 φ 时，

系统的动能：$T=\frac{1}{2}m\rho^2\dot{\varphi}^2$

系统的势能：重力势能：$\boldsymbol{v}_1=mgl\sin\varphi\approx mgl\varphi$

弹性势能：$V_2=\frac{1}{2}k\ (\delta_{st}-b\varphi)^2-\frac{1}{2}k\delta_{st}{}^2=\frac{1}{2}kb^2\varphi^2-b\varphi k\delta_{st}$

在静平衡位置处，弹簧静伸长为 δ_{st}，在这时弹簧力为 $F_o=k\delta_{st}$。由平衡条件 $\sum m_0(\boldsymbol{F}_i)=0$ 得 $F_0b-mgl=0$

$$k\delta_{st}b-mgl=0$$

$$\text{代入上式得 } V_2=-mgl\varphi+\frac{1}{2}kb^2\varphi^2$$

系统总势能：$V=V_1+V_2=\frac{1}{2}kb^2\varphi^2$，

由机械能守恒定律：$T+V\equiv C$ 知 $\frac{1}{2}m\rho^2\dot{\varphi}^2+\frac{1}{2}kb^2\varphi^2\equiv C$，

两边对时间求导数，得

$m\rho^2\dot{\varphi}\ddot{\varphi}+kb^2\dot{\varphi}\varphi=0$ 即 $\ddot{\varphi}+\frac{kb^2}{m\rho^2}\varphi=0$

可见摆作简谐微振动，其周期为 $T=2\pi\sqrt{\frac{m\rho^2}{kb^2}}=2\pi\frac{\rho}{b}\sqrt{\frac{m}{k}}$

显然，重物越重，周期越长；弹簧越硬（k 越大），周期越短。

8.5　功率、功率方程、机械效率

8.5.1　功率

1. 定义：设力 $\boldsymbol{F}$ 在 Δt 时间间隔内做功为 Δw，则比值 $\frac{\Delta w}{\Delta t}=\bar{p}$ 称为 $\boldsymbol{F}$ 在时间间隔 Δt 内的平均功率。当 $\Delta t\to0$ 时，极限 $\lim\limits_{\Delta t\to0}\frac{\Delta w}{\Delta t}=\frac{\delta w}{\mathrm{d}t}=p$ 称为力 $\boldsymbol{F}$ 在瞬时 t 的瞬时功率——它是表明力做功快慢程度的一种物理量。

2. 计算法：

（1）在力做功的情况下：$p=\frac{\delta w}{\mathrm{d}t}=\frac{\boldsymbol{F}\cdot\mathrm{d}\boldsymbol{r}}{\mathrm{d}t}=\boldsymbol{F}\cdot\boldsymbol{v}=Fv\cos(\boldsymbol{F},\boldsymbol{v})=F_cv$

（2）在力偶做功的情况下：$p=\frac{\delta w}{\mathrm{d}t}=\frac{M\mathrm{d}\varphi}{\mathrm{d}t}=M\omega$

工程上通常角速度以转数 n（每分钟转数 r/m）为单位，于是上式可写成 $p=M\cdot\frac{2\pi n}{60}$。

3. 单位：$[p]=\frac{[W]}{[t]}$，在 SI 制中 $[p]=\frac{J}{S}=W$（瓦特）或 kW，在工程单位制中为马力（PS），

1PS = 735 W。

8.5.2 功率方程

由质点系动能定理的微分形式可知 $\mathrm{d}T=\sum\delta w_k^{(e)}+\sum\delta w_k^{(i)}$，两边同除以 d$t$，得

$$\frac{\mathrm{d}T}{\mathrm{d}t}=\sum\frac{\delta w_k^{(e)}}{dt}+\sum\frac{\delta w_k^{(i)}}{dt}=\sum p_k^{(e)}+\sum p_k^{(i)},$$

这就是功率方程。

它表明：质点系的动能对时间的导数等于作用于质点系上的力（外力和内力）的功率的代数和。其中：$p_k^{(e)}=\dfrac{\delta w_k^{(e)}}{\mathrm{d}t}$，作用在第 k 个质点上的外力的功率

$p_k^{(i)}=\dfrac{\delta w_k^{(i)}}{\mathrm{d}t}$，作用在第 k 个质点上的内力的功率。

在机械工程中，我们通常用另一种形式的功率方程，因为机器在工作时要输入一定的功（功率，能量），同时要克服一定的阻力，从而消耗或输出一部分功（功率能量）。因此，在机械工程中，我们按下面方式来分析受力。

（1）驱动力：从外部施加给机器，驱动机器运转的力，在机器工作的过程中，这些力作正功，如电动机的转矩，液压传动中液体的压力等等。

（2）有用阻力（生产阻力）：如机床加工时的切削力，冲床加工时工件对机器的冲击阻力，起重机的载荷，等等，这些力消耗能量，作负功，但是它们是不可少的。

（3）无用阻力（有害阻力）：如机器运转时接触面间的摩擦阻力，空气阻力等等，这些力白白消耗能量，作负功。

此外，还有重力及零件变形时的弹性力等等，但这些力所作的功与上述三种力的功相比，其功一般都很小，通常忽略不计。

我们将作用在机器上的力作了这样的分类以后，动能定理的微分形式可写成

$$\mathrm{d}T=\delta W_0-\delta W_1-\delta W_2$$

其中：δW_0——驱动力元功的绝对值，δW_1——有用阻力的元功的绝对值，δW_2——无用阻力的元功的绝对值，两边除以 dt，得

$$\frac{\mathrm{d}T}{\mathrm{d}t}=p_0-p_1-p_2$$

这就是机器的功率方程。

其中：$p_0=\dfrac{\mathrm{d}W_0}{\mathrm{d}t}$——输入功率，$p_1=\dfrac{\mathrm{d}W_1}{\mathrm{d}t}$——输出功率，$p_2=\dfrac{\mathrm{d}W_2}{\mathrm{d}t}$——无用功率。

上式还可以写成 $p_0=\dfrac{\mathrm{d}T}{\mathrm{d}t}+p_1+p_2$，其物理意义是：输入机器的功率（驱动功率）消耗于三部分：$\dfrac{\mathrm{d}T}{\mathrm{d}t}$——使机器运转所需功率，$p_1$——克服有用阻力所需功率，$p_2$——克服无用阻力所需功率。

当机器启动时，$\dfrac{\mathrm{d}T}{\mathrm{d}t}>0$，机器动能增加，越转越快，因此 $p_0>p_1+p_2$。

在平稳运转时，$\dfrac{\mathrm{d}T}{\mathrm{d}t}=0$，机器动能不变，这时 $p_0=p_1+p_2$。

在停车阶段，$\frac{dT}{dt}<0$，$p_0=0$，$p_1=0$，这时 $p_2>0$。

8.5.3 机械效率

任何机器都不可避免地要有无用阻力存在，因此，任何机械的输出功率 p_1 永远也不可能大于也不可能等于其输入功率 p_0，即 $p_1<p_0$，为此定义：

$$\eta=\frac{p_1}{p_0}=\frac{\text{输出功率(有用功率)}}{\text{输入功率(驱动功率)}}\text{称为机械效率。}$$

因为 $p_1<p_0$，所以 $\eta<1$，即任何机械的机械效率恒小于 1。

机械效率是衡量机器设计优劣的重要标志之一，它说明机械对输入功率利用的有效程度如何。

思　考　题

一、判断题

1. 摩擦力总是作负功。(　　)

2. 作平面运动刚体的动能等于它随基点平动的动能和绕基点转动动能之和。(　　)

3. 平面运动刚体的动能可由其质量及质心速度完全确定。(　　)

4. 弹性力的功等于弹簧的刚度与其始末位置上变形的平方差的乘积的一半。(　　)

5. 一根螺旋弹簧，原长 $2a$，刚度为 k，水平放置，两端固定，不计弹簧质量。今在其中点挂一重物，中点铅直下落一距离 b，则在弹性极限内，弹性力在下落过程中做的功为：$W=2\left[\frac{k}{2}(\sqrt{a^2+b^2}-a)^2\right]$(　　)。

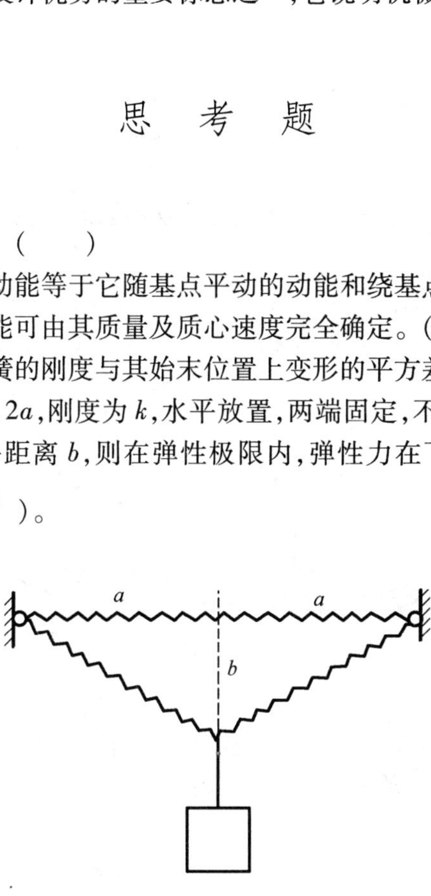

第 5 题图

二、选择题

1. 图示均质圆盘沿水平直线轨道作纯滚动，在盘心移动了距离 s 的过程中，水平常力 F_T 的功 $W_T=$(　　)；轨道给圆轮的摩擦力 F_f 的功 $W_f=$(　　)

A. F_Ts　　B. $2F_Ts$　　C. $-F_fs$　　D. $-2F_fs$E. 0

2. 图示坦克履带重 P，两轮合重 Q。车轮看成半径 R 的均质圆盘，两轴间的距离为 $2\pi R$。设坦克的前进速度为 v，此系统动能为(　　)

A. $T=\frac{3Q}{4g}v^2+\frac{1}{2}\frac{P}{g}\pi Rv^2$　　B. $T=\frac{Q}{4g}v^2+\frac{P}{g}v^2$

C. $T=\frac{3Q}{4g}v^2+\frac{1}{2}\frac{P}{g}v^2$　　　　D. $T=\frac{3Q}{4g}v^2+\frac{P}{g}v^2$。

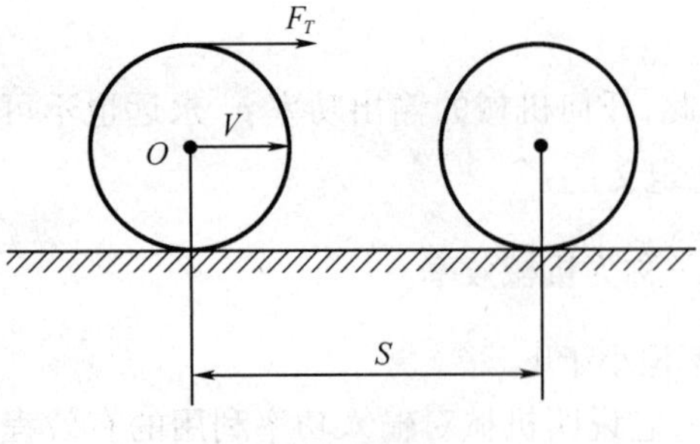

第 1 题图

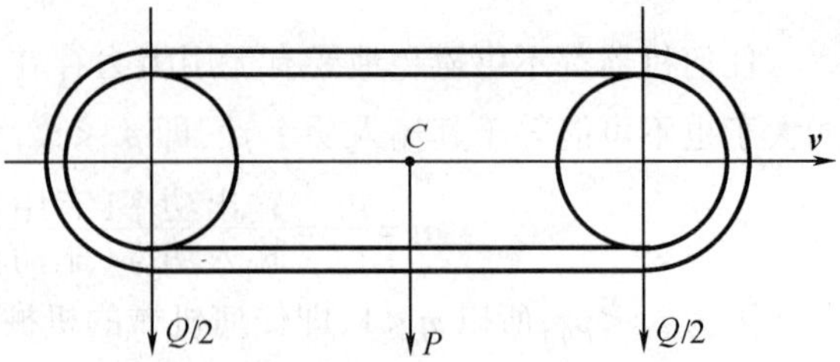

第 2 题图

3. 已知匀质杆长 L，质量为 m，端点 B 的速度为 v，则杆的动能为(　　)

A. $\frac{1}{3}mv^2$　　B. $\frac{1}{2}mv^2$　　C. $\left(\frac{2}{3}\right)mv^2$　　D. $\left(\frac{4}{3}\right)mv^2$

4. 图示三棱柱重 P，放在光滑的水平面上，重 Q 的匀质圆柱体静止释放后沿斜面作纯滚动，则系统在运动过程中(　　)

A. 动量守恒，机械能守恒　　B. 沿水平方向动量守恒，机械能守恒

C. 沿水平方向动量守恒，机械能不守恒　　D. 均不守恒。

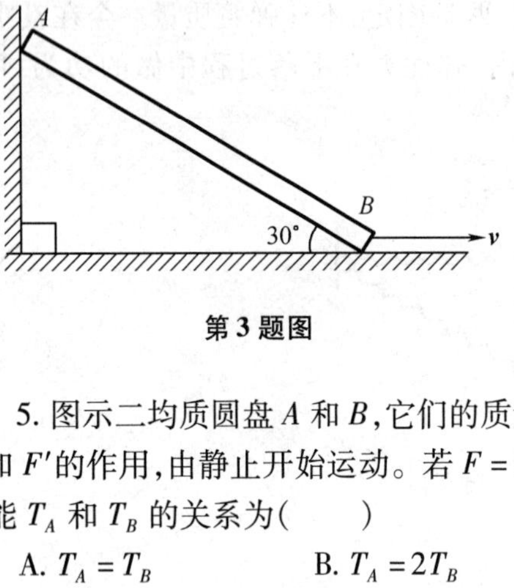

第 3 题图

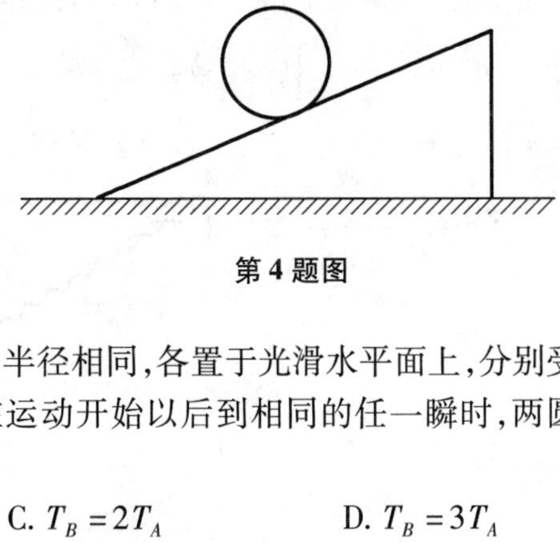

第 4 题图

5. 图示二均质圆盘 A 和 B，它们的质量相等，半径相同，各置于光滑水平面上，分别受到 F 和 F' 的作用，由静止开始运动。若 $F=F'$，则在运动开始以后到相同的任一瞬时，两圆盘动能 T_A 和 T_B 的关系为(　　)

A. $T_A=T_B$　　B. $T_A=2T_B$　　C. $T_B=2T_A$　　D. $T_B=3T_A$

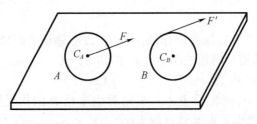

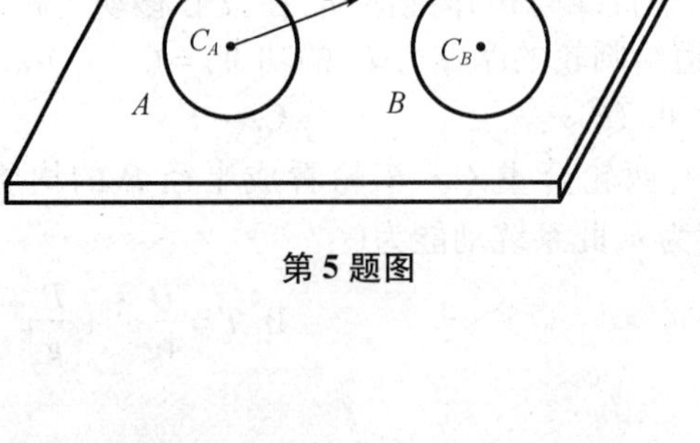

第 5 题图

三、填空题

1. 在竖直平面内的两匀质杆长为 L，质量为 m，在 O 处用铰链连接，A，B 两端沿光滑水平面向两边运动。已知某一瞬时 O 点的速度为 v_0，方向竖直向下，且 $\angle OAB = \theta$。则此瞬时系统的动能 $T =$ ________。

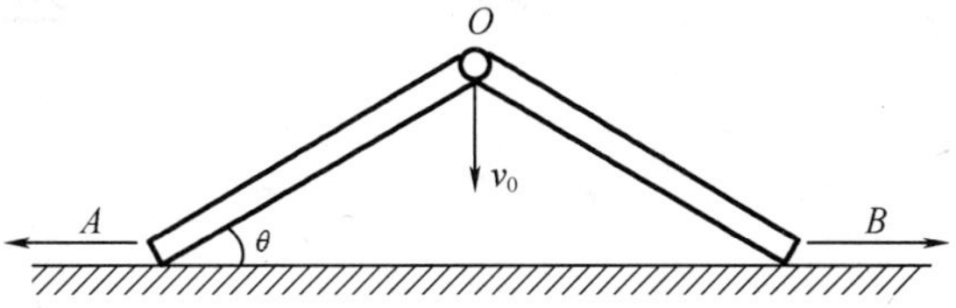

第 1 题图

2. 匀质正方形薄板 $ABCD$，边长为 a(m)，质量为 M(kg)，对质心 O 的转动惯量为 $J_O = Ma^2/6$，C 点的速度方向垂直于 AC，大小为 v(m/s)，D 点速度方向沿直线 CD，则其动能为________。

3. 如图所示，轮Ⅱ由系杆 O_1O_2 带动在固定轮Ⅰ上无滑动滚动，两轮半径分别为 r_1、r_2。若轮Ⅱ的质量为 m，系杆的角速度为 ω，则轮Ⅱ的动能 $T =$ (1)。

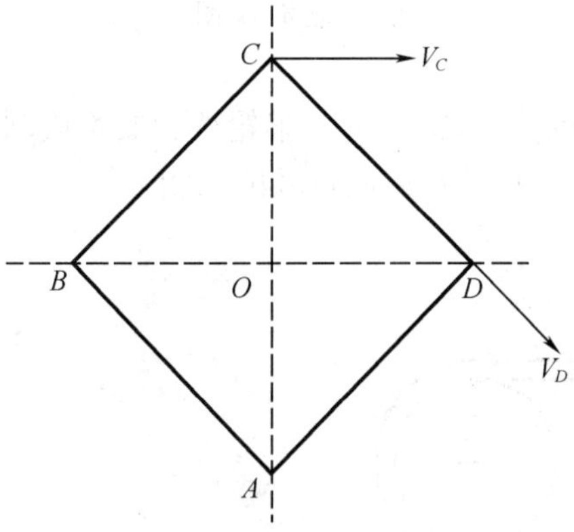

第 2 题图

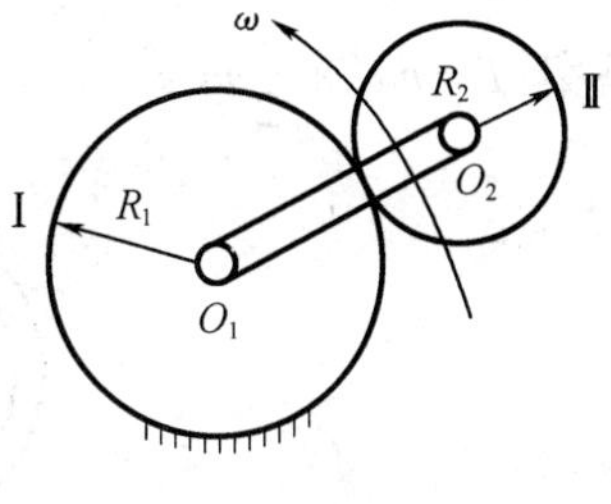

第 3 题图

4. 一质点在铅垂面内作圆周运动，当质点恰好转过一周时，则重力所做的功为________。(质点质量为 m，圆周半径为 R)

5. 物体的重心降低时，重力作________功；重心升高时，重力作________功。

习　　题

8-1　如图所示，圆盘的半径 $r = 0.5$ m，可绕水平轴 O 转动。在绕过圆盘的绳上吊有两物块 A，B，质量分别为 $m_A = 3$ kg，$m_B = 2$ kg。绳与盘之间无相对滑动。在圆盘上作用1力偶，力偶矩按 $M = 4ø$ 的规律变化(M 以 N·m 计，$ø$ 以 rad 计)。求由 $ø = 0$ 到 $ø = 2n$ 时，力偶 M 与物块 A，B 重力所作的功之总和。

答案：$W = 110$ J。

8-2 如图所示，用跨过滑轮的绳子牵引质量为 2 kg 的滑块 A 沿倾角为 30°0 的光滑斜槽运动。设绳子拉力 $F=20$ N。计算滑块由位置 A 至位置 B 时，重力与拉力 F 所作的总功。

答案：$W=6.29$ J。

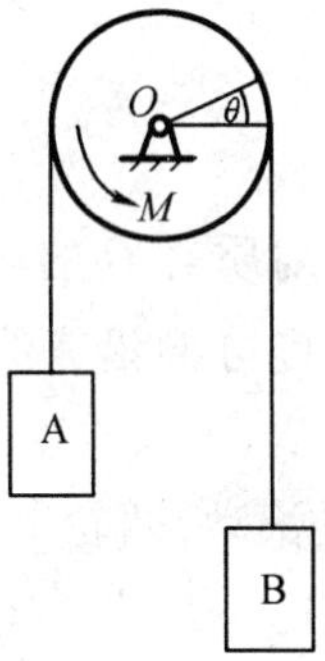

题 8-1 图

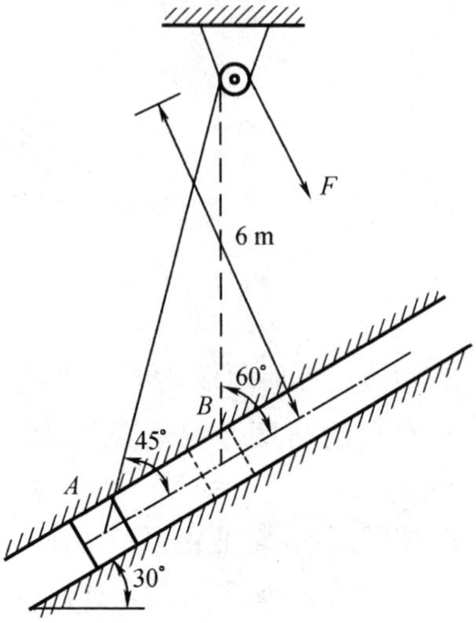

题 8-2 图

8-3 图示坦克的履带质量为 m，两个车轮的质量均为 m_1。车轮被看成均质圆盘，半径为 R，两车轮间的距离为 $R\pi$。设坦克前进速度为 v，计算此质点系的动能。

答案：$T=mv^2+\dfrac{3}{2}m_1v^2$。

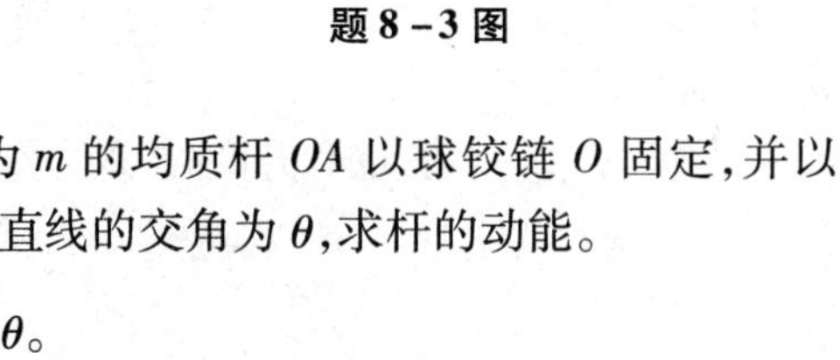

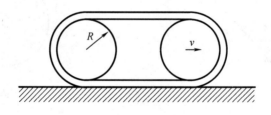

题 8-3 图

8-4 长为 l，质量为 m 的均质杆 OA 以球铰链 O 固定，并以等角速度 ω 绕铅直线转动，如图所示。如杆与铅直线的交角为 θ，求杆的动能。

答案：$T=\dfrac{m}{6}\omega^2l^2\sin^2\theta$。

8-5 如图所示，均质杆 AB 的长为 $2L$，质量为 m，在铅直平面内运动。若初瞬时杆 AB 垂直于水平地面，处于静止状态，由于受到微小扰动进入运动，其 A 端始终在光滑水平面上滑动，在图示位置时 A 点的速度为 v_A，试求用 v_A 与 h（质心 C 距地面的高度）表示杆的功能。

答案：$T=\dfrac{mv_A^2}{6h^2}(4L^2-3h^2)$。

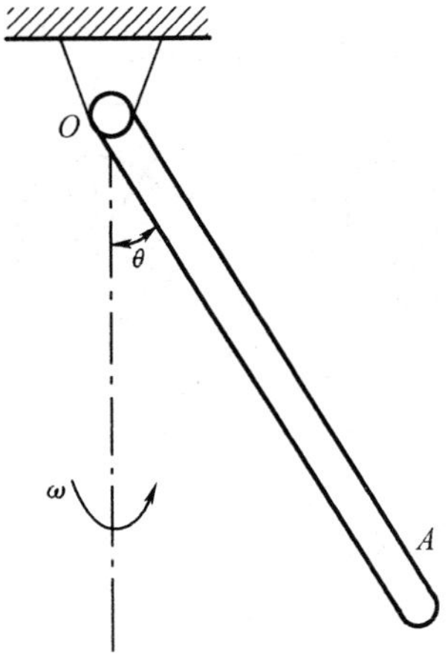

题 8 - 4 图

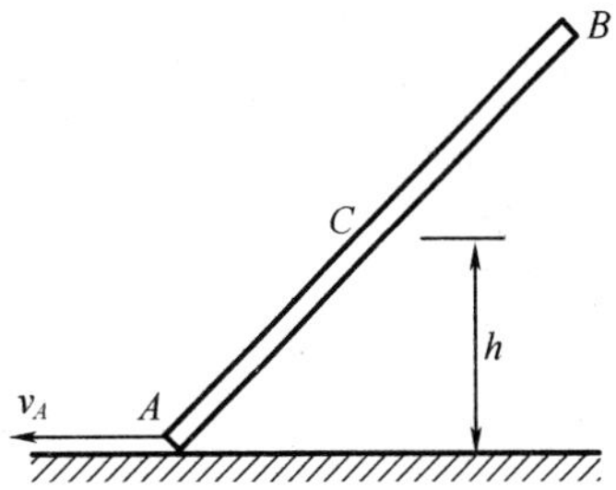

题 8 - 5 图

8 - 6　自动弹射器如图放置，弹簧在未受力时的长度为 200 mm，恰好等于筒长。欲使弹簧改变 10 mm，需力 2 N。如弹簧被压缩到 100 mm，然后让质量为 30 g 的小球自弹射器中射出。求小球离开弹射器筒口时的速度。

答案：$v = 8.1$ m/s。

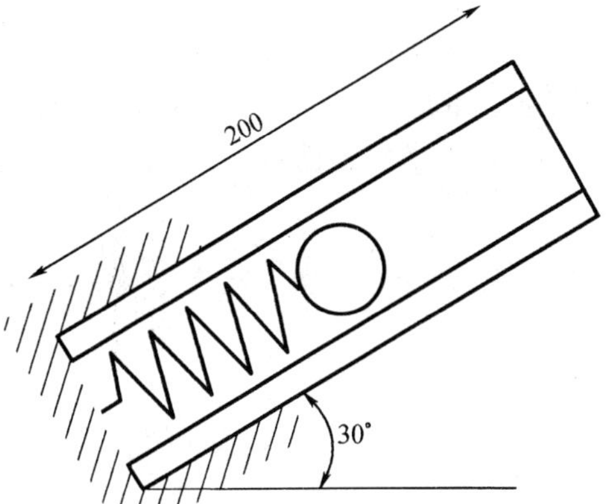

题 8 - 6 图

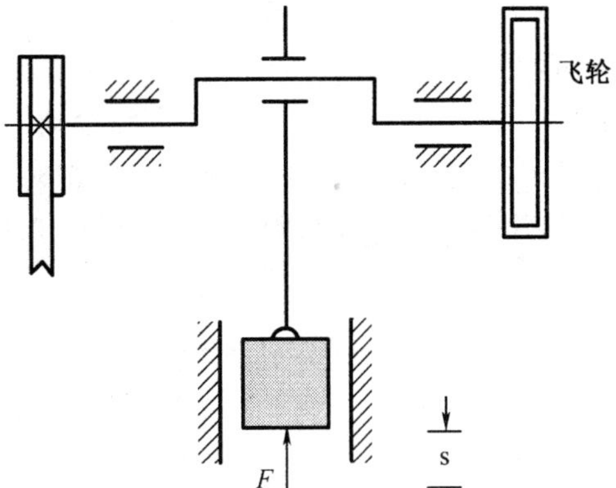

题 8 - 7 图

8 - 7　如图所示冲床冲压工件时冲头受的平均工作阻力 $F = 52$ kN，工作行程 $s = 10$ mm。飞轮的转动惯量 $J = 40\ \text{kg} \cdot \text{m}^2$，转速 $n = 415$ r/min。假定冲压工件所需的全部能量都由飞轮供给，计算冲压结束后飞轮的转速。

答案：$n = 412$ r/min。

8 - 8　平面机构由两个匀质杆 AB，BO 组成，两杆的质量均为 m，长度均为 l，在铅垂平面内运动。在杆 AB 上作用 1 不变的力偶，其矩为 M，从图所示位置由静止开始运动。不计摩擦，求当杆端 A 即将碰到铰支座 O 时杆端 A 的速度。

答案：$v_A = \sqrt{\dfrac{3}{m}[M\theta - mgl(1 - \cos\theta)]}$。

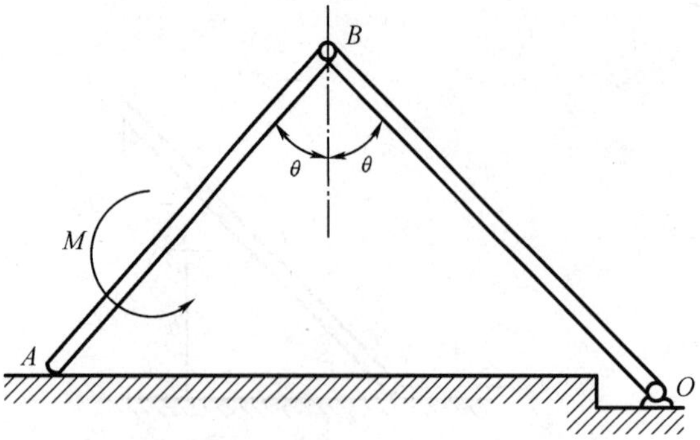

题 8-8 图

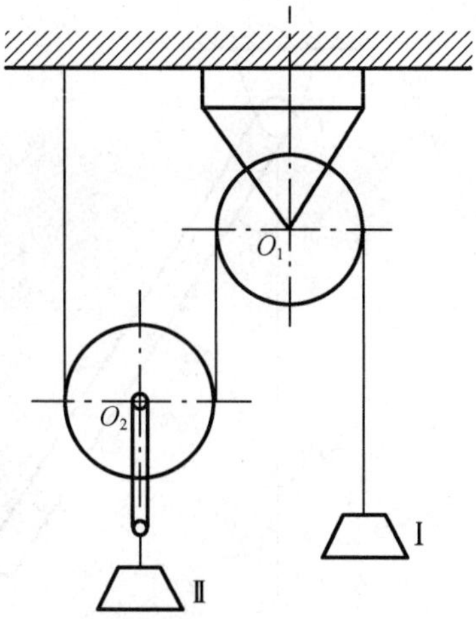

题 8-9 图

8-9　在图所示滑轮组中悬挂两个重物，其中 M_1 的质量为 m_1，M_2 的质量为 m_2。定滑轮 O_1 的半径为 r_1，质量为 m_3；动滑轮 O_2 的半径为 r_2，质量为 m_4。两轮都视为均质圆盘。如绳重和摩擦略去不计，并设 $m_2 > 2m_1 - m_4$。求重物 m_2 由静止下降距离 h 时的速度。

答案：$v = \sqrt{\dfrac{4gh(m_2 - 2m_1 + m_4)}{2m_2 + 8m_1 + 4m_3 + 3m_4}}$。

8-10　均质连杆 AB 质量为 4 kg，长 $l = 600$ mm。均质圆盘质量为 6 kg，半径 $r = 100$ mm。弹簧刚度系数为 $k = 2$ N/mm，不计套筒 A 及弹簧的质量。如连杆在图所示位置被无初速释放后，A 端沿光滑杆滑下，圆盘做纯滚动。求：(1) 当 AB 达水平位置而接触弹簧时，圆盘与连杆的角速度；(2) 弹簧的最大压缩量 δ。

答案：(1) $\omega_{AB} = 4.95$ rad/s；(2) $\delta = 0.087$ m。

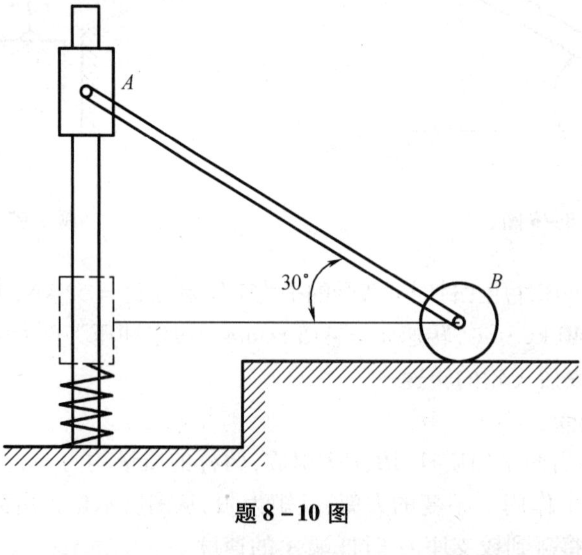

题 8-10 图

8-11　如图所示带式运输机的轮 B 受恒力偶 M 的作用，使胶带运输机由静止开始运动。若被提升物体 A 的质量为 m_1，轮 B 和轮 C 的半径均为 r，质量均为 m_2，并视为均质圆柱。运输机胶带与水平线成交角 θ,它的质量忽略不计,胶带与轮之间没有相对滑动。求物体 A 移动距离 s 时的速度和加速度。

答案:$v=\sqrt{\dfrac{2(M-m_1 gr\sin\theta)s}{r(m_1+m_2)}}$,$a=\dfrac{M-m_1 gr\sin\theta}{r(m_1+m_2)}$。

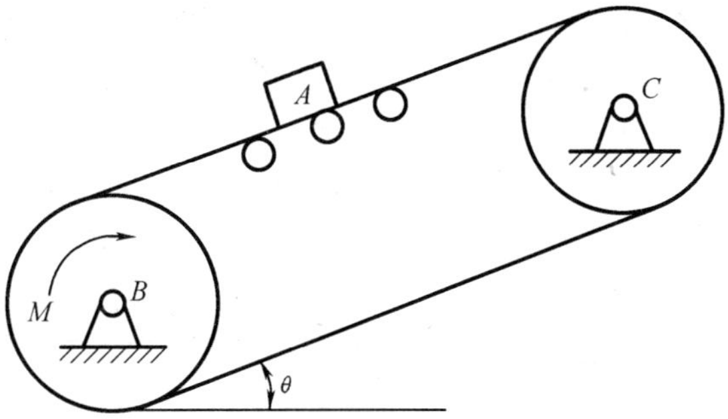

题 8－11 图

8－12　周转齿轮传动机构放在水平面内,如图所示。已知动齿轮半径为 r,质量为 m_1,可看成为均质圆盘;曲柄 OA,质量为 m_2,可看成为均质杆;定齿轮半径为 R。在曲柄上作用 1 常力偶矩 M,使此机构由静止开始运动。求曲柄转过 φ 角后的角速度和角加速度。

答案:$\omega_1=\dfrac{2}{R+r}\sqrt{\dfrac{3M\varphi}{9m_1+2m_2}}$,$\alpha=\dfrac{6M}{(R+r)^2(9m_1+2m_2)}$。

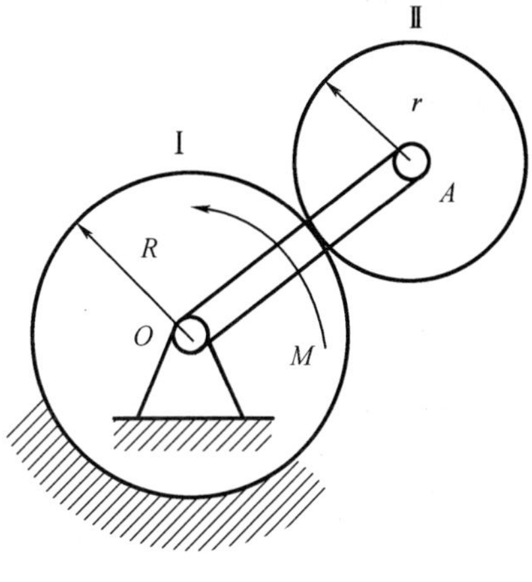

题 8－12 图

8－13　如图 a,b 所示两种支持情况的均质正方形板,边长均为 a,质量均为 m,初始时均处于静止状态。受某干扰后均沿顺时针方向倒下,不计摩擦,求当 OA 边处于水平位置时,两方板的角速度。

答案:(1)$\omega_a=\dfrac{2.468}{\sqrt{a}}$rad/s,(2)$\omega_b=\dfrac{3.121}{\sqrt{a}}$rad/s。

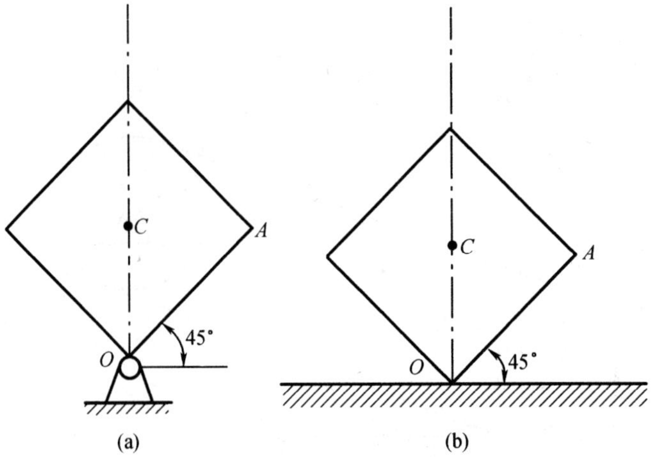

题 8－13 图

8－14　均质圆盘 A 重 Q，半径为 r，沿倾角为 α 的斜面向下作纯滚动。物块 B 重 P，与水平面的动摩擦系数为 f'，定滑轮质量不计，绳的两直线段分别与斜面和水平面平行。已知物块 B 的加速度 a，试求 f'。

答案：$f' = [-(3Q + 2P)a/(2g) + Q\sin\alpha]/P$。

8－15　质量分别为 m_A，m_B 的物块 A，B 用刚度系数为 k 的弹簧联接后，放在光滑的水平面上，已知在图示位置弹簧已有伸长 δ，同时剪断绳索 AD，BG 后，试用机械能守恒定律求当弹簧受到最大压缩时，物块 A 的位移 s_A。

答案：$s_A = 2m_B\delta/(m_A + m_B)$。

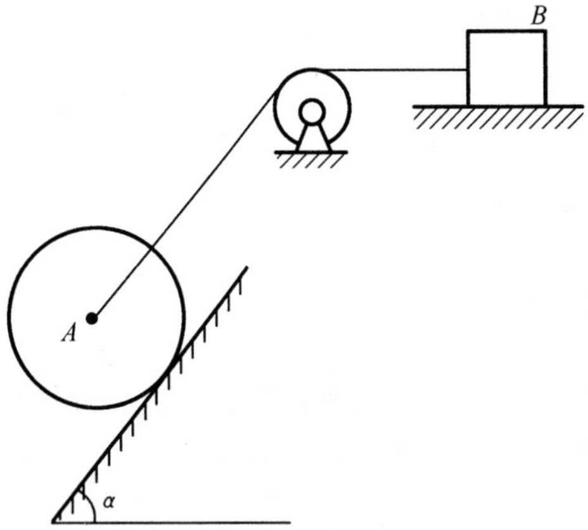

题 8－14 图

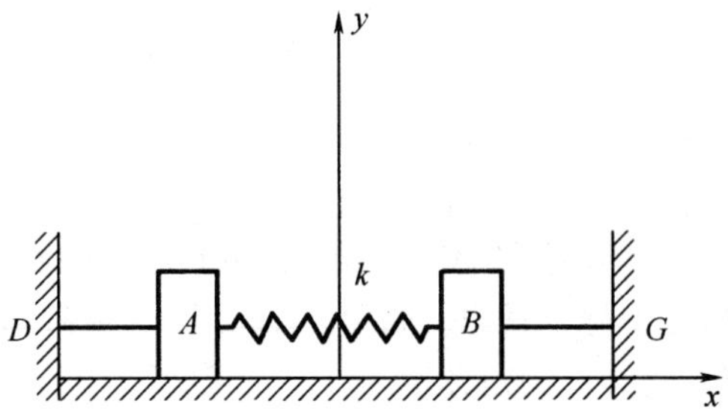

题 8－15 图

8－16　一均质板 C,水平地放置在均质圆轮 A 和 B 上,A 轮和 B 轮的半径分别为 r 和 R,A 轮作定轴转动,B 轮在水平面上滚动而不滑动,板 C 与两轮之间无相对滑动。已知板 C 和轮 A 的重量均为 P,轮 B 重 Q,在 B 轮上作用有矩为 M 的常力偶。试求板 C 的加速度。

答案:$a=4Mg/[(12P+3Q)R]$。

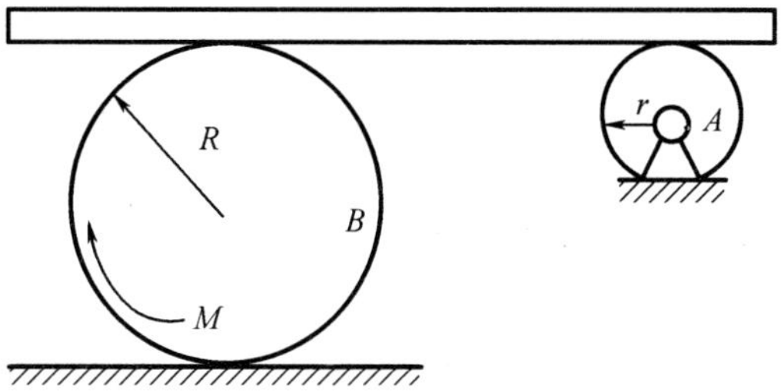

题 8－16 图

8－17　水平均质细杆质量为 m ,长为 l,C 为杆的质心。杆 A 处为光滑铰支座,B 端为1 挂钩,如图所示。如 B 端突然脱落,杆转到铅垂位置时。问 b 值多大能使杆有最大角速度?

答案:$b=\dfrac{\sqrt{3}}{6}l$。

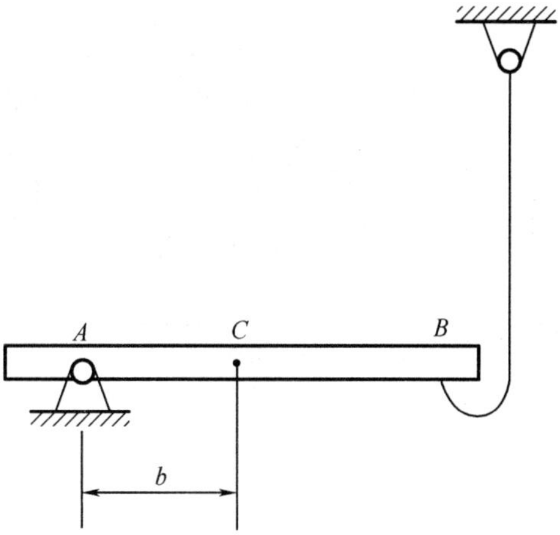

题 8－17 图

8－18　在图所示机构中,已知:梁长为 L,其重不计,匀质轮 B 重 Q,半径为 r,其上作用一力偶矩为 M 的常值力偶,物 C 重 P。试求:

(1)物块 C 上升的加速度(若力偶矩 M 较大);

(2)铰链 B 的约束反力。

答案:$a=\dfrac{(2M-\mathrm{Pr})}{(Q+2P)r}g$,$F_{Bx}=0$,$F_{By}=Q+P+\dfrac{P}{g}a$。

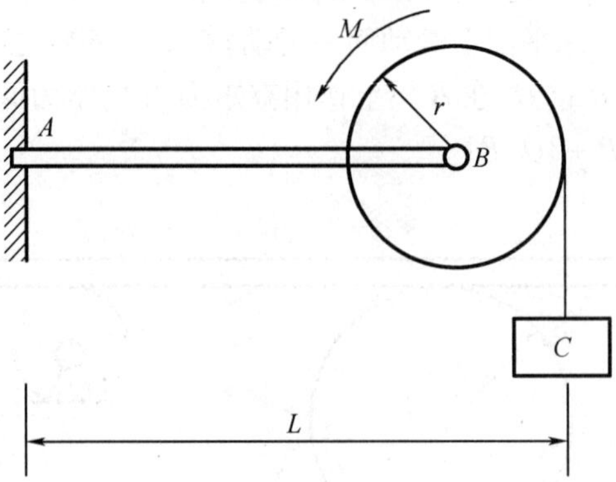

题 8－18 图

8－19 均质细杆长 l，质量为 m_1，上端 B 靠在光滑的墙上，下端 A 以铰链与均质圆柱的中心相连。圆柱质量为 m_2，半径为 R，放在粗糙的地面上，自图所示位置由静止开始滚动而不滑动，初始杆与水平线的交角 $\theta = 45°$。求点 A 在初瞬时的加速度。

答案：$a_A = \dfrac{3m_1 g}{4m_1 + 9m_2}$。

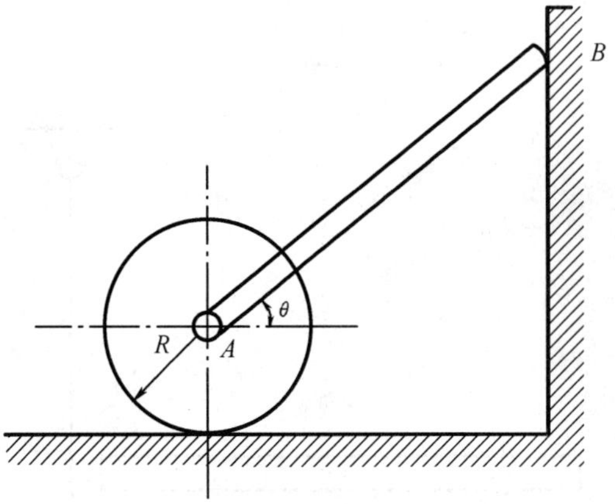

题 8－19 图

第9章　达朗伯原理

本章讨论达朗伯原理，它提供了解决质点和质点系动力学问题的普遍方法，这种方法就是用静力学的方法来研究动力学的问题，从而把动力学问题形式上转化为静力学问题，所以又称之为动静法。

9.1　质点的达朗伯原理

9.1.1　质点的惯性力

当一个质点(或一个平动刚体)受力 $\boldsymbol{F}$ 作用时，它的运动状态要发生变化，即产生加速度 $\boldsymbol{a}$，(例如人以力 $\boldsymbol{F}$ 推小车)，由于惯性，小车要对外界产生一种反抗的作用，这种反抗作用就以反作用力 $\boldsymbol{F}_g$ 的形式作用在推车人的身上，这个力我们称之为小车的惯性力，显然

$$\boldsymbol{F}_g = -\boldsymbol{F} = -m\boldsymbol{a} \tag{9-1}$$

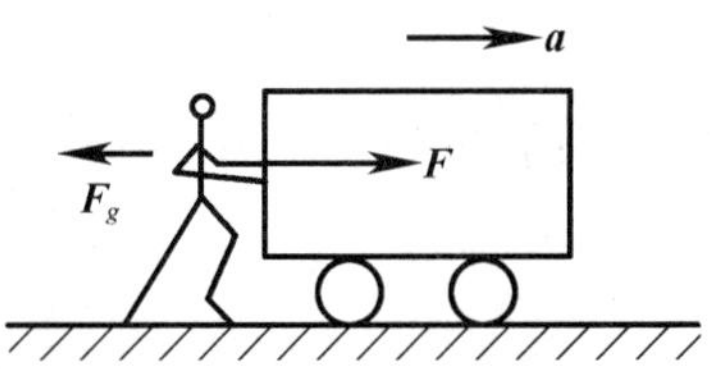

图9-1　小车的惯性力示意图

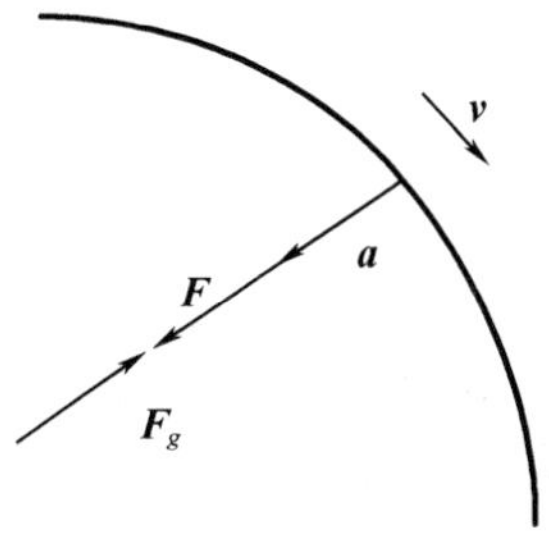

图9-2　质点的运动示意图

再例如我们用一根绳子一端栓一个小球，另一端拿在手里，使小球在水平面内作匀速圆周运动，小球具有法向加速度 $\boldsymbol{a}$，产生 $\boldsymbol{a}$ 的原因是我们的手通过绳子给小球以一个向心力 $\boldsymbol{F}=m\boldsymbol{a}$，同时由于惯性，小球产生对外界的一个反抗作用，这个反抗作用就以反作用力 $\boldsymbol{F}_g$ 的形式作用在我们的手上，小球通过绳子传给我们手的作用力 $\boldsymbol{F}_g$ 称为小球惯性力。

定义：当质点受力作用而改变其原来的运动状态时，由于质点的惯性而产生的对外界反抗的反作用力称之为质点的惯性力。

可见，1. 产生惯性力的条件：(1)质点有质量(有惯性)；(2)质点的运动状态发生改变(即有加速度存在)。

2. 惯性力的作用点：惯性力作用在施力物体上。

3. 惯性力的大小、方向：$\boldsymbol{F}_g = -m\boldsymbol{a}$，其大小等于质点的质量与其加速度的乘积，方向与质点加速度方向相反。

9.1.2 质点的达朗伯原理

设质量为 m 的质点(非自由质点)在主动力 $\boldsymbol{F}$ 和约束反力 $\boldsymbol{N}$ 的作用下运动,设质点的加速度为 $\boldsymbol{a}$,则由牛顿第二定律知,

$$\boldsymbol{F}+\boldsymbol{N}=m\boldsymbol{a}$$

把 $m\boldsymbol{a}$ 移到等号左边,得

$$\boldsymbol{F}+\boldsymbol{N}-m\boldsymbol{a}=0$$

由惯性力的定义知 $\boldsymbol{F}_g=-m\boldsymbol{a}$ 是质点的惯性力,于是上式可写成

$$\boldsymbol{F}+\boldsymbol{N}+\boldsymbol{F}_g=0 \tag{9-2}$$

这个方程形式和平衡方程的形式一样,就好像 $\boldsymbol{F},\boldsymbol{N},\boldsymbol{F}_g$ 同时作用在质点上而处于平衡时的情况一样,从而得到质点的达朗伯原理。

质点的达朗伯原理:非自由质点运动时,作用在质点上的主动力 $\boldsymbol{F}$,约束反力 $\boldsymbol{N}$ 以及假想的作用在质点上的惯性力 $\boldsymbol{F}_g$ 在形式上组成一个“平衡力系”。

把式(9-2)投影到直角坐标轴上,得

$$\begin{cases}F_x+N_x+F_{gx}=0\\F_y+N_y+F_{gy}=0\\F_z+N_z+F_{gz}=0\end{cases} \tag{9-3}$$

其中

$$\begin{cases}F_{gx}=-m\ddot{x}\\F_{gy}=-m\ddot{y}\\F_{gz}=-m\ddot{z}\end{cases}$$

不论 $\ddot{x},\ddot{y},\ddot{z}$ 算出来的具体值如何,$\boldsymbol{F}_g$ 在坐标轴上的投影恒等于 $-m\ddot{x}$, $-m\ddot{y}$, $-m\ddot{z}$。

如果投影到自然坐标上,得

$$\begin{cases}F_\tau+N_\tau+F_{g\tau}=0\\F_n+N_n+F_{gn}=0\\F_b+N_b=0\end{cases} \tag{9-4}$$

其中 $\begin{cases}F_{g\tau}=-ma_\tau=-m\dfrac{dv}{dt}\\F_{gn}=-ma_n=-m\dfrac{v^2}{\rho}\\F_{gb}\equiv 0(\text{因为 } a_b\equiv 0)\end{cases}$ (切向惯性力 $\boldsymbol{F}_{g\tau}$与 $\boldsymbol{a}_\tau$ 方向相反;法向惯性力 $\boldsymbol{F}_{gn}$与 $\boldsymbol{a}_n$ 方向相反)。

这三组式子形式上都是共点力系的平衡方程,它告诉我们这样一种方法,即一个质点在主动力和约束反力的作用下运动时,如果假想地把质点的惯性力加到质点上的话,那么就可以用静力学中列平衡方程的方法来求解动力学问题,这种方法就叫做动静法。

注意:

1. 惯性力是人为设定的,质点并没有受到惯性力的作用,无施加这个力的物体,在达朗伯原理中,只是假想地认为惯性力是作用在质点上。

2. 达朗伯原理中的“平衡力系”只是形式上的“平衡”,实际上质点并不处于平衡状态,因此达朗伯原理实质上反映的仍是运动和力之间的关系。

3. $\boldsymbol{F}_g=-m\boldsymbol{a}$ 中 $\boldsymbol{a}$ 是质点在惯性坐标系中的加速度,惯性力方向与 $\boldsymbol{a}$ 方向相反。

4. 可求解动力学的两类基本问题(已知运动求力,已知力求运动),应用时,先分析运动,后分析受力。

5. 虽然惯性力对于质点来说是虚加的力,但是使该质点获得加速度的施力物体受到的反作用力却与质点的惯性力有关。在某些情况下,恰好等于质点的惯性力,可以说惯性力作用在施力物体上。

例9-1　曲柄连杆机构 OAB 的滑块 B 上有一金属杆 BC,C 端有一重物 Q,曲柄长 $OA=r$,连杆 $AB=l\gg r$,曲柄 OA 以匀角速度 ω 转动。求 BC 杆中的张力 $\boldsymbol{T}$。

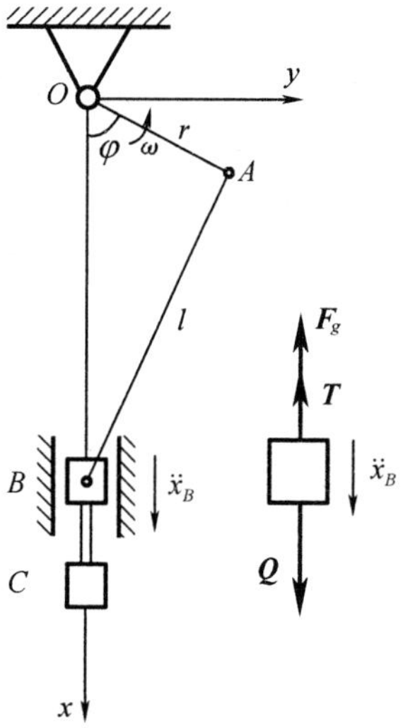

图9-3　例9-1图

解:研究对象:重物 Q

运动分析:重力 $\boldsymbol{Q}\downarrow$,张力 $\boldsymbol{T}\uparrow$,惯性力 $\boldsymbol{F}_g\uparrow$

由达朗伯原理知:$\boldsymbol{Q}+\boldsymbol{T}+\boldsymbol{F}_g=0$

把上式向 Ox 轴投影得:

$$Q-T-F_g=0 \tag{a}$$

计算惯性力 $\boldsymbol{F}_g$:由于 BC 杆作直线平动,故重物 Q 的加速度等于 B 点的加速度 $\ddot{x}_B$。

$$x_B=\overline{OB}=r\cos\varphi+\sqrt{l^2-r^2\sin^2\varphi}=r\cos\omega t+l\sqrt{1-\left(\frac{r}{l}\right)^2\sin^2\omega t} \tag{b}$$

这里 $\angle BOA=\varphi=\omega t$,设 $t=0$ 时,$\varphi_0=0$($\ddot{x}$ 正向与 Ox 轴正向一致,给定 Ox 轴方向,$\ddot{x}$ 正向就定了,$\boldsymbol{F}_g$ 与 $\ddot{x}$ 正向反向,大小为 $m\ddot{x}$)。

因 $l\gg r$,将$\sqrt{1-\left(\frac{r}{l}\right)^2\sin^2\omega t}$展开为$\frac{r}{l}$的幂级数,并略去$\left(\frac{r}{l}\right)^2$以上的项,得

$$\left[1-\left(\frac{r}{l}\right)^2\sin^2\omega t\right]^{\frac{1}{2}}=1-\frac{1}{2}\left(\frac{r}{l}\right)^2\sin^2\omega t=1-\frac{1}{4}\left(\frac{r}{l}\right)^2(1-\cos2\omega t)$$

因此

$$x_B=l+r\cos\omega t-\frac{1}{4}\frac{r^2}{l}+\frac{1}{4}\frac{r^2}{l}\cos2\omega t \tag{c}$$

$$\ddot{x}_B=-r\omega^2\cos\omega t-\frac{r^2}{l}\omega^2\cos2\omega t \tag{d}$$

$$F_g = m\ddot{x}_B = -\frac{Q}{g}r\omega^2\left(\cos\omega t + \frac{r}{l}\cos2\omega t\right) \tag{e}$$

把式(e)代入达朗伯原理公式(a),得

$$T = Q - F_g = Q + \frac{Q}{g}r\omega^2\left(\cos\omega t + \frac{r}{l}\cos2\omega t\right)$$

9.2 质点系的达朗伯原理

设有一个由 N 个质点所组成的质点系,第 k 个质点的质量为 m_k,作用在该质点上的外力为 $\boldsymbol{F}_k^{(e)}$,内力为 $\boldsymbol{F}_k^{(i)}$,其加速度为 $\boldsymbol{a}_k$,根据质点达朗伯原理,假想地把惯性力 $\boldsymbol{F}_{gk} = -m_k\boldsymbol{a}_k$ 作用在质点 m_k 上,则 $\boldsymbol{F}_k^{(e)} + \boldsymbol{F}_k^{(i)} + \boldsymbol{F}_{gk} = 0$,即它们在形式上组成一平衡力系。因为作用在每一个质点上的都是一个形式上的平衡力系,所以,作用在质点系上的所有的外力、内力以及惯性力组成一个形式上的平衡力系,由静力学可知,力系平衡的条件是:力系的主矢和力系对空间任意一点的主矩均等于零。

主矢:
$$\sum\boldsymbol{F}_k^{(e)} + \sum\boldsymbol{F}_k^{(i)} + \sum\boldsymbol{F}_{gk} = 0 \tag{9-5}$$

对任一点 O 的主矩:
$$\sum\boldsymbol{M}_0(\boldsymbol{F}_k^{(e)}) + \sum\boldsymbol{M}_0(\boldsymbol{F}_k^{(i)}) + \sum\boldsymbol{M}_0(\boldsymbol{F}_{gk}) = 0 \tag{9-6}$$

由内力的性质知 $\sum\boldsymbol{F}_k^{(i)} = 0$,故上面的方程组(9-5)和(9-6)可写成

$$\sum\boldsymbol{F}_k^{(e)} + \sum\boldsymbol{F}_{gk} = 0,\ \sum\boldsymbol{M}_0(\boldsymbol{F}_k^{(e)}) + \sum\boldsymbol{M}_0(\boldsymbol{F}_{gk}) = 0 \tag{9-7}$$

这就是质点系的达朗伯原理:质点系的惯性力可以假想地与作用在质点系上的外力组成平衡力系。

对于非自由质点系统来说,作用在质点系上的外力包括主动力和约束反力,即

$$\boldsymbol{F}_k^{(e)} = \boldsymbol{F}_k + \boldsymbol{N}_k$$

$\boldsymbol{F}_k$ 是主动力,$\boldsymbol{N}_k$ 是约束反力。于是上述方程组(9-7)写成

$$\begin{cases}\sum\boldsymbol{F}_k + \sum\boldsymbol{N}_k + \sum\boldsymbol{F}_{gk} = 0\\ \sum\boldsymbol{M}_0(\boldsymbol{F}_k) + \sum\boldsymbol{M}_0(\boldsymbol{N}_k) + \sum\boldsymbol{M}_0(\boldsymbol{F}_{gk}) = 0\end{cases} \tag{9-8}$$

也就是{主动力}+{约束反力}+{惯性力}={0}

从而对于非自由质点系的达朗伯原理可以这样叙述:

质点系的惯性力可以假想地与作用于质点系的主动力和约束反力组成平衡力系。

上述两种叙述方法是完全一致的,只是前一种方法可以用于自由质点,而后一种分板方法用于非自由质点系较为方便,尤其是用于刚体及刚体系统。这样一来,达朗伯原理给我们提供了一种解决质点系动力学问题的方法,即如果我们把惯性力假想地作用到质点系上,那么就可以利用静力学中列平衡方程的方法来求解质点系动力学的问题。

但必须注意下面几点:

1. 只是假想地认为惯性力作用在质点系上,实际上质点系并没有受到惯性力的作用。

2. “惯性力+外力”或“惯性力+主动力+约束反力”组成“平衡”力系,只是一种形式上的平衡,并不是真正的平衡。

3. 在用达朗伯原理处理质点系动力学问题时分析受力只须分析主动力、约束反力及惯性力,并假想地把惯性力系作用于质点系上,因此用达朗伯原理是无法求出内力的。

4. 主矢和主矩的平衡方程向直角坐标系投影一般可得六个投影方程,因此静力学中求解平衡方程的方法都适用。

5. 具有瞬时性，质点系中各点加速度是变化的。

6. 惯性力 $\boldsymbol{F}_g = -m\boldsymbol{a}$ 中 $\boldsymbol{a}$ 是质点在惯性坐标系中的加速度。

9.3　惯性力系的简化

在用质点系的达朗伯原理解题时，因为质点系往往由很多质点组成，因此计算 $\sum \boldsymbol{F}_{gk}$，$\sum \boldsymbol{M}_0(\boldsymbol{F}_{gk})$ 时十分麻烦，为此，先把惯性力系假想地作用到质点系上，然后我们采用静力学中的方法把惯性力系向一点简化，从而得到一个与惯性力系等效的简单力系以使计算大大简化。

9.3.1　惯性力系向一点简化

和在静力学中一样，我们在空间任选一点 O 作为简化中心，假想地把惯性力系作用到质点系上，然后将惯性力系向简化中心 O 点简化，可以得到一个主矢 $\boldsymbol{F}_g$，作用在简化中心上，以及一个主矩 $\boldsymbol{M}_{g0}$。

1. 惯性力系的主矢 $\boldsymbol{F}_g$ 的大小和方向，与简化中心的选择无关，作用在简化中心上。

$$\boldsymbol{F}_g = \sum \boldsymbol{F}_{gk} = \sum -m_k\boldsymbol{a}_k = -M\boldsymbol{a}_c \tag{9-9}$$

可见：(1) 不论质点系的运动多么复杂，其惯性力的主矢的大小恒等于其质量与质心加速度的乘积，方向与 $\boldsymbol{a}_c$ 的方向相反。

(2) $\boldsymbol{F}_g$ 的大小、方向与简化中心的选择无关，但作用在简化中心上。

2. 主矩 $\boldsymbol{M}_{g0}$

$$\boldsymbol{M}_{g0} = \sum \boldsymbol{M}_0(\boldsymbol{F}_{gk}) = -\sum \boldsymbol{r}_k \times m_k\boldsymbol{a}_k \tag{9-10}$$

惯性力系对某一点的主矩，不仅与简化中心的选择有关，而且与质点系的运动情况有关，这个问题比较复杂，我们只讨论三种常见的情况。

9.3.2　三种常见的情况下惯性力系的简化

1. 刚体平动时，惯性力系的简化

平动刚体上各点的加速度均相等，且等于质心的加速度，所以我们取质心 C 为简化中心，将惯性力系向质心 C 简化如图 9-4 所示，得到

主矢：$\boldsymbol{F}_g = \sum -m_k\boldsymbol{a}_k = \sum -m_k\boldsymbol{a}_c = -M\boldsymbol{a}_c$，作用在质心上。

主矩：
$$\boldsymbol{M}_{gc} = \sum \boldsymbol{M}_c(\boldsymbol{F}_{gk}) = -\sum \boldsymbol{r}_k \times m_k\boldsymbol{a}_k = -\left(\sum m_k\boldsymbol{r}_k\right) \times \boldsymbol{a}_c = -M\boldsymbol{r}_c \times \boldsymbol{a}_c \tag{9-11}$$

注意 $\boldsymbol{r}_k$ 是质点 m_k 相对于简化中心(质心 C)的矢径，$\boldsymbol{r}_c$ 是质心 C 相对于质心 C 的矢径，所以 $\boldsymbol{r}_c = 0$，因此式(9-11)中 $\boldsymbol{M}_{gc} = 0$。这是自然的，因为平动刚体上各点的加速度均相等，因此惯性力系是一个均匀分布的具有固定作用点的同向平行力系，所以它必定能合成一个合力，且作用在质心上。

可见：平动刚体的惯性力系可以简化成一个力 $\boldsymbol{F}_g$，其大小方向由 $\boldsymbol{F}_g = -M\boldsymbol{a}_c$ 决定，作用在刚体质心上。

2. 刚体绕定轴转动时惯性力系的简化

(1) 条件

①刚体具有一质量对称面(因此质心 C 必在此对称面内)。

②转动轴垂直于质量对称面，设交点为 O。

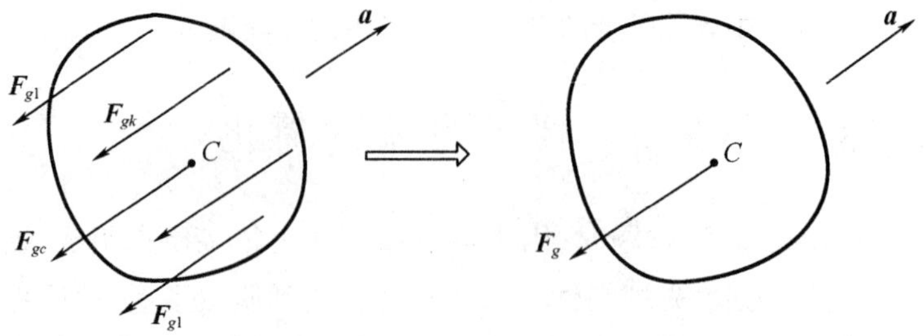

图 9-4 平动刚体惯性力的简化示意图

设刚体的角速度为 ω,角加速度为 α,建立坐标系 $Oxyz$,使 Oz 轴与转动轴重合,Oxy 平面与质量对称面重合,如图 9-5 所示。则质心 C 必在 Oxy 平面内,令 $\overline{OC}=e$,取 O 为简化中心,把惯性力系向 O 点简化。

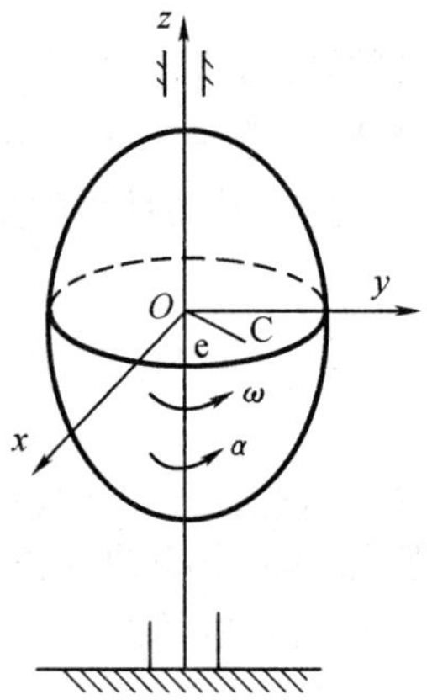

图 9-5 定轴转动刚体示意图

(2)主矢

$$\boldsymbol{F}_g=\sum -m_k\boldsymbol{a}_k=-M\boldsymbol{a}_c=-M(\boldsymbol{a}_c^\tau+\boldsymbol{a}_c^n)=\boldsymbol{F}_g^\tau+\boldsymbol{F}_g^n \tag{9-12}$$

其中 $a_c^\tau=e\alpha,a_c^n=\omega^2 e$

所以 $F_g^\tau=Me\alpha,\quad F_g^n=Me\omega^2$

作用在简化中心 O 点上,且位于 Oxy 平面内。如图 9-6(a)所示。

(3)主矩

因为刚体绕定轴转动,且具有质量对称面,因此,刚体的惯性力系一定是关于质量对称面对称地分布在刚体上的,定轴转动刚体各点的加速度均平行于质量对称面,这样一来,刚体的惯性力系可以先简化成一个作用在 Oxy 平面(即质量对称面)内的平面力系,这个平面力系对 x 轴和 y 轴的力矩的代数和均等于零,从而惯性力系对 x 轴和 y 轴的力矩的代数和应等于零,即 $(\boldsymbol{M}_{g0})_x=(\boldsymbol{M}_{g0})_y=0$,于是 $\boldsymbol{M}_{g0}=(\boldsymbol{M}_{g0})_z\boldsymbol{k}=M_{gz}\boldsymbol{k}$,即惯性力系对 O 点的主矩与 z 轴平行。

因为 $\boldsymbol{F}_{gk}^n$ 均与 z 轴相交,故 $m_z(\boldsymbol{F}_{gk}^n)=0$,从而 $\sum m_z(\boldsymbol{F}_{gk}^n)=0$。又因为 $F_{gk}^\tau=m_kr_k\alpha$(r_k 为质点 m_k 到 z 轴的距离),则 $m_z(\boldsymbol{F}_{gk}^\tau)=-m_kr_k\alpha r_k$。

$$M_{gz}=\sum m_z(\boldsymbol{F}_{gk})=\sum m_z(\boldsymbol{F}_{gk}^{\tau})+\sum m_z(\boldsymbol{F}_{gk}^{n})=\sum m_z(\boldsymbol{F}_{gk}^{\tau})$$

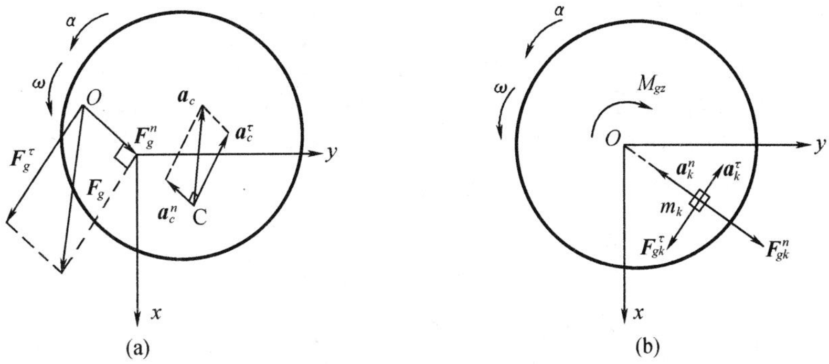

图9－6　定轴转动刚体惯性力的简化示意图

所以　　$M_{gz}=\sum -m_k r_k^2\alpha=-(\sum m_k r_k^2)\alpha=-J_z\alpha$　　(9－13)

式(9－13)中负号表示 M_{gz} 的方向与 α 的转向相反，如图9－6(b)所示。

可见，具有垂直于转动轴的质量对称面的刚体绕定轴转动时，刚体的惯性力系向转轴与质量对称面的交点 O 简化的结果是一个力 $\boldsymbol{F}_g$ 和一个力偶 M_{gz}。

其中 $\boldsymbol{F}_g=-M\boldsymbol{a}_c$ 作用在简化中心 O 点上，力偶的矩为 $M_{gz}=-J_z\alpha$，转向与 α 的转向相反。如图9－7所示。

当 $e=0$ 时，质心 C 在转轴上，O 点与 C 点重合，这时惯性力系的简化结果为：

主矢 $\boldsymbol{F}_g\equiv 0(\boldsymbol{a}_c\equiv 0)$，主矩 $M_{gz}=-J_z\alpha=-J_c\alpha$。

即惯性力系只简化成一个力偶，其矩为 $M_{gz}=-J_c\alpha$，负号表示力偶转向与 α 转向相反。

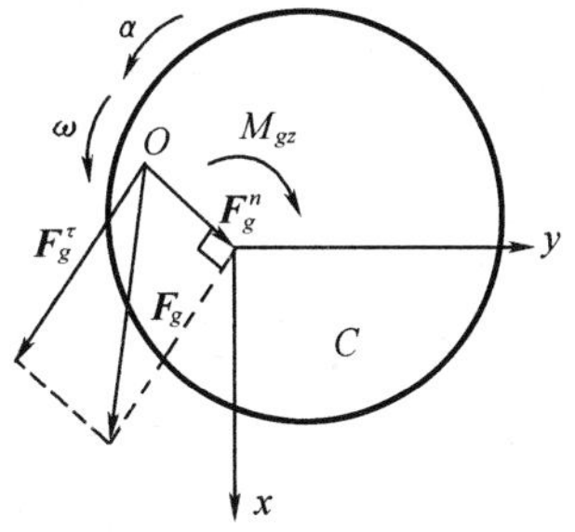

图9－7　惯性力向O点简化的结果示意图

如果将惯性力系向质心 C 简化，则简化结果仍然是一个力和一个力偶。因为力的结果与简化中心的选择无关，所以有 $\boldsymbol{F}_g=-M\boldsymbol{a}_c$，作用在质心 C 上。力偶为 $M_{gc}=-J_{cz}\alpha$，负号表示转动方向与 α 的转向相反，如图9－8所示。这里 J_{cz} 是刚体关于过质心，且与转轴平行的轴的转动惯量。上述两种简化中心所得的结果虽然形式上不同，但它们是互相等价的。

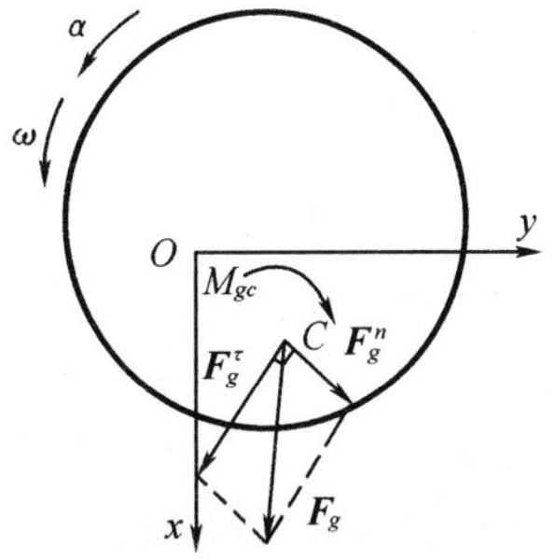

图9－8　惯性力向质心简化的结果示意图

3. 刚体作平面运动时惯性力系的简化

假定作平面运动的刚体其受力和运动情况均满足下列条件：

(1)刚体具有质量对称面(质心 C 必在此对称面内)。

(2)刚体所受的力可以合成为一个在质量对称面内的平面力系。

(3)刚体各点的初速度均平行于质量对称面。

在这三个条件下刚体将作平行于质量对称面的平面运动,因为刚体各点的加速度平行于对称面,且关于此对称面对称分布,于是刚体的惯性力系可以简化为一个作用在对称面内的平面力系。

取刚体质心 C 为基点,则刚体的平面运动可分解为随同质心 C(即基点)的平动和绕质心的转动,如果我们取质心 C 为简化中心,则随同质心平动部分的惯性力系可简化为一个合力,其大小方向等于惯性力系的主矢,作用在质心 C 上,$\boldsymbol{F}_g = -M\boldsymbol{a}_c$。

而绕质心转动部分的惯性力系可以简化为一个力偶,其矩即为惯性力系对质心的主矩,$M_{gc} = -J_c\alpha$,其中 J_c 是刚体对于通过质心 C 且垂直于运动平面的轴的转动惯量,α 是刚体转动的角加速度,负号表示惯性力系主矩的转向与角加速度的转向相反,如图 9-9 所示。

可见,具有质量对称面且平行于此平面运动的刚体的惯性力系向其质心简化的结果为一个力和一个力偶,其中力等于 $\boldsymbol{F}_g = -M\boldsymbol{a}_c$,方向与质心加速度方向相反,作用在质心上;力偶矩 $M_{gc} = -J_c\alpha$,等于刚体对通过质心且垂直于质量对称面的轴的转动惯量与角加速度的乘积,方向与角加速度的方向相反。

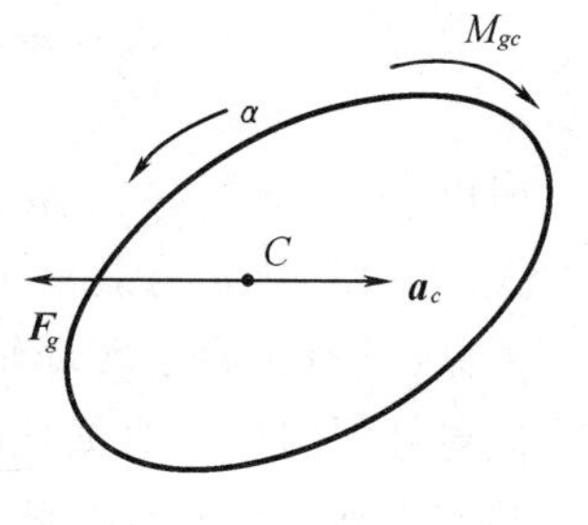

图 9-9 平面运动刚体惯性力系的简化示意图

例 9-2 沿水平直线公路向前行驶的汽车质量为 M(不包括四个轮子),质心在 C(不包括四个轮子),四个轮子每个轮子的质量为 m,半径为 r,每个轮子对轴的转动惯量为 J,尺寸如图所示,质心 C 离地面高为 h,当汽车以加速度 $\boldsymbol{a}$ 行驶时,求其前后轮的压力,设后轮为主动轮,车轮均作纯滚动。

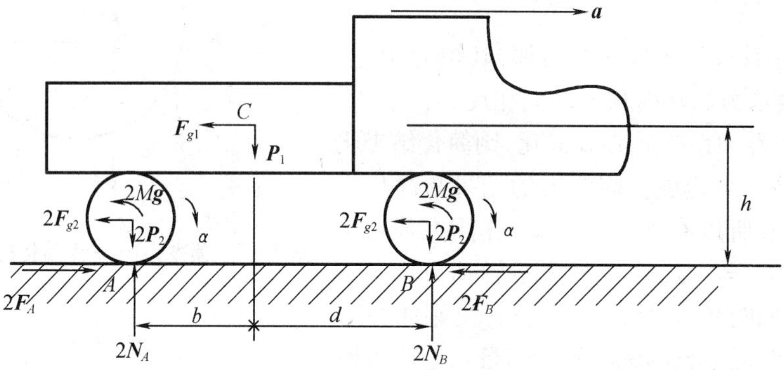

图 9-10 例 9-2 图

解:本问题属于已知运动求约束力的问题。

研究对象:汽车(汽车有质量对称面)

运动分析:车身(匀加速直线平动)

车轮:平面运动(纯滚动)平行于质量对称面

轮心加速度为 $\boldsymbol{a}$,角加速度为 α,由运动学知,$a = \alpha r$,α 方向如图所示。

受力分析:主动力:$P_1 = Mg\downarrow$,$P_2 \times 4 = mg \times 4\downarrow$,约束反力:$\boldsymbol{N}_A \times 2$,$\boldsymbol{N}_B \times 2$,$\boldsymbol{F}_A \times 2$,$\boldsymbol{F}_B \times 2$

因后轮为主动轮，故 $\boldsymbol{F}_A$ 方向向前。

惯性力：车身 $\boldsymbol{F}_{g1}=-M\boldsymbol{a}$，车轮（平面运动）：$\boldsymbol{F}_{g2}=-m\boldsymbol{a}, M_g=-J\alpha$，

列平衡方程：

$$\begin{cases}\sum M_A=0\\ \sum M_B=0\end{cases}\quad \begin{cases}Mah+4mar+4J\alpha+2N_B(b+d)-Mgb-2mg(b+d)=0\\ Mah+4mar+4J\alpha-2N_A(b+d)+Mgd+2mg(b+d)=0\end{cases} \tag{a}$$

解得，

$$\begin{cases}N_A=\dfrac{1}{2(b+d)}[Mah+4mar+4J\alpha+Mgd+2mg(b+d)]\\ N_B=\dfrac{1}{2(b+d)}[-Mah-4mar-4J\alpha+Mgb+2mg(b+d)]\end{cases} \tag{b}$$

讨论：加速度 a 等于多少时，前后轮的压力相等？

当 $N_A=N_B$ 时，

$$a=\frac{Mg(b-d)}{2\left(Mh+4mr+\dfrac{4J}{r}\right)} \tag{c}$$

当 a 等于多大时，汽车后轮将离开地面？为了保证汽车后轮不跳起来，N_A 应当大于0，即

$$\left(Mh+4mr+\frac{4J}{r}\right)a+Mgd+2mg(b+d)>0 \tag{d}$$

从而 $a>-\dfrac{Md+2m(b+d)}{Mh+4mr+\dfrac{4J}{r}}g$ 时，汽车后轮不能跳起来，它告诉我们汽车在平路上向前行驶时，后轮是不会跳起来的，只有汽车猛然刹车，或向后倒开时，后轮才有可能跳离地面。

分析中汽车发动机中力以及作用在主动轮上的驱动力矩都属于内力，因此不用分析。

对 N_A, N_B 分解有

$$N_{Aj}=\frac{1}{2(b+d)}[Mgd+2mg(b+d)],\ N_{Ad}=\frac{a}{2(b+d)}\left[Mh+4mr+\frac{4J}{r}\right]$$

$$N_{Bj}=\frac{1}{2(b+d)}[Mgb+2mg(b+d)],\ N_{Bd}=\frac{-a}{2(b+d)}\left[Mh+4mr+\frac{4J}{r}\right]$$

我们把约束反力 N_A, N_B 看作是由两部分所组成的，一部分是由惯性力所产生的，称为动反力，一部分是由主动力所产生的，称为静反力。动反力与静反力的矢量和称为全反力。

{动反力} + {惯性力} = {0}，{静反力} + {动反力} = {0}，

{全反力} + {主动力} + {惯性力} = {0}。

求动反力的方法：

1. 直接由{动反力} + {惯性力} = {0}求解。

2. 由{全反力} + {主动力} + {惯性力} = {0}算出全反力，然后在全反力中减去静反力，即减去约束反力中由主动力所引起的那部分反力，剩下的就是动反力。

例9-3　电绞车装在梁上，梁的两端搁在支座上，绞盘半径为 r，且与电动机转子固接，它们的总转动惯量为 J，今以加速度 $\boldsymbol{a}$ 向上提升重物 P，设梁与绞车共重 Q，重心在梁的中点处，梁长 l，其余尺寸如图所示，求由于加速提升重物而对支座 A，B 产生的全反力及附加动反力（绳重不计，摩擦不计）。

解：研究对象：整个系统。

运动分析：梁：静止；重物 P：匀加速直线运动，加速度 $\boldsymbol{a}$。

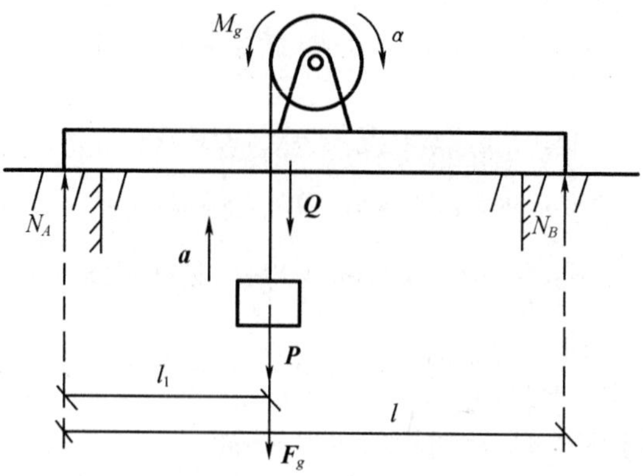

图 9-11 例 9-3 图

绞车:定轴转动,角加速度为 $\alpha=\dfrac{a}{r}$。

受力分析:主动力:$\boldsymbol{P},\boldsymbol{Q}$,约束反力(全反力):$\boldsymbol{N}_A,\boldsymbol{N}_B$。

惯性力:$\boldsymbol{F}_g\left(F_g=\dfrac{P}{g}a\right),M_g=J\alpha$。

应用达朗伯原理得

$$\sum M_A=0,\ -(P+F_g)l_1+N_Bl+M_g-\frac{1}{2}Ql=0$$

$$\sum M_B=0,(P+F_g)(l-l_1)-N_Al+M_g+\frac{1}{2}Ql=0$$

解得
$$\begin{cases}N_A=\dfrac{1}{2}Q+P\left(1+\dfrac{a}{g}\right)\dfrac{l-l_1}{l}+\dfrac{Ja}{rl}\\N_B=\dfrac{1}{2}Q+P\left(1+\dfrac{a}{g}\right)\dfrac{l_1}{l}-\dfrac{Ja}{rl}\end{cases}$$

由静力学知,当重物 P 均匀上升时,A,B 处约束反力(静反力)为

$N_{Aj}=\dfrac{1}{2}Q+P\dfrac{l-l_1}{l},N_{Bj}=\dfrac{1}{2}Q+P\dfrac{l_1}{l}$(这相当于在全反力中令 $a=0$ 所得)

由全反力减去静反力,得
$$N_{Ad}=N_A-N_{Aj}=\frac{Pa}{g}\frac{l-l_1}{l}+\frac{Ja}{rl}$$

$$N_{Bd}=N_B-N_{Bj}=\frac{Pa}{g}\frac{l_1}{l}-\frac{Ja}{rl}$$

例 9-4 均质实心圆柱 C_1 和薄壁管子 C_2,质量分别为 m_1,m_2,半径相等都为 r,从静止开始运动时,互相接触如图 9-12 所示,斜面的倾角 $\angle\theta=10°$。已知圆柱和管子都作纯滚动。求:3 秒钟后,它们分开的距离。

解:1. 研究对象:圆柱体 C_1,如图 9-13 所示。

运动分析:纯滚动,角加速度设为 α_1,质心加速度设为 $\boldsymbol{a}_1$,可知 $a_1=\alpha_1 r$。

受力分析:$\boldsymbol{P}_1,\boldsymbol{N}_1,\boldsymbol{F}_1,\boldsymbol{F}_{g1},\boldsymbol{M}_{g1}$。

其中 $F_{g1}=m_1a_1,M_{g1}=J_{c1}\alpha_1=\dfrac{1}{2}m_1r^2\alpha_1=\dfrac{1}{2}m_1a_1r$,方向如图。

根据达朗伯原理可得

$$\sum F_{ix}=0 \qquad P_1\sin\theta+F_1-F_{g1}=0 \tag{a}$$

$$\sum M_{C_1}=0 \qquad -F_1r-M_{g1}=0 \tag{b}$$

整理得

$$\begin{cases} m_1g\sin\theta+F_1-m_1a_1=0 \\ F_1+\dfrac{1}{2}m_1a_1=0 \end{cases} \tag{c}$$

解得

$$a_1=\frac{2}{3}g\sin\theta \tag{d}$$

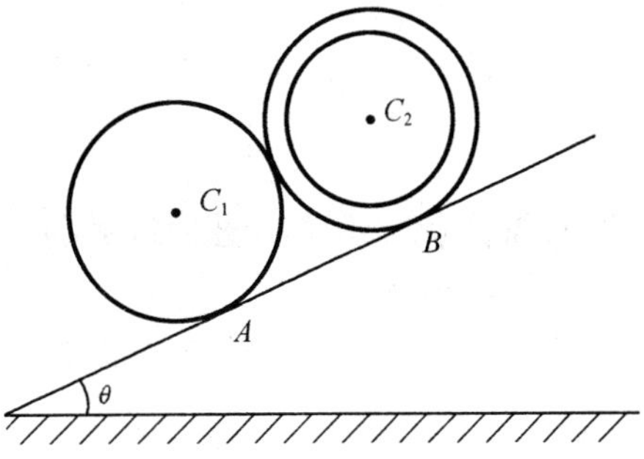

图9-12　例9-4图

2. 研究对象：薄壁管子 C_2，如图9-14所示。

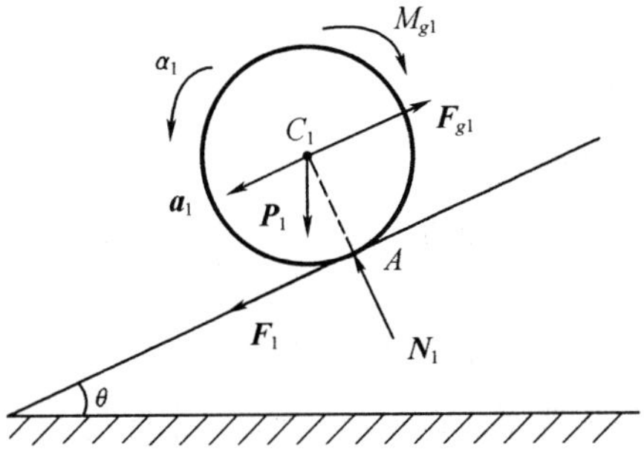

图9-13　圆柱体 C_1 的受力分析图

运动分析：纯滚动，角加速度设为 α_2，质心加速度设为 $\boldsymbol{a}_2$，可知 $a_2=\alpha_2 r$。

受力分析：$\boldsymbol{P}_2,\boldsymbol{N}_2,\boldsymbol{F}_2,\boldsymbol{F}_{g2},M_{g2}$。

其中 $F_{g2}=m_2a_2$，$M_{g2}=J_{c2}\alpha_2=m_2r^2\alpha_2=m_2a_2r$，方向如图。

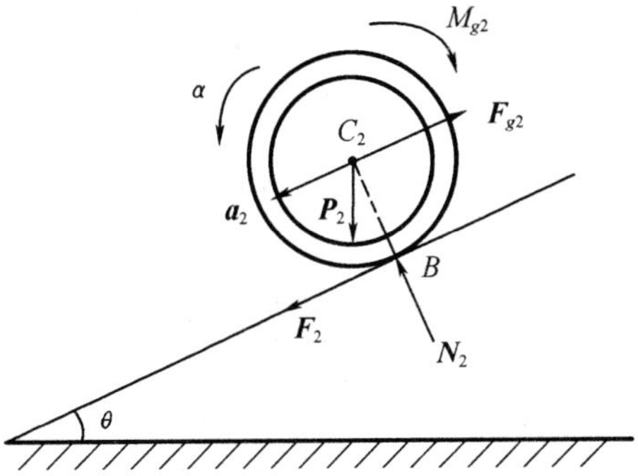

图9-14　薄壁管子 C_2 的受力分析图

根据达朗伯原理可得

$$\sum F_{ix}=0 \qquad P_2\sin\theta+F_2-F_{g2}=0 \tag{e}$$

$$\sum M_{C_2}=0 \qquad -F_2r-M_{g2}=0 \tag{f}$$

整理得

$$\begin{cases} m_2 g\sin\theta + F_2 - m_2 a_2 = 0 \\ F_2 + m_2 a_2 = 0 \end{cases} \tag{g}$$

解得

$$a_2 = \frac{1}{2}g\sin\theta < a_1 \tag{h}$$

可见，两轮心做匀加速直线运动，实心轮的加速度 a_1 大于薄壁管子的加速度 a_2，所以运动一开始两轮就分开了。

当 $t=3$ s 时，它们相隔的距离为

$$s = s_1 - s_2 = \frac{1}{2}a_1 t^2 - \frac{1}{2}a_2 t^2 = \frac{1}{2}(a_1 - a_2)t^2 = \frac{3}{4}g\sin 10° = 1.276 \text{ m}$$

思 考 题

一、判断题

1. 凡是运动的物体都有惯性力。(　　)

2. 作用在质点系上的所有外力和质点系中所有质点的惯性力在形式上组成平衡力系。(　　)

3. 火车加速运动时，第一节车厢的挂钩受力最大。(　　)

4. 处于瞬时平动状态的刚体，在该瞬时其惯性力系向质心简化的主矩必为零。(　　)

5. 平面运动刚体惯性力系的合力必作用在刚体的质心上。(　　)

二、选择题

1. 物重 Q，用细绳 BA，CA 悬挂如图示，$\alpha = 60°$，若将 BA 绳剪断、则该瞬时 CA 绳的张力为(　　)。

A. 0　　B. $0.5Q$　　C. Q　　D. $2Q$

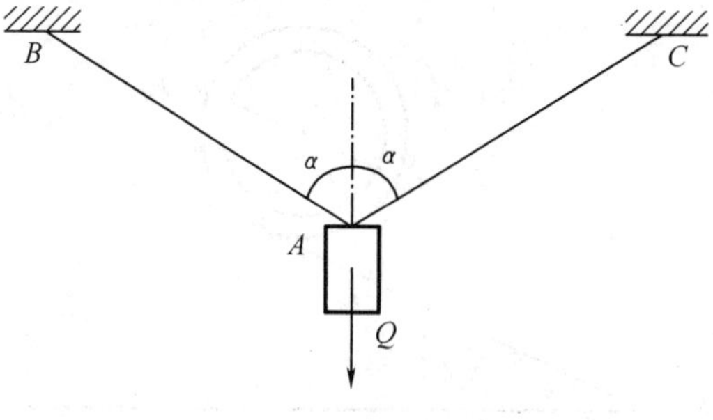

第 1 题图

2. 均质细杆 AB 重 P、长 $2L$，支承如图示水平位置，当 B 端绳突然剪断瞬时 AB 杆的角加速度的大小为(　　)。

A. 0　　B. $3g/(4L)$　　C. $3g/(2L)$　　D. $6g/L$

3. 均质圆盘作定轴转动，其中图(a)，图(c)的转动角速度为常数($\omega = C$)，而图(b)，图(d)的角速度不为常数($\omega \neq C$)。则(　　)的惯性力系简化的结果为平衡力系。

A. 图(a)　　B. 图(b)　　C. 图(c)　　D. 图(d)

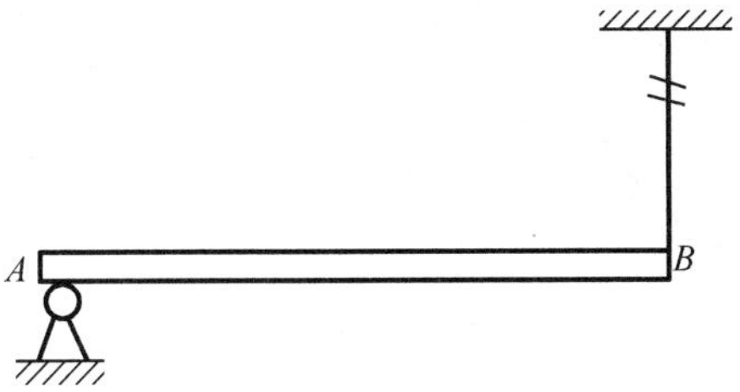

第 2 题图

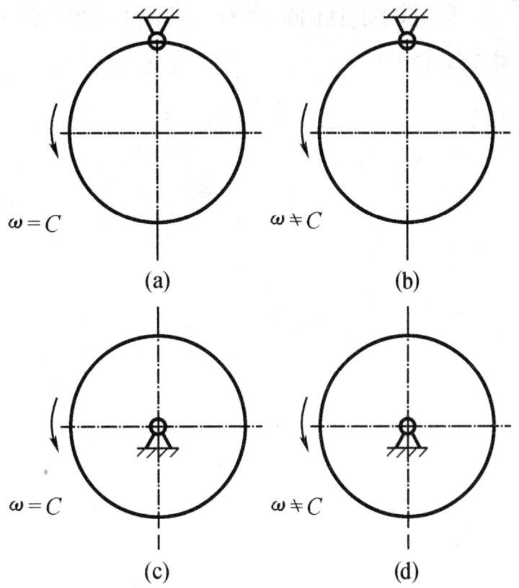

第 3 题图

4. 刚体作定轴转动时，附加动反力为零的充要条件是________。

A. 刚体的质心位于转动轴上

B. 刚体有质量对称平面，且转动轴与对称平面垂直

C. 转动轴是中心惯性主轴

D. 刚体有质量对称轴，转动轴过质心与该对称轴垂直

三、填空题

1. 质点惯性力的大小等于________，方向________。

2. 质点在真空中受重力作用铅垂下落时的惯性力的大小为________。

3. 在一水平放置的、不计质量的圆盘边缘上固接一质量为 m 的质点 M，圆盘以角速度 ω，角加速度 ε 绕轴 O 转动，则系统在图示位置轴 O 处约束反力为________。（需在图上画出该力）

4. 均质细长杆 OA，长 L，重 P，某瞬时以角速度 ω、角加速度 ε 绕水平轴 O 转动；则惯性力系向 O 点的简化结果是________（方向要在图中画出）。

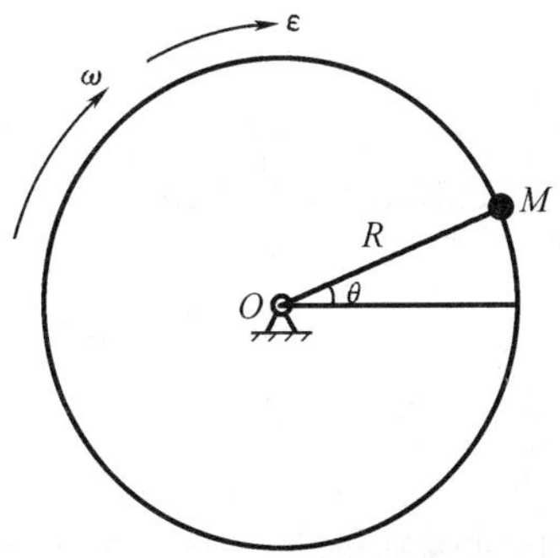

第 3 题图

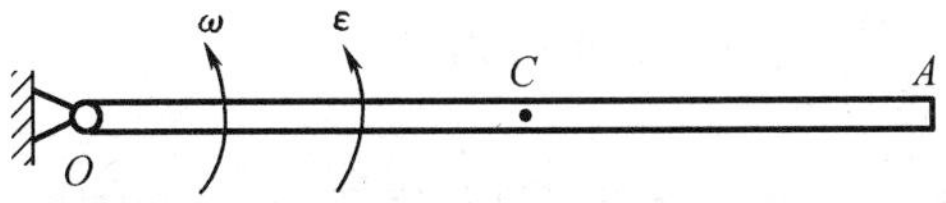

第 4 题图

5. 图中刚体质量为 m 具有与转轴垂直的质量对称面，它的惯性力系向轴心 O 简化的结果为：主矢 $Q =$ ________；主矩 $M_O^Q =$ ________。方向画在图上；向质心 C 简化的结果为：主矢 $Q =$ ________；主矩 $M_C^Q =$ ________。方向画在图上。

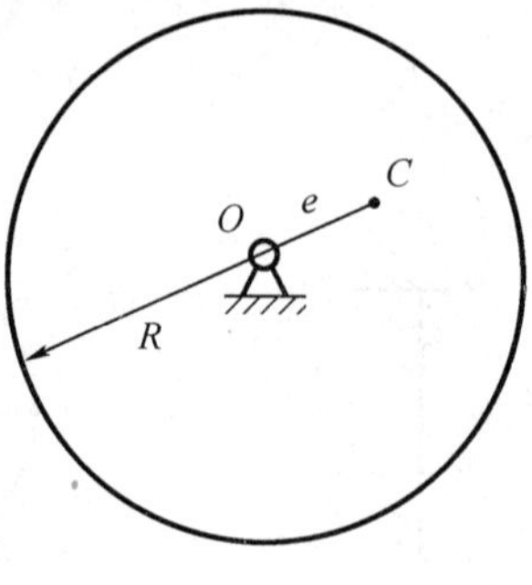

第 5 题图

习　　题

9－1　机构如图，已知：$O_1A = O_2B = r$，且 $O_1A // O_2B$，O_1A 以匀角速度 ω 绕轴 O_1 转动，直角杆 ADB 质量为 m。试求杆 ADB 惯性力系简化的最简结果。

答案：$F_g = ma_c = m\omega^2 r$。

9－2　图示系统由匀质圆盘与匀质细杆铰接而成。已知：圆盘半径为 r、质量为 M，杆长为 L、质量为 m。在图示位置杆的角速度为 ω、角加速度为 ε，圆盘的角速度、角加速度均为零，试求系统惯性力系向定轴 O 简化的主矢与主矩。

答案：$F_{gR}{}^{\tau} = \sum m_i a_{Ci}{}^{\tau} = (mL/2 + ML) \cdot \varepsilon, F_{gR}{}^{n} = \sum m_i a_{Ci}{}^{n} = (mL/2 + ML) \cdot \omega^2, M_{g0} = J_0\varepsilon = (\frac{1}{3}mL^2 + ML^2) \cdot \varepsilon$。

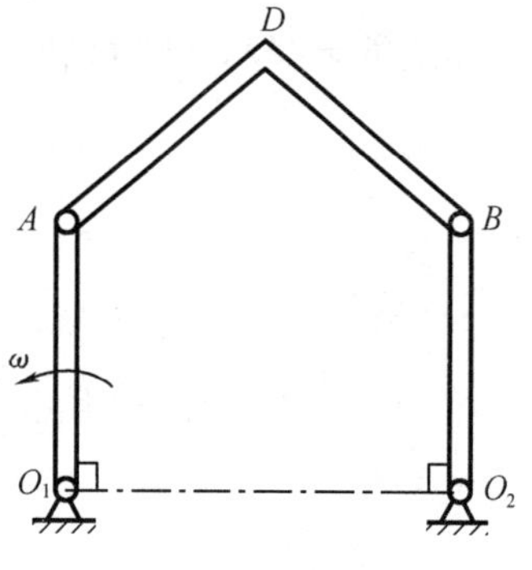

题 9－1 图

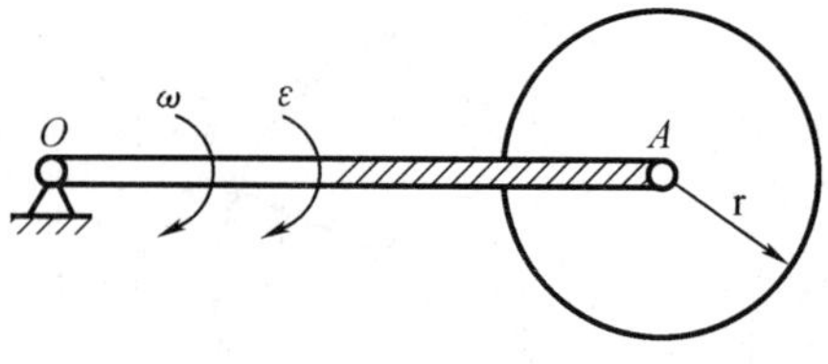

题 9－2 图

9－3　曲柄滑道机械如图所示，已知圆轮半径为 r，对转轴的转动惯量为 J，轮上作用 1 不变的力偶 M，ABD 滑槽的质量为 m，不计摩擦。求圆轮的转动微分方程。

答案：$(J + mr^2 \sin^2\varphi)\ddot{\varphi} + mr^2\dot{\varphi}^2\cos\varphi\sin\varphi = M$。

9－4　图示为均质细杆弯成的圆环，半径为 r，转轴 O 通过圆心垂直于环面，A 端自由，

AD 段为微小缺口，设圆环以匀角速度 ω 绕轴 O 转动，环的线密度为 ρ，不计重力，求任意截面 B 处对 AB 段的约束力。

答案：$M_B = \rho\omega^2 r^3(1+\cos\theta)$，$F_{TB} = \rho r^2\omega^2\sin\theta$，$F_{NB} = \rho r^2\omega^2(1+\cos\theta)$。

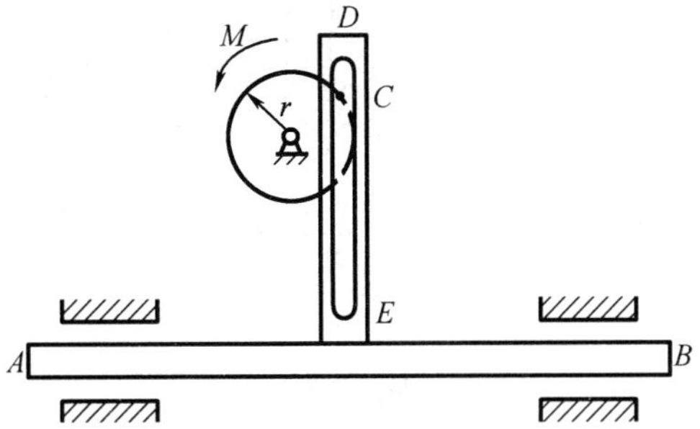

题 9－3 图

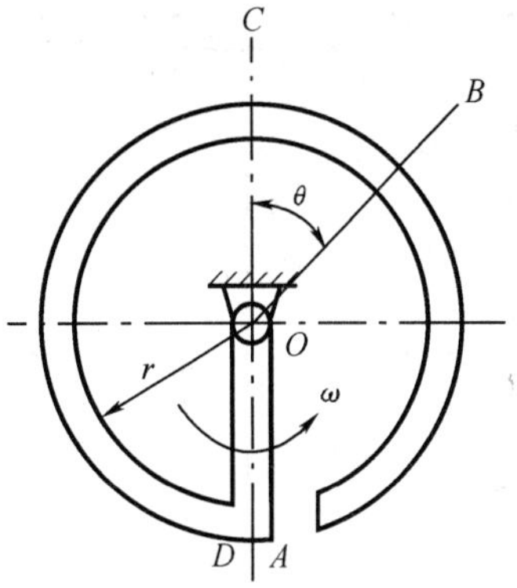

题 9－4 图

9－5　如图所示矩形块质量 $m_1 = 100$ kg，置于平台车上。车质量为 $m_2 = 50$ kg，此车沿光滑的水平面运动。车和矩形块在一起由质量为 m_3 的物体牵引，使之作加速运动。设物块与车之间的摩擦力足够阻止相互滑动，求能够使车加速运动而 m_1 块不倒的质量 m_3 的最大值，以及此时车的加速度大小。

答案：$a = 2.45$ m/s^2，m = 50 kg。

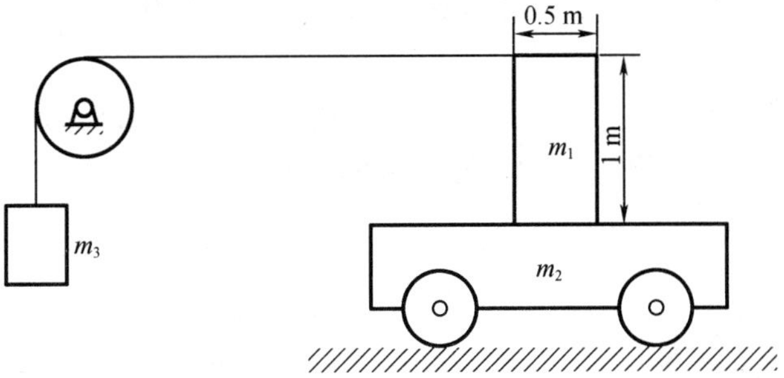

题 9－5 图

9－6　调速器由两个质量为 m_1 的均质圆盘所构成，圆盘偏心地铰接于距转动轴为 a 的 A，B 两点。调速器以等角速度 ω 绕铅直轴转动，圆盘中心到悬挂点的距离为 l，如图所示。调速器的外壳质量为 m_2，并放在两个圆盘上。如不计摩擦，求角速度 ω 与圆盘离铅垂线的偏角 φ 之间的关系。

答案：$\omega^2 = \dfrac{2m_1 + m_2}{2m_1(a + l\sin\varphi)} g\tan\varphi$。

9－7　如图所示均质曲杆 $ABCD$ 刚性地连接于铅直转轴上，已知 $CO = OB = b$，转轴以匀角速度 ω 转动。欲使 AB 及 CD 段截面只受沿杆的轴向力，求 AB，CD 段的曲线方程。

答案：$x = be^{\frac{\omega^2 y}{g}}$。

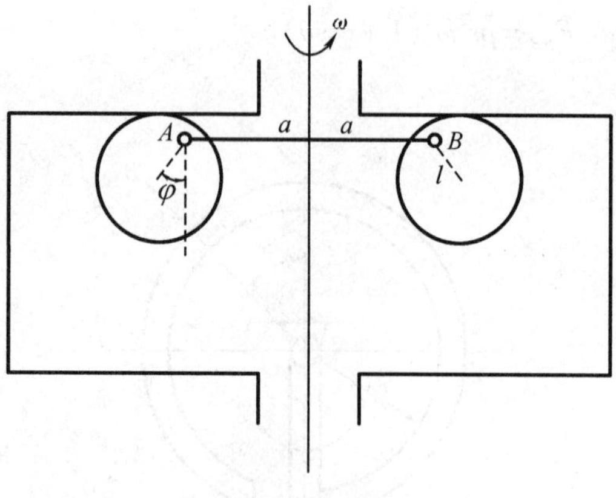

题 9-6 图

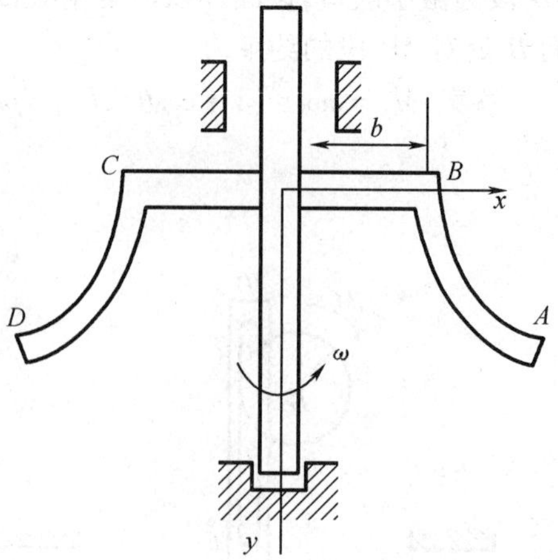

题 9-7 图

9-8 轮轴质心位于 O 处,对轴 O 的转动惯量为 J_a。在轮轴上系有两个物体,质量各为 m_1 和 m_2。若此轮轴依顺时针转向转动,求轮轴的角加速度 α 和轴承 O 的动约束力。

答案:$\alpha=\dfrac{(m_2r-m_1R)}{(J+m_1R^2+m_2r^2)}g, F_{oy}=\dfrac{-(m_2r-m_1R)^2}{(J+m_1R^2+m_2r^2)}g, F_{ox}=0$。

9-9 如图所示,长方形匀质平板,质量为 27 kg,由两个销 A 和 B 悬挂。如果突然撤去销 B,求在撤去销 B 的瞬时平板的角加速度和销 A 的约束力。

答案:$\alpha=47\ \text{rad/s}^2$, $F_{Ax}=-95$ N, $F_{Ay}=-138$N。

9-10 图示匀质细杆由三根绳索维持在水平位置。已知:杆的质量 $m=100$ kg, $\theta=45°$。试用动静法求割断绳 BO_1 的瞬时,绳 BO_2 的张力。

答案:$T_{BO_2}=(\sqrt{2}/4)mg=346.48$ N。

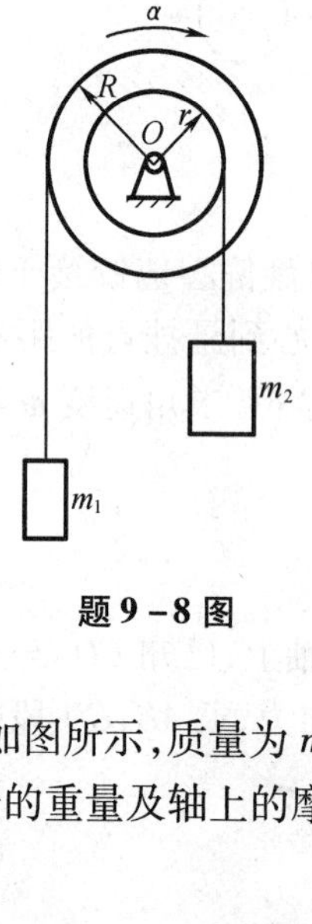

题 9-8 图

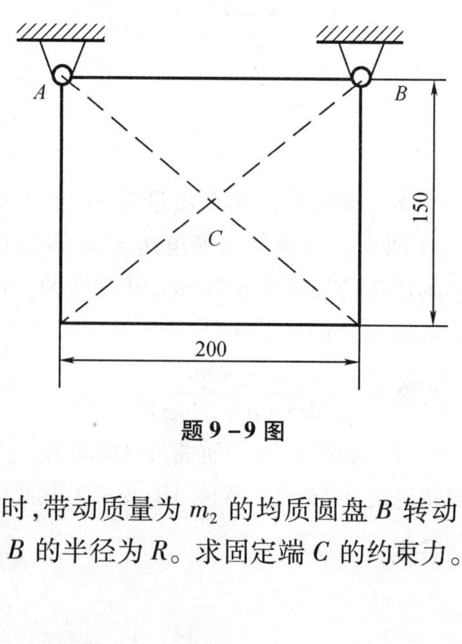

题 9-9 图

9-11 如图所示,质量为 m_1 的物体 A 下落时,带动质量为 m_2 的均质圆盘 B 转动,不计支架和绳子的重量及轴上的摩擦, $BC=a$,盘 B 的半径为 R。求固定端 C 的约束力。

答案：$F_{cy}=\dfrac{3m_1m_2+m_2^2}{2m_1+m_2}g$，$F_{cx}=0$，$M_c=\dfrac{3m_1m_2+m_2^2}{2m_1+m_2}ag$。

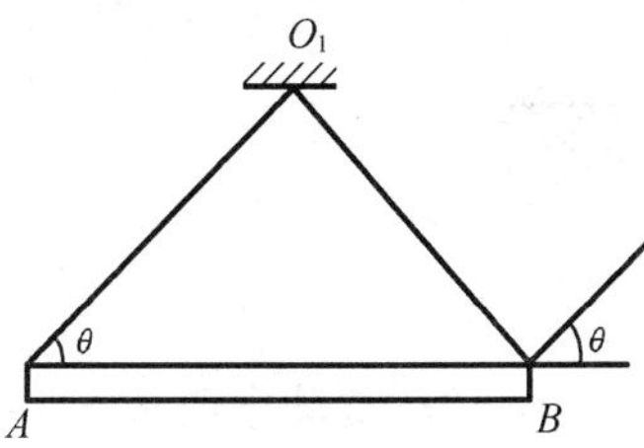

题 9－10 图

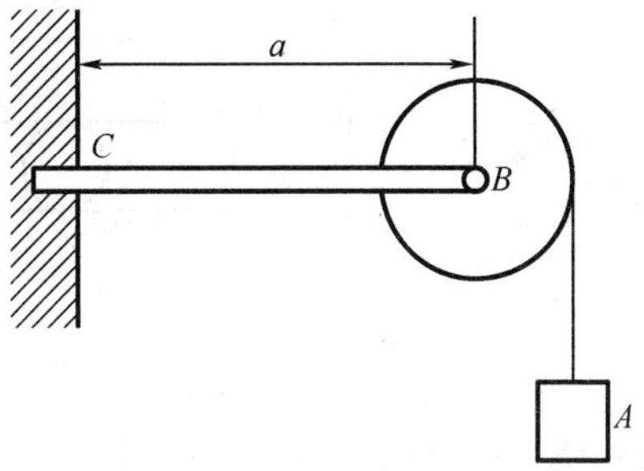

题 9－11 图

9－12　如图所示，曲柄 OA 质量为 m_1，长为 r，以等角速度 ω 绕水平的 O 轴反时针方向转动。曲柄 OA 推动质量为 m_2 的滑杆 BC，使其沿铅垂方向运动。忽略摩擦，求当曲柄与水平方向夹角 30°时的力偶矩 M 及轴承 O 的约束力。

答案：$M=\dfrac{\sqrt{3}}{4}[r(m_1g+2m_2g)-m_2r^2\omega^2]$，$F_{ox}=\dfrac{\sqrt{3}}{4}m_1r\omega^2$，$F_{oy}=m_1g+m_2g-\dfrac{m_1+2m_2}{4}r\omega^2$。

9－13　曲柄摇杆机构的曲柄 OA 长为 r，质量 m，在力偶 M(随时间而变化)驱动下以匀角速度 ω_0 转动，并通过滑块 A 带动摇杆 BD 运动。OB 铅垂，BD 可视为质量为 $8m$ 的均质等直杆，长为 $3r$。不计滑块 A 的质量和各处摩擦；如图所示瞬时，OA 水平，$\theta=30°$。求此时驱动力偶矩 M 和 O 处约束力。

答案：$M=2Mgr+\dfrac{3\sqrt{3}}{4}mr^3\omega_o^2$，$F_{ox}=\dfrac{3\sqrt{3}}{2}mg+\dfrac{11}{4}mr\omega_o^2$，$F_{oy}=\dfrac{5}{2}mg+\dfrac{3\sqrt{3}}{4}mr\omega_o^2$。

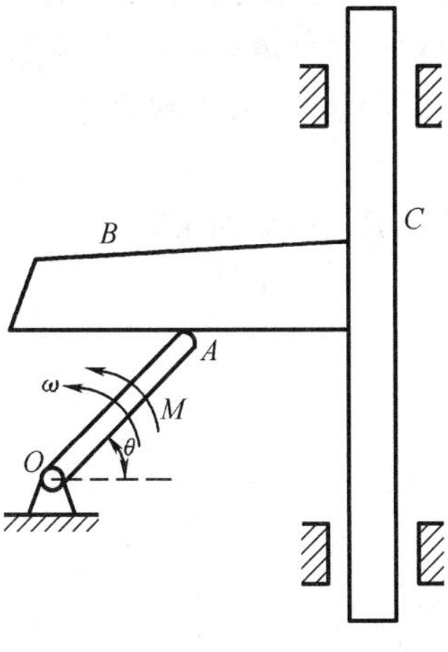

题 9－12 图

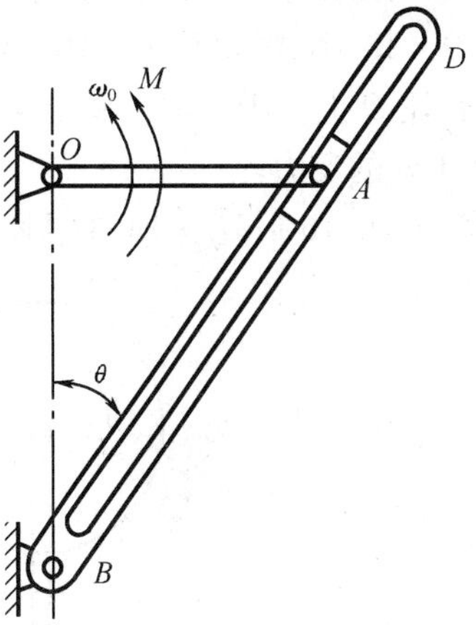

题 9－13 图

9－14　如图所示，均质板质量为 m，放在 2 个均质圆柱滚子上，滚子质量皆为 $m/2$，其半径均为 r。如在板上作用 1 水平力 F，并设滚子无滑动，求板的加速度。

答案：$a=\dfrac{8F}{11m}$。

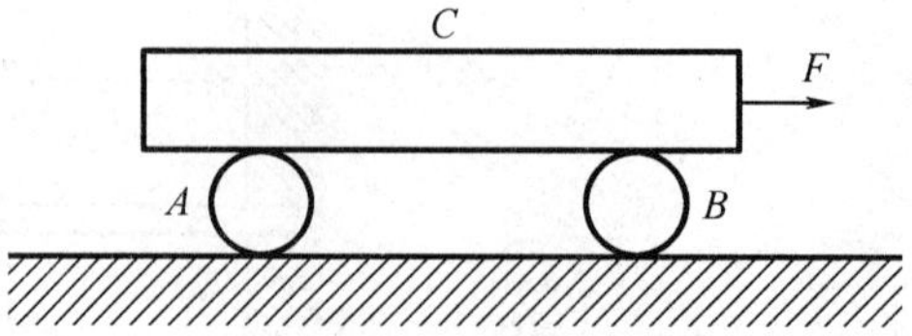

题 9－14 图

9－15　铅垂面内曲柄连杆滑块机构中，均质直杆 $OA=r$，$AB=2r$，质量分别为 m 和 $2m$，滑块质量为 m。曲柄 OA 匀速转动，角速度为 ω_0。在图所示瞬时，滑块运行阻力为 F。不计摩擦，求滑道对滑块的约束力及 OA 上的驱动力偶矩 M_0。

答案：$F_{Ax}=\dfrac{2}{\sqrt{3}}mr\omega_o^2+F$，$M=\left(\dfrac{2}{\sqrt{3}}mr\omega_o^2+F\right)r$。

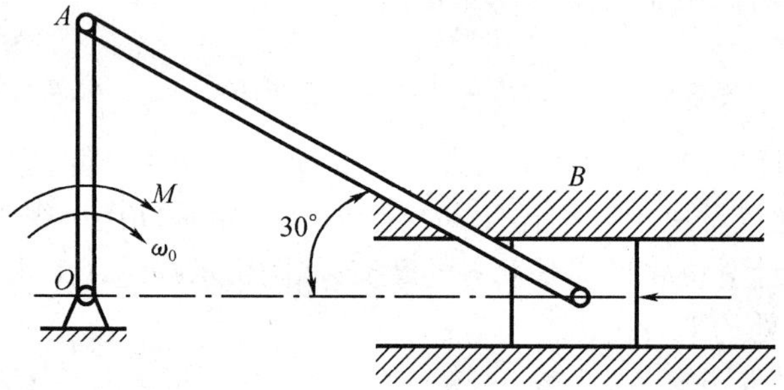

题 9－15 图

9－16　图示匀质定滑轮装在铅直的无重悬臂梁上，用绳与滑块相接。已知：轮半径 $r=1$ m，重 $Q=20$ kN，滑块重 $P=10$ kN，梁长为 2 r，斜面的倾角 $\tan\theta=3/4$，动摩擦系数 $f'=0.1$。若在轮 O 上作用一常力偶矩 $M=10$ kN · m。试用动静法求：A. 滑块 B 上升的加速度；(2) 支座 A 处的反力。

答案：$a=0.16$ g；$M_A=13.44$ kN · m，$F_{Ax}=-6.72$ kN，$F_{Ay}=25.04$ kN

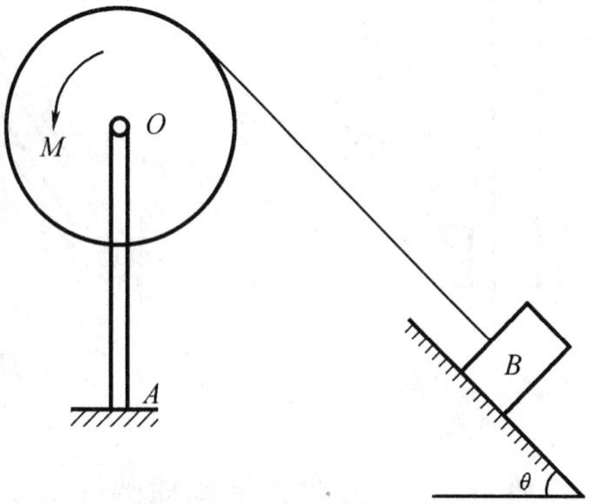

题 9－16 图

第 10 章 虚位移原理和第二类拉格朗日方程

对于非自由质点系统的动力学分析问题,从力学的发展看,前面我们接触到的力学可以认为是初等动力学,或称为牛顿力学,下面要学习的虚位移原理和由此建立的第二类拉格朗日方程,则属于拉格朗日力学。

初等动力学中的基本力学量为:力、质量、加速度。

基本定理是:牛顿定律。

对于一个质点而言其动力学方程为:$m\boldsymbol{a}=\boldsymbol{F}$。

其优点是:直观性强,这部分内容称为牛顿力学。

但在工程实际中所遇到的问题大多是非自由系统——即所研究的对象的位置、速度在运动中常受到预先规定的某些限制,这些限制统称为约束。用牛顿定律直接解决这一类问题时,往往显得很困难。例如:由 N 个质点组成的系统,首先要解除约束,代之以约束反力,通常是未知的,然后列出 $3N$ 个包含未知约束力在内的二阶微分方程组,再加上约束方程就组成一个数目很大的方程组;方程的数目越多,求解就越困难,在有些情况下很可能无法求解。

在这种情况下拉格朗日从另一个途径出发来研究关于非自由质点系统的问题。拉格朗日力学的基本力学量是:能量和功。

基本原理是:虚功原理。由此可以用数学分析的方法统一处理任意非自由质点系统的动力学问题。

1788 年他的巨著《分析力学》问世。这一巨著的出版标志着动力学问题研究的完善,从而派生出分析力学。

下面用一章的篇幅介绍一下有关分析力学中所用到的一些基本概念。

10.1 约　　束

10.1.1 约束

设一个系统由 N 个质点 $P_i(i=1,2,\cdots,N)$ 组成。为了描述该系统在空间的位置可以采用直角坐标系(笛卡尔坐标系),对于第 i 个质点由惯性参考系中一固定点 O 所引的矢径 $\boldsymbol{r}_i$ 或直角坐标 x_i,y_i,z_i 所确定,为了便于叙述,有时也将系统的所有坐标按统一序号记为 x_1,$x_2,\cdots,x_{3N}$。这样第 i 个质点的坐标为 x_{3i-2},x_{3i-1},x_{3i}。当各质点的位置确定以后,这时整个系统的位置和形状也就确定了,我们称之为位形。系统运动时位形也将随时间不断发生变化。

1. 约束

系统运动时如果各质点的位置、速度等受到一定的限制,则称这种限制为约束。例如:①用一根无质量的刚性杆接两个小球(质点),运动时由于刚性杆的存在使两球心的距离始终保持不变。这里刚性杆构成了对质点系统的约束。

②导弹追踪目标时,要求其飞行方向也就是速度方向应时时对准目标。这里并没有一个具体的实物来限制导弹的飞行速度的方向,这种约束关系是通过导弹的控制系统来实现的。

2. 约束方程

从上面的两个例子中我们可以看出约束的形式和机理是不同的,但它们却有共同的本质,那就是使得系统中的某些或全部质点的位置、速度等一些运动学要素受到了一定的限制,换句话说这些运动学要素必须满足一定的条件,这种条件可以用下面一般形式的数学方程来统一表示,即

$$f_\alpha(x,t)=0(\alpha=1,2,\cdots,l) \tag{10-1}$$

或

$$f_\beta(x,\dot{x},t)=0(\beta=1,2,\cdots,g) \tag{10-2}$$

其中 x 是 $x_1,x_2,\cdots,x_{3N}$ 的全体,$\dot{x}$ 中的"·"表示该字母的量对时间的导数(如 $\dot{x}=\frac{\mathrm{d}x}{\mathrm{d}t}$),而 $\dot{x}$ 则是 $\dot{x}_1,\dot{x}_2,\cdots,\dot{x}_{3N}$ 的全体(这种用一个不带下标的字母代表有下标的同一字母的全体的简化记法今后将一直采用,不再作说明)

我们将这种用来描述约束关系的数学方程(10-1)或式(10-2)称为约束方程。有时为了简便起见也将约束方程表示成如下的矢径形式

$$f_\alpha(\boldsymbol{r},t)=0(\alpha=1,2,\cdots,l) \tag{10-3}$$

或

$$f_\beta(\boldsymbol{r},\dot{\boldsymbol{r}},t)=0(\beta=1,2,\cdots,g) \tag{10-4}$$

其中 $\boldsymbol{r}$ 是质点的矢径,代表 $\boldsymbol{r}_1,\boldsymbol{r}_2,\cdots,\boldsymbol{r}_N$ 的全体。

例 10-1 一个质点被限制在一个不断膨胀的球面上运动,写出此情况下质点的约束方程。

解:将球的半径记为 $R(t)$

则约束方程为 $x^2+y^2+z^2-R^2(t)=0$

例 10-2 用一个不计质量且不断改变长度的细杆将质点 A 与固定点联结,写出此情况下的质点的约束方程。

解:将杆的长度记为 $l(t)$,则约束方程为

$$x^2+y^2+z^2-l^2(t)=0$$

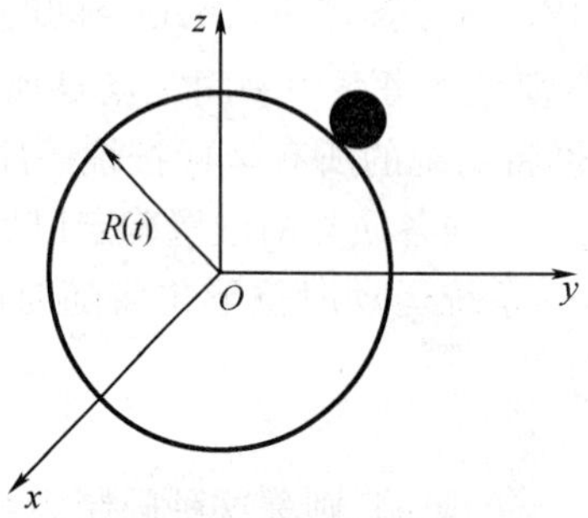

图 10-1 例 10-1 图

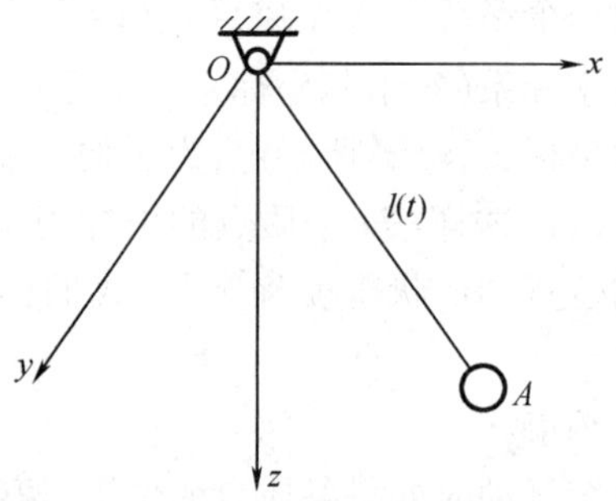

图 10-2 例 10-2 图

例 10－3　导弹 A 追击目标 B，要示导弹速度方向总指向目标，试写出约束方程。

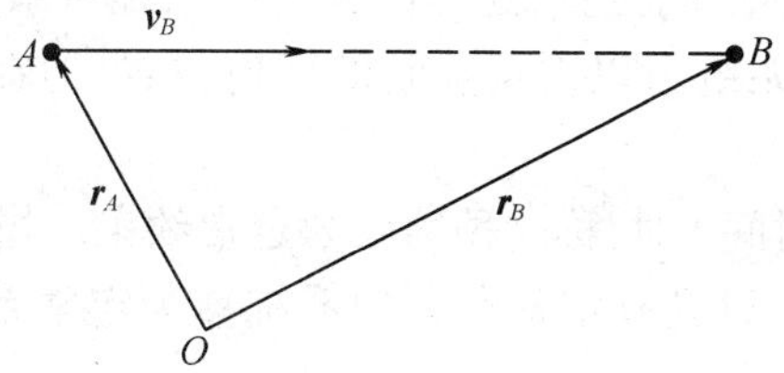

图 10－3　例 10－3 图

解：系统由 A、B 两个质点组成，位置可用 $\boldsymbol{r}_A$，$\boldsymbol{r}_B$ 来描述，则速度方向应分别为 $\dot{\boldsymbol{r}}_A$，$\dot{\boldsymbol{r}}_B$，其直角坐标应为 x_A,y_A,z_A,x_B,y_B,z_B 及 $\dot{x}_A,\dot{y}_A,\dot{z}_A,\dot{x}_B,\dot{y}_B,\dot{z}_B$；根据题义约束方程应这样表示为

$$\frac{\dot{\boldsymbol{r}}_A}{|\dot{\boldsymbol{r}}_A|}=\frac{\boldsymbol{r}_B-\boldsymbol{r}_A}{|\boldsymbol{r}_B-\boldsymbol{r}_A|}$$

实际计算时我们应将上式向三个坐标轴方向上投影，这样有

$$\frac{1}{|\dot{\boldsymbol{r}}_A|}\dot{x}_A=\frac{1}{|\boldsymbol{r}_B-\boldsymbol{r}_A|}(x_B-x_A)$$

$$\frac{1}{|\dot{\boldsymbol{r}}_A|}\dot{y}_A=\frac{1}{|\boldsymbol{r}_B-\boldsymbol{r}_A|}(y_B-y_A)$$

$$\frac{1}{|\dot{\boldsymbol{r}}_A|}\dot{z}_A=\frac{1}{|\boldsymbol{r}_B-\boldsymbol{r}_A|}(z_B-z_A)$$

也可将上面三式写成如下更为简单的形式

$$\left(\frac{1}{x_B-x_A}\right)\dot{x}_A-\left(\frac{1}{y_B-y_A}\right)\dot{y}_A=0$$

$$\left(\frac{1}{x_B-x_A}\right)\dot{x}_A-\left(\frac{1}{z_B-z_A}\right)\dot{z}_A=0$$

从例 10－1 和例 10－2 中我们可以看出两个结构不同的约束却有着相同的约束方程，在分析力学中，由于我们关心的是各质点间的位置、速度等所应满足的关系，而不是约束的具体结构，因而对于例 10－1 和例 10－2 中的两种约束也就无需区别，也就是说，今后所说的约束，仅是指约束方程而言，而不追究其具体结构。因而约束的分类我们自然也就是完全按约束方程的不同类型而区分。

完整约束——在约束方程（10－1）或（10－3）中如果仅含坐标 x 和时间 t，而不含速度 $\dot{x}$ 时，这时的约束称为完整约束或几何约束。这也就是说完整约束只限制系统各质点的位置而不限制速度。

完整约束（10－1）也可以写成微分形式，只要将（10－1）式微分处理即可：

$$\sum_{s=1}^{3N}\frac{\partial f_\alpha}{\partial x_s}\mathrm{d}x_s+\frac{\partial f_\alpha}{\partial t}\mathrm{d}t=0(\alpha=1,2,\cdots,l)$$

非完整约束——在约束方程（10－2）或（10－4）中既含有坐标 x 和时间 t，又含有速度 $\dot{x}$ 时，这时的约束称为非完整约束。这也就是说非完整约束对于各质点的速度也进行了限制。

只有完整约束的系统称为完整系统。具有非完整约束的系统称为非完整系统。

完整系统不能任意占据空间位置,这是因为完整系统对系统各点的位置加上了限制。若系统只有非完整约束,则系统可以占据空间的任何位置,但在这些位置上各点的速度都要受到非完整约束的限制。

当约束方程中不显含时间 t 时,称这种约束为定常约束。当约束方程中显含时间 t 时,称这种约束为非定常约束。只具有定常约束的系统称为定常系统。具有非定常约束的系统称为非定常系统。

在约束方程中,用等式表示的约束称双面约束。约束方程如果用不等式表示,则称单面约束。

例 10-4　一单摆由质量为 m,的质点和长为 l 的轻杆组成,悬挂点以 $y=u(t)$ 运动如图所示,试列出问题的约束方程,并说明约束是完整的还是非完整的,是定常的还是非定常的,是双面的还是单面的?

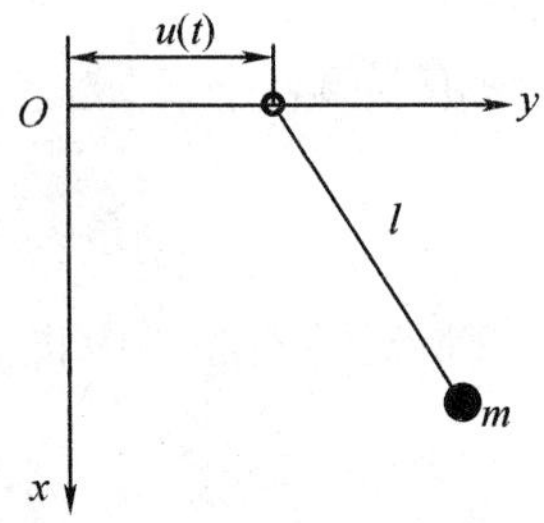

图 10-4　例 10-4 图

解:设摆的坐标为 (x_m, y_m),则约束方程为

$$x_m^2+(y_m-u(t))^2=l^2$$

$$x_m^2+y_m^2-2y_m u(t)=l^2-u^2(t)$$

约束是完整的、非定常的、双面的。

10.2 广义坐标

在上面的讨论中,我们确定系统的位形均采用了笛卡尔坐标,也就是用了这样一组参数,$x_1, x_2, \cdots, x_{3N}$,那么描述系统的位形是否一定要用这样 $3N$ 个参数呢?很显然不一定非得要这样做,如图 10-5 所示的机构,确定系统的位形只要用一个角度 φ 就可以了。对于图 10-6,确定系统位形所需要的坐标可以用两个角度 α 和 β。这些参数就不是通常意义上的直角坐标了,但它们同样可以描述系统的位形,而且数目明显要比用直角坐标参数描述要少得多。由此,可以看出直角坐标存在着某种不平衡性(有的独立有的不独立)。下面我们从理论上来具体阐述一下广义坐标的定义。

10.2.1 笛卡尔坐标的不平衡性

设有由 N 个质点组成的完整系统,其约束方程为

$$f_\alpha(x,t)=0(\alpha=1,2,\cdots,l<3N) \tag{10-5}$$

如果这些方程是相互独立的,则按线性代数的理论,其 Jacobi 矩阵

$$\frac{\partial(f_1,f_2,\cdots,f_l)}{\partial(x_1,x_2,\cdots,x_{3N})}=\begin{bmatrix}\frac{\partial f_1}{\partial x_1} & \frac{\partial f_1}{\partial x_2} & \cdots & \frac{\partial f_1}{\partial x_1}\\ \frac{\partial f_2}{\partial x_1} & \frac{\partial f_2}{\partial x_2} & \cdots & \frac{\partial f_2}{\partial x_{3N}}\\ \vdots & \vdots & \ddots & \vdots\\ \frac{\partial f_l}{\partial x_1} & \frac{\partial f_l}{\partial x_2} & \cdots & \frac{\partial f_l}{\partial x_{3N}}\end{bmatrix} \tag{10-6}$$

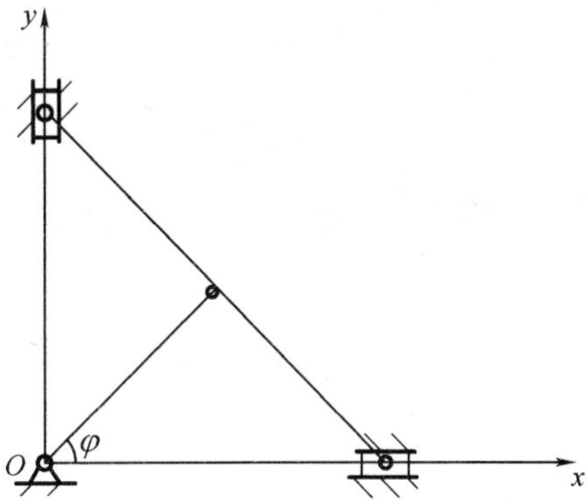

图1-5　一个角度确定位形图

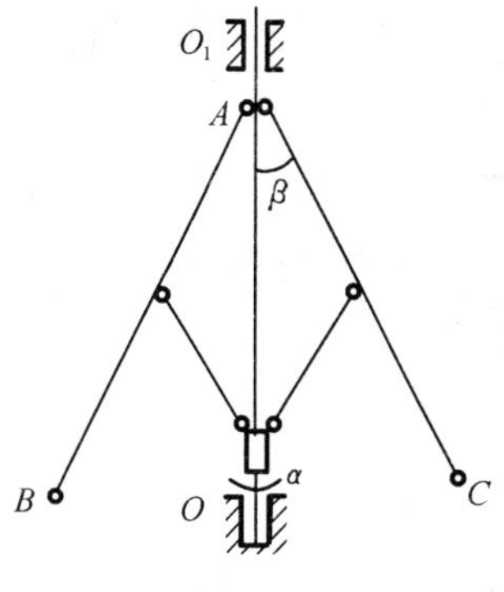

图1-6　两个角度确定位形图

的秩为 l,则按隐函数存在定理由方程组(10-5)可以将 l 个坐标作为 t 及其余 $3N-l$ 个坐标的函数解出来,不失一般性,假定被解出的是前 l 个坐标,即

$$x_1 = x_1(x_{l+1}, x_{x+2}, \cdots, x_{3N}, t)$$
$$x_2 = x_2(x_{l+1}, x_{x+2}, \cdots, x_{3N}, t)$$
$$\cdots\cdots$$
$$x_l = x_l(x_{l+1}, x_{x+2}, \cdots, x_{3N}, t)$$

上式表明确定系统在 t 时刻位形的 $3N$ 个坐标中,只有 $n=3N-l$ 个是独立的,其余 l 个是不独立的,这就是说,确定系统在 t 时刻的位形只需要 n 个独立的坐标参数,而不是 $3N$ 个,由于笛卡尔坐标参数的这种不平衡性即有的独立有的不独立,使得在具体问题的处理中,取笛卡尔坐标参数作为确定系统位形的参数往往很不方便。

10.2.2 广义坐标

由于笛卡尔坐标的不平衡性,因此,我们可以根据系统的具体结构选取另外一组 $n=3N-l$个独立的参数 $q_1, q_2, \cdots, q_n$ 来确定系统的位形。这样一组参数称做广义坐标。它们是决定系统位形所必需的、最少的独立参数。它们的数目是 $n=3N-l$。

上面我们详细阐述了什么是广义坐标,但在具体的问题中广义坐标的选取,往往并不需要按上述方式通过一组代数方程来选定,而是根据系统的结构和问题的要求凭直观判断选取确定系统位形所需的 n 个最少的独立参数,而且这样一组 n 个独立的参数并不是唯一的,可以有多组,然后择优选用。这 n 个独立的参数不再是通常意义上的直角坐标参数了,它们可以是角度坐标、面积坐标或其他可以用来描述位置的坐标参数,总之在数学上它就是一组 n 个相互独立的参数。

对于非自由质点系统,原来我们是在直角坐标空间中用初等动力学的知识来研究问题,现在我们可以换到另外一个空间即广义坐标空间中同样可以研究系统的位形及其运动,其最直接的好处就是所用的坐标参数减少了,而且不必再考虑完整约束了。

例 10-5　如图 10-7 所示的双摆,由两个质点 M_1, M_2 用长度为 l_1 及 l_2 的刚性杆铰接而成,试选取广义坐标来描述系统的位形。

解:如图约束方程有两个

$$x_1^2 + x_2^2 = l_1^2$$

$$(x_2-x_1)^2+(y_2-y_1)^2=l_2^2$$

由于是平面问题所以独立的参数个数应为 $n=2N-l$ 即 $n=2\times2-2=2$。

所以广义坐标的个数是 2,这样我们取如图 1－7 所示的 φ_1,φ_2 为广义坐标,而且由图可以知道广义坐标和直角坐标的一一对应关系为

$$x_1=l_1\sin\varphi_1$$
$$y_1=l_1\cos\varphi_1$$
$$x_2=l_1\sin\varphi_1+l_2\sin\varphi_2$$
$$y_2=l_1\cos\varphi_1+l_2\cos\varphi_2$$

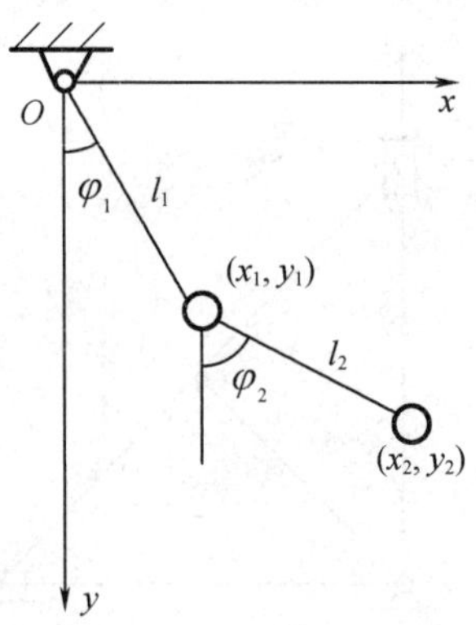

图 10－7 例 10－5 图

10.3 虚位移

10.3.1 可能位移及实位移

设在由 N 个质点组成的系统上作用 l 个完整约束和 g 个一阶线性非完整约束,将这些约束统一写成微分形式:

$$\sum_{s=1}^{3N}A_{rs}\mathrm{d}x_s+A_r\mathrm{d}t=0(r=1,2,\cdots,l+g) \tag{10－7}$$

当$(r=1,2,\cdots,l)$时有

$$A_{rs}=\frac{\partial f_s}{\partial x_s},A_r=\frac{\partial f_s}{\partial t}$$

则对给定的 t 和 x,满足上述方程的无限小位移 $\mathrm{d}x_1,\mathrm{d}x_2,\cdots,\mathrm{d}x_{3N}$称为系统在时刻 t 由位形 x 出发,在 $\mathrm{d}t$ 时间内的可能位移。也就是说是约束所允许的无限小位移是系统有可能实现的位移。

如图 10－8、图 10－9 所示的约束所允许的无限小位移就是可能位移。

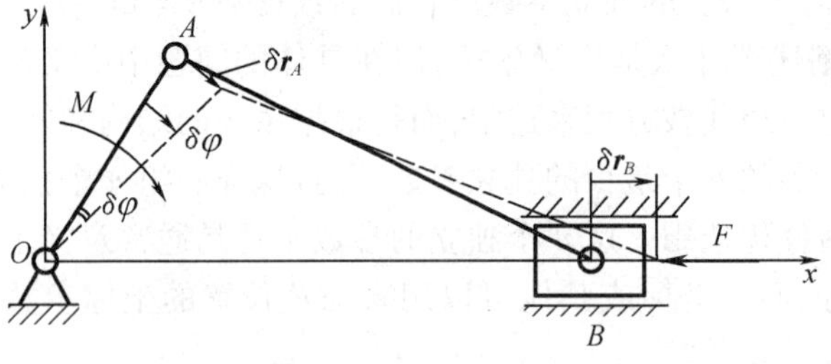

图 10－8 可能位移示例一

图 10－8 中 B 点的 $\delta\boldsymbol{r}_B$ 和 A 点的 $\delta\boldsymbol{r}_A$;图 10－9 中沿 x 轴的 δx、沿圆弧线 $\mathrm{d}s$ 以及沿曲面任一切线的 $\delta\boldsymbol{r}$,这些都是约束所允许的无限小位移,也是系统可能实现的位移。因为对于图 10－9(c)中的 $\delta\boldsymbol{r}$ 在曲面 M 点处可沿曲面任一切线方向,所以可能位移不是唯一的。对于图 10－9(a)如果滑道随时间而上下移动,则滑道所允许的可能位移仍为水平的 δx。

另外,将上式(10－7)写成

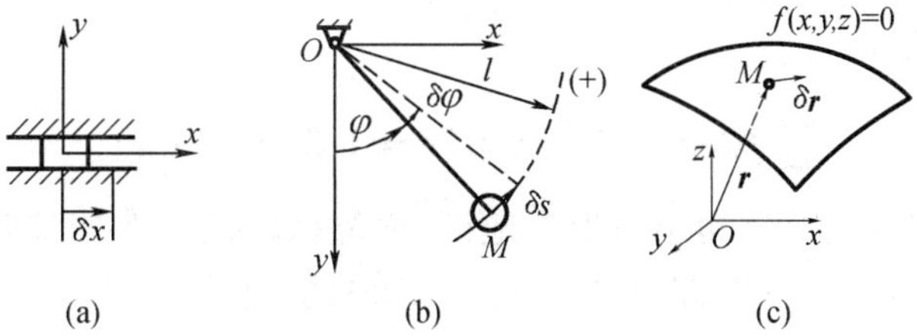

(a)　(b)　(c)

图 10-9　可能位移示例二

$$\sum_{s=1}^{3N} A_{rs}\dot{x}_s + A_r = 0\ (r = 1,2,\cdots,l+g) \tag{10-8}$$

这样将满足该式的 $\dot{x}_1,\dot{x}_2,\cdots,\dot{x}_{3N}$ 称为系统的可能速度；同样将满足约束方程的运动 $x_s(t)(s=1,2,\cdots,3N)$ 称为系统的可能运动。

既满足约束方程，又满足动力学方程和初始条件的运动才是系统实际发生的运动，称为真运动。真运动只是可能运动集合中的一个。在真运动中，由时刻 t 经无限小时间间隔 $\mathrm{d}t$ 所发生的无限小位移称为时刻 t 的实位移。显然实位移也是可能位移集合中的一个。

10.3.2　虚位移

在时刻 t 系统自同一位形出发，经过同一无限小时间间隔 $\mathrm{d}t$ 所发生的任何两个可能位移 $\mathrm{d}x$ 和 $\mathrm{d}x'$ 之差称为系统在时刻 t 的虚位移，记作 δx，即

$$\delta x = \mathrm{d}x' - \mathrm{d}x \tag{10-9}$$

式中

$$\delta x = [\delta x_1,\delta x_2,\cdots,\delta x_{3N}]^{\mathrm{T}} \tag{10-10}$$

$$\delta x_s = \mathrm{d}x'_s - \mathrm{d}x_s(s=1,2,\cdots,3N) \tag{10-11}$$

上式中 δ 为变分符号，它表示变量的无限小"变更"。值得注意的是由上式所定义的无穷小量 δx_s 与函数 $x_s(t)$ 由于 t 的无限小变化而产生的无穷小增量不同，由函数 $x_s(t)$ 无限小变化而产生的无穷小增量我们记作微分，也可以这样理解真实位移的无穷小变化增量称为微分，而可能位移的"无穷小增量"称为变分。

下面我们将看到 δx_s 就是 $x_s(t)$ 的等时变分，因而采用变分符号。

由于 $\mathrm{d}x'$ 和 $\mathrm{d}x$ 都是可能位移，因而都满足约束方程，即

$$\sum_{s=1}^{3N} A_{rs}(x,t)\mathrm{d}x_s + A_r(x,t)\mathrm{d}t = 0(r = 1,2,\cdots,l+g) \tag{10-12}$$

$$\sum_{s=1}^{3N} A_{rs}(x,t)\mathrm{d}x'_s + A_r(x,t)\mathrm{d}t = 0(r = 1,2,\cdots,l+g) \tag{10-13}$$

两式相减，并考虑到两组可能位移 $\mathrm{d}x'$ 和 $\mathrm{d}x$ 是由同一时刻，同一位形出发，经由同一时间间隔 dt 所发生的，即 A_{rs}，A_r 在两式中是相同的，于是得

$$\sum_{s=1}^{3N} A_{rs}(\mathrm{d}x'_s - \mathrm{d}x_s) = 0 \tag{10-14}$$

即

$$\sum_{s=1}^{3N} A_{rs}\delta x_s = 0(r = 1,2,\cdots,l+g) \tag{10-15}$$

这是虚位移 δx 所应满足的方程。

该方程与约束方程

$$\sum_{s=1}^{3N} A_{rs}\mathrm{d}x_s + A_r\mathrm{d}t = 0(r = 1,2,\cdots,l+g) \tag{10-16}$$

比较仅差一项 $A_r\mathrm{d}t$,因此,也可以形象地说,虚位移就是约束被"冻结"时的可能位移,所谓"冻结"是对时间 t 而言的,即令约束方程中的时间 t 不变。因为虚位移是在 t 不变时系统位形 $x(t)$ 的无限小变化,因而称之为函数 $x(t)$ 的等时变分。

另外,如果约束是定常的,则虚位移与可能位移一致。

10.3.3 用广义坐标表示的虚位移

设表示一力学系统位形的广义坐标为 $q_1,q_2,\cdots,q_n$,根据变换式 $x_s = x_s(q_1,q_2,\cdots,q_n,t)$ 可得到各质点的实位移为

$$\mathrm{d}x_s = \sum_{j=1}^{n} \frac{\partial x_s}{\partial q_j}\mathrm{d}q_j + \frac{\partial x_s}{\partial t}\mathrm{d}t(s = 1,2,\cdots,3N) \tag{10-17}$$

各质点的虚位移同样可得为

$$\delta x_s = \sum_{j=1}^{n} \frac{\partial x_s}{\partial q_j}\delta q_j(s = 1,2,\cdots,3N) \tag{10-18}$$

或

$$\delta \boldsymbol{r}_i = \sum_{j=1}^{n} \frac{\partial \boldsymbol{r}_i}{\partial q_j}\delta q_j(i = 1,2,\cdots,N) \tag{10-19}$$

10.3.4 自由度

系统独立坐标变分的个数我们又可以称之为系统的自由度数。用字母 m 表示。对于完整系统,n 个广义坐标 q_j 是互相独立的,它们的变分 δq_j 也是互相独立的。因此对于完整系统 $m = 3N - l = n$,即对于完整系统自由度数等于广义坐标的个数。

例 10-6 一长为 l 的杆子两端在半径为 R 的铅垂固定圆环上运动,试列写杆子的约束方程、虚位移方程、并指出系统的自由度数目。

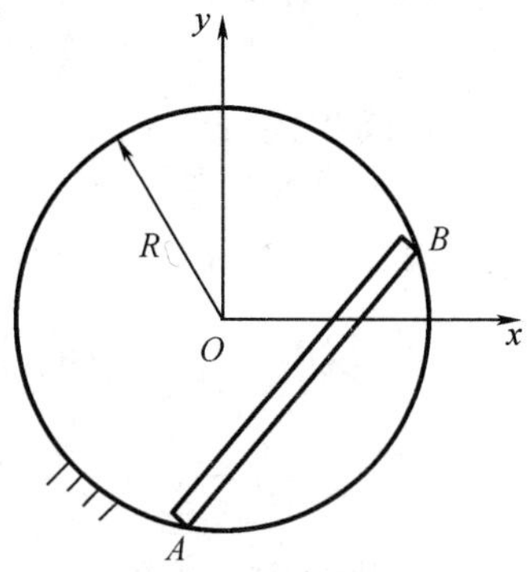

图 10-10 例 10-6 图

解:设杆 AB 两端坐标为 (x_A, y_A),(x_B, y_B)。约束方程有三个

$$x_A^2 + y_A^2 = R^2$$

$$x_B^2 + y_B^2 = R^2$$

$$(x_A - x_B)^2 + (y_A - y_B)^2 = l^2$$

虚位移方程为

$$x_A\delta x_A + y_A\delta y_A = 0$$

$$x_B\delta x_B + y_B\delta y_B = 0$$

$$(x_A - x_B)(\delta x_A - \delta x_B) + (y_A - y_B)(\delta y_A - \delta y_B) = 0$$

自由度数目 $m = 2\times 2 - 3 = 1$。

10.4　虚位移原理

10.4.1　虚功

定义：将作用在 P_i 上的力 $\boldsymbol{F}_i$ 在其虚位移 $\delta\boldsymbol{r}_i$ 上所作的功称为 $\boldsymbol{F}_i$ 的虚功，记作 $\delta' W_i$。

即
$$\delta' W_i = \boldsymbol{F}_i \cdot \delta\boldsymbol{r}_i \tag{10-20}$$

10.4.2　几种常见约束力的虚功

1. 质点沿光滑曲面运动

因光滑曲面的约束力 $\boldsymbol{F}$ 在曲面的法线方向，而质点在曲面上运动时，不论约束曲面是固定的还是运动或变形的，虚位移 $\delta\boldsymbol{r}$ 都在曲面的切平面上。因此，约束力的虚功为零，即

$$\boldsymbol{F} \cdot \delta\boldsymbol{r} = 0 \tag{10-21}$$

2. 光滑铰链约束

前面我们已接触过了光滑圆柱铰链，对于固定铰，因为没有可能位移，虚位移为零。对于运动铰，设销轴作用在铰所联结的两个物体上 A，B 上的约束力分别为 $\boldsymbol{R}_1$，$\boldsymbol{R}_2$ 见图 1－11，销钉质量略去不计，则 $\boldsymbol{R}_1 + \boldsymbol{R}_2 = 0$，因而铰链约束力的虚功和为

$$\boldsymbol{R}_1 \cdot \delta\boldsymbol{r}_A + \boldsymbol{R} \cdot \delta\boldsymbol{r}_{B2} = (\boldsymbol{R}_1 + \boldsymbol{R}_2) \cdot \delta\boldsymbol{r}_A = 0 \tag{10-22}$$

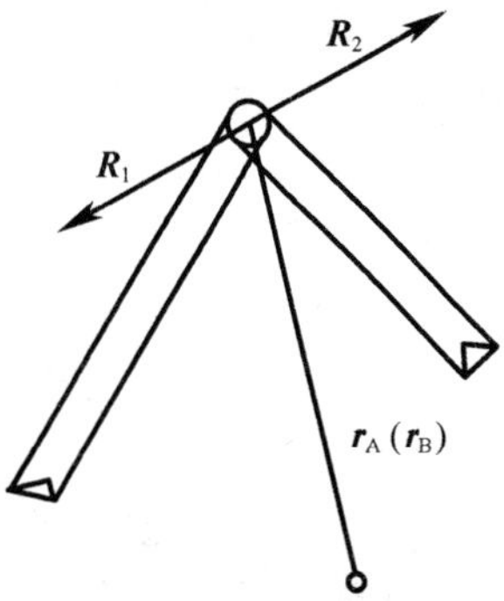

图 10－11　光滑铰链约束图

3. 两个刚体在运动中以其光滑表面接触

由于光滑接触，所以约束力沿公法线方向，而且 $\boldsymbol{R}_1 + \boldsymbol{R}_2 = 0$，设接触点 P，Q 的矢径为 $\boldsymbol{r}_P$，$\boldsymbol{r}_Q$，则 $(\mathrm{d}\boldsymbol{r}_P - \mathrm{d}\boldsymbol{r}_Q)$ 即相对位移在接触面公法线上的投影必然为零（否则发生嵌入），因此，$\mathrm{d}\boldsymbol{r}_P - \mathrm{d}\boldsymbol{r}_Q$ 与约束力垂直，约束力的虚功

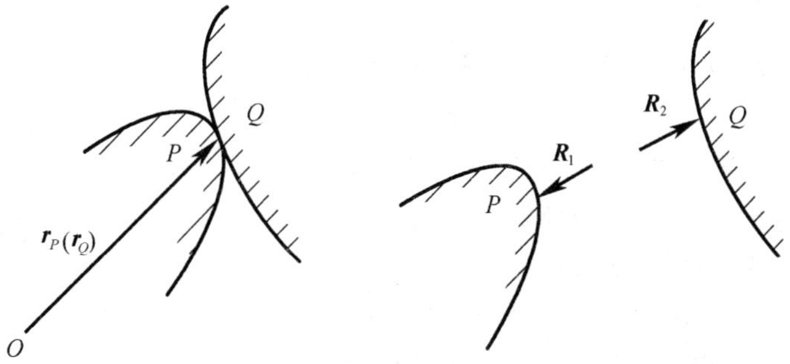

图 10－12 光滑接触图

$$\begin{aligned}\boldsymbol{R}_1 \cdot \delta\boldsymbol{r}_P + \boldsymbol{R}_2 \cdot \delta\boldsymbol{r}_Q &= \boldsymbol{R}_1 \cdot (\mathrm{d}\boldsymbol{r}'_P - \mathrm{d}\boldsymbol{r}_P) + \boldsymbol{R}_2 \cdot (\mathrm{d}\boldsymbol{r}'_Q - \mathrm{d}\boldsymbol{r}_Q) \\ &= \boldsymbol{R}_1 \cdot (\mathrm{d}\boldsymbol{r}'_P - \mathrm{d}\boldsymbol{r}'_Q) - \boldsymbol{R}_1 \cdot (\mathrm{d}\boldsymbol{r}_P - \mathrm{d}\boldsymbol{r}_Q) = 0\end{aligned} \tag{10-23}$$

4. 刚性约束

设有质点 P_1 及 P_2，与质量不计而且不变形的刚性杆相联结。设质点加在杆上的力分别为 $\boldsymbol{N}_1$ 和 $\boldsymbol{N}_2$，如图 1－14。由于杆的质量不计，故有 $\boldsymbol{N}_1+\boldsymbol{N}_2=0$。

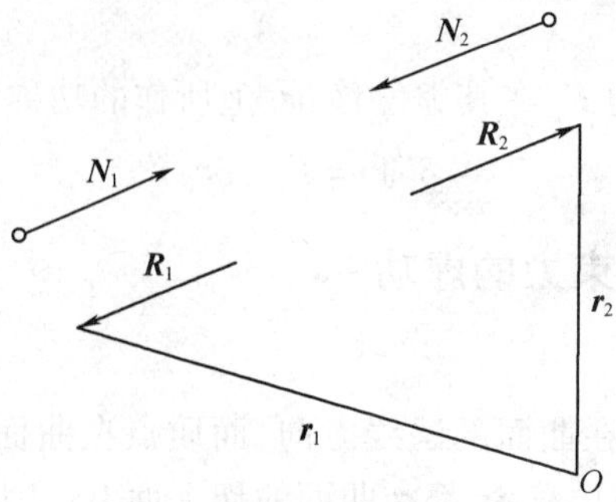

图 10－13 刚性约束图

由相对于质心的动量矩定理可知，$\boldsymbol{N}_1$、$\boldsymbol{N}_2$ 对杆上任一点之主矩为零，即 $\boldsymbol{N}_1$、$\boldsymbol{N}_2$ 沿杆子方向作用，大小相等，方向相反。根据作用力和反作用力定律，杆子对质点的约束力 $\boldsymbol{R}_1$，$\boldsymbol{R}_2$ 分别与 $\boldsymbol{N}_1$，$\boldsymbol{N}_2$ 大小相等，方向相反，即 $\boldsymbol{R}_1+\boldsymbol{R}_2=0$

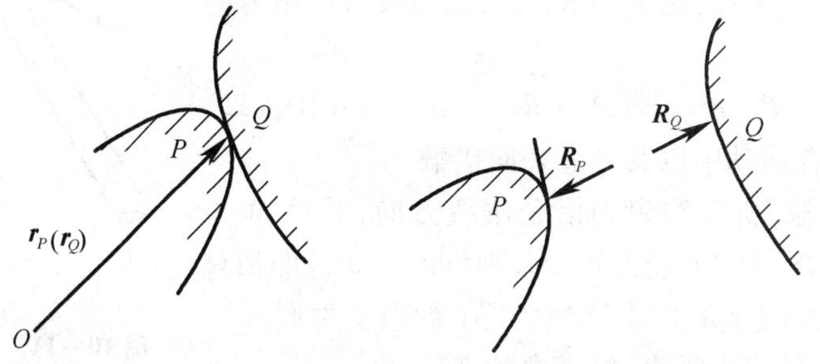

图 10－14 纯滚动问题示意图

设 P_1，P_2 的矢径分别为 $\boldsymbol{R}_1$，$\boldsymbol{R}_2$，则 $\boldsymbol{R}_2=-\boldsymbol{R}_1=\lambda(\boldsymbol{r}_2-\boldsymbol{r}_1)$（$\lambda$ 是比例系数）。约束力的虚功为

$$\boldsymbol{R}_1\cdot\delta\boldsymbol{r}_1+\boldsymbol{R}_2\cdot\delta\boldsymbol{r}_2=\lambda(\boldsymbol{r}_2-\boldsymbol{r}_1)\cdot\delta(\boldsymbol{r}_2-\boldsymbol{r}_1)=\lambda\delta(\boldsymbol{r}_2-\boldsymbol{r}_1)^2=0 \qquad (10-24)$$

这是因为 $(\boldsymbol{r}_2-\boldsymbol{r}_1)^2=l^2$（$l$ 是杆长）是不会改变的。即刚性轻杆的约束力的虚功之和为零。不可伸长的软绳也属于这种情况。

刚体可以看成是任何两个质点都由刚性轻杆联结而成的质点系，所以其间的约束力的虚功之和必为零。以后在计算约束力的虚功时，不必再考虑刚体内力的虚功。

5. 两刚体在运动中以其完全粗糙表面相接触（纯滚动）

接触面完全粗糙是指它们不能产生相对滑动，即接触点速度 $\boldsymbol{v}_P$，$\boldsymbol{v}_Q$ 相等。因而约束力的虚功之和

$$\begin{aligned}\boldsymbol{R}_P\cdot\delta\boldsymbol{r}_P+\boldsymbol{R}_Q\cdot\delta\boldsymbol{r}_Q&=\boldsymbol{R}_P\cdot(\delta\boldsymbol{r}_P-\delta\boldsymbol{r}_Q)=\boldsymbol{R}_P\cdot[(\mathrm{d}\boldsymbol{r}_P'-\mathrm{d}\boldsymbol{r}_P)-(\mathrm{d}\boldsymbol{r}_Q'-\mathrm{d}\boldsymbol{r}_Q)]\\&=\boldsymbol{R}_P\cdot[(\boldsymbol{v}_P'-\boldsymbol{v}_Q')-(\boldsymbol{v}_P-\boldsymbol{v}_Q)]\mathrm{d}t=0\end{aligned} \qquad (10-25)$$

10.4.3　理想约束

定义:作用于系统上的约束力的虚功之和为零,这种约束为理想约束。所以,上面所介绍的几种约束都是理想约束。

理想约束的数学表达式为

$$\sum_{i=1}^{N} \boldsymbol{R}_i \cdot \delta \boldsymbol{r}_i = 0 \tag{10-26}$$

或直角坐标形式为

$$\sum_{s=1}^{3N} R_s \delta x_s = 0 \tag{10-27}$$

综上所述,工程实际中的大多数约束均为理想约束。

10.4.4　虚位移原理

原理:对于具有理想约束的系统,其平衡的必要和充分条件是作用在系统上的主动力在任何虚位移中所作元功之和为零。

数学表达式为

$$\sum_{i=1}^{N} \boldsymbol{F}_i \cdot \delta \boldsymbol{r}_i = 0 \tag{10-28}$$

或

$$\sum_{s=1}^{3N} X_s \delta x_s = 0 \tag{10-29}$$

证明:设系统有 N 个质点,由于系统处于平衡状态,因此系统中每个质点均处于平衡状态,由静力学中的二力平衡条件,作用于任一质点 i 上的主动力 $\boldsymbol{F}_i$ 和约束力 $\boldsymbol{R}_i$ 应满足关系式

$$\boldsymbol{F}_i + \boldsymbol{R}_i = 0 \tag{10-30}$$

现给系统各个质点以虚位移 $\delta \boldsymbol{R}_i$,这样有

$$(\boldsymbol{F}_i + \boldsymbol{R}_i) \cdot \delta \boldsymbol{r}_i = 0 \tag{10-31}$$

对上式求和有

$$\sum_{i=1}^{N} (\boldsymbol{F}_i + \boldsymbol{R}_i) \cdot \delta \boldsymbol{r}_i = 0 \tag{10-32}$$

将上式展开,并考虑到理想约束式(10-26),则有

$$\sum_{i=1}^{N} \boldsymbol{F}_i \cdot \delta \boldsymbol{r}_i = 0 \tag{10-33}$$

10.4.5　虚位移原理应用举例

例 10-7　如图 10-15 所示椭圆规,连杆 AB 长为 l,所有构件重不计,摩擦力忽略不计。求在图示平衡位置时,主动力 $\boldsymbol{F}_A$ 和 $\boldsymbol{F}_B$ 之间的关系。

解:研究整个机构平衡,系统的约束为理想约束,取坐标轴如图所示。根据虚位移原理,可建立主动力 $\boldsymbol{F}_A$ 和 $\boldsymbol{F}_B$ 的虚功方程

$$F_A \delta r_A - F_B \delta r_B = 0 \tag{a}$$

为解此方程,必须找出两个虚位移 δr_A 与 δr_B 之间的关系,由于 AB 杆不可伸缩, AB 两

点的虚位移在 AB 联线上的投影应该相等，由图有

$$\delta r_B\cos\varphi = \delta r_A\sin\varphi$$

或

$$\delta r_A = \delta r_B\cot\varphi \tag{b}$$

将式(b)代入式(a)，解得

$$(F_A\cot\varphi - F_B)\delta r_B = 0$$

因 δr_B 是任意的，因此有

$$F_A\cot\varphi = F_B$$

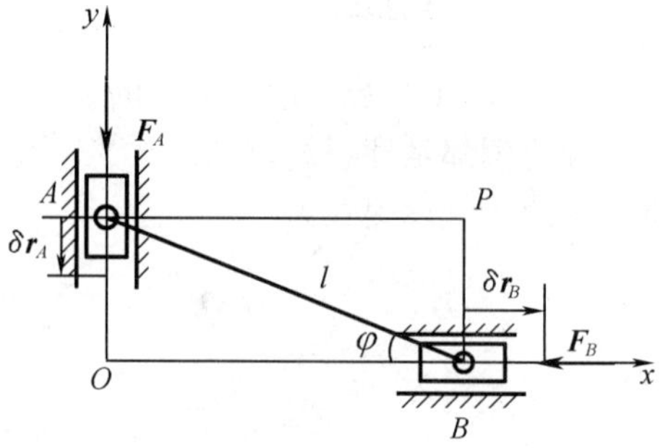

图 10-15 例 10-7 图

为了求虚位移之间的关系，也可以用所谓“虚速度”法。我们给系统某个虚位移 δr_A，δr_B，如图 10-15 所示，我们可以假想虚位移是在某个极短的时间 dt 内发生的，这时对应点 B 和点 A 的速度 $\boldsymbol{v}_B = \dfrac{\delta \boldsymbol{r}_B}{\mathrm{d}t}$ 和 $\boldsymbol{v}_A = \dfrac{\delta \boldsymbol{r}_A}{\mathrm{d}t}$ 称为虚速度。这样 B，A 两点虚位移大小之比也就等于虚速度大小之比，即

$$\frac{\delta r_B}{\delta r_A} = \frac{v_B}{v_A}$$

杆 AB 作平面运动，P 为其瞬心，由瞬心法可建立 B，A 两点的速度关系

$$\frac{v_B}{v_A} = \frac{PB}{PA} = \tan\varphi$$

因此有

$$\frac{\delta r_B}{\delta r_A} = \tan\varphi$$

代入式(a)，同样解得

$$\frac{F_A}{F_B} = \frac{\delta r_B}{\delta r_A} = \tan\varphi$$

这个方法中的速度也是虚设的，所以称为虚速度法。事实上寻求虚速度之间的关系既可用上面的瞬心法，同样可以用点的合成运动理论中点的速度合成定理、平面运动中求点的速度的基点法及速度投影定理。

例 10-8 杆 OA 可绕 O 转动，通过滑块 B 可带动水平杆 BC，忽略摩擦及各构件质量，求平衡时力偶矩 M 与水平拉力 F 之间的关系。

解：给杆 OA 以虚位移 $\delta\theta$，点 C 有相应虚位移 $\delta \boldsymbol{r}_C$，虚功方程为

$$M\delta\theta - F\delta r_C = 0$$

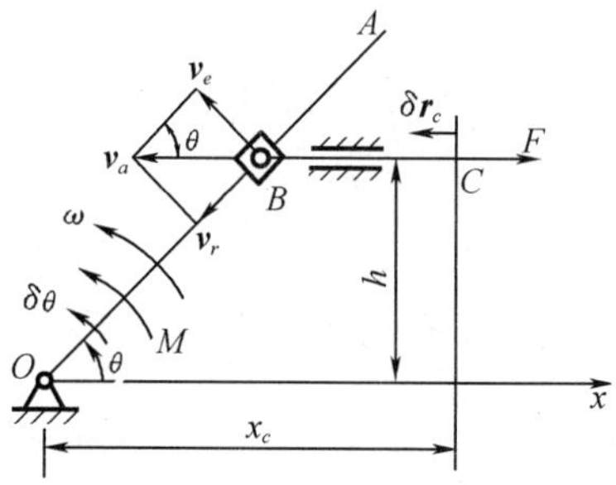

图 10-16 例 10-8 图

由点的合成运动理论有

$$\boldsymbol{v}_a = \boldsymbol{v}_e + \boldsymbol{v}_r$$

由图中几何关系有

$$v_a = \frac{v_e}{\sin\theta}$$

这样由虚速度法（虚速度之比等于虚位移之比）有

$$\delta r_C=\frac{h\delta\theta}{\sin^2\theta}$$

代入上式有

$$M=\frac{Fh}{\sin^2\theta}$$

例 10－9　求如图所示的组合梁支座 A 的约束反力。

解:解除支座 A 的约束而代之以反力 F_A,并将力 F_A 看作是主动力,给这系统以虚位移,并建立虚功方程

$$F_A\delta s_A-F_1\delta s_1+F_2\delta s_2+F_3\delta s_3=0$$

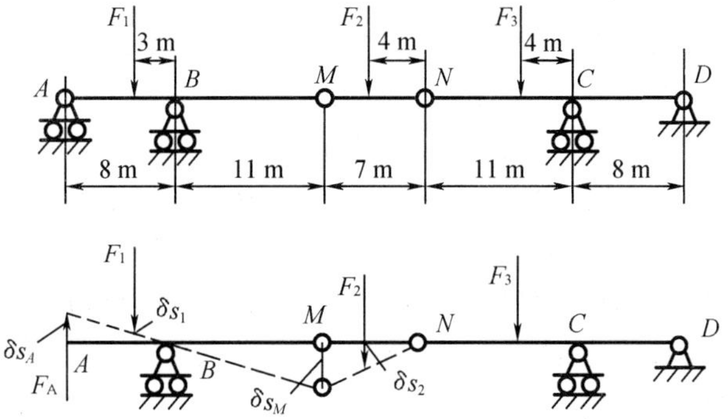

图 10－17　例 10－9 图

其中　$$\frac{\delta s_1}{\delta s_A}=\frac{3}{8},\frac{\delta s_2}{\delta s_A}=\frac{\delta s_2}{\delta s_M}\cdot\frac{\delta s_M}{\delta s_A}=\frac{4}{7}\cdot\frac{11}{8}=\frac{11}{14}$$

将上式代入虚功方程,得

$$F_A=\frac{3}{8}F_1-\frac{11}{14}F_2$$

例 10－10　均质杆 $AB=a$,重 P,一端靠在铅垂光滑墙上,如欲使杆子在任意位置都能平衡,试求此侧面的形状。

解:建立图示坐标系 Oxy,杆 AB 在平衡位置,受重力 P 的作用。

根据虚位移原理 $P\delta y_C=0$

因为 $P\neq0$,所以必有 $\delta y_c=0$,即 $y_c=$ 常数

当杆铅垂时,$y_c=\dfrac{a}{2}$,则在任意位置时

$$y_c=y_A+\frac{a}{2}\cos\varphi=\frac{1}{2}a \tag{1}$$

而

$$x_A=a\sin\varphi \tag{2}$$

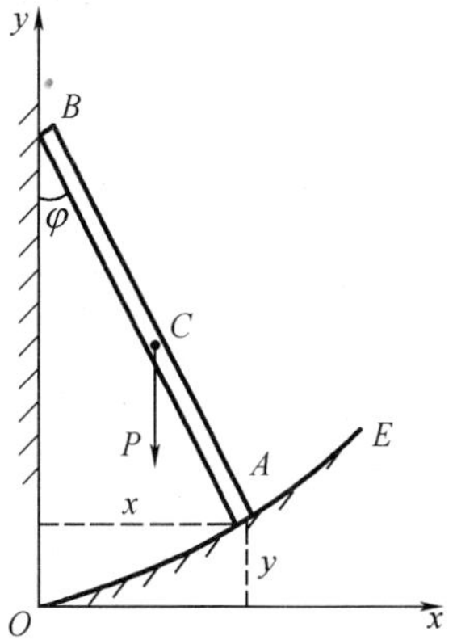

图 10－18　例 10－10 图

由(1)、(2)两式消去参数 φ,得

$$x_A^2+(2y_A-a)^2=a^2$$

侧面呈椭圆形状。

从上面的例子中可以看出，应用虚位移原理可以求解主动力之间的关系，也可以求结构中某一支座的约束反力。在求支座反力时，只需解除该支座的约束而代之以约束反力，并给予虚位移，但要注意不破坏结构的其他约束条件。这样在虚功方程中只有一个未知的约束反力，计算大为简化。这个优点在解决一些复杂结构的平衡问题时尤为突出。

从上面的例子中可见，求解虚功方程的关键是要找到各虚位移之间的关系。一般可采用以下三种方法建立各虚位移之间的关系。

(1)作图法：作图给出机构的微小运动，直接按几何关系，确定各有关虚位移之间的关系。

(2)坐标法：确定描述位形的坐标，写出完整约束方程，再对方程求变分；各变分之间的比例，即为各虚位移之间的比例关系。

(3)虚速度法：对于静力系统均为定常系统，所以虚位移也就是可能位移，将可能位移均除以一个时间小量，我们称之为虚速度。显然虚速度之比等于虚位移之比。从而可按运动学的方法，计算各有关点的虚速度。计算虚速度时，可采用运动学中各种方法，如点的合成运动、平面运动基点法、速度投影定理、瞬心法以及给出运动方程再求导数等。

建立虚功方程时，常常用虚位移的绝对值，而按机构的微小运动情况在图上画出虚位移的方向，再确定各项虚功的正或负。当采用坐标方程的变分来计算虚位移的大小时，由于坐标及其变分都是代数量，应注意取其绝对值。这样也可以将力的投影及虚位移都作为代数值，列出虚功的分析表达式。

10.4.6 虚位移原理的广义坐标表达形式

虚位移原理还可写成广义坐标虚位移的表达形式，由关系式

$$\boldsymbol{r}_i=\boldsymbol{r}_i(q_1,q_2,\cdots,q_n t)(i=1,2,\cdots,N) \tag{10-34}$$

两边取变分

$$\delta\boldsymbol{r}_i=\sum_{j=1}^{n}\frac{\partial\boldsymbol{r}_i}{\partial q_j}\delta q_j \tag{10-35}$$

将其代入虚功原理的数学表达式有

$$\sum_{j=1}^{n}\sum_{i=1}^{N}\boldsymbol{F}_i\cdot\frac{\partial\boldsymbol{r}_i}{\partial q_j}\delta q_j=0 \tag{10-36}$$

另外可将上式记为

$$\sum_{j=1}^{n}Q_j\delta q_j=0 \tag{10-37}$$

上式中 δq_j 为广义虚位移，而 $Q_j\delta q_j$ 又具有功的量纲，所以，该式中的 Q_j 称为和广义坐标 q_j 相对应的广义力。

$$Q_j=\sum_{i=1}^{N}\boldsymbol{F}_i\cdot\frac{\partial\boldsymbol{r}_i}{\partial q_j} \tag{10-38}$$

对于完整系统，这 n 个广义坐标的虚位移 δq_j 是相互独立的，并且都是不等于零的微小量，所以由 $\sum\limits_{j=1}^{n}Q_j\delta q_j=0$ 应有

$$Q_j=0(j=1,2,\cdots,n) \tag{10-39}$$

这就是用广义坐标表示的虚位移原理，即具有理想约束的完整系统，处于平衡的必要

和充分条件为:作用在系统上的和每一个广义坐标相对应的广义力都等于零。

如果质点系具有 N 个自由度,则有 N 个广义力,同时有 N 个相互独立的平衡方程(10-39),可联立求解一般质点系的平衡问题。工程中的多数机构往往只有一个自由度,所以,只需列出一个广义力等于零的平衡方程即可求其主动力之间的关系。这也正是使用广义力求解质点系平衡问题的优点。

利用广义坐标表示的平衡条件求解实际问题时,关键在于如何表达其广义力。

求广义力通常有两种方法:

1. 利用公式(10-38)计算

$$Q_j = \sum_{i=1}^{N} \boldsymbol{F}_i \cdot \frac{\partial \boldsymbol{r}_i}{\partial q_j} = \sum_{i=1}^{N} \left(F_{ix}\frac{\partial x_i}{\partial q_j} + F_{iy}\frac{\partial y_i}{\partial q_j} + F_{iz}\frac{\partial z_i}{\partial q_j} \right) \ (j=1,2,\cdots,n) \tag{10-40}$$

或写为

$$Q_j = \sum_{s=1}^{3N} F_{is} \cdot \frac{\partial x_s}{\partial q_j} (j=1,2,\cdots,n) \tag{10-41}$$

2. 只给质点系一个广义虚位移 δq_j 不等于零,而其他 $(N-1)$ 个广义虚位移都等于零,所有主动力在相应虚位移中所做的虚功的和用 $\sum \delta W_j'$ 表示,则有:

$$\sum \delta W_j' = \sum_{j=1}^{n} Q_j \delta q_j = Q_j \delta q_j \tag{10-42}$$

由此可求出广义力

$$Q_j = \frac{\sum \delta W_j'}{\delta q_j} \tag{10-43}$$

在解决实际问题时往往使用这种方法。

例 10-11　杆 OA 和 AB 以铰链相连,如图所示,$OA=a$,$AB=b$,受力如图,试求平衡时 φ_1,φ_2 与 F_A,F_B,F 之间的关系。

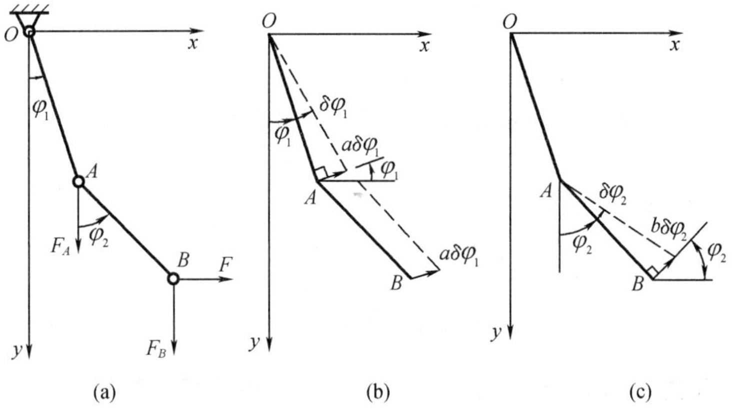

图 10-19　例 10-11 图

解:用第一种方法:

直角坐标参数:x_A,y_A,x_B,y_B

广义坐标参数:φ_1,φ_2

坐标变换关系式:　$x_A = a\sin\varphi_1$

$$y_A = a\cos\varphi_1$$

$$x_B = a\sin\varphi_1 + b\sin\varphi_2$$

$$y_B = a\cos\varphi_1 + b\cos\varphi_2$$

则按式(10－41)有

$$Q_{\varphi_1} = F_{Ax}\frac{\partial x_A}{\partial\varphi_1} + F_{Ay}\frac{\partial y_A}{\partial\varphi_1} + F_{Bx}\frac{\partial x_B}{\partial\varphi_1} + F_{By}\frac{\partial y_B}{\partial\varphi_1} \tag{a}$$

$$Q_{\varphi_2} = F_{Ax}\frac{\partial x_A}{\partial\varphi_2} + F_{Ay}\frac{\partial y_A}{\partial\varphi_2} + F_{Bx}\frac{\partial x_B}{\partial\varphi_2} + F_{By}\frac{\partial y_B}{\partial\varphi_2} \tag{b}$$

$$F_{Ax} = 0, F_{Ay} = F_A, F_{Bx} = F, F_{By} = F_B$$

$$\frac{\partial x_A}{\partial\varphi_1} = a\cos\varphi_1, \frac{\partial y_A}{\partial\varphi_1} = -a\sin\varphi_1, \frac{\partial x_B}{\partial\varphi_1} = a\cos\varphi_1, \frac{\partial y_B}{\partial\varphi_1} = -a\sin\varphi_1$$

$$\frac{\partial x_A}{\partial\varphi_2} = 0, \frac{\partial y_A}{\partial\varphi_2} = 0, \frac{\partial x_B}{\partial\varphi_2} = b\cos\varphi_2, \frac{\partial y_B}{\partial\varphi_2} = -b\sin\varphi_2$$

将上式分别代入(a)(b)两式有

$$Q_{\varphi_1} = -(F_A + F_B)a\sin\varphi_1 + Fa\cos\varphi_1 = 0 \tag{c}$$

$$Q_{\varphi_2} = -F_B b\sin\varphi_2 + Fb\cos\varphi_2 = 0 \tag{d}$$

联立(c)(d)式则有

$$\tan\varphi_1 = \frac{F}{F_A + F_B}, \tan\varphi_2 = \frac{F}{F_B}$$

用第二种方法

保持 φ_2 不变,只有 $\delta\varphi_1$ 时,由式(b)的变分可得一组虚位移

$$\delta y_A = \delta y_B = -a\sin\varphi_1\delta\varphi_1,\ \delta x_B = a\cos\varphi_1\delta\varphi_1 \tag{e}$$

则对应于 φ_1 的广义力为

$$Q_1 = \frac{\sum\delta W_1}{\delta\varphi_1} = \frac{F_A\delta y_A + F_B\delta y_B + F\delta x_B}{\delta\varphi_1}$$

将式(e)代入上式,得

$$Q_1 = -(F_A + F_B)a\sin\varphi_1 + Fa\cos\varphi_1$$

保持 φ_1 不变,只有 $\delta\varphi_2$ 时,由式(b)的变分可得另一组虚位移

$$\delta y_A = 0\ ,\ \delta y_B = -b\sin\varphi_2\delta\varphi_2,\ \delta x_B = b\cos\varphi_2\delta\varphi_2$$

代入对应于 φ_2 的广义力表达式,得

$$Q_2 = \frac{\sum\delta W_2}{\delta\varphi_2} = \frac{F_A\delta y_A + F_B\delta y_B + F\delta x_B}{\delta\varphi_2} = -F_B b\sin\varphi_2 + Fb\cos\varphi_2$$

10.4.7 应用虚位移原理研究保守系统平衡的稳定性

只有有势力作用的系统称为保守系统,由势能的概念及其计算可知,质点系的势能等于各质点势能的代数和。质点在势力场中不同的位置,势能的数值不同,因此势能是坐标的函数。

(1)有势力场的性质

设有势力 $\boldsymbol{F}$ 的作用点从点 M 移到点 M',如图所示,这两点的势能分别为 $V(x,y,z)$ 和 $V(x+\mathrm{d}x, y+\mathrm{d}y, z+\mathrm{d}z)$,另外有势力的元功可用势能的差计算,即

$$\delta W = V(x,y,z) - V(x+\mathrm{d}x, y+\mathrm{d}y, z+\mathrm{d}z) = -\mathrm{d}V \tag{10-44}$$

由高等数学知,势能 V 的全微分可写为

$$\mathrm{d}V = \frac{\partial V}{\partial x}\mathrm{d}x + \frac{\partial V}{\partial y}\mathrm{d}y + \frac{\partial V}{\partial z}\mathrm{d}z \tag{10-45}$$

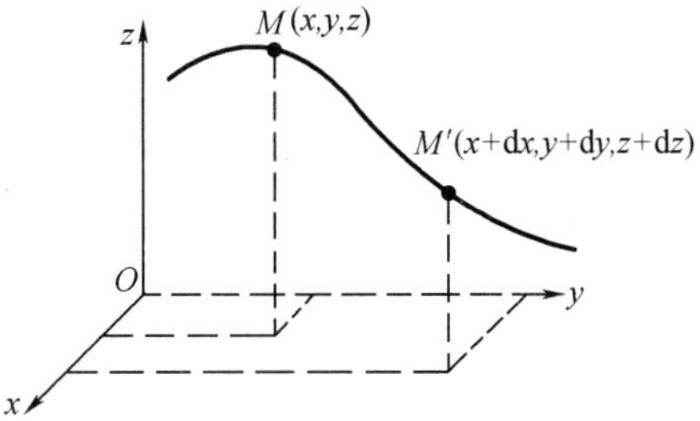

图 10-20　有势力场示意图

于是

$$\delta W = -\frac{\partial V}{\partial x}\mathrm{d}x - \frac{\partial V}{\partial y}\mathrm{d}y - \frac{\partial V}{\partial z}\mathrm{d}z \tag{10-46}$$

设有势力 $\boldsymbol{F}$ 在直角坐标轴上的投影为 X,Y,Z 则力的元功解析式为

$$\delta W = \boldsymbol{F} \cdot \delta \boldsymbol{r} \tag{10-47}$$

即

$$\delta W = F_x \mathrm{d}x + F_y \mathrm{d}y + F_z \mathrm{d}z \tag{10-48}$$

比较以上两式,得

$$F_x = -\frac{\partial V}{\partial x}, F_y = -\frac{\partial V}{\partial y}, F_z = -\frac{\partial V}{\partial z} \tag{10-49}$$

从该式可知,如果势能函数表达式已知,应用上式可求得作用于物体上的有势力。

如果系统有多个有势力,总势能为 V 可表示为

$$V = V(x_1, y_1, z_1, x_2, y_2, z_2, \cdots, x_N, y_N, z_N) \tag{10-50}$$

则对于作用点坐标为 x_i, y_i, z_i 的有势力 $\boldsymbol{F}_i$ 其相应的投影为

$$F_{ix} = -\frac{\partial V}{\partial x_i}, F_{iy} = -\frac{\partial V}{\partial y_i}, F_{iz} = -\frac{\partial V}{\partial z_i} \tag{10-51}$$

(2)保守系统的平衡条件

对于保守系统主动力即为有势力,所以由虚位移原理主动力的虚功为

$$\begin{aligned}\sum \delta W_F &= \sum (F_{ix}\delta x_i + F_{ix}\delta y_i + F_{ix}\delta z_i) \\ &= -\sum \left(\frac{\partial V}{\partial x_i}\delta x_i + \frac{\partial V}{\partial y_i}\delta y_i + \frac{\partial V}{\partial z_i}\delta z_i\right) = -\delta V\end{aligned} \tag{10-52}$$

这样对于保守系统虚位移原理的表达式成为

$$\delta V = 0 \tag{10-53}$$

上式说明:在势力场中,具有理想约束的质点系的平衡条件为质点系的势能在平衡位置处一阶变分为零。

(3)由广义坐标表示的保守系统的平衡条件

如果有广义坐标 $q_1, q_2, \cdots, q_n$ 表示质点系的位置,则质点系的势能可以写成广义坐标

的函数，即

$$V=V(q_1,q_2,\cdots,q_n) \tag{10-54}$$

有势力的虚功

$$\sum\delta W_F=-\delta V=\sum_{j=1}^{n}\left(-\frac{\partial V}{\partial q_j}\right)\delta q_j=\sum_{j=1}^{n}Q_j\delta q_j \tag{10-55}$$

其中

$$Q_j=-\frac{\partial V}{\partial q_j} \tag{10-56}$$

这样，由广义坐标表示的平衡条件可写成如下形式

$$Q_j=-\frac{\partial V}{\partial q_j}=0(j=1,2,\cdots,n) \tag{10-57}$$

即在势力场中，具有理想约束的质点系的平衡条件是势能对每一个广义坐标的偏导数分别等于零。

(4)保守系统平衡稳定性问题分析

满足平衡条件的保守系统可以处于不同的平衡状态，如图所示的三个小球，就具有三种不同的平衡状态。

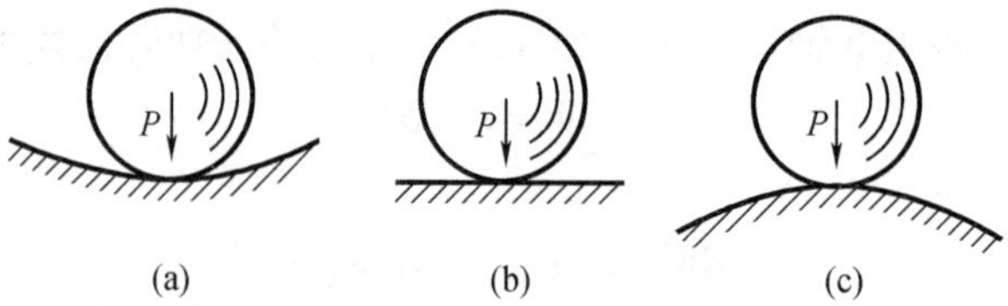

图 10-21 三种平衡状态图

(a)图所示小球在一个凹曲面的最低点处平衡，当给小球一个很小的扰动后，小球在重力作用下，仍然会回到原来的平衡位置，这种平衡状态称为稳定平衡。(b)图所示小球在一水平平面上平衡，小球在周围平面上的任一点都可以平衡，这种平衡状态称为随遇平衡。图(c)所示小球在一个凸曲面的顶点上平衡，当给小球一个很小的扰动后，小球在重力作用下会滚下去，不再回到原来的平衡位置，这种平衡状态称为不稳定平衡。

上述三种平衡状态都满足势能在平衡位置处 $\delta V=0$ 的平衡条件，即满足势能对广义坐标的一阶偏导数等于零的条件，即

$$\frac{\partial V}{\partial q_j}=0 \tag{10-58}$$

从图中可以看出，在稳定平衡位置处，当系统受到扰动后，在新的可能位置处，系统的势能都高于平衡位置处的势能，因此，在稳定平衡的平衡位置处，系统的势能具有极小值。系统可以从高势能位置回到低势能位置。相反在不稳定平衡位置上，系统势能具有极大值。没有外力作用时，系统不能从低势能位置回到高势能位置。对于随遇平衡，系统在某位置附近其势能是不变的，所以其附近任何可能的位置都是平衡位置。

对于一个自由度系统，系统具有一个广义坐标 q，因此系统势能可以表示为 q 的一元函数，即 $V=V(q)$。当系统平衡时，在平衡位置处有

$$\frac{\mathrm{d}V}{\mathrm{d}q}=0 \tag{10-59}$$

如果系统处于稳定平衡状态，则在平衡位置处，系统势能具有极小值，即系统势能对广义坐标的二阶导数大于零

$$\frac{d^2V}{dq^2}>0 \tag{10-60}$$

上式是一个自由度系统平衡的稳定性判据。对于多自由度系统平衡的稳定性判据可参考其他书籍。

例 10-12　如图所示一倒置的摆，摆重量为 P，摆杆长为 l，在摆杆的点 A 连有一刚度为 k 的水平弹簧，摆可以在铅直位置平衡。高 $OA=a$，摆杆质量不计，试问在什么条件下，系统的平衡是稳定的。

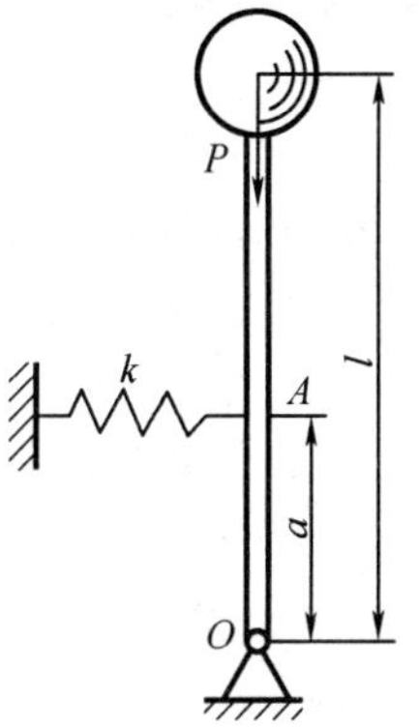

图 10-22　例 10-12 图

解：该系统是一个自由度系统，选择摆角 φ 为广义坐标，摆的铅直位置为重力和弹性力的零势能点。系统在一微小摆角 φ 处的势能等于摆锤的重力势能与弹簧弹性势能的和，即

$$V=-Pl(1-\cos\varphi)+\frac{1}{2}ka^2\varphi^2=-2Pl\sin^2\frac{\varphi}{2}+\frac{1}{2}ka^2\varphi^2$$

φ 为小量，有 $\sin\frac{\varphi}{2}\approx\frac{\varphi}{2}$。上述势能表达式成为

$$V=-\frac{1}{2}Pl\varphi^2+\frac{1}{2}ka^2\varphi^2=\frac{1}{2}(ka^2-Pl)\varphi^2$$

将势能 V 对 φ 求一阶导数，有

$$\frac{dV}{d\varphi}=(ka^2-Pl)\varphi$$

由 $\frac{dV}{d\varphi}=0$，得系统在 $\varphi=0$ 处平衡。为判断系统是否处于稳定平衡，将势能对 φ 求二阶导数，有

$$\frac{d^2V}{d\varphi^2}=ka^2-Pl$$

对于稳定平衡，要求 $\frac{d^2V}{d\varphi^2}>0$，即

$$ka^2-Pl>0$$

或

$$a>\sqrt{\frac{Pl}{k}}$$

虚位移原理是分析静力学的基础，它是从能量的观点来讨论和研究系统的平衡问题，和初等动力学相比，最显著的特点是不论约束反力如何，都不影响解题的困难程度。

10.5　动力学普遍方程

第 9 章我们曾引入惯性力的概念，建立了质点系的达朗伯原理，从而可以利用静力学中求解平衡问题的方法来处理动力学问题；这一章我们又建立了虚位移和虚功的概念，应用虚位移原理来解决静力学中的平衡问题。这两个原理结合起来，就可以建立质点系动力学

普遍方程和第二类拉格朗日方程。

设有一质点系由 N 个质点组成，其中第 i 个质点的质量为 m_i，其上作用的主动力为 $\boldsymbol{F}_i$，约束反力为 $\boldsymbol{R}_i$。如果假想地加上该质点的惯性力 $\boldsymbol{F}_{gi}=-m_i\boldsymbol{a}_i$，则根据达朗伯原理，$\boldsymbol{F}_i$、$\boldsymbol{R}_i$ 与 $\boldsymbol{F}_{gi}$ 应组成形式上的平衡力系。若对质点系的每个质点都做同样的处理，则作用于整个质点系的主动力、约束反力和惯性力应组成平衡力系，即

$$m_i\ddot{\boldsymbol{r}}_i=\boldsymbol{F}_i+\boldsymbol{R}_i \tag{10-61}$$

这样的式子我们可以列出 N 个，将这 N 式子相加有

$$\sum_{i=1}^{N}\boldsymbol{F}_i+\sum_{i=1}^{N}\boldsymbol{R}_i-\sum_{i=1}^{N}m_i\ddot{r}_i=0 \tag{10-62}$$

式(10－62)可写成矢量

$$-\sum_{i=1}^{N}\boldsymbol{R}_i=\sum_{i=1}^{N}(\boldsymbol{F}_i-m_i\ddot{\boldsymbol{r}}_i) \tag{10-63}$$

如果系统具有理想约束，则对于系统的任何一组虚位移（$\delta\boldsymbol{r}_1$、$\delta\boldsymbol{r}_2$、…、$\delta\boldsymbol{r}_N$），作用于系统上的约束力的虚功之和为零，即

$$\sum_{i=1}^{N}\boldsymbol{R}_i\cdot\delta\boldsymbol{r}_i=0 \tag{10-64}$$

这样便有

$$\sum_{i=1}^{N}(\boldsymbol{F}_i-m_i\ddot{\boldsymbol{r}}_i)\cdot\delta\boldsymbol{r}_i=0 \tag{10-65}$$

上式称为动力学普遍方程；写成分析表达式

$$\sum_{i=1}^{N}[(F_{ix}-m_i\ddot{x}_i)\delta x_i+(F_{iy}-m_i\ddot{y}_i)\delta y_i+(F_{iz}-m_i\ddot{z}_i)\delta z_i]=0 \tag{10-66}$$

上述方程表明：在理想约束的条件下，质点系的各个质点在任一瞬时所受的主动力和惯性力在虚位移上所做虚功的和等于零。

动力学普遍方程将达朗伯原理与虚位移原理结合起来，可以求解质点系的动力学问题，特别适合于求解非自由质点系的动力学问题，下面举例说明。

例 10－13　如图所示的滑轮系统中，动滑轮上悬挂着质量为 m_1 的重物，绳子绕过定滑轮后悬挂着质量为 m_2 的重物。设滑轮和绳子的重量以及轮轴摩擦都忽略不计，求 m_2 物体下降的加速度。

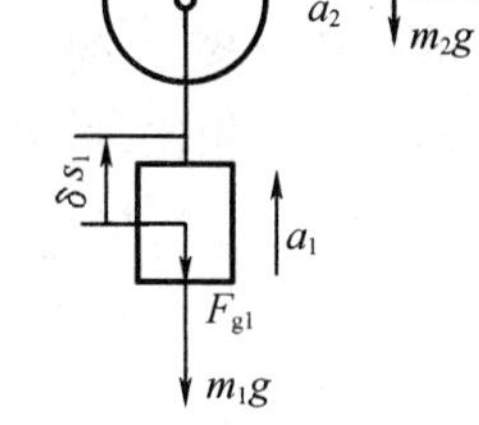

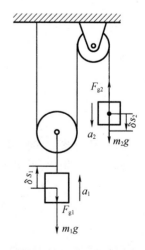

图 10－23　例 10－13 图

解：取整个滑轮系统为研究对象，系统具有理想约束。系统所受的主动力为重力 $m_1\boldsymbol{g}$ 和 $m_2\boldsymbol{g}$，假想加入系统的惯性力为 $\boldsymbol{F}_{g1}$，$\boldsymbol{F}_{g2}$，而：

$$F_{g1}=m_1a_1,\ F_{g2}=m_2a_2$$

给系统以虚位移 δs_1 和 δs_2，由动力学普遍方程，得

$$(m_2g-m_2a_2)\delta s_2-(m_1g+m_1a_1)\delta s_1=0$$

这是一个自由度系统，所以 δs_1 和 δs_2 中只有一个是独立的。由定滑轮和动滑轮的传动关系，有

$$\delta s_1=\frac{\delta s_2}{2},\ a_1=\frac{a_2}{2}$$

代入前式,有

$$(m_2g-m_2a_2)\delta s_2-(m_1g+m_1\frac{a_2}{2})\frac{\delta s_2}{2}=0$$

消去 δs_2,得

$$a_2=\frac{4m_2-2m_1}{4m_2+m_1}g$$

例 10-14　两个半径皆为 r 的均质轮,中心用连杆相连,在倾角为 θ 的斜面上作纯滚动,如图所示。设轮子质量均为 m_1,对轮心的转动惯量均为 J,连杆的质量为 m_2,试求连杆运动的加速度。

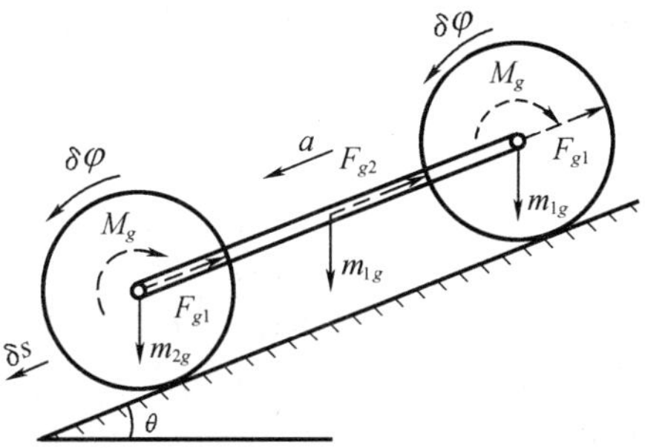

图 10-24　例 10-14 图

解:研究整个刚体系,作用在系统上的主动力有每个轮子的重力 $m_1\boldsymbol{g}$ 和杆的重力 $m_2\boldsymbol{g}$。虚加在每个轮子上的惯性力系可以简化为一个通过轮心的惯性力 $\boldsymbol{F}_{g1}=m_1\boldsymbol{a}$ 及一个惯性力偶,其矩 $M_g=J\varepsilon=J\frac{a}{r}$;因连杆作平动,加在连杆上的惯性力系简化为一个力 $\boldsymbol{F}_{g2}=m_2\boldsymbol{a}$,这些力的方向如图所示。

给连杆以平行斜面向下移动的虚位移 δs,则轮子相应有逆时针转动虚位移 $\delta\varphi=\frac{\delta s}{r}$,根据动力学普遍方程,得

$$-(2F_{g1}+F_{g2})\delta s-2M_g\delta\varphi+(2m_1+m_2)g\sin\theta\delta s=0$$

或

$$-(2m_1+m_2)a\delta s-2\frac{Ja}{r^2}\delta s+(2m_1+m_2)g\sin\theta\delta s=0$$

解得

$$a=\frac{(2m_1+m_2)r^2\sin\theta}{(2m_1+m_2)r^2+2J}g$$

例 10-15　一物体 A 重 P,当下降时借一无质量且不可伸长的绳使一轮 C 沿轨道滚而不滑。绳子跨过定滑轮 D 并绕在半径为 R 的动滑轮上,动滑轮固定地装在半径为 r 的 C 轴上,两者共重 Q,对中心 O 的惯性半径为 ρ。试用动力学普遍方程求重物 A 的加速度。

解:取整个系统为研究对象。因为轮 C 在轨道上纯滚动,故重物 A 的位移 s 与轮 C 的转角 φ 间有关系

$$s=(R-r)\varphi$$

取变分并求导得

$$\delta s = (R - r)\delta\varphi \qquad (1)$$

$$a = (R - r)\varepsilon \qquad (2)$$

重物 A 的惯性力为 $F_{gA} = \dfrac{P}{g}a$，轮轴 B 和 C 对 O 的惯性力为 $F_{gC} = \dfrac{Qr\varepsilon}{g}$，而惯性力矩为 $M_{gC} = \dfrac{Q\rho^2\varepsilon}{g}$。根据动力学普遍方程，有

$$(P - \frac{P}{g}a)\delta s - \frac{Q}{g}(\rho^2 + r^2)\varepsilon\delta\varphi = 0 \qquad (3)$$

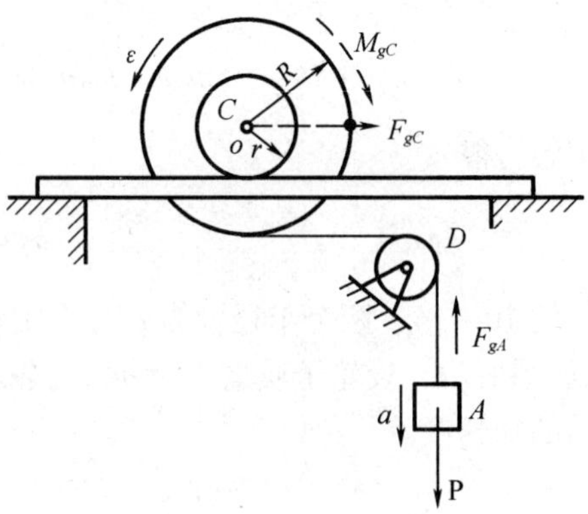

图 10 – 25　例 10 – 15 图

将(1)和(2)代入(3)，得

$$(P - \frac{P}{g}a)(R - r)\delta\varphi - \frac{Q}{g}(\rho^2 + r^2)\frac{a}{R - r}\delta\varphi = 0$$

由此解得

$$a = \frac{P(R - r)^2}{P(R - r)^2 + Q(\rho^2 + r^2)}g$$

10.6 第二类拉格朗日方程

上节所讨论的动力学普遍方程中，由于系统存在约束，各质点的虚位移可能不全是独立的，解题时需找出虚位移之间的关系，这在有时是很不方便的。对于完整系统如果采用广义坐标，则由于广义坐标的相互独立性，其广义虚位移也是相互独立的。所以，将动力学的普遍方程用独立的广义坐标表示就成了动力学普遍方程向前发展的必然途径之一。第二类拉格朗日方程就是在这个发展途径下的产物。这一部分内容也可称为拉格朗日力学。

Lagrange 力学的特点是：(1) 在广义坐标位形空间中描述任何非自由系统；(2) 用能量及变分的方法建立运动微分方程，因而理想约束的约束力能自动消除；(3) 方程数目和系统自由度数目相一致，方程形式极为简明。

由于以上原因，Lagrange 力学在分析力学发展史上占有十分重要的地位，是继牛顿力学之后的一个新的里程碑。

10.6.1 第二类 Lagrange 方程的一般形式

设一质点系由 N 个质点组成，系统具有 l 个完整约束，并且都是理想约束，因此是具有 $n = 3N - l$ 个自由度的系统。取系统的广义坐标为 $q_1, q_2, \cdots, q_n$，设系统第 i 个质点的质量为 m_i、矢径为 $\boldsymbol{r}_i$。矢径 $\boldsymbol{r}_i$ 可表示为广义坐标和时间的函数，即

$$\boldsymbol{r}_i = \boldsymbol{r}_i(q_1, q_2, \cdots, q_n, t)\ (i = 1, 2, \cdots, N) \qquad (10-67)$$

质点的动力学普遍方程(10 – 65)可写成

$$\sum_{i=1}^{N} \boldsymbol{F}_i \cdot \delta\boldsymbol{r}_i - \sum_{i=1}^{N} m_i \ddot{\boldsymbol{r}}_i \cdot \delta\boldsymbol{r}_i = 0 \qquad (10-68)$$

将 $\delta\boldsymbol{r}_i = \sum\limits_{j=1}^{n} \dfrac{\partial\boldsymbol{r}_i}{\partial q_j}\delta q_j$ 代入上式，并注意交换求和顺序有

$$\sum_{j=1}^{n}\sum_{i=1}^{N} \boldsymbol{F}_i \cdot \frac{\partial\boldsymbol{r}_i}{\partial q_j}\delta q_j - \sum_{j=1}^{n}\sum_{i=1}^{N} m_i \ddot{\boldsymbol{r}}_i \cdot \frac{\partial\boldsymbol{r}_i}{\partial q_j}\delta q_j = 0 \qquad (10-69)$$

根据广义力的定义上式又可写成

$$\sum_{j=1}^{n} Q_j \delta q_j - \sum_{j=1}^{n} Z_j \delta q_j = 0 \tag{10-70}$$

即

$$\sum_{j=1}^{n} (Q_j - Z_j) \delta q_j = 0 \tag{10-71}$$

对上式进一步简化

$$Z_j = \sum_{i=1}^{N} m_i \ddot{\boldsymbol{r}}_i \cdot \frac{\partial \boldsymbol{r}_i}{\partial q_j} = \frac{\mathrm{d}}{\mathrm{d}t}\left(\sum_{i=1}^{N} m_i \dot{\boldsymbol{r}}_i \cdot \frac{\partial \boldsymbol{r}_i}{\partial q_j}\right) - \sum_{i=1}^{N} m_i \dot{\boldsymbol{r}}_i \cdot \frac{\mathrm{d}}{\mathrm{d}t}\frac{\partial \boldsymbol{r}_i}{\partial q_j} \tag{10-72}$$

为了对(10－72)做进一步简化，先证明两个重要的恒等式

$$\frac{\partial \boldsymbol{r}_i}{\partial q_j} = \frac{\partial \dot{\boldsymbol{r}}_i}{\partial \dot{q}_j} \tag{10-73}$$

$$\frac{\mathrm{d}}{\mathrm{d}t}\left(\frac{\partial \boldsymbol{r}_i}{\partial q_j}\right) = \frac{\partial \dot{\boldsymbol{r}}_i}{\partial q_j} \tag{10-74}$$

(1)关于(10－73)式的证明

在完整约束情况下，$\boldsymbol{r}_i = \boldsymbol{r}_i(q_1, q_2, \cdots, q_n, t)$，对时间求导数

$$\frac{\mathrm{d}\boldsymbol{r}_i}{\mathrm{d}t} = \dot{\boldsymbol{r}}_i = \sum_{j=1}^{n} \frac{\partial \boldsymbol{r}_i}{\partial q_j}\dot{q}_j + \frac{\partial \boldsymbol{r}_i}{\partial t} \tag{10-75}$$

由于是完整系统我们知道 $\dot{q}_1, \dot{q}_2, \cdots, \dot{q}_n$ 是彼此独立的，且$\frac{\partial \boldsymbol{r}_i}{\partial q_j}$和$\frac{\partial \boldsymbol{r}_i}{\partial t}$是广义坐标和时间的函数，而不是广义速度的函数，所以将(10－75)式对 $\dot{q}_j$ 求偏导数，得证

$$\frac{\partial \boldsymbol{r}_i}{\partial q_j} = \frac{\partial \dot{\boldsymbol{r}}_i}{\partial \dot{q}_j}$$

(2)关于(10－75)式的证明

将(10－13)式对某一广义坐标 q_j 求偏导数，得

$$\frac{\partial \dot{\boldsymbol{r}}_i}{\partial q_j} = \frac{\partial}{\partial q_j}\left[\sum_{k=1}^{n}\frac{\partial \boldsymbol{r}_i}{\partial q_k}\dot{q}_k + \frac{\partial \boldsymbol{r}_i}{\partial t}\right] = \sum_{k=1}^{n}\frac{\partial^2 \boldsymbol{r}_i}{\partial q_j \partial q_k}\dot{q}_k + \frac{\partial^2 \boldsymbol{r}_i}{\partial q_j \partial t} = \sum_{k=1}^{n}\frac{\partial}{\partial q_k}\left(\frac{\partial^2 \boldsymbol{r}_i}{\partial q_j}\right)\dot{q}_k + \frac{\partial}{\partial t}\left(\frac{\partial^2 \boldsymbol{r}_i}{\partial q_j}\right)$$

$$= \frac{\mathrm{d}}{\mathrm{d}t}\left(\frac{\partial \boldsymbol{r}_i}{\partial q_j}\right) \tag{10-76}$$

式(10－73)和(10－74)常称为 Lagrange 经典关系，是推导 Lagrange 方程的关键公式，将式(10－73)、(10－74)代入式(10－72)Z_j 表达式有

$$Z_j = \frac{\mathrm{d}}{\mathrm{d}t}\left(\sum_{i=1}^{N} m_i \dot{\boldsymbol{r}}_i \cdot \frac{\partial \boldsymbol{r}_i}{\partial q_j}\right) - \sum_{i=1}^{N} m_i \dot{\boldsymbol{r}}_i \cdot \frac{\mathrm{d}}{\mathrm{d}t}\frac{\partial \boldsymbol{r}_i}{\partial q_j} = \frac{\mathrm{d}}{\mathrm{d}t}\left(\sum_{i=1}^{N} m_i \dot{\boldsymbol{r}}_i \cdot \frac{\partial \dot{\boldsymbol{r}}_i}{\partial \dot{q}_j}\right) - \sum_{i=1}^{N} m_i \dot{\boldsymbol{r}}_i \cdot \frac{\partial \dot{\boldsymbol{r}}_i}{\partial q_j}$$

$$= \frac{\mathrm{d}}{\mathrm{d}t}\frac{\partial}{\partial \dot{q}_j}\left(\sum_{i=1}^{N} \frac{1}{2} m_i \dot{\boldsymbol{r}}_i^{\,2}\right) - \frac{\partial}{\partial q_j}\left(\sum_{i=1}^{N} \frac{1}{2} m_i \dot{\boldsymbol{r}}_i\right) = \frac{\mathrm{d}}{\mathrm{d}t}\frac{\partial T}{\partial \dot{q}_j} - \frac{\partial T}{\partial q_j} \tag{10-77}$$

其中 T 为质点系的动能，代入式(10－71)，便有

$$\sum_{j=1}^{n}\left(Q_j - \frac{\mathrm{d}}{\mathrm{d}t}\frac{\partial T}{\partial \dot{q}_j} + \frac{\partial T}{\partial q_j}\right) \cdot \delta q_j = 0 \tag{10-78}$$

由于 δq_j 彼此相互独立，上式欲成立则必有

$$\frac{\mathrm{d}}{\mathrm{d}t}\frac{\partial T}{\partial \dot{q}_j}-\frac{\partial T}{\partial q_j}=Q_j(j=1,2,\cdots,n) \tag{10-79}$$

这就是著名的第二类拉格朗日方程,该方程组中方程式的数目等于质点系的自由度的数目,每个方程都是二阶常微分方程。所以,为了建立第二类拉格朗日方程,只需写出基于运动学分析的动能(动能应表示成广义坐标和广义速度的函数),及基于主动力虚功的广义力,按统一步骤列出即可。

10.6.2 第二类 Lagrange 方程中动能 T 的结构

关于系统的动能结构我们仅从理论上分析一下

$$T=\frac{1}{2}\sum_{i=1}^{N}m_i\dot{\boldsymbol{r}}_i\cdot\dot{\boldsymbol{r}}_i=\frac{1}{2}\sum_{s=1}^{3N}m_s\dot{x}_s^2=\frac{1}{2}\sum_{s=1}^{3N}m_s\left(\sum_{j=1}^{n}\frac{\partial x_s}{\partial q_j}\dot{q}_j+\frac{\partial x_s}{\partial t}\right)\left(\sum_{j=1}^{n}\frac{\partial x_s}{\partial q_j}\dot{q}_j+\frac{\partial x_s}{\partial t}\right)$$

$$=\frac{1}{2}\sum_{i,j=1}^{n}A_{ij}\dot{q}_i\dot{q}_j+\sum_{i=1}^{n}A_i\dot{q}_i+T_0 \tag{10-80}$$

其中

$$A_{ij}=\sum_{s=1}^{3N}m_s\frac{\partial x_s}{\partial q_i}\frac{\partial x_s}{\partial q_j} \tag{10-81}$$

$$A_i=\sum_{s=1}^{3N}m_s\frac{\partial x_s}{\partial q_i}\frac{\partial x_s}{\partial t} \tag{10-82}$$

$$T_0=\frac{1}{2}\sum_{s=1}^{3N}m_s\left(\frac{\partial x_s}{\partial t}\right)^2 \tag{10-83}$$

系数 A_{ij}, A_i及 T_0 都是 t 和 q 的函数,而且 $A_{ij}=A_{ji}$,上式说明系统的动能 T 是广义速度的二次函数,为了简明起见常将动能式写为

$$T=T_2+T_1+T_0 \tag{10-84}$$

T,T,T_0 分别表示广义速度的二次项、一次项及零次项。

另外,对于定常系统由于约束方程中不显含时间 t,所以总可以经适当地选取广义坐标而使得直角坐标和广义坐标的变换关系式中同样不含时间 t,这样便有$\frac{\partial x_s}{\partial t}=0$,因而有 $T_1=0$,$T_0=0$ 于是 $T=T_2$,即定常系统的动能 T 是广义速度 $\dot{q}$ 的二次型,而且 A_{ij}不显含时间。

10.6.3 保守系统的第二类 Lagrange 方程及 Lagrange 函数

如果作用于质点系上的主动力都是有势力(保守力),则广义力 Q_j 可写成质点系势能表达的形式,即

$$Q_j=-\frac{\partial V}{\partial q_j} \tag{10-85}$$

将该式代入(10-79)式有

$$\frac{\mathrm{d}}{\mathrm{d}t}\frac{\partial T}{\partial \dot{q}_j}-\frac{\partial T}{\partial q_j}=-\frac{\partial V}{\partial q_j}\quad(j=1,2,\cdots,n) \tag{10-86}$$

定义函数

$$L=T-V \tag{10-87}$$

称为拉格朗日函数

另外，因为势能不是广义速度 $\dot{q}_j$ 的函数，所以有 $\frac{\partial V}{\partial \dot{q}_j}=0$，这样(10-79)用 Lagrange 函数可写为

$$\frac{\mathrm{d}}{\mathrm{d}t}\frac{\partial L}{\partial \dot{q}_j}-\frac{\partial L}{\partial q_j}=0(j=1,2,\cdots,n) \tag{10-88}$$

这就是保守系统的拉格朗日方程。

拉格朗日方程是解决具有完整约束的质点系动力学问题的普遍方程，是分析力学中重要的方程。Lagrange 方程的表达式非常简洁，应用时只需计算系统的动能和广义力；对于保守系统，只需计算系统的动能和势能。因此，Lagrange 方程常用来求解较复杂的非自由质点系的动力学问题。

10.6.4　第二类 Lagrange 方程应用举例

例 10-16　如图所示的系统中，A 轮沿水平面纯滚动，质量为 m_1 的物块 C 以细绳跨过定滑轮 B 联于 A 点。A，B 二轮皆为均质圆盘，半径为 R，质量为 m_2。弹簧刚度为 k，质量不计。当弹簧较软，在细绳能始终保持张紧的条件下，求此系统的运动微分方程。

解：此系统具有一个自由度，以物块平衡位置为原点，取 x 为广义坐标如图。以重物平衡位置为重力势能的零点，取弹簧原长处为弹性力势能的原点，则系统在任意位置处的势能为

$$V=\frac{1}{2}k\left(\delta_0+x\right)^2-m_1gx$$

其中 δ_0 为平衡位置处弹簧的伸长量。物块速度为 $\dot{x}$ 时，B 轮的角速度为 $\frac{\dot{x}}{R}$，A 轮质心速度为 $\dot{x}$，角速度亦为 $\frac{\dot{x}}{R}$，此时系统的动能为

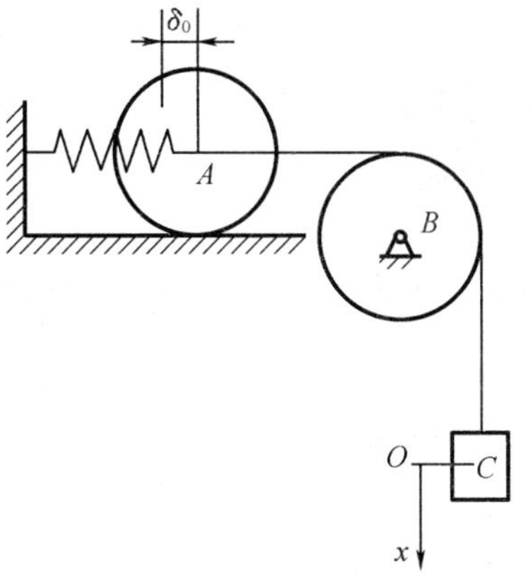

图 10-26　例 10-16 图

$$T=\frac{1}{2}m_1\dot{x}^2+\frac{1}{2}\cdot\frac{1}{2}m_2R^2\left(\frac{\dot{x}}{R}\right)^2+\frac{1}{2}m_2\dot{x}^2+\frac{1}{2}\cdot\frac{1}{2}m_2R^2\left(\frac{\dot{x}}{R}\right)^2=\left(m_2+\frac{1}{2}m_1\right)\dot{x}^2$$

系统的拉格朗日函数为

$$L=T-V=(m_2+\frac{1}{2}m_1)\dot{x}^2-\frac{1}{2}k(\delta_0+x)^2+m_1gx$$

代入拉格朗日方程

$$\frac{\mathrm{d}}{\mathrm{d}t}\frac{\partial L}{\partial \dot{x}}-\frac{\partial L}{\partial x}=0$$

得

$$(2m_2+m_1)\ddot{x}+k\delta_0+kx-m_1g=0$$

注意到 $k\delta_0=m_1g$,则系统的运动微分方程为

$$(2m_2+m_1)\ddot{x}+kx=0$$

例 10 - 17　双摆机构,由两个重质点 A 和 B 及无重刚杆 OA 和 AB 组成,如图所示,设质点 A 和 B 的质量均为 m,图中 F_A,F_B 为重量均为 mg,两杆长均为 l,B 物体受有水平力 F,系统只在铅垂平面内运动,且不计系统中的摩擦,试分析系统的运动。

解:在例 10 - 11 中我们曾求过该系统对应于广义坐标的广义力。该系统是完整理想约束系统,系统具有两个自由度。所取参数同例 10 - 10。

首先计算系统的动能,即

$$T=T_A+T_B=\frac{1}{2}m(\dot{x}_A^2+\dot{y}_A^2)+\frac{1}{2}m(\dot{x}_B^2+\dot{y}_B^2) \tag{1}$$

由变换方程两边求导数,得

$$\dot{x}_A=l\dot{\varphi}_1\cos\varphi_1$$
$$\dot{y}_A=-l\dot{\varphi}_1\sin\varphi_1$$
$$\dot{x}_B=l\dot{\varphi}_1\cos\varphi_1+l\dot{\varphi}_2\cos\varphi_2$$
$$\dot{y}_B=-l\dot{\varphi}_1\sin\varphi_1-l\dot{\varphi}_2\sin\varphi_2 \tag{2}$$

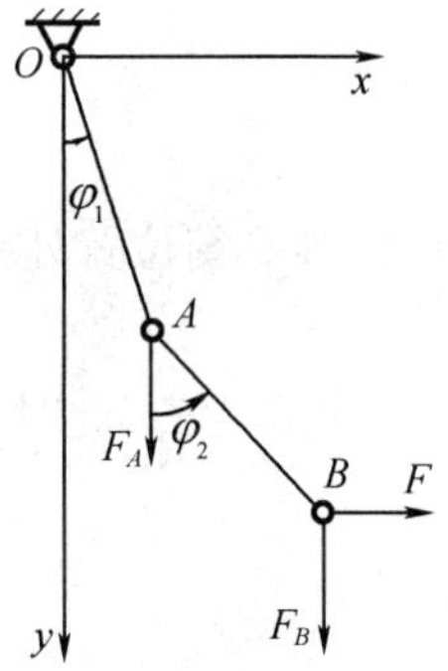

图 10 - 27　例 10 - 17 图

将(2)式代入(1)式得

$$T=ml^2[\dot{\varphi}_1+\frac{\dot{\varphi}_2}{2}+\dot{\varphi}_1\dot{\varphi}_2\cos(\varphi_2-\varphi_1)] \tag{3}$$

由例 10 - 11　所计算得到的广义力为

$$Q_{\varphi 1}=-mgl\sin\varphi_1+Fl\cos\varphi_1 \tag{4}$$

$$Q_{\varphi_2}=-mgl\sin\varphi_2-Fl\cos\varphi_2 \tag{5}$$

将(3)、(4)、(5)式代入 Lagrange 方程得系统的运动微分方程为

$$2ml^2\ddot{\varphi}_1+ml^2\ddot{\varphi}_2\cos(\varphi_2-\varphi_1)-ml^2\dot{\varphi}_2(\dot{\varphi}_2-\dot{\varphi}_1)\sin(\varphi_2-\varphi_1)$$
$$-ml^2\dot{\varphi}_1\dot{\varphi}_2\sin(\varphi_2-\varphi_1)=-mgl\sin\varphi_1+Fl\cos\varphi_1 \tag{6}$$

$$ml^2\ddot{\varphi}_2+ml^2\ddot{\varphi}_1\cos(\varphi_2-\varphi_1)+ml^2\dot{\varphi}_1\dot{\varphi}_2\sin(\varphi_2-\varphi_1)=-mgl\sin\varphi_2-Fl\cos\varphi_2 \tag{7}$$

(6)、(7)式即为用广义坐标 φ_1,φ_2 所表示的系统的运动微分方程。

该方程组是非线性的,很难求得解析形式的解,所以常用数值方法求解。

思　考　题

1. 图示机构中,O_1A 和 O_2B 两杆水平。用 δr_A 和 δr_B 分别表示 A 和 B 两点的虚位移,则

由虚位移概念得知(　　)

A. δr_A 和 δr_B 的方向均可任意假设

B. δr_A 和 δr_B 的方向都只能沿铅直方向

C. 必有 $\delta r_A = \delta r_B$

D. 可能有 $\delta r_A \neq \delta r_B$

2. 图示系统的自由度数为(　　)

A. 一个

B. 二个

其约束方程数有(　　)

C. 三个

D. 两个

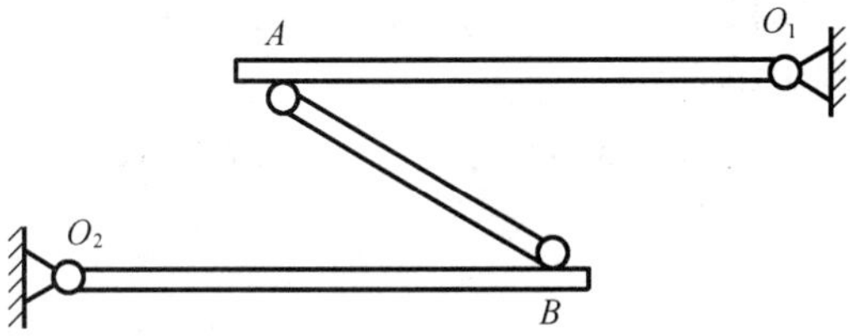

第 1 题图

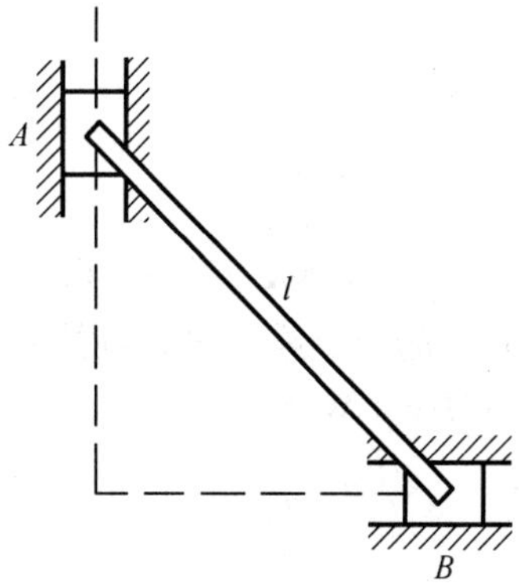

第 2 题图

3. 均质杆 AB,因重力作用而在铅直平面内摆动,同时杆的 A 端铰接在沿与水平面成 α 角的斜面无摩擦地滑动的滑块上,如图所示。用以确定该系统位置的广义坐标可选为(　　)

A. x

B. α

C. α 与 φ

D. x 与 φ

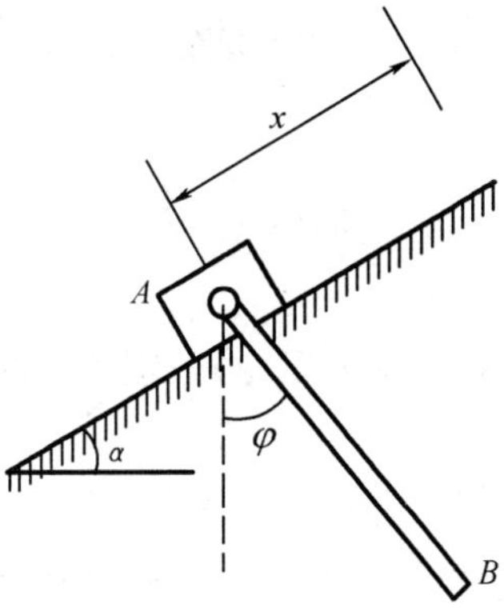

第 3 题图

4. 图示平面机构中,已知 $O_2B = BC$,$O_3O_4 = DE$,$O_3D = O_4E$,则 A 和 E 点虚位移之间的关系为(　　)

A. $\delta r_E = \sin\alpha\tan2\theta \cdot \delta r_A$

B. $\delta r_E = \cos\alpha tg2\theta \cdot \delta r_A$

C. $\delta r_E = \cos\alpha \cdot \delta r_A$

D. $\delta r_E = \cos\alpha tg\theta tg2\theta \cdot \delta r_A$

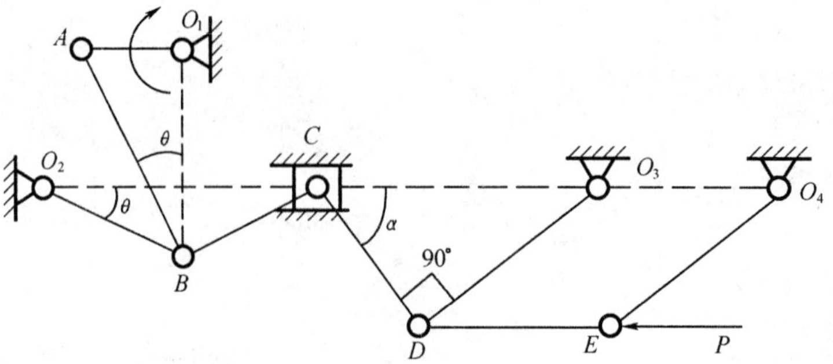

第 4 题图

5. 图示为由 2 五根长度均为 $2l$ 的均质杆铰接成的正六边形,每根杆的重量均为 W。若在 EF 杆的中点施力 P 以维持平衡,则力 P 的大小应为(　　)

A. $P=8$ W　　B. $P=2$ W　　C. $P=5$ W　　D. $P=$ W

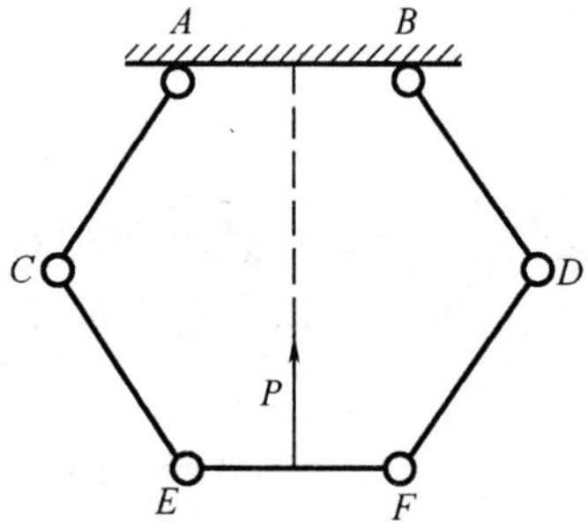

第 5 题图

习　　题

10－1　一柔软不可伸长的线,一端固定,另一端栓一小球。小球所受约束是单面的还是双面的?试写出约束方程。

答案:单面约束。约束方程为　$x^2+y^2+z^2 \leqslant l^2$。

10－2　一半径为 r 的圆盘在铅垂平面内沿直线作纯滚动。这约束是完整的还是非完整的?试写出约束方程。

答案:完整约束。约束方程为 $x_0=r\theta$。

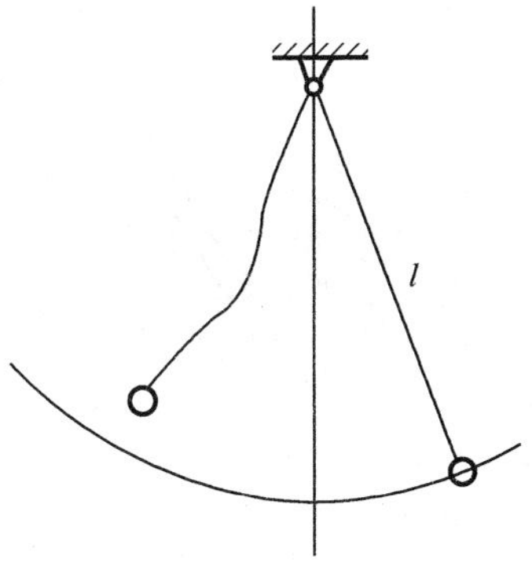

题 10－1 图

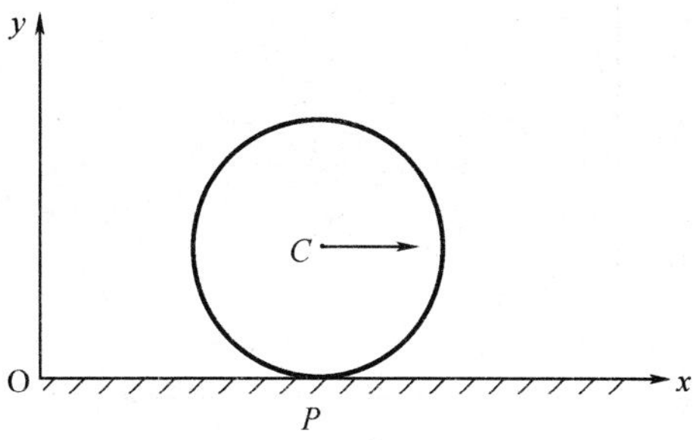

题 10－2 图

10－3　一直杆以常角速度 ω 绕铅垂轴转动，杆与铅垂线夹角 α 为常值。杆上有一小环，小环可沿杆滑动。取小环相对杆与铅垂线交点 O 的距离 r 为坐标。试将环的直角坐标用 r 表示之。写出直角坐标中的约束方程。

答案：$x = r\sin\alpha\cos\omega t, y = r\sin\alpha\sin\omega t, z = r\cos\alpha$；约束方程为 $y = x\tan\omega t$，$y = z\tan\alpha\sin\omega t$。

10－4　试列写图示系统的约束方程。

答案：设两质点坐标为(x_1, y_1)，(x_2, y_2)，约束方程为

$$(x_2 - x_1)^2 + (y_2 - y_1)^2 = l_2^2$$

$$(x_1 - r\cos\omega t)^2 + (y_1 - r\sin\omega t)^2 = l_1^2。$$

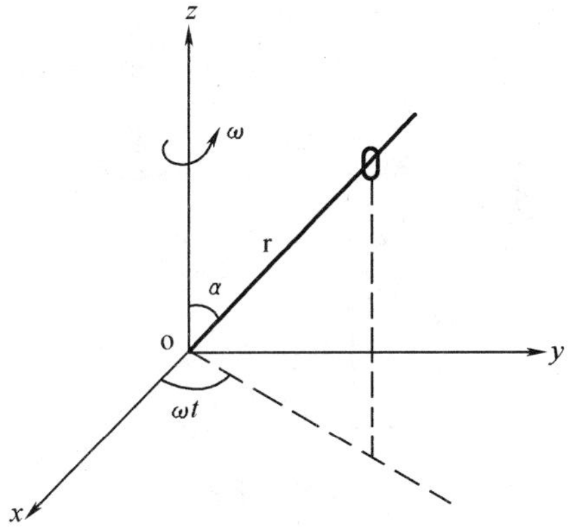

题 10－3 图

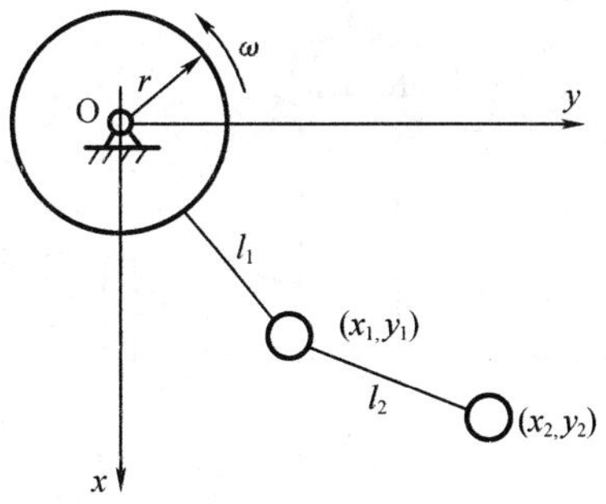

题 10－4 图

10－5　平面上有两质点 m_1 和 m_2，系统运动时 m_1 对 m_2 进行追踪，m_1 的速度始终对准 m_2。试写出约束方程。

答案：$\dfrac{\dot{y}_1}{\dot{x}_1} = \dfrac{y_2 - y_1}{x_2 - x_1}$ 。

10－6　长为 l 的均匀细杆被限制在 xy 平面运动，且其 A 端恒保持在 x 轴上，若采用 (x, θ) 作为广义坐标，试求杆中心的速度和加速度的大小。

答案：$v_0 = \sqrt{\dot{x}^2 + \dfrac{l^2}{4}\dot{\theta}^2 - l\dot{x}\dot{\theta}\sin\theta}$，$a_0 = \sqrt{\ddot{x}^2 + \dfrac{l^2}{4}\ddot{\theta}^2 - l\ddot{x}\ddot{\theta}\sin\theta + \dfrac{l^2}{4}\dot{\theta}^4 - l\ddot{x}\dot{\theta}^2\cos\theta}$

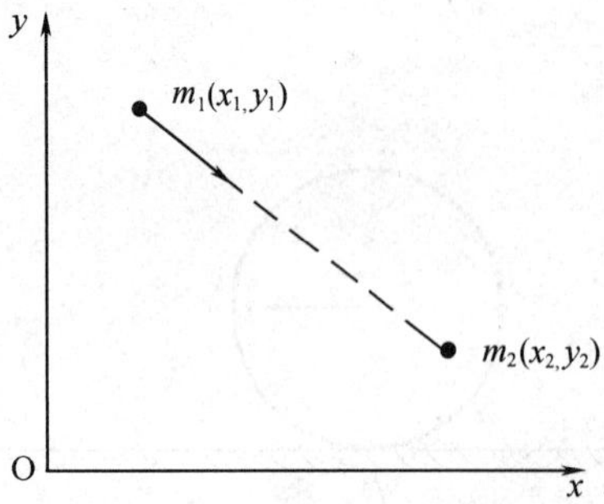

题 10－5 图

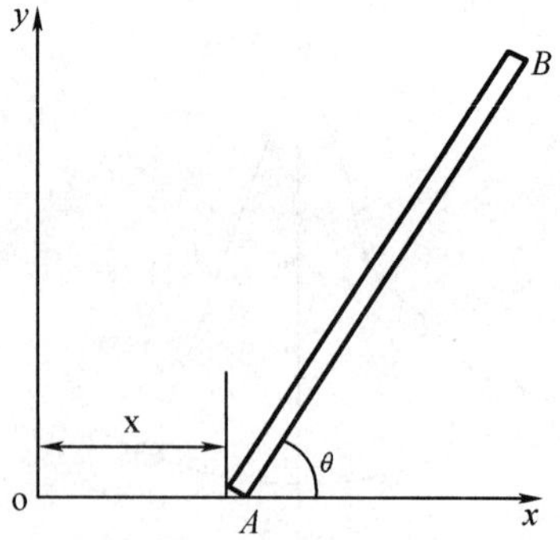

题 10－6 图

10－7　楔式压榨机，力 P 垂直于手柄轴，手柄长 a，螺距为 h，楔尖顶角为 α，试求平衡时力 P 与力 Q 之间的关系。

答案：$Q=P\dfrac{2\pi a}{h\tan\alpha}$

10－8　力 F 铅垂地作用于杠杆 AO 上。$AO=6BO$，$CO_1=5DO_1$。若在所给位置上杠杆水平，杆 BC 与 DE 垂直，求物体 M 所受的挤压力 P 的大小。

答案：$P=30F$

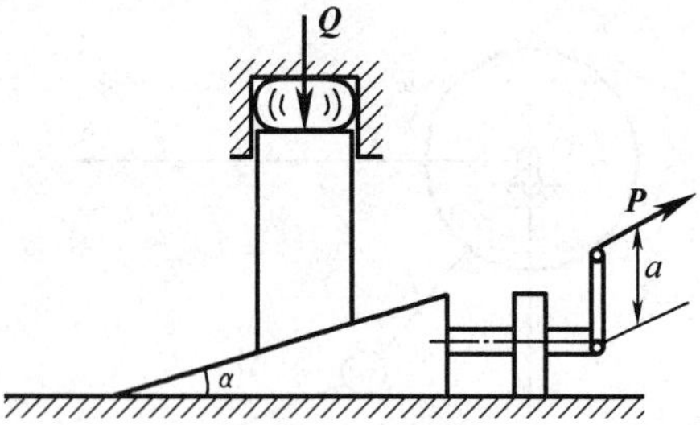

题 10－7 图

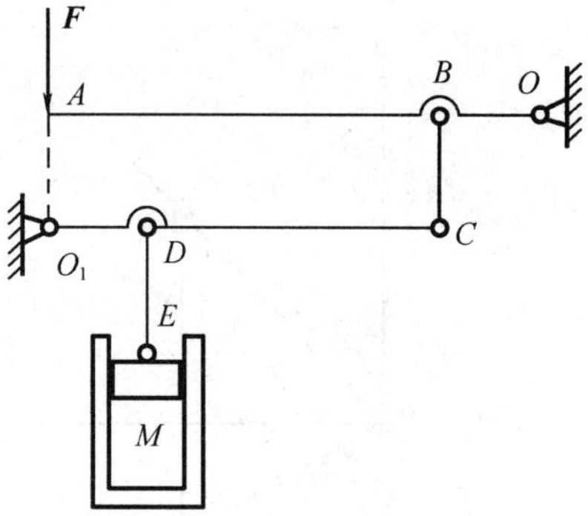

题 10－8 图

10－9　图示为一铰车，为等速提升重为 Q 的货物，求垂直作用于手柄 A 点上的 P 力。鼓轮直径 $d=30$ cm，手柄长 $l=50$ cm，机构上齿数 $z_1=125$，$z_2=25$，$z_3=63$，$z_4=21$。

答案：$P=0.02Q$

10－10　在十字形滑块 K 上沿杆 AB 方向作用力 F，不计摩擦，求作用在 C 点且与曲柄 OC 垂直的平衡力 P 的大小。

答案：$P=F\cos\alpha$

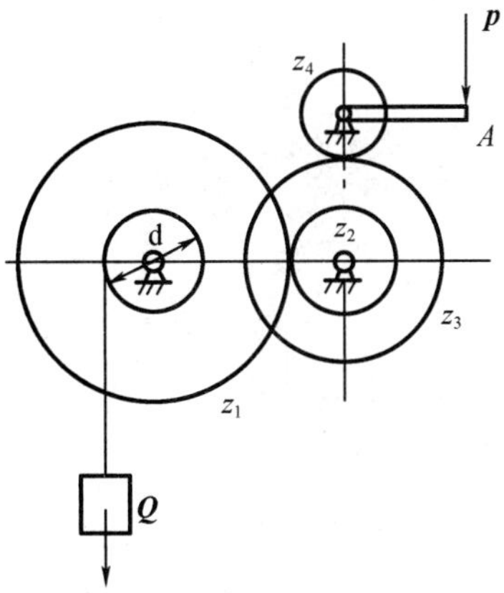

题 10－9 图

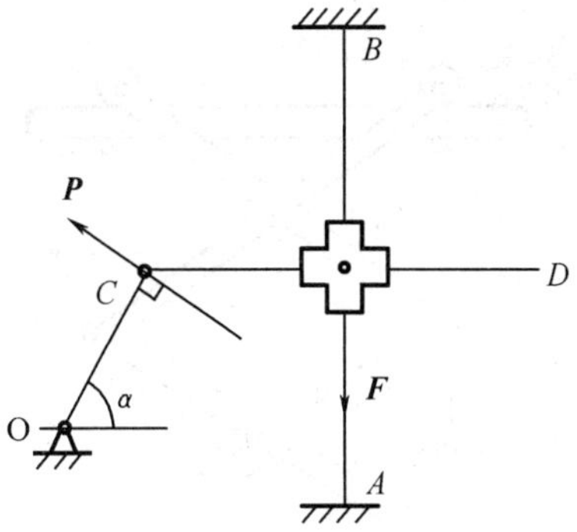

题 10－10 图

10－11　在机构的活塞 B 上施加一力 P。在曲柄 O_1C 上施加力矩 $M_1=\dfrac{3}{2}Pr$，不计摩擦，

曲柄长度 $oA=r$，$O_1C=3r$，且都处于铅垂位置。试求使机构平衡而作用于曲柄 OA 上的力矩 M。

答案：$M=\dfrac{1}{2}Pr$。

10－12　对图示的杆杆机构，为使机构于任何位置 θ 都能支持住滑块 W，求作用在 A 点的水平力，（杆重不计）。若在 A 点作用一向下力能否支持住 W？若用一逆时针的力偶 M 来代替力，问 M 需多大？

答案：$M=2Wa\sin\theta$。

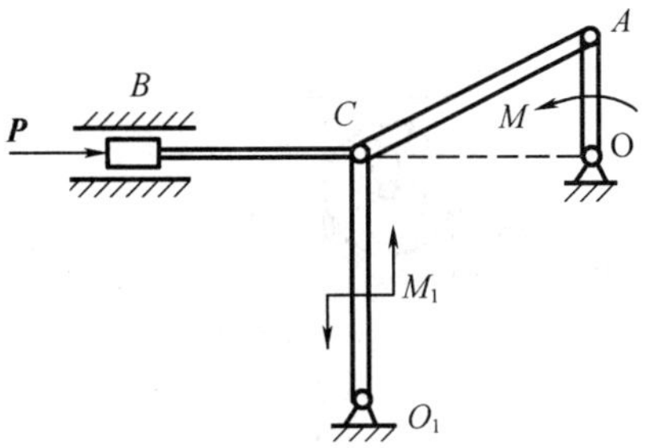

题 10－11 图

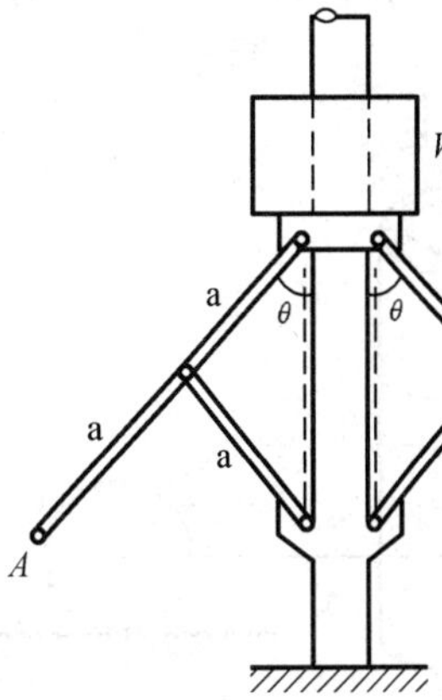

题 10－12 图

10－13　图示连杆机构，A，B 轮可在水平杆上自由地滑动。求：为保持平衡所需之 P 力的大小。

答案：$P=400$ N。

10-14 已知图示机构处于平衡。$OA=40$ cm,力偶矩 $M=200$ N·m。试求力 P 的大小。

答案:$P=10$ N。

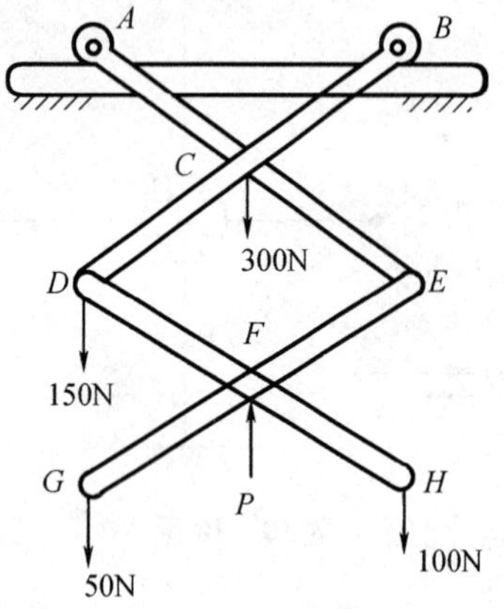

题 10-13 图

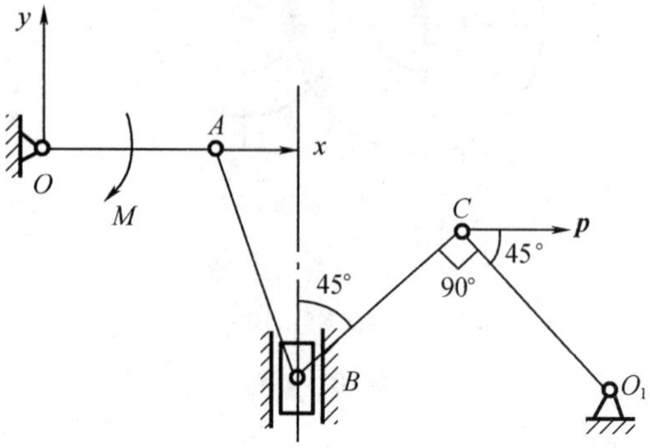

题 10-14 图

10-15 重力为 P 的竖立鼓轮可视为一空心圆柱,其外半径为 R,内半径为 r。鼓轮上缠以无重绳索,拖动一均质圆柱滚子沿水平面无滑动滚动。滚子重力为 Q。如在鼓轮上作用一矩为 M 的力偶,试求其角加速度。

答案:$\varepsilon=\dfrac{2Mg}{P(R^2+r^2)+3QR^2}$。

10-16 重力为 P 的实心圆柱,在其中间缠以绳子,此绳的另一端跨过滑轮 O 同重力为 Q 的重物 M 相连接。设重物 M 上升,不计滑轮和绳的质量,试求重物 M 及圆柱轴 C 的加速度。

答案:$a_M=\dfrac{P-3Q}{P+3Q}g$;$a_C=\dfrac{P+Q}{P+3Q}g$。

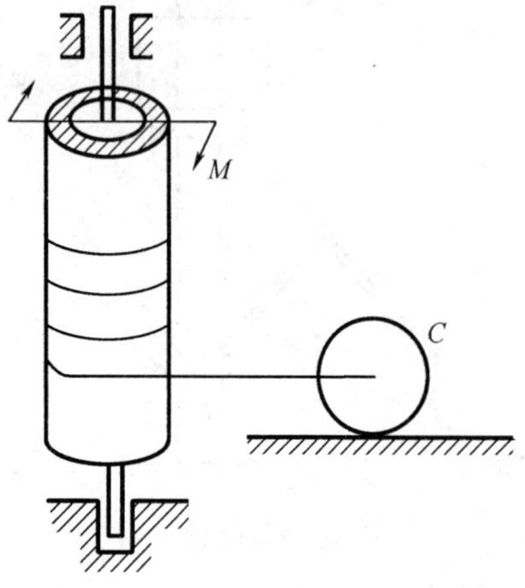

题 10-15 图

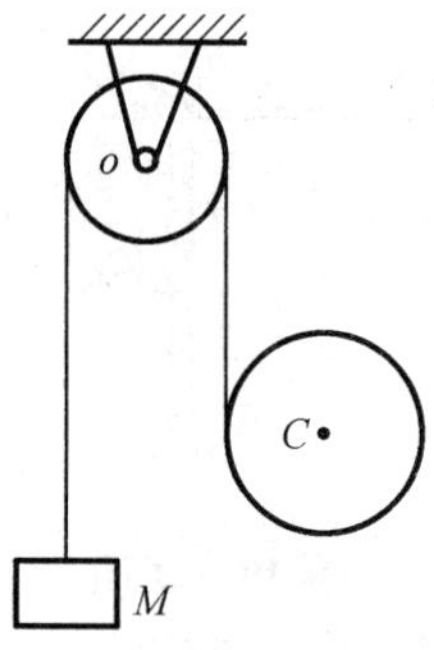

题 10-16 图

10-17 均质圆柱体半径为 r,重 P,在半径为 R 的圆柱形槽内滚而不滑。求:(1)微小摆动的周期；(2) 如起始时的 OO_1 线与铅垂线成 φ_0 角，圆柱体无初速地滚下，求当圆柱滚到最低位置时对圆槽的正压力和摩擦力。

答案：(1) $T=2\pi\sqrt{\dfrac{3(R-r)}{2g}}$；(2) $N=P+\dfrac{4}{3}(1-\cos\varphi_0)P$；$F=0$。

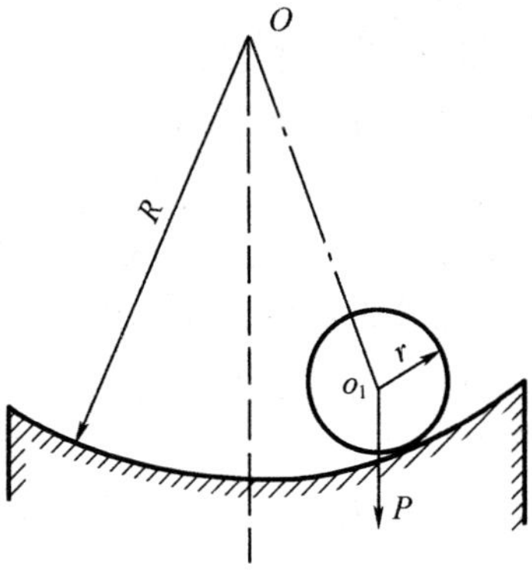

题 10－17 图

参考文献

[1] 商大中. 理论力学[M]. 哈尔滨:哈尔滨工程大学出版社,2007.

[2] 哈尔滨工业大学理论力学教研室. 理论力学[M]. 6 版. 北京:高等教育出版社,2002.

[3] 支希哲. 理论力学[M]. 西安:西北工业大学出版社,2002.

[4] 贾书惠,李万琼. 理论力学[M]. 北京:高等教育出版社,2002.

[5] 郝桐生. 理论力学[M]. 北京:高等教育出版社,2007.

[6] 武清玺,冯奇. 理论力学[M]北京:高等教育出版社,2006.

[7] 刘延柱,杨海兴,朱本华. 理论力学[M]. 北京:高等教育出版社,2001.

[8] 西北工业大学,北京航空学院,南京航空学院. 理论力学解题指导[M]. 北京:国防工业出版社,1982.

[9] 王光前,胡士琦. 理论力学选择题的例题与训练[M]. 长沙:中南工业大学出版社,1989.